W0261716

Theodore Modis

Die Berechenbarkeit der Zukunft

Warum wir Vorhersagen machen können

Aus dem Englischen
von Eberhard Schmitt

Springer Basel AG

Die Originalausgabe erschien 1992 unter dem Titel «Predictions. Society's Telltale Signature Reveals the Past and Forecasts the Future» bei Simon & Schuster, New York, USA

© 1992 by Theodore Modis

Die Deutsche Bibliothek – CIP-Einheitsaufnahme
Modis, Theodore:
Die Berechenbarkeit der Zukunft : warum wir Vorhersagen
machen können / Theodore Modis. Aus dem Engl. von
Eberhard Schmitt. - Basel ; Boston ; Berlin : Birkhäuser, 1994
  Einheitssacht.: Predictions ⟨dt.⟩
  ISBN 978-3-0348-6069-7   ISBN 978-3-0348-6068-0 (eBook)
  DOI 10.1007/978-3-0348-6068-0

Dieses Werk ist urheberrechtlich geschützt. Die dadurch begründeten Rechte, insbesondere die des Nachdrucks, des Vortrags, der Entnahme von Abbildungen und Tabellen, der Funksendung, der Mikroverfilmung oder der Vervielfältigung auf anderen Wegen und der Speicherung in Datenverarbeitungsanlagen, bleiben, auch bei nur auszugsweiser Verwertung, vorbehalten. Eine Vervielfältigung dieses Werkes oder von Teilen dieses Werkes ist auch im Einzelfall nur in den Grenzen der gesetzlichen Bestimmungen des Urhebergesetzes in der jeweils geltenden Fassung zulässig. Sie ist grundsätzlich vergütungspflichtig. Zuwiderhandlungen unterliegen den Strafbestimmungen des Urheberrechts.

© 1994 Springer Basel AG
Ursprünglich erschienen bei Birkhäuser Verlag 1994.
Softcover reprint of the hardcover 1st edition 1994

Umschlaggestaltung: Lioba Ziegler-Schneikart, Ulm
Gedruckt auf säurefreiem Papier, hergestellt aus chlorfrei gebleichtem Zellstoff

9 8 7 6 5 4 3 2 1

Inhalt

Prolog

Als der Fischer seinen Arbeitstag an der Adriaküste begann, fragte er sich, ob ihm heute wohl die großen oder nur ein paar kleine Fische ins Netz gehen würden. Er hatte dieses Phänomen häufig beobachtet: Am Morgen geht ihm ein großer Fisch ins Netz, und schon fängt er den ganzen Tag einen großen Fisch nach dem anderen. Zu anderen Zeiten dagegen erwischt er den ganzen Tag lang nur kleine Fische. Er fühlte sich an das biblische Gleichnis von den fetten und den mageren Jahren erinnert, aber er machte sich ohne weitere philosophische Gedanken an die Arbeit. Er hatte keine Zeit zu verlieren; schließlich war in den Jahren nach dem Ersten Weltkrieg das Meer eine relativ zuverlässige Nahrungsquelle.

* * *

Zur gleichen Zeit befaßte sich an der Universität von Siena der Biologe Umberto D'Ancona mit statistischen Studien über den Fischfang in der Adria. Er fand eine zeitweilige Zunahme der relativen Häufigkeit von Fischarten, die räuberisch leben, im Vergleich zur Häufigkeit ihrer Beutetiere. Vito Volterra, ein Mathematiker an der Universität von Rom, hatte seine eigene Meinung über dieses Phänomen. Er kannte D'Anconas Beobachtungen und glaubte ihre Ursache zu verstehen. Da die großen Fische die kleinen fressen – und ihr Überleben daher von den kleinen abhängt –, sollte man eine Wechselbeziehung in den Populationsgrößen durchaus erwarten. Die Anzahl der Raubfische steigt zunächst an, bis schließlich die Beutefische immer seltener werden. Zu diesem Zeitpunkt beginnen die großen Fische Hunger zu leiden, und ihre abnehmende Zahl gibt wiederum den Überlebenden der kleinen Arten die Chance, sich zu vermehren. Könnte man einen solchen Vorgang nicht auch mathematisch beschreiben?

Es gelang Volterra tatsächlich, eine mathematische Formulierung für die Beobachtungen des Fischers zu finden. Sein Wachstumsmodell beruht auf zwei Grundannahmen: Die Wachstumsrate wird durch den Konkurrenzkampf beschränkt, und die Gesamtgröße der Population (zum Beispiel die Anzahl der Kaninchen in einer eingezäunten Wiese) strebt langsam einem Sättigungswert zu, der die Kapazität der betrachteten ökologischen Nische widerspiegelt. Dieses Modell war eine der Grundlagen für die modernen biologischen Untersuchungen zum Konkurrenzkampf des Lebens. Ein anderer, der sich ebenfalls bis zu einem gewissen Grad mit dieser Problematik befaßte, war Alfred J. Lotka. Heute tragen viele Anwendungen ihrer Methoden die Namen dieser beiden Wissenschaftler.

Ein halbes Jahrhundert später wurde Cesare Marchetti, einem Physiker am International Institute of Advanced Systems Analysis (IIASA) bei Wien in Österreich, vom Leiter der Energieabteilung die Aufgabe übertragen, den zukünftigen Energiebedarf abzuschätzen. Gerade hatte eine neue Variante des internationalen Handelskrieges den Westen erschüttert: die Ölkrise. Die Struktur des künftigen Energiebedarfs genauer zu verstehen, war lebensnotwendig geworden. Marchetti ging das Problem als Physiker an. Er suchte die Lösung mit Hilfe der wissenschaftlichen Methode: Beobachtung, Vorhersage, Verifikation. Bei dieser Methode werden unter Heranziehung einer Theorie, die ihrerseits auf Hypothesen basiert, aus Beobachtungen neue Vorhersagen abgeleitet. Stellen sich die Vorhersagen als wahr heraus, so werden die Hypothesen zu *Gesetzen*. Je einfacher ein Gesetz ist, desto grundlegender ist es und desto größer ist sein Anwendungsbereich.

Marchetti hatte sich schon sehr lange mit der «Wissenschaft» des Vorhersagens beschäftigt. Seine Arbeit hatte er mit der Suche nach *Invarianten* begonnen. So nennt man in der Physik universell gültige Konstanten, die sich an eindeutigen Indikatoren nachweisen lassen, welche sich im Verlauf der Zeit nicht ändern. Er glaubte, daß solche Indikatoren auch dann auf ein Gleichgewicht hinwiesen, wenn es sich nicht um physikalische Effekte, sondern um menschliches Verhalten handelte. Schließlich kam er zu dem Schluß, daß die grundlegenden Gesetze, die das Wachstum und den Konkurrenzkampf der Arten regeln, ebenso das menschliche Tun beschreiben könnten. Der Konkurrenzkampf auf dem Marktplatz kann genauso hart wie im Dschungel sein, und so wird man das Gesetz vom Überleben des Stärkeren auch hier nicht in Frage stellen. Marchetti stellte fest, daß die Umsatzkurven von Handelsprodukten dieselben Muster aufwiesen wie die Wachstumskurven von Tierpopulationen. Könnte es denn sein, daß das mathematische Modell, das Volterra für das Wachstum einer Kaninchenpopulation entwickelt hatte, ebensogut die steigende Zahl von Autos und Computern beschriebe? Aufgrund der Gleichungen von Volterra machte Marchetti eine bemerkenswerte Anzahl von Vorhersagen, insbesondere über den zukünftigen Energiebedarf. Aber wie weit darf man die Analogie zwischen Naturgesetzen und menschlichem Verhalten eigentlich treiben? Und wie verläßlich sind die quantitativen Voraussagen, die man aus derlei Ansätzen gewinnt?

Vor einigen Jahren kreuzte sich nun gewissermaßen mein beruflicher Lebensweg mit dem von Volterra und Marchetti. Ich wechselte gerade von der akademischen zur industriellen Berufslaufbahn und ließ fünfzehn Jahre Forschung in der Elementarteilchenphysik hinter mir, um meine Arbeit als betriebswirtschaftlicher Berater in einem bekannten Computerunternehmen zu beginnen. Mein neuer Chef war selbst Physiker gewesen. Er wollte mir den Übergang so angenehm wie möglich machen und zeigte mir einige von Marchettis Arbeiten über die Anwendung von Gesetzmäßigkeiten aus den Naturwissenschaften auf Fragen des menschlichen Verhaltens. Man wollte mir damit bedeuten, daß auch in der Industrie hohe intellektuelle Ansprüche herrschen. Aber nach drei Wochen – und da half auch mein ganzer Enthusiasmus nichts – bedeutete man mir etwas ganz anderes. Ich sollte die Artikel beiseite legen und mich anständiger Arbeit widmen. Aber es war zu spät: Die Fragestellung hatte mich bereits gefangengenommen.

Einige Monate später mußte ich mich mit der Frage befassen, wie man die Nutzungszeiten verschiedener Computerprodukte vorherbestimmt, aber auch die Rate, mit der neuere Modelle die älteren verdrängen. Ganz wie Marchetti war ich nun als Physiker vor das Problem gestellt, die Zukunft vorherzusagen. Ich reagierte prompt und nahm, als ich offiziell mit dem Projekt zur Abschätzung künftiger Entwicklungen betraut war, das erste Flugzeug nach Wien, um Marchetti am IIASA zu treffen.

Anregende Gespräche bei gepfeffertem Essen

Laxenburg in Österreich ist eine kleine alte Stadt, die dem Vergangenen noch mehr verhaftet ist als die nahegelegene Hauptstadt Wien. Das IIASA hat sein Domizil in einem Schloß, in dessen märchenhaftem Hof Cesare Marchetti gewöhnlich spazierengeht. Mit seinem silberweißen Haar, der Brille, dem Tirolerhut mit Feder und dem Lodenumhang gibt er das perfekte Bild eines emeritierten österreichischen Professors ab.

Aber der Schein trügt. Marchetti ist Italiener und promovierte in Physik an der Universität von Pisa. Seine Karriere entwickelte sich ganz im Stile Leonardo da Vincis mit einer breiten Streuung seiner Arbeitsgebiete in Festkörperphysik und Geographie. Zunächst noch in Italien beschäftigte er sich in den fünfziger Jahren mit den technologischen Problemen im Umgang mit schwerem Wasser, danach war er zwei Jahre lang Repräsentant der EURATOM, der europäischen Kommission für Atomenergie, in Kanada. Als Leiter der Abteilung zur Erforschung von Materialeigenschaften beim Forschungszentrum der europäischen Gemeinschaft befaßte er sich in den sechziger Jahren mit Fragen der Konstruktion von Kernreaktoren und der Entsorgung nuklearer Abfälle. 1974 ging er in den Ruhestand und untersucht seitdem die Probleme globaler Energieversorgungssysteme am IIASA.

Bereits zwei Jahre vorher veröffentlichte 1972 der Club of Rome, eine informelle internationale Vereinigung mit etwa siebzig Mitgliedern aus fünfundzwanzig Nationen[1], das Buch «Die Grenzen des Wachstums». Naturwissenschaftler, Lehrer, Wirtschaftswissenschaftler, Philosophen, Industrielle, sie alle waren sich einig in der Überzeugung, daß die wirklich wichtigen Probleme auf dieser Erde viel zu komplex sind, um von den traditionellen Institutionen und mit der herkömmlichen Politik gelöst werden zu können. In ihrem Buch zogen sie alarmierende Schlüsse über die bevorstehende drastische Überbevölkerung und über die Erschöpfung der Rohstoffe und der Primärenergiequellen. Diese Botschaft löste einen Schock aus und war der Beginn einer Bewegung, alles in kleinem Maßstab zu betrachten, die sich in den siebziger Jahren etablierte.

Marchetti hatte sich immer standhaft geweigert, dem Club of Rome beizutreten: aus Gründen der «Selbstachtung», womit er den Club beschuldigte, sich zu weit von den Prinzipien der Wissenschaft entfernt zu haben. Seine Antwort auf «Die Grenzen des Wachstums» war ein Artikel mit dem Titel «On 10^{12}: A Check on Earth Carrying Capacity for Man» («Über 10^{12}: Eine Untersuchung zur Frage, wieviele Menschen die Erde ertragen kann»), den er speziell für seine «Freunde vom Club of Rome» geschrieben hatte. In diesem Artikel präsentierte er Berechnungen, die zeigten, daß es möglich ist, auf der Erde eine Billion Menschen zu versorgen, ohne auch nur eine einzige grundlegende Rohstoffquelle zu gefährden, auch nicht die Umwelt. Dies war ein weiteres Mosaiksteinchen im Bild eines wissenschaftlichen Außenseiters.

Es war im Jahre 1985, als ich in Laxenburg eintraf, um Marchetti am IIASA aufzusuchen. Er empfing mich in seinem Büro, hinter Bergen von Papier versteckt. Später bemerkte ich, daß die meisten Dokumente numeriert waren. Er benutzte dieses Datenmaterial wie die Künstler ihre Skizzenblöcke. Er begrüßte mich herzlich, wir räumten einen Stuhl für mich frei, und ich kam gleich zur Sache. Ich zeigte ihm meine ersten Versuche, die Nutzungszeiten für Rechner zu bestimmen. Ich hatte Dutzende von Fragen, die er nur lakonisch beantwortete, indem er mir die Richtung anzeigte, in die ich meine eigenen Schlüsse ziehen sollte. «Sehen Sie sich die Gesamtheit aller Computer an», sagte er. «Große und kleine Modelle liegen alle im Konkurrenzkampf miteinander um dieselbe Marktnische. Sie müssen herausfinden, wie sie sich gegenseitig ersetzen. Ich habe diesen Prozeß bei Autos, Zügen und anderen Erfindungen des Menschen beobachten können.»

Bei seinen Worten fiel es mir wie Schuppen von den Augen. Die Leute können ihr Geld nur einmal ausgeben, für das eine Rechnermodell eben oder für ein anderes. Wenn ein neuer Computer auf den Markt kommt, werden die Verkaufszahlen für ältere Modelle zurückgehen. Man kann auch nur auf einer Tastatur schreiben. Eine neue Tastatur, nach ergonomischen Gesichtspunkten ausgelegt, kann eventuell alle derzeit üblichen flachen Tastaturen ersetzen. Dieser Substitutionsprozeß verläuft ganz ähnlich dem Wachstum einer Tierpopulation und unterliegt dem fundamentalen Naturgesetz, wie es Volterra beschrieben hat.

Meine Diskussionen mit Marchetti zogen sich über Stunden hin. Er vertrat seine Argumente in so dogmatischer Weise, daß sie oft arrogant klangen. Was er sagte, war zum Teil so provokativ, daß es mir schwerfiel, nicht zu widersprechen. So blieb ich meistens ruhig und versuchte nur, soviel wie möglich aufzunehmen. Während des Mittagessens zauberte er eine um die andere Konstante – er nannte sie *Invarianten* – hervor, als ob er unserem Mahl mehr Würze verleihen wollte. Ob ich wohl wüßte, daß sich die Menschen auf diesem Erdball dann am wohlsten fühlten, wenn sie durchschnittlich etwa siebzig Minuten am Tag unterwegs seien? Eine länger anhaltende Abweichung von dieser Norm wird mit Unwohlsein, Ärger und Verdruß quittiert. Um dem Eindruck, daß man länger unterwegs ist, entgegenzuwirken, bietet man bei Zugreisen Spiele und anderen Zeitvertreib an, und man kann sich in Aussichts- oder Speisewagen begeben. Auf längeren Flügen kann man Spielfilme sehen. Andererseits ist der Mangel an Bewegung ebenso unangenehm. So durchqueren Gefangene ihre Zelle immer wieder, nur um ihren täglichen Bewegungsdrang zu befriedigen.

Ob ich wüßte, fragte mich Marchetti, daß die Leute während dieser siebzigminütigen Bewegungsphase nicht mehr und nicht weniger als 15 Prozent ihres Einkommens für das Fortbewegungsmittel ausgäben? Um es einmal auf das biologische Analogon zu übertragen: Man muß das Einkommen als das soziologische Pendant zur Energie betrachten. Und ob ich wüßte, daß es nur das Ziel sei, unter diesen beiden Randbedingungen eine möglichst große Distanz zu überbrücken? Arme Leute laufen; die, denen es besser geht, fahren; und die reichen schließlich fliegen. Von den Zulus in Afrika bis zur High Society in New York, sie alle versuchen nur, in den *siebzig Minuten* und mit den *15 Prozent des Einkommens*, die sie sich als Grenze gesetzt haben, möglichst weit zu kommen. Reichtum und Erfolg führen nur zu einem größeren Aktionsradius. Die Düsenflugzeuge haben nicht die Reisezeit verkürzt, sie haben einfach nur die zurückgelegten Entfernungen vergrößert.

So ist Marchetti zufolge die Maximierung der Reviergröße eines der grundlegenden Ziele, um das alle Lebewesen, von den primitivsten Formen bis zum Menschen selbst, immer gekämpft haben. Wie bei den einzelligen Amöben geht es auch bei der Eroberung des Wilden Westens oder der Erforschung des Weltraums nur um ein Vordringen in ein möglichst großes Gebiet. Nach seiner Meinung wäre jede andere ursächliche Erklärung die reine Dichtung.

Auf meinem Rückflug überfiel mich eine euphorische Ungeduld. Um meine Gedanken zu ordnen, nahm ich meinen Notizkalender heraus, schrieb meine Eindrücke und Schlußfolgerungen nieder und machte erste Pläne für mein weiteres Vorgehen. Nach der Ankunft am späten Freitag abend ging ich sofort in mein Büro. Ich mußte es einfach ausprobieren, die Gleichungen Volterras auf den Verdrängungswettbewerb von Computermodellen anzuwenden. Marchetti hatte vorgeschlagen, die gesamte Marktnische zu betrachten und dadurch den Konkurrenzkampf zwischen den verschiedenen Modellen in allen Einzelheiten aufzudecken. Könnte dieser Ansatz wirklich wie bei all den anderen Beispielen, die Marchetti genannt hatte, die Verdrängung von Computern am Markt beschreiben? Könnte es vielleicht sein, daß die Ersetzung von großen Computern durch kleinere ein «natürlicher» Prozeß ist, den man quantitativ erfassen und über dessen zukünftige Entwicklung man Voraussagen treffen kann? Könnte man dadurch gar die Zukunft meiner eigenen Firma vorhersagen? Könnten die Marktentwicklungen von Unternehmen ebenso wie die Lebenszyklen von Organismen prognostiziert werden, und wenn ja, mit welcher Genauigkeit? Wäre es gar möglich, für mich selbst eine Gleichung zu entwickeln und den Zeitpunkt meines Todes abzuschätzen?

Trotz meiner Aufregung gab es da auch einen Zweifel. Ich konnte nicht abschätzen, wie weit ich Marchetti trauen konnte. Ich mußte die Dinge selbst untersuchen. Wenn die Sache einen Haken hatte, würde es sich früher oder später herausstellen. Einer Sache vertraute ich auf alle Fälle, auch wenn ich nicht mehr in der physikalischen Forschung tätig war: das war die wissenschaftliche Methode.

Nach ein paar Monaten hatte es sich bei den meisten meiner Freunde und Bekannten herumgesprochen, daß meine Haupttätigkeit nun darin bestand, mit den Volterraschen Gleichungen und Marchettis Ansatz die Zukunft zu ergründen. Im Gegensatz zu meiner Erfahrung als Elementarteilchenphysiker hatte ich nun an meiner Arbeit ein ursprüngliches Interesse. Es war nicht mehr der Rausch derer, die sich intellektuell unterlegen fühlen und das Interesse bewundern, das wohl ein Problem, das viel zu schwer zu verstehen ist, erregen muß. Meine Einstellung war eher: «Das ist wirklich interessant. Kann *ich* das Problem für *mich* lösen?»

Jeder, der von meiner Arbeit wußte, war von dem Gedanken gefesselt, daß Zukunftsprognosen verläßlicher werden könnten durch die Anwendung wissenschaftlicher Methoden. Von allen Seiten kamen Nachfragen nach genaueren Informationen, nach Erklärungen und speziellen Anwendungen. Ein Freund, der mit dem Verkauf kleiner Segelboote begonnen hatte, wollte den voraussichtlichen Bedarf am Genfer See im nächsten Sommer wissen. Ein anderer, der ein Restaurant leitete und sich wegen der Abnahme seiner Gäste sorgte, machte sich Gedanken, ob seine Speisekarte im Vergleich zur Konkurrenz nicht zu speziell und zu teuer sei. Eine enttäuschte junge Dame wollte begierig den Beginn ihrer nächsten Liebesaffäre erfahren, und ein Arzt, den in neun Jahren fünfzehn Nierensteine geplagt hatten, wollte wissen, wann denn ein Ende dieser schmerzhaften Serie zu erwarten sei.

Aber neben denen, die eifrig an die Entdeckung eines mysteriösen Orakels für die Zukunft glauben wollten, gab es auch die Skeptiker. Darunter waren jene, die mißtrauisch richtige Vorhersagen als sorgfältig ausgewählte Erfolge in einer langen Reihe von Mißerfolgen abtaten; und jene, die argwöhnten, daß man, wenn es eine sichere Methode zur Vorhersage der Zukunft gäbe, nicht darüber sprechen, sondern das große Geld damit machen würde; und schließlich jene, die eine Vorhersage ihrer eigenen Zukunft durch andere schon deshalb nicht für möglich hielten, weil sie ja ganz in ihren eigenen Händen läge.

Ich meinerseits fand mich bald in einem Stadium quälender Unentschlossenheit. Auf der einen Seite fand Marchettis Ansatz großen Anklang bei mir, denn die wissenschaftliche Methodik und die Anwendung der biologischen Untersuchungen über natürliche Wachstumsprozesse und Konkurrenzkampf schienen mir ein verläßlicher Zugang zu sein. Andererseits mußte ich erst meine eigenen Erfahrungen gewinnen und die Größenordnungen der zu erwartenden Unsicherheiten ausloten. Ich mußte mich auch davor hüten, vor lauter Begeisterung über die mathematische Formulierung das Ziel aus den Augen zu verlieren. Wenn sich nun aber am Ende eine größere Verläßlichkeit der getroffenen Prognosen bestätigte, wie würde ich selbst mit der so abgeleiteten Vorbestimmtheit klarkommen? Der tiefe Glaube, die eigene Zukunft bestimmen zu können, stand im Widerspruch zu der faszinierenden Entdeckung, daß die Gesellschaft ihre eigenen Gesetze hat, die man quantitativ erfassen und zuverlässig in die Zukunft extrapolieren kann. Auf die alte Frage nach dem freien Willen würde man also einmal mehr keine einfache Antwort finden.

Ich suchte nun intensiv nach Beispielen von sozialen Wachstumsprozessen, auf die die Beschreibung natürlicher und biologischer Prozesse paßte. Ich achtete aber ebenso auf Unterschiede und versuchte sie durch ausgedehnte Simulationen zu verstehen. Ich hatte mich auf ein Abenteuer eingelassen, das ich die Jagd nach den S-Kurven nannte, und es nahm im weiteren Verlauf überraschende Wendungen. Dabei kam ich zu der Überzeugung, daß den wissenschaftlichen Formulierungen der natürlichen Wachstumsprozesse ein Geist innewohnt, der jederman zugänglich sein sollte. Und wenn man diese Methoden auf soziale Vorgänge anwendet, ist es nicht nur möglich, das Vergangene zu verstehen und zu interpretieren, sondern auch das Zukünftige voherzusagen. Ich lernte sogar, die meisten sozialen Abläufe nur anhand ihres Zeitverhaltens bildlich darzustellen, ohne auf die mathematische Formulierung zurückzugreifen. Solch eine Visualisierung eröffnete, wie ich fand, völlig neue Einblicke in die Vergangenheit und in die Zukunft.

Meine Erfahrung mit S-Kurven über die letzten sechs Jahre hinweg führten mich zu zweierlei Erkenntnissen. Die erste bezieht sich auf die Tatsache, daß viele Prozesse einen «Lebenszyklus» durchlaufen: Geburt, Wachstum, Reife, Rückgang und Tod. Die Zeitskalen solcher Vorgänge sind unterschiedlich, so daß manche wie Revolutionen aussehen, während andere eher wie natürliche Evolutionen wirken. Der gemeinsame Nenner aber ist *der Verlauf* des Wachstumsprozesses. So enden beispielsweise viele Dinge langsam und allmählich, ganz so, wie sie in Erscheinung getreten sind. Das Ende eines Lebenszyklus bedeutet allerdings nicht die Rückkehr zum Anfang. Die Phasen natürlicher Wachstumsprozesse folgen dem Verlauf von S-Kurven, gehen jedoch von einer in die andere über und spiegeln so auf einer höheren Stufe vieles aus den vorhergegangenen Phasen wider.

Meine zweite Erkenntnis betrifft die Vorhersagbarkeit. Es gibt gewissermaßen ein implizites Versprechen, das die Natur bei einem Wachstumsprozeß gibt: Der Wachstumszyklus wird nicht auf halbem Wege unterbrochen. Wann immer ich auf einen ausreichend großen Abschnitt eines Wachstumsprozesses stoße, sei es in der Natur, der Gesellschaft, dem Geschäftsleben oder meiner privaten Sphäre, immer versuche ich, den gesamten Lebenszyklus zu rekonstruieren. Wenn mir die erste Hälfte vorliegt, kann ich Aussagen über die Zukunft machen; wenn ich die zweite Hälfte sehe, kann ich Rückschlüsse auf die Vergangenheit ziehen. Ich habe meine Arroganz abgelegt und akzeptiert, daß mit *natürlichen* Wachstumsprozessen ein gewisses Maß an Vorbestimmtheit einhergeht, ganz wie es das Wort «natürlich» sagt.

Ich bin nicht der erste, der beeindruckt ist von dem Grad an Vorhersagbarkeit, der sich ergibt, wenn man die Gesetzmäßigkeiten der natürlichen Wachstumsprozesse anwendet. Neben den Wissenschaftlern, die ich eingangs erwähnte, haben viele andere über dieses Thema Sachbücher geschrieben. Ich habe mir beim Schreiben dieses Buches das Ziel gesetzt, meine Erfahrungen mit einem größeren Publikum zu teilen, indem ich in allgemeinverständlichen Worten den Einfluß schildere, den eine solche Analyse der Vergangenheit und der Zukunft auf unser tägliches Leben haben kann.

1 Wissenschaft und Weissagung

Ein Barmixer fragt Andy Capp, was er wählen würde – Geld, Macht, Glück oder die Fähigkeit, in die Zukunft zu sehen.

«Die Fähigkeit, in die Zukunft zu sehen», sagt Andy. «Damit kann ich das große Geld machen, das bringt mir Macht, und dann bin ich glücklich!»

* * *

Der Traum, die Zukunft vorhersagen zu können, ist so alt wie die Menschheit selbst. Vom Altertum an fand dieser Traum seinen Ausdruck in den Orakeln im Mittelmeerraum, dem I Ching in China oder den Tarotkarten, die alle zukünftige Ereignisse vorherzusagen schienen, in Wirklichkeit aber in erster Linie auf elegante Weise kluge unterbewußte Meinungen zum Ausdruck brachten. Im Verlauf der Jahrhunderte wurde das Vorhersagen der Zukunft immer wieder mit Religion, Mystizismus, Zauberei und dem Übernatürlichen in Zusammenhang gebracht. Hellseher wurden eifrig befragt, und wenn sich ihre Prophezeiung bewahrheitete, wurden sie verehrt, andernfalls verhöhnt. Die chinesischen Hofastrologen Hsi und Ho wurden enthauptet, weil sie die Sonnenfinsternis am 22. Oktober 2137 vor unserer Zeitrechnung nicht vorausgesehen hatten. Zu anderen Zeiten wurden Hellseher auf dem Scheiterhaufen als Hexen verbrannt.

Auch heute dient die Astrologie mit ihren Horoskopen demselben Zweck. Sie schlägt ihr Kapital aus dem menschlichen Drang, die Zukunft zu kennen, gerade so, wie die Religion die Furcht vor dem Tode ausnutzt. Im Gegensatz zur Religion ist ihr Ziel jedoch nie die Errettung oder die Erlangung inneren Friedens. Meist richtet sich der Wunsch nach zukünftigem Wissen auf materielle oder persönliche Vorteile. Auch wenn es die Menschen nicht gerne zugeben: Die Fähigkeit, die Zukunft vorherzusagen, verleiht Macht und das Ansehen, übermenschlich zu sein.

Gemeinhin glauben Gelehrte, daß es unter ihrer Würde ist, mit Hellseherei in Verbindung gebracht zu werden. Dies ist in gewisser Weise seltsam, denn die Wissenschaft selbst dreht sich ja um die Entdeckung von Methoden zur Bestimmung künftiger Ereignisse. Wissenschaftler benutzen nur ein anderes Vokabular. Anders als die Hellseher sprechen sie von Berechnungen statt von Vorhersagen, von Gesetzen statt vom Geschick und von statistischen Fluktuationen statt von Zufällen. Dennoch ist der Zweck der wissenschaftlichen Methoden genau derselbe. Aus den Beobachtungen vergangener Ereignisse leiten die Wissenschaftler Gesetze ab, die nach ihrer Verifikation die Vorhersage zukünftiger Geschehnisse erlauben.

Damit soll nicht der Wert wissenschaftlicher Erkenntnisse herabgemindert werden. Im Gegenteil, ich will mir ihren eindrucksvollen Erfolg zum Beispiel nehmen und die Wissenschaft in die Zukunftsvorhersage einbringen, ein Wunsch, der nicht ganz neu ist. Die Wissenschaft hat Autorität und Ansehen. Das Wort «wissenschaftlich» steht als Synonym für «allgemeingültig bewiesen». Viele Einzeldisziplinen wollen als wissenschaftlich gelten, um ihren Status zu erhöhen. So gibt es schon die Sozialwissenschaft, Computerwissenschaft, Planungswissenschaft, Wirtschaftswissenschaft, Agrarwissenschaft und Biowissenschaft. Über kurz oder lang haben wir womöglich noch die Verkaufswissenschaft, Sportwissenschaft und Liebeswissenschaft. Manchmal scheint der Beiname Wissenschaft in Wirklichkeit ein Hinweis dafür zu sein, daß die Sache selbst fast nichts damit zu tun hat.

Die Kunst der Wettervorhersage hat im Verlauf der letzten Jahre mehrmals Anleihen bei den exakten Wissenschaften gemacht. Aufgrund der Einführung der digitalen Computer und der Beobachtungssatelliten im Weltraum konnte man hoffen, daß das Erstellen globaler Wetterprognosen bald als neue «Wissenschaft» anerkannt werden würde. In den folgenden zwanzig Jahren konnte man den Aufbau einer extensiven und teuren Bürokratie mit Zentren der Meteorologie auf beiden Seiten des Atlantiks beobachten. Ausgestattet mit den mächtigsten Computern, zogen diese Institutionen im Namen der Langzeitvorhersage Geld und menschliche Leistungskraft an sich. Dennoch lieferten die komplizierten Modclle, die mit Lösungen hochdimensionaler Gleichungssysteme und Unmengen von Daten operierten, Vorhersagen, die nur wenige Tage gültig waren. Nachdem Tausende von Mannjahren und Milliarden von Dollar investiert waren, kam John Gleick in seinem Buch *Chaos* zu dem Schluß, daß «langfristige Wettervorhersagen zum Scheitern verurteilt sind».[1]

Auch die Vorhersage wirtschaftlicher Abläufe, die als «Wissenschaft» kaschiert werden sollte, basierte auf ausgefeilten ökonomischen Modellen mit komplizierten und manchmal geradezu beliebigen Gleichungen, die die zukünftige Entwicklung von Preisen, Subventionsmitteln, Zinsen oder anderen unbekannten Größen prognostizieren sollten. Wenn sich die resultierende Vorhersage als absurd erwies, wurde an den Gleichungen gedreht, bis die Prognose innerhalb allgemein anerkannter Fehlergrenzen lag. Eine grundlegende Rechtfertigung, in dieser Richtung weiter zu verfahren, ist die voluminöse Anzahl von Publikationen – von Methoden, Modellen und Prognosen –, die das wesentliche Maß für die akademische Produktivität zu sein scheinen. Eine andere Rechtfertigung ist die Notwendigkeit, die die Regierungen und das industrielle Management in der Entwicklung mehr «wissenschaftlich» orientierter Methoden zur Abschätzung zukünftiger Trends sehen. Und wieder wurden große Mühen in ökonomische Prognosen gesteckt, die regelmäßig im Desaster endeten.

Metereologen und Ökonomen mit ihren Schwärmen von Programmierern waren nicht die einzigen, die für ihre Vorhersagen Wissenschaftlichkeit beanspruchten. Auch Statistiker und Informatiker gehören dazu, und die Gurus der Hellseherei findet man heute in den Ausbildungsstätten für Wirtschaftswissenschaftler. Sie sind geradezu Meister der «Zeitreihenanalyse». Eine Zeitreihe ist eine Folge von Meßpunkten in regelmäßigen Abständen: tägliche Temperaturaufzeichnungen oder Aktienkursnotierungen, die Zahlen der jährlichen Verkehrstoten und so weiter. Computer zerlegen diese Zeitreihen in zyklische Anteile, saisonale Komponenten, Trends und eine «unerklärbare Variation», und aus all dem Zahlensalat wird eine «Vorhersage» extrahiert.

Zeitreihenanalysatoren vollführen diese Kunststückchen statistischer und mathematischer Magie, ohne sich darum zu kümmern, was sie gerade betrachten. Sie brüsten sich, die Daten zu analysieren, ohne über die Fallstricke menschlicher Voreingenommenheit – zum Beispiel den *Wunsch* nach steigenden Aktienkursen – zu stolpern. Dies geht sogar so weit, daß sie «Expertensysteme» konzipieren, das sind Programme, die ohne menschliches Zutun die Daten untersuchen und die Prognose abgeben. Man muß nur noch die Folge der Meßdaten eintippen, und heraus kommt die Vorhersage, sogar mit vollständigem Bericht.

Was die Zeitreihenanalytiker dabei erreichen, ist allerdings nur Automation. Schließlich kann jeder überall Zahlen in einen Rechner eingeben, die RETURN-Taste drücken und das Ergebnis in Empfang nehmen. Keine Bewertung, kein Verständnis, ja kein Nachdenken wird dazu benötigt. Programmpakete zur Zeitreihenanalyse, die aus dem Bereich der künstlichen Intelligenz stammen, behandeln Daten über Temperaturmessungen genauso wie eine kumulative Verkaufsstatistik, wobei sie in beiden Fällen ein weiteres Ansteigen *und* Absinken zulassen. Ja, sie würden sogar eine zeitliche Abnahme der Körpergröße eines Kindes vorhersagen. Spyros Makridakis, ein Fossil der Zeitreihenanalyse, ist in einer umfangreichen Studie zu dem Schluß gekommen, daß «einfache statistische Methoden in der Zeitreihenanalyse mindestens so gut funktionieren wie die hochkomplexen».[2]

Nach meiner Erfahrung ist die einfachste und beste Methode in der Zeitreihenanalyse die graphische Darstellung der Daten und die Extrapolation ihres Verlaufs nach Augenmaß. In jedem Fall kann die Extrapolation einer Folge von Datenpunkten ohne Verständnis ihrer Struktur Licht nur auf die unmittelbare Zukunft werfen. Sie bringt nur wenig mehr Erkenntnis als die naive Wettervorhersage, morgen werde es dasselbe Wetter geben wie heute. Die Modelle der Zeitreihenanalyse liefern bei langfristigen Vorhersagen keine besseren Ergebnisse als die der Ökonomen oder Meteorologen. So hat sich die Anwendung wissenschaftlicher Methoden in dieser Weise als wenig hilfreich erwiesen.

Unter den Wissenschaftlern waren es immer die Physiker, die sich von Vorhersagen zurückhielten. Bis vor kurzem schimpften die fähigsten von ihnen, die man, angezogen vom Ruhm und Glanz der Elementarteilchenphysik, in den kernphysikalischen Laboratorien antraf, auf Meteorologie und Ökonomie als Pseudowissenschaften. Kapazitäten unter den Theoretikern gestanden offen ein, daß die Physik nicht in der Lage ist, Vorhersagen über komplizierte Vorgänge wie zum Beispiel die Turbulenz zu machen, deren Entwicklung sehr sensitiv von den Anfangswerten abhängt. Bei dem von Gleick beschriebenen Schmetterlingseffekt kann der Flügelschlag eines Schmetterlings heute in Neuseeland im nächsten Monat ein Unwetter in Berlin auslösen. In einem Science-fiction-Szenario findet ein Zeitreisender, der vor Millionen von Jahren ein Insekt rückwirkend zertreten hat, nach seiner Rückkehr zur Gegenwart eine völlig veränderte Welt wieder. Die riesige Komplexität solcher Systeme schreckt Physiker ab, die einfache, elegante Lösungen suchen.

Die klassische Physik ist vorzüglich geeignet, die Bewegung von Billardkugeln zu beschreiben. Schwierigkeiten entstehen erst, wenn man viele Kugeln

gleichzeitig betrachtet (und «viel» kann für einen Physiker schon «mehr als drei»
bedeuten). Moleküle in einem Gas benehmen sich ähnlich wie Billardkugeln, aber
es gibt viel zu viele davon, und sie stoßen zu oft zusammen. In der Thermody-
namik, jenem Zweig der Physik, der sich mit dem Studium der Gase beschäftigt,
macht man Aussagen über zukünftige Zustände, indem man sich auf die makroskopischen Variablen konzentriert: Temperatur, Druck und Volumen. Der mikro-
skopische Ansatz, bei dem die Bewegung einzelner Moleküle verfolgt wird, hat
die Vorstellungskraft der genialsten Physiker über mindestens einhundert Jahre beansprucht und letztlich nur dazu gedient, die schon experimentell aufgefundenen
Beziehungen zwischen den globalen Variablen besser zu verstehen, zu erhärten
und zu bestätigen.

Wegen der immer seltener werdenden erfolgreichen Versuche in ihren Anstel-
lungen bedroht, verlassen die Physiker die dunklen Verliese der Teilchenbeschleuniger und treten an den unwahrscheinlichsten Stellen wieder in Erscheinung: in
der Neurophysiologie, an der Wall Street, beim Studium des Chaos oder bei der
Zukunftsvorhersage, um nur einige zu nennen. Mit sich bringen sie die Werkzeuge,
Techniken und Tricks, die alle der wissenschaftlichen Methode entnommen sind:
Beobachtung, Voraussage, Verifikation. Sie versuchen, die Zukunft der physikalischen Tradition zu ergründen – wie Jagdhunde, die die zukünftige Richtung auf
ihrem Weg erschnüffeln.

Derek J. de Solla Price hatte als Experimentalphysiker angefangen, aber bald
schon verfiel er der Leidenschaft, seine Kenntnisse auf Probleme der Scientometrie
(die quantitative Untersuchung der Gesellschaft der Wissenschaftler) anzuwenden.
Er war der erste, der die Beziehung zwischen natürlichem Wachstum und Chaos
aufzeigte. Einen Großteil seiner Forschertätigkeit verbrachte er auf der Avalon-
Professur für die Geschichte der Naturwissenschaften an der Yale-Universität. Er
verdient den Ruf, der Francis Galton* der Geschichte und Soziologie der Wissenschaften genannt zu werden.

Unabhängig davon entwickelt Elliott Montroll, ein Festkörperphysiker an der
Universität von Rochester, mathematische Modelle für gesellschaftliche Vorgänge.
Er untersucht, wie sich Wettbewerb auf Verkehr und Bevölkerungswachstum aus-
wirkt. Er schlägt sogar vor, daß man den Geldtransfer von einem Individuum zu
einem anderen analog zu der Weise beschreiben sollte, in der man die Energieüber-
tragung von einem Gasmolekül auf ein anderes beim Zusammenstoß beschreibt.
Durch den Transfer von Gütern und Dienstleistungen hat ein jeder ein jährliches
Einkommen. Man müßte nun annehmen, daß nach einer gewissen Anzahl von
Transaktionen das Geld zufällig verteilt ist; aber in Wirklichkeit haben einige

---

*   Francis Galton (1822–1911) wandte bereits in der Mitte des 19. Jahrhunderts wissenschaftli-
     che Methoden auf soziale Fragestellungen an. Er war Enkel von Erasmus Darwin. Zu seinen
     Leistungen gehört die Einführung der Fingerabdrücke als Beweismittel bei Scotland Yard. Er
     schrieb ferner eine Arbeit, in der er nachwies, daß zur Erstellung eines Portraits etwa 20'000
     Pinselstriche benötigt werden, eine Zahl, die der Anzahl der Handbewegungen beim Stricken
     eines Paares Socken in etwa gleichkommt.[3]

Leute ein wesentlich höheres Einkommen als andere.[4] Trotzdem kann Montroll einige der thermodynamischen Gesetze auch quantitativ ausnutzen.

In gleicher Weise betrachtete Marchetti fast zur selben Zeit ein Energieversorgungssystem als Gesamtheit vieler kleiner Komponenten, die sich in zufälliger Bewegung befinden. Die Beobachtungsgröße ist von globaler Natur wie der Gesamtenergieverbrauch der Welt oder einer Nation oder der Verbrauch einer speziellen Sorte Treibstoff. Um die Physik ins Spiel zu bringen, könnte man versuchen, die globale Observable aus den mikroskopischen Variablen, den Verbrauchsgrößen der einzelnen Konsumenten, zu rekonstruieren. Aber das wäre genauso kompliziert wie im Falle der Billardkugeln oder Gasmoleküle. Wie bei der Wettervorhersage oder den ökonomischen Prognosen scheitert das Verfahren an der riesigen Anzahl mikroskopischer Variablen.

Man kann eher einen Erfolg erwarten, wenn man sich auf die makroskopischen Variablen konzentriert, die die globale Entwicklung des Vorgangs beschreiben. Es gibt Hinweise, die zeigen, daß «Individuen» ihr Verhalten innerhalb eines Gesamtsystems so «einrichten», daß makroskopische Beschreibungsgrößen wie Invarianten oder Funktionen natürlichen Wachstums den *holistischen* Charakter des Systems adäquat zum Ausdruck bringen. Dadurch kann man schon aus einem kleinen Ausschnitt der Entwicklungsgeschichte des Systems eine lange Folge von Datenpunkten sowohl in der Vergangenheit rekonstruieren als auch in die Zukunft extrapolieren. Es gibt mit anderen Worten stabile und tief verwurzelte Organisationsmuster, die dafür sorgen, daß sich das kollektive soziale Verhalten den fundamentalen Gesetzen unterwirft, welche die Vergangenheit, die Gegenwart und die Zukunft regeln.

Invarianten

Das einfachste mögliche Gesetz besagt, daß sich eine Größe nicht ändert und damit zur *Invarianten* wird. Invarianten sind die am einfachsten vorherzusagenden Größen. Sie spiegeln Zustände des Gleichgewichts wider, die durch natürliche Regulationsmechanismen aufrechterhalten werden. In einem Ökosystem spricht man bei einem solchen Gleichgewicht von *Homöostase* und bezeichnet damit die harmonische Koexistenz von Räuber und Beute in einer Welt, in der Arten nur selten auf natürliche Weise aussterben.

Gleichgewichtszustände findet man auch in vielen Fällen des sozialen Zusammenlebens. Wann immer der Grad einer potentiellen Gefahr eine als erträglich empfundene Schwelle überschreitet, treten automatisch Korrekturmechanismen in Kraft, die den Grad der Bedrohung wieder herabsetzen. Wenn andererseits die Bedrohung zufälligerweise unter die tolerierte Grenze absinkt, verliert die Gesellschaft den Sachverhalt aus den Augen, und die damit verbundenen Probleme nehmen mit der Zeit wieder zu.

Invarianten werden nur allzu leicht von den täglichen Schlagzeilen verdeckt. Die Anzahl der Verkehrstoten an einem Wochenende, und das ist der Zeitraum,

über den Journalisten gerne berichten, klingt in großen Ländern wie der Bundes-
republik recht alarmierend. Im Jahresmittel und bezogen auf einhunderttausend
Einwohner jedoch ist diese Zahl eine verläßliche Konstante, in der ganzen Welt
und über einen langen Zeitraum hinweg.

Verkehrssicherheit

Die Verkehrssicherheit war schon immer Gegenstand erregter und emotionaler
Debatten. Autos wurden auch schon mit Mordwaffen verglichen. Jedes Jahr sterben
weltweit etwa zweihunderttausend Menschen bei Autounfällen, und etwa zehnmal
so viele werden verletzt. Ständig werden Anstrengungen unternommen, Autos
noch sicherer zu machen und die Fahrer zur Vorsicht zu mahnen. Haben aber
diese Bemühungen die Anzahl der Verkehrstoten senken können? Können wir
diese Anzahl durch den Fortschritt in unserer Gesellschaft signifikant verringern?

Um diese Fragen beantworten zu können, müssen wir uns mit der historischen
Entwicklung der Unfallstatistiken befassen. Zunächst brauchen wir aber eine *aus-
sagekräftige* Meßgröße und *exakte* Daten, um einem zugrundeliegenden Gesetz
auf die Spur zu kommen. Todesfälle sind normalerweise besser erfaßt und leichter zu interpretieren als weniger schwere Verletzungen. Außerdem stellt das Auto
eine Gefahr für die Gesellschaft dar, die die Bedrohung spürt und unter Kontrolle
halten will. Daher ist die Anzahl der Verkehrstoten auf hunderttausend Einwohner
pro Jahr eine sinnvollere Meßgröße als die Anzahl der Unfälle pro Kilometer oder
pro Auto oder pro gefahrene Stunde.

Abbildung 1.1 zeigt die erwähnten Daten für die Vereinigten Staaten ab Beginn dieses Jahrhunderts. Man bemerkt, daß die Anzahl der Toten aus Verkehrs-
unfällen zunächst mit der Einführung des Autos bis zur Mitte der zwanziger Jahre
anstieg, wo sie einen Wert von etwa 24 Toten auf hunderttausend Einwohner
pro Jahr erreichte. Von da an scheint sich die Zahl stabilisiert zu haben, obwohl
die Anzahl der Autos weiter stetig zunahm. Beim Erreichen dieses Grenzwertes
scheint also ein ausgleichender Mechanismus in Kraft zu treten, der ein Schwingen um die Gleichgewichtslage hervorruft. Die Spitzenwerte mögen zur Forderung
der Öffentlichkeit nach mehr Sicherheit geführt haben, während die niedrigeren
Werte zu einer Lockerung der Sicherheitsvorschriften und der Geschwindigkeitsbegrenzungen beigetragen haben könnten. Es scheint doch bemerkenswert, daß trotz
der gewaltigen Veränderungen bei der Anzahl und der Ausstattung der Autos,
bei den Geschwindigkeitsbegrenzungen, der Sicherheitstechnologie, der Straßen-
verkehrsordnung und der Fahrausbildung über einen Zeitraum von 65 Jahren ein
andauernder Selbstregulierungsprozeß in der Verkehrssicherheit stattgefunden hat.

Dabei ist keineswegs klar, warum die Zahl der Verkehrstoten pro hunderttausend Einwohner pro Jahr gerade 24 beträgt und wie die Gesellschaft überhaupt ein
Ansteigen des Wertes auf 28 registrieren kann. Man kann nun Vergleiche zu anderen Ländern anstellen, um mögliche kulturelle Einflüsse aufzuspüren. Im Jahre
1975 gab es sieben Nationen (Österreich, Belgien, Frankreich, Dänemark, Italien,
Kanada, die USA), bei denen die Zahl nahe bei 24 lag. Aber es gab auch drei große
Ausnahmen. In Großbritannien, Schweden und Japan lag die Zahl bei etwa 12. In

STATISTIK DER VERKEHRSTOTEN

Abb. 1.1 Die jährliche Anzahl der Verkehrstoten pro 100'000 Einwohner zeigte in den USA während der letzten 65 Jahre eine Fluktuation um den Wert 24. Der Spitzenwert am Ende der sechziger Jahre löste die öffentliche Forderung nach der Gurtpflicht aus.

allen drei Ländern wurde zu dieser Zeit links gefahren. Wenn dieser Unterschied signifikant ist, wäre es sicher interessant, dieses Phänomen weiter zu untersuchen. Sollten etwa Linksfahrer weniger zu Unfällen neigen?

Die Zahlen der letzten 15 Jahre scheinen eine Abnahme anzukündigen. Hat sich die Sicherheit unserer Autos nun doch erhöht, oder handelt es sich nur um eine neuerliche Fluktuation? Die amerikanische Gesellschaft hat den stabilen Mittelwert nun 60 Jahre toleriert. Ein Statistiker bei Rand hat es ziemlich drastisch formuliert: «Ich bin sicher, daß es ein durchaus erwünschtes Mindestmaß an Autounfällen geben muß – erwünscht in dem Sinne, daß so etwas ganz allgemein ein notwendiger Begleitumstand der Dinge ist, die von Wert für eine Gesellschaft sind.»[6] In Ermangelung überzeugender Argumente für das Gegenteil würde ich die langfristige Vorhersage wagen, daß wir nur eine kleine oder gar keine Änderung der relativen Anzahl von Verkehrstoten erwarten können. Sie wäre dann eine Invariante für die Verkehrssicherheit. Ich würde sogar, da die Zahl in den letzten Jahren näher bei 20 als bei der «natürlichen» 24 lag, in den neunziger Jahren ein Ansteigen um etwa 20 Prozent erwarten. Später wird man wahrscheinlich einen solchen Anstieg auf die zunehmende Anzahl von Autos und die Erhöhung von Geschwindigkeitsbegrenzungen zurückführen.

Eine Invariante kann man sich als einen Zustand der Ausgewogenheit vorstellen. Sie hat ihren Ursprung in der Natur, die Wege zur Aufrechterhaltung dieses Zustands entwickelt. Von Zeit zu Zeit tauchen Individuen als Fürsprecher offenbar wohlbegründeter Maßnahmen auf. Dabei haben sie keine Ahnung davon, daß sie vielleicht als unbewußte Vertreter eines inhärenten Zwanges handeln, der das Gleichgewicht aufrechterhalten will, und daß dies auch ohne ihr Zutun geschehen wäre. Ein Beispiel hierfür ist Ralph Nader, der mit seinem Buch «Unsafe at any Speed» («Unsicher bei jeder Geschwindigkeit») in den sechziger Jahren einen Kreuzzug für die Sicherheit im Straßenverkehr führte. Zu dieser Zeit war die relative Zahl tödlicher Autounfälle schon 40 Jahre lang relativ stabil geblieben. Untersucht man aber Abbildung 1.1 genauer, so erkennt man in den sechziger Jahren einen kleinen Gipfel in der Unfallzahl, und der hat wohl Nader veranlaßt, die Alarmglocke zu läuten. Hätte er es nicht getan, so wäre es ein anderer gewesen. Aber auch ein rechtzeitig auftretender sozialer Mechanismus hätte zum gleichen Ergebnis führen können, zum Beispiel die «zufällige» Erfindung einer erfolgreichen Neuerung in der Sicherheitstechnik bei Automobilen.

Die Planung von Computer-Innovationen
Als ich zusammen mit meinem Kollegen Alain Debecker Innovationen in der Technologie untersuchte, stießen wir in der Welt der Computer unerwartet auf eine Invariante. Wir befaßten uns gerade mit der Rate, mit der neue Computermodelle auf den Markt kommen, in Relation zu dem Auftauchen neuer Computerhersteller im gleichen Zeitraum. Unserer Intuition folgend, setzten wir die Modelle zu den Herstellern in Beziehung und stellten so fest, wie die Anzahl neuer Modelle von der Anzahl neuer Hersteller abhing. Wir waren nicht überrascht, daß der Rechner Punkt für Punkt eine vollkommen gerade Linie auf den Bildschirm zeichnete. Während der ersten fünfundzwanzig Jahre in der Geschichte des Computerbaus scheint es, und zwar für den gesamten Bereich der hergestellten Modellvarianten, eine Invariante gegeben zu haben, ein verstecktes Regulativ, das sorgsam beachtet wurde. Es scheint, als ob jeder Rechnerhersteller nur Anspruch auf eine kleine Zahl von Modellen hat, fünf im Durchschnitt.

Wir sahen uns dieses Ergebnis lange an, ohne es mit der Existenz der großen Firmen wie IBM oder DEC, die Hunderte von Rechnermodellen herstellen, in Einklang bringen zu können. Schließlich jedoch wurde uns klar, was dahintersteckt. Von diesen gigantischen Burgen geballten Computerwissens nehmen erfolgreiche Rechnermodelle und Konzepte ihren Weg, und frühere Angestellte gründen kleine Firmen, die oft nur in einer Idee oder einer Person ihren Ursprung nehmen. Die großen Computerfabriken schaffen also nicht nur Maschinen, sie schaffen auch neue Firmen nach dem strikt eingehaltenen Verhältnis von fünf Modellen pro Firma (mehr dazu in Kapitel 4).

Arbeitsteilung zwischen Mensch und Maschine
Invarianten charakterisieren ein natürliches Gleichgewicht. Der Mensch schläft durchschnittlich während eines Drittels des Tag-Nacht-Zyklus. Ebenso gibt es ein Optimum der täglich unterwegs verbrachten Zeit bei siebzig Minuten. Es scheint dann aber auch plausibel, daß es eine Balance zwischen den Anteilen an körperlicher und geistiger Arbeit im Verlauf eines Tages geben sollte. Vergleicht man grob Computer mit lebenden Organismen, so kann man die Software mit dem Intellekt

und die Hardware mit dem Körper gleichsetzen, und dann findet man eine Invariante in der Welt der Computer, die den fundierten Ansichten einiger Experten der Informationstechnologie widerspricht.

Menschen fühlen sich beleidigt, wenn man sie mit Tieren vergleicht. Seltsamerweise erfüllt es sie mit Stolz, wenn sie etwas so gut wie eine Maschine tun, vielleicht deshalb, weil sie nicht glauben, daß man einen solchen Vergleich ernst meinen könnte. Von der Entdeckung des Rades bis zur Erfindung des Transistors ist die Geschichte mit Meilensteinen gespickt, die das Auftauchen von Maschinen markieren, die den Menschen die immer wiederkehrenden Arbeiten abnehmen. Die Industrialisierung brachte vor allem Erfindungen hervor, die Muskelkraft ersetzen sollten. Dies führte aber nicht zu einer wesentlichen Herabsetzung der täglichen Arbeitszeit. Räumt man dem Schlaf acht Stunden und der Verrichtung persönlicher Angelegenheiten eine vernünftige Zeitspanne ein, so liegt die für die Arbeit verbleibende Zeit bei acht bis zehn Stunden pro Tag. Tatsächlich liegt es in der menschlichen Natur eingerichtet, daß eine wesentlich kürzere Arbeitszeit schlecht ertragen wird.

Schon bald nach der Einführung der Computer sorgte das Verlangen nach Software für die Entstehung einer aufstrebenden Industrie; denn ein Computer ist nutzlos, wenn er nicht für seine Aufgaben programmiert wird. Das rasante Wachstum erfolgreicher Softwarefirmen regte die Computerhersteller sogar zu der Spekulation an, daß eines Tages die Rechner kostenlos zur Verfügung gestellt werden könnten; der gesamte Gewinn würde dann aus dem Service und der Software kommen. Dies hätte bedeutet, daß sich die Anstrengungen der Computerindustrie schließlich nur noch auf die Produktion von Software konzentriert hätten.

Ein solcher Trend zeichnete sich tatsächlich ab. In den siebziger Jahren gründeten große Forschungsinstitute Abteilungen, die für Computerunterstützung zuständig waren und großzügig mit Programmierern ausgestattet wurden. Massenhaft widmeten sie ihre Jugend und ihr Talent dem Schreiben Tausender von Programmzeilen in FORTRAN, um es Wissenschaftlern zu ermöglichen, Graphen, Histogramme oder Zeichnungen zu erzeugen. Die Situation wurde, wenn auch vorwiegend unbewußt, langsam unerträglich, und die graphischen Möglichkeiten wurden mehr und mehr in die Hardware verlagert. Heute erzeugen Videoterminals wahre Kunstwerke, ohne die zentrale Recheneinheit des Computers mit solchem Kleinkram zu belasten. Mittlerweile haben sich die Programmierer auf größere Herausforderungen eingelassen. Sie verbringen ihre Zeit damit, die Leistung der Rechner um ein Vielfaches zu erhöhen, indem sie parallele Rechentechniken implementieren, die ebenfalls bald voll in die Hardware integriert sein werden.

Seit nunmehr mindestens acht Jahren ist das Verhältnis der Ausgaben für Hardware und Software stabil geblieben. In der westlichen Industriegesellschaft hat sich der Gleichgewichtswert bei etwa drei zu eins eingependelt. In dieser Tatsache spiegelt sich die Homöostase zwischen menschlicher Arbeit (zur Erstellung von Software) und maschineller Arbeit (durch fest verdrahtete Programme) in der industriellen Informationstechnologie wider.

Während Invarianten auf den durchschnittlichen langfristigen Trend hinweisen, sorgen Fluktuationen für Abweichungen von dem natürlichen Sollwert. Solche Fluktuationen können bisweilen beachtliche Dimensionen erreichen und in der Gesellschaft eine wichtige Rolle spielen. Es gibt nur wenige soziale Bereiche, in denen bei der Aufteilung der Arbeit zwischen Mensch und Maschine eine mechanische Funktion des Menschen toleriert oder gar erwartet wird. Ein Beispiel hierfür ist ein Musiker beim Spielen seines Instrumentes. Technische Virtuosität wird bei jedem Instrument geschätzt; sie bereitet die größten Mühen und erntet dennoch nie die höchsten Meriten. Ausdrücke wie «Eine bewundernswerte Technik, aber...» leiten schon die abwertende Kritik einer Aufführung ein. Sowohl Ausführende als auch Kritiker zeigen sich zurückhaltend beim Lob technischer Geschicklichkeit, verglichen mit den Anstrengungen, die dafür notwendig sind. Dies ist nicht verwunderlich, wenn man bedenkt, daß es sich tatsächlich in der Hauptsache um rein mechanische Fertigkeiten handelt. Warum aber wehrt man sich dann so sehr dagegen, diesen Teil der Arbeit auch einer Maschine zu übertragen? Die folgende Geschichte ist ein Gedankenexperiment um eine hypothetische Maschine mit der Bezeichnung Aponium.[7]

* * *

Wir befinden uns im Konzertsaal im Lincoln Center im Jahre 1999, um einem ungewöhnlichen Konzert beizuwohnen. Die New Yorker Philharmoniker haben auf der Bühne gerade ihre Instrumente für eine Aufführung des Klavierkonzertes Nr. 21 von Wolfgang Amadeus Mozart gestimmt. Im Frack betreten Dirigent und Solist unter dem Applaus des Publikums die Bühne. Der Solist trägt einen langen, rechteckigen schwarzen Kasten unter dem Arm – das Aponium. Er legt ihn sorgsam über die Tastatur des Steinway-Flügels und steckt den Stecker eines Kabels am Ende des Kastens in eine Aussparung im Boden. Er setzt sich auf die Klavierbank und legt seine Hände auf das Aponium. Seine Finger steckt er in drei stufenlos verstellbare ergonomisch geformte Schalter.

Das Aponium ist ein Vorsatzgerät zur Tastatur, ausgerüstet mit kleinen, elektromagnetisch betriebenen Hämmern und einem Diskettenlaufwerk. Die Klavierpartitur des Konzertes wurde bereits optisch eingelesen und auf Diskette gespeichert. Das Aponium kann den Solopart fehlerfrei und mit beliebiger Geschwindigkeit «spielen». Dabei erlaubt es sogar (über die Schalter) eine persönliche Interpretation durch Variation der drei einzigen bestimmenden Spielparameter: schnell/langsam, piano/forte und staccato/legato. Die gesamte technische Ausführung wird von der Maschine übernommen. Die intellektuelle Arbeit – die Interpretation – bleibt hingegen dem Solisten überlassen, der nun mühelos seine inneren Gefühle in den schwierigsten Klavierpassagen ausdrücken kann.

Der Pianist und der Dirigent werfen sich einen letzten Blick zu, und das Konzert beginnt. Nach einer kurzen Weile hat sich unter dem Klang der wohltuenden Melodien die Aufregung beim Publikum gelegt. Sie achten nicht mehr so sehr auf die zunächst als störend empfundene Maschine, da sich der Solist wie gewohnt beim Spiel vor- und zurücklehnt – um forte zu spielen, muß er die entsprechenden Schalter niederdrücken. Erst am Ende des Konzerts kommt erneut Erregung auf, insbesondere, als sich das Gerücht breitmacht, daß der Solist gar kein Musiker, sondern ein italienischer Restaurantbesitzer in der zweiten Generation ist, der einfach nur die klassische Musik und die Oper liebt.

Die ganze Wut entlädt sich am folgenden Tage in den Kritiken der Presse. Die Musiker, vor allem die Pianisten, haben das Gefühl, daß ihnen der Boden unter den Füßen weggezogen wurde. Klavierspieler, die ihre Jugend in Fronarbeit an der Tastatur verbracht und nicht selten ihre Gesundheit im Streben nach übermenschlichen technischen Leistungen ruiniert haben, sind zutiefst gekränkt über diese Konkurrenz aus dem Amateurlager.

Besonders beunruhigend allerdings ist die Verstörung, die diese neue Erfindung unter den Liebhabern original aufgeführter Musik hervorruft. Bisher war es ungeschriebenes Gesetz, sich in seiner Beurteilung einer Darbietung auf die Interpretationsfähigkeit des Solisten zu konzentrieren. Seine oder ihre technische Brillanz zählte erst in zweiter Linie. Nun aber, da es diese Maschine einem jeden ermöglicht, seine Interpretation ohne größere Mühe (das Aponium übernimmt die technische Ausführung) zum besten zu geben, gibt es gar nicht mehr genügend Spielraum, die guten Musiker allein auf Grund ihrer Interpretationsgabe zu klassifizieren. Jetzt wird auf einmal klar, warum die großen Pianisten immer schwerste Stücke zur Aufführung bringen (oder die leichteren unmöglich schnell spielen): um sich durch ihre exzeptionelle Virtuosität in der technischen Durchführung von anderen abzusetzen und sich dadurch erst für die Bewertung ihrer Interpretationsgabe zu qualifizieren. Technische Brillanz wurde damit zum Auslesefaktor unter der großen Zahl der guten Pianisten, für die es sonst keineswegs benügend Platz auf den Bühnen unserer Konzertsäle gäbe. Dann stellt sich aber auch die unbequeme Frage, ob diejenigen, die sich eine phantastische manuelle Geschicklichkeit zu eigen machen konnten, auch diejenigen sind, die ihre Interpretation eines Werkes mit dem erwarteten künstlerischen Glanz erfüllen können.

* * *

Auftritte von Solisten mit Musikinstrumenten sind also Beispiele gesellschaftlicher Situationen, in denen die Relation zwischen menschlicher und mechanischer Arbeit alles andere als ausgewogen ist. Der Versuch, alte musikalische Traditionen (bei Instrumenten, Kompositionen, Interpreten, Maßstäben der Kritik und so weiter) in der heutigen überbevölkerten Welt mit ihrem rauhen Wettbewerb und den nur schwer zu beeindruckenden Zuhörern aufrechtzuerhalten, hat dieses Ungleichgewicht wahrscheinlich noch verstärkt. Die gesellschaftlichen Gegebenheiten haben somit eine Spezies von Künstlern hervorgebracht, die als Ausnahmen in einem natürlichen Gleichgewicht gelten müssen. Es gibt aber eine Invariante im Tierreich, bei der die Zivilisation keine oder nur eine kleine Abweichung von der Norm verursachen konnte.

Sterben alle Tiere im gleichen Alter?

Die Behauptung, alle Tiere stürben im gleichen Alter, ist offenbar nicht richtig, wenn man das Alter in Jahren und Monaten zählt; sie wird erst plausibel, wenn man das Alter auf die Zahl der Herzschläge bezieht. Der griechische Professor für Präventivmedizin Vasilios Valaores behauptet, daß es die meisten Säugetiere, die in freier Wildbahn leben (nicht in zoologischen Gärten oder als Haustiere), bis zu ihrem Tode im Durchschnitt auf etwa eine Milliarde Herzschläge bringen.[8] Es ist nur die Frequenz, die von Tier zu Tier variiert. Kleine Tiere, wie Mäuse, leben etwa drei Jahre. Sie haben allerdings einen sehr schnellen Herzschlag. Tiere mittlerer Größe, wie Hasen, Hunde, Schafe und so weiter, haben eine geringere Herzschlagfrequenz und erreichen ein Alter zwischen zwölf und zwanzig Jahren. Elefanten schließlich werden über fünfzig Jahre alt, haben aber auch einen sehr langsamen Puls. Schon vor Valaoras hat Isaac Asimov bemerkt: «Wie groß ein Tier auch sein mag... das Herz eines Säugers ist offenbar zu einer Milliarde Schläge fähig und nicht mehr.»[9]

Über einen Zeitraum von einigen hunderttausend Jahren hatte der Mensch eine Lebenserwartung von fünfundzwanzig bis dreißig Jahren. Bei dem üblichen Puls von zweiundsiebzig Schlägen pro Minute korrespondiert die Anzahl genau mit der Invarianten von einer Milliarde. Erst in den letzten Jahrhunderten hat sich die menschliche Lebenserwartung wesentlich gesteigert, was hauptsächlich auf die Reduzierung der Säuglingssterblichkeit dank der Verbesserung der medizinischen Versorgung und der Lebensbedingungen zurückzuführen ist. Die für den Menschen gültige Konstante für die Anzahl der Herzschläge erreicht heutzutage dreimal den Wert der Invarianten der Säugetiere und erhebt damit den Menschen weit über die Welt der Tiere. Sollten wir endlich doch Fortschritte bei der Evolution unserer Art machen?

«Im Gegenteil, wir sind auf dem Rückschritt!» kontert Marchetti, wobei er wie üblich des Teufels Advokat spielt. Die Lebenserwartung vom Moment der Geburt an hat sich hauptsächlich wegen der gesunkenen Kindersterblichkeit erhöht. Zur gleichen Zeit haben aber auch die Möglichkeiten zur Durchführung gefahrloser legaler Abtreibungen zugenommen, was zu einem Ansteigen der *vorgeburtlichen Sterblichkeit* geführt hat und damit einen Gutteil der gewonnenen Lebenserwartung wieder wettmacht. Alles zusammengenommen liegt die Lebenserwartung, bezogen auf den Zeitpunkt der *Empfängnis*, nicht wesentlich über vierzig Jahren, was nach seiner Erkenntnis aus den Daten hervorgeht, in die er Einblick genommen hat.

Wenn das stimmt, sind wir wieder bei – oder jedenfalls ziemlich nahe an – der Invarianten von einer Milliarde Herzschlägen, aber mit einem bedeutsamen Unterschied. Eine niedrige Säuglingssterblichkeit erlaubt die Geburt vieler Indviduen, die eventuell einem natürlichen Selektionsprozeß, der nur die stärksten überleben läßt, nicht gewachsen wären. Gleichzeitig werden aber Abtreibungen ohne Präferenz für Selektionsbedingungen durchgeführt. Dabei werden Individuen ohne Rücksicht auf ihre Überlebenschancen getötet. Eine *rein zufällige* Selektion ist aber überhaupt keine Selektion, und als Folge für die Art stellt sich eine Qualitätsminderung ein.

Bezieht man die Lebenserwartung also auf den Zeitpunkt der Zeugung, so gilt auch für den Menschen mehr oder weniger genau der Wert von einer Milliarde Herzschlägen. In der Zukunft wird es keine signifikanten Verringerungen bei der Säuglingssterblichkeit mehr geben, denn sie ist bereits sehr niedrig. Darüber hinaus stagniert aber auch, wie wir in Kapitel 5 sehen werden, die Abnahme der Sterblichkeit der Gesamtbevölkerung. Dies alles deutet eher auf trübe Aussichten für einen weiteren Anstieg der Lebenserwartung hin. Valaores glaubt, daß die Invariante über die eine Milliarde Herzschläge eine Botschaft für uns bereithält. Nach dieser seiner Theorie erreichen wir gerade die obere Grenze der möglichen Lebenserwartung, und er zitiert hierfür sogar die Bibel mit einem sehr viel älteren Spruch (Psalm 90:10):[10]

Unser Leben währt 70 Jahre, und wenn es hoch kommt, sind es 80. Das Beste daran ist nur Mühsal und Beschwer, rasch geht es vorbei, wir fliegen dahin.

Andererseits ist es nichts Ungewöhnliches, wenn sich eine Invariante in eine Variable verwandelt. So machte man in der Physik schon häufig die Entdeckung, daß sich eine Größe, die man als Konstante ansah, als eingeschränkte Erscheinung eines einfachen Gesetzes darstellte, das wiederum nur Spezialfall eines komplizierteren Sachverhaltes war, und so weiter. Wenn der Grad der Komplexität gar nicht mehr zu handhaben ist, suchen Physiker nach einem allgemeingültigen Gesetz, das eine Vielzahl verschiedener Phänomene einheitlich beschreibt, die bis dato nur ausgeklügelten Faustregeln unterlagen. Man sucht, mit anderen Worten, nach einer neuen Invarianten auf einem höheren Grad der Abstraktion. So kann die Fallbeschleunigung, die den berühmten Apfel zur Erde zieht, mit 10 m/sec/sec zunächst lokal als Konstante angesehen werden, aber schon Newton wies nach, daß ihr Wert mit der Höhe abnimmt. Einsteins Relativitätstheorie führt sogar auf noch kompliziertere Gleichungen für den Fall eines Apfels. Heute kennt man – außer Äpfeln – Hunderte von Elementarteilchen, die sich alle nach hausgemachten Regeln verhalten. Inzwischen hat sich aus dem Urtraum der Physiker das Streben nach der Einheitlichen Feldtheorie entwickelt, in der das Verhalten von Äpfeln genauso wie das von Teilchen, Sternen, Galaxien und Licht durch dasselbe System von Gleichungen beschrieben wird.

Um Aussagen über die Zukunft zu machen, müssen wir zuerst die Bedingungen finden, denen sie unterliegt, nämlich die Invarianten und die Naturgesetze, die den Verlauf der Vergangenheit beeinflußt oder bestimmt haben und die, aller Wahrscheinlichkeit nach, auch die Zukunft bestimmen werden. Bei der Vielzahl mathematischer Gleichungssysteme, die Vorherbestimmtes beschreiben, habe ich festgestellt, daß sich vieles von ihrem eigentlichen Gehalt in graphischen Darstellungen, die auf solchen Gleichungen basieren, erkennen läßt, insbesondere der genaue Ablauf der Vergangenheit und verläßliche Vorhersagen für die Zukunft.

DER LEBENSZYKLUS

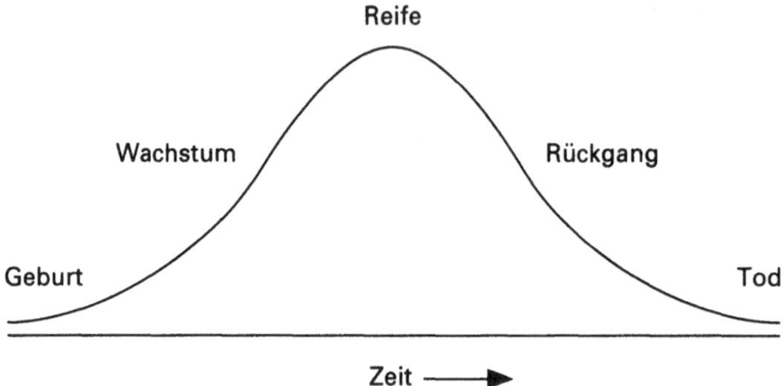

Abb. 1.2 Diese Glockenkurve wird in den verschiedensten wissenschaftlichen Disziplinen zur Darstellung von Lebenszyklen benutzt.

Die Glockenkurve des Lebenszyklus

Invarianten sind Ausdruck der einfachsten möglichen Naturgesetze, die für alle Zeit Gültigkeit haben, ohne spezielle Anfangs-, Mittel- oder Endphase. Sie lassen sich graphisch als Gerade parallel zur Zeitachse darstellen. Es gibt aber auch Naturgesetze zunehmender Komplexität, die bei einer graphischen Darstellung eine charakteristische Form im Ganzen, jedoch mit einem typischen Anfang und einem typischen Ende haben. Dies gilt für das Gesetz des natürlichen Wachstums, das mit einer Zunahme beginnt und mit dem Tode endet. Die Zeitspanne von der Entstehung bis zum Verschwinden wird oft als *Lebenszyklus* bezeichnet und typischerweise durch die Glockenkurve in Abbildung 1.2 repräsentiert.

Ursprünglich stammt die Glockenkurve aus der Biologie, wo sie genau illustriert, daß alle Prozesse, die man als lebendig beschreiben kann, mit einer bestimmten Wachstumsrate beginnen, die nach der halben Lebenszeit ihr Maximum erreicht. Eine Sonnenblume beispielsweise wächst innerhalb von 70 Tagen zu einer Höhe von 250 cm heran. Ihre Wachstumsrate erreicht ihr Maximum nach etwa 35 Tagen. Wenn Abbildung 1.2 die Wachstumsrate der Sonnenblume darstellen soll, muß die Zeitachse einen Maßstab in Tagen erhalten, so daß die Keimung (hier «Beginn») am Tage 0 erfolgt, die stärkste Zunahme der Wachstumsrate (hier «Anstieg») etwa am zwanzigsten Tag, ihr «Maximum» am fünfunddreißigsten Tag, ihren stärksten «Rückgang» um den fünfzigsten Tag, und schließlich der Stillstand des Wachstums («Ende») nach siebzig Tagen. Wenn andererseits Abbildung 1.2 den Lebenszyklus der Karriere eines Pianisten repräsentieren soll, wobei man als Bezugsgröße die Anzahl der jährlichen Konzertauftritte wählen könnte, würde man den «Beginn» bei etwa 20 Jahren, «Anstieg» bei 30, «Maximum» bei 45, «Rückgang» bei 60 und «Ende» bei etwa 70 Jahren erwarten. Anhand der Glockenkurve könnte man den Pianisten mit zwanzig Jahren als vielversprechendes Talent erken-

NATÜRLICHES WACHSTUM

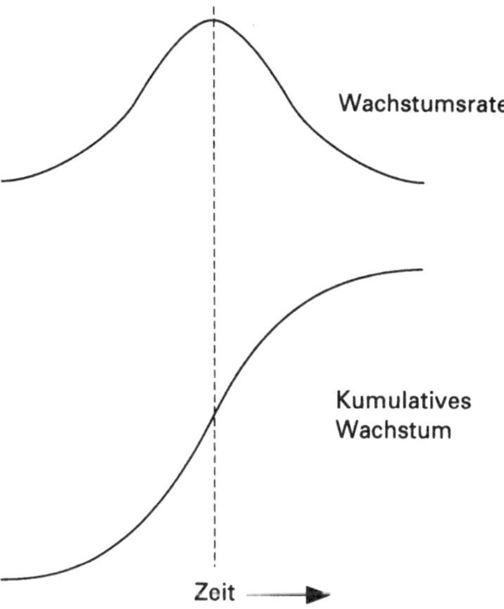

Abb. 1.3 Während die Wachstumsrate eine Glockenkurve beschreibt, folgt das kumulative Wachstum einer S-Kurve.

nen, die zunehmende Popularität mit dreißig und den Weltruhm mit fünfundvierzig beobachten und ihn schließlich mit sechzig auf seinem absteigenden Ast verfolgen.

Das Konzept, einen Lebenszyklus aufzustellen, haben Psychologen, Historiker, Manager und andere übernommen und damit die Wachstumsprozesse bei Produktumsätzen, Firmen, Staaten und Planeten beschrieben. In all diesen Fällen stellt der Zyklus die *Rate* des Wachstums dar, die am Anfang null ist und am Ende wieder null wird. Die dementsprechende Glockenkurve, wie in Abbildung 1.2, ist zum graphischen Symbol für das natürliche Wachstum geworden und wird meist nur qualitativ interpretiert. Sie kann aber auch quantitativ genutzt werden.

Die S-Kurve des kumulativen Wachstums

Während die Kurve des Lebenszyklus ihre verschiedenen Stadien durchläuft, kumuliert sich die Anzahl der Einheiten, deren Rate die Glockenkurve in ihrem zeitlichen Verlauf darstellt, zu einer Größe, deren Zeitabhängigkeit durch eine an ein S erinnernde Kurve repräsentiert wird wie in Abbildung 1.3 unten. Diese S-Kurve stellt also ein graphisches Symbol für kumulatives Wachstum dar. Während beispielsweise die *Rate* des Wachstums einer Sonnenblume einer Glockenkurve folgt, entwickelt sich die Gesamtgröße der Pflanze in Form einer S-Kurve von etwa 15 cm nach sieben Tagen bis zu 250 cm nach siebzig Tagen. Auf halbem

Wege, wenn die Wachstumsrate am größten ist, hat auch die Pflanze mit etwa 125 cm ihre halbe endgültige Höhe erreicht.

Bei unserem anderen früher erwähnten Beispiel der Karriere eines Pianisten beschreibt die Häufigkeit (oder Rate), mit der er im Verlauf seiner Karriere Konzerte gibt, eine Glockenkurve, während die aufsummierte Gesamtzahl seiner bis zu einem gewissen Zeitpunkt gegebenen Konzerte wieder eine S-Kurve ergibt.

Als letztes Beispiel sei der Verkaufsverlauf bei einem neuen Produkt erwähnt. Der Marktzyklus eines Produktes läßt sich anhand der pro Monat verkauften Mengeneinheiten darstellen, die wiederum einer Glockenkurve folgen, während die kumulative Anzahl der bis zu einem bestimmten Monat verkauften Mengeneinheiten einer S-Kurve folgt.

Die jeweilige Gesamtzahl, sei es die Höhe, die Anzahl gegebener Konzerte oder verkaufter Güter, entsteht kumulativ durch Aufsummieren und kann daher nie abnehmen, obgleich im wirklichen Leben zum Beispiel die Größe einer Person im Alter durchaus auch wieder abnimmt.

Wie man eine S-Kurve aus einem Lebenszyklus durch Aufsummieren (Integrieren) der Wachstumsraten über die Zeit erhalten kann, so kann man umgekehrt einen Lebenszyklus aus der S-Kurve durch sukzessives Subtrahieren (Differenzieren) bekommen. Zeichnet man beispielsweise das Wachstum einer Pflanze auf, indem man ihre Höhe täglich auf Millimeterpapier einträgt, so erhält man eine S-Kurve. Interessiert man sich für den Lebenszyklus dieses Prozesses, so muß man vom jeweiligen Meßwert den des Vortages subtrahieren, was einen Wert für den Höhenzuwachs pro Tag ergibt, und die Folge dieser Werte zeigt den glockenförmigen Verlauf des natürlichen Lebenszyklus.

Das Gesetz des natürlichen Wachstums

Die mathematische Beschreibung des natürlichen Wachstums führt zu Gleichungen, deren Lösungen man als Wachstumsfunktionen bezeichnet. Die einfachste mathematische Funktion, die eine S-Kurve reproduziert, ist die *logistische Parabel* und ist in Anhang A detailliert dargestellt. Sie ergibt sich aus der Forderung, daß die Wachstumsrate sowohl der *bereits erreichten* Größe als auch der *noch zu erreichenden* Größe proportional sein soll. Wenn also eine dieser beiden Größen klein ist, so ist die Wachstumsrate gering. Dies ist zu Beginn und am Ende des Wachstumsprozesses der Fall. Die Wachstumsrate ist in der mittleren Phase am größten, wenn sowohl das bereits vollführte als auch das noch ausstehende Wachstum von nennenswerter Größenordnung sind. Darüber hinaus bedingt die Existenz eines noch ausstehenden Restwachstums eine obere Grenze für die erreichbare Größe, ein Saturierungsniveau beziehungsweise eine endliche Marktgröße. Diese obere Grenze wird als eine Konstante des Wachstumsprozesses angesehen. Diese Annahme führt zu einer guten Approximation bei vielen natürlichen Wachstumsprozessen, zum Beispiel beim pflanzlichen Größenwachstum, bei dem die erreichbare Pflanzengröße genetisch vorprogrammiert ist.

Es ist ein bemerkenswert einfaches und doch fundamentales Gesetz. Von Biologen wurde damit das Wachstum der Population einer Art, zum Beispiel einer Kaninchenpopulation auf einer eingezäunten Wiese, im gegenseitigen Konkurrenzkampf beschrieben. In der Medizin konnte man damit die Ausbreitung epidemischer Krankheiten modellieren. J.C. Fisher und R.H. Pry sehen die logistische Funktion als ein *Diffusionsmodell* an und quantifizieren damit die Verbreitung neuer Technologien in unserer Gesellschaft.[11] Man kann es unmittelbar sehen, wie sich Ideen oder auch Gerüchte nach dem Wachstumsgesetz verbreiten. Ob es sich um Ideen, Gerüchte, Technologien oder Seuchen handelt, die Zunahmerate des betrachteten Objektes ist immer proportional zu der Anzahl der Leute, die es schon haben, und derer, die es noch nicht haben.

Die Analogie wurde sogar noch weiter getrieben, um auch das durch Konkurrenzkampf geprägte Wachstum nicht belebter Populationen zu charakterisieren, wie den Verkaufserfolg eines neuen Produktes. In einer ersten Phase steigt der Verkauf proportional zur Anzahl der bereits verkauften Produkte. Wenn sich die Kunde herumspricht, bringt jedes verkaufte Produkt neue Kunden. Die Verkaufszahlen steigen exponentiell an, und dieses frühe exponentielle Wachstum sorgt für die erste aufwärtsgerichtete Biegung in der S-Kurve. Die Geschäftsaussichten sind hervorragend. Jedes Jahr steigt das Wachstum um denselben prozentualen Anteil, und übereifrige Planer legen ihre Geschäftspolitik danach aus. Das Wachstum kann aber nicht ewig exponentiell weitergehen. Nur Explosionen verlaufen exponentiell. Wachstum folgt S-Kurven. Es ist auch proportional zur Größe der *noch nicht gefüllten* Marktlücke. Wenn sich diese aber schließlich füllt, verlangsamt sich das Wachstum und durchläuft die zweite Biegung der S Kurve, die in den flachen Teil überleitet. Schließlich kommt das Nullwachstum und damit das Ende des Lebens- oder Marktzyklus. Der betreffende Wachstumsprozeß ist zu Ende. Die Glockenkurve der natürlichen Wachstumsrate geht wieder auf Null zurück, während die S-Kurve des kumulativen Wachstums ihren oberen Grenzwert erreicht.

Die eigentliche Erkenntnis, die sich hinter der harmonischen Form der S-Kurve verbirgt, ist die Tatsache, daß das natürliche Wachstum einem Gesetz gehorcht, dem die Kenntnis der endgültigen oberen Grenze, also des *noch zu erreichenden Wachstums*, schon innewohnt. Deshalb können sehr genaue Messungen des Wachstumsprozesses während seiner frühen Phasen zu einer quantitativen Bestimmung seiner Parameter benutzt und damit die Endgröße (die obere erreichbare Grenze) schon im voraus ermittelt werden. Darin liegt der große Vorhersagewert einer S-Kurve.

Kontrollmechanismen in einer Kaninchenpopulation

Ein wesentliches Element, das logistischem Wachstum innewohnt, ist der Konkurrenzkampf – um Platz, Nahrung oder irgendeine andere Ressource, die als begrenzender Faktor in Erscheinung treten kann. Dieser Wettbewerb ist die eigentliche Ursache für die Wachstumsverlangsamung am Ende. Die Population einer Art wächst durch natürliche Vermehrung. Außer zu fressen, tun Kaninchen eigentlich nichts, als sich zu vermehren. Das Futter auf ihrem Territorium ist jedoch begrenzt und reicht nur für eine bestimmte Anzahl von Kaninchen. Wenn sich die Populationsgröße dieser Zahl nähert, muß sich die Wachstumsrate verlangsamen. Aber wie kann das geschehen? Vielleicht durch einen Anstieg der Sterblichkeit junger Kaninchen, Krankheiten, tödlich endende Kämpfe in der Übervölkerung oder durch andere, viel subtilere Arten von Verhaltensänderungen, die die Kaninchen unbewußt vornehmen. Die Natur führt Mechanismen zur Bevölkerungsregulierung je nach Bedarf ein, und in einer vom Wettbewerb geprägten Umwelt überleben nur diejenigen die sich am besten anpassen können.

Da das Wachstum einer Kaninchenpopulation von Anfang an einer S-Kurve folgt, könnte man annehmen, daß diese natürlichen Regulationsmechanismen so ausgeklügelt sind, daß sie schon auf das erste Kaninchenpaar in dem betreffenden Territorium einwirken. Schließlich wird der Prozeß vom Anfang bis zum Ende von einer einzigen mathematischen Funktion beschrieben, die man im Prinzip nach einigen wenigen Messungen zu Beginn des Populationswachstums vollständig bestimmen kann. Dann ist aber das weitere Schicksal des Wachstums der Kaninchenpopulation besiegelt.

Als ich das erste Mal mit diesem Gedanken konfrontiert wurde, kam mir das verdächtig vor. Es war mir unerklärlich, wie das erste Kaninchenpaar sein Verhalten nach einer späteren Populationsbegrenzung, die es noch gar nicht fühlen konnte, ausrichten sollte. Meine Zweifel zerstreuten sich aber, als ich erkannte, daß der Anfangsteil der S-Kurve von einer exponentiellen Kurve praktisch nicht zu unterscheiden ist. Tatsächlich verhalten sich die Kaninchen so, als ob es keinen Kontrollmechanismus gäbe. Veranschlagt man den durchschnittlichen Wurf eines Kaninchens mit zwei Jungen, dann durchläuft die Population ein exponentielles Wachstum mit nacheinander 2, 4, 8, 16, 32, 64, $\ldots$, 2^n Kaninchen. Diese Bevölkerungsexplosion hält an, bis ein beträchtlicher Teil des zur Verfügung stehenden Freiraumes besetzt ist. Erst dann tritt das begrenzte Nahrungsangebot als limitierender Faktor für die Anzahl überlebender Kaninchen in Erscheinung. Daher kann der Versuch, schon aus wenigen Messungen im Anfangsstadium die maximale Endgröße zu bestimmen, zu enormen Fehlern führen.

Zusätzlich unterliegen aber auch alle Messungen gewissen Fluktuationen. Spezielle Einflüsse wie schlechtes Wetter oder Vollmond können den Reproduktionsprozeß stören. Ähnliches gilt im Falle der Verkaufsstatistik, wo die Anzahl verkaufter Produkte durch politische Ereignisse, Fernfahrerstreiks oder einen Sturz der Aktienkurse beeinflußt wird. Winzige Schwankungen können große Schätzfehler in der maximalen Kapazität der Marktnische hervorrufen, wenn man sich nur auf einige wenige Messungen am Beginn der Entwicklung stützt.

Aus diesem Grunde kann man erst dann, wenn der Wachstumsprozeß genügend weit fortgeschritten ist und vom anfänglichen exponentiellen Wachstum abweicht, eine verläßliche Bestimmung der Parameter vornehmen. Es ist ratsam, die Kurve aufgrund *vieler* Messungen und nicht nur der ersten Meßpunkte festzulegen. Auf diese Weise verringert man den Einfluß selten auftretender Ereignisse, und Meßfehler mitteln sich im großen und ganzen heraus. Die mathematisch exakte Methode ist ein *Ausgleichsverfahren*, das in Anhang A im Detail beschrieben ist. Mit einem speziellen Computerprogramm wird in einem Verfahren, das auf sukzessiven Anpassungen und Verbesserungen beruht, die S-Kurve gesucht, die so nahe wie nur möglich an möglichst vielen Meßpunkten liegt. Aus der so berechneten Kurve erhält man dann auch Informationen über Bereiche außerhalb der gemessenen Daten, insbesondere über den erreichbaren Maximalwert und den zeitlichen Beginn der Endphase.

Kritiker solcher aus S-Kurven abgeleiteten Vorhersagen haben als wesentlichstes Gegenargument immer die Frage nach den Schwankungen der Meßwerte ins Feld geführt. Natürlich scheint die Bestimmung der Obergrenze um so verläßlicher, je größer die Anzahl genauer Meßwerte ist. Aber nur aus Furcht, einen Fehler zu machen, würde ich trotzdem nicht sogleich die ganze Methode fallenlassen. Alain Debecker und ich haben systematische Studien unternommen, um die zu erwartenden Fehlergrenzen in Abhängigkeit von der Zahl der Datenpunkte, ihrer Meßfehler und des von ihnen abgedeckten Bereichs der S-Kurve abzuschätzen. Wir taten dies nach alter Physikermanier mit einem Computerprogramm, indem wir «historische» Daten auf einer S-Kurve durch Addition von Zufallsschwankungen sozusagen verschmierten. Bei verschiedenen derartigen Simulationen wurden unterschiedliche Randbedingungen eingeführt. Die aufgrund dieses Datenmaterials berechneten Ausgleichskurven sollten die ursprüngliche unverfälschte S-Kurve rekonstruieren. Wir ließen den Rechner übers Wochenende vor sich hin werkeln und fanden am Montag morgen stapelweise Ausdrucke mit über vierzigtausend Ausgleichskurven vor. Eine Zusammenfassung der Ergebnisse, die in [12] veröffentlicht wurden, findet sich in Anhang B. Als Faustregel kann gelten:

Wenn die Meßpunkte etwa den halben Lebenszyklus des betreffenden Wachstumsprozesses abdecken und der Meßfehler eines jeden Datenpunktes 10 Prozent nicht überschreitet, dann weicht in neun von zehn Fällen die tatsächlich erreichte Obergrenze um weniger als 20 Prozent von der vorausberechneten ab.

Die Ergebnisse unserer Studie konnten Licht auf einige Fragen werfen. Die Vorhersagekraft, die man einer S-Kurve zuschreiben kann, beruht weder auf Mystik noch ist sie wertlos. Sie könnte in der Industrie zur Schätzung der noch verbleibenden Kapazität der Marktnische eines gut eingeführten Produktes innerhalb vorgegebener Fehlerschranken genutzt werden. Man muß an dieser Stelle wohl kaum betonen, daß die Sache natürlich nicht ganz so einfach ist. Wenn sich mehrere Produkte nur wenig voneinander unterscheiden, so teilen sie dieselbe Marktnische, und man muß sie zu einer Population zusammenfassen. Die Ausgleichsmethode, die in Anhang B beschrieben ist, erlaubt zusätzlich die Einführung von Gewichten für die einzelnen Datenpunkte. Auf diese Weise können nach dem fundierten Urteil des Benutzers einzelne Punkte mehr Berücksichtigung finden als andere. Das Endresultat trägt damit die Handschrift dessen, der die Ausgleichskurve berechnet hat. Diese Methodologie führt daher nicht bei allen Benutzern zum gleichen Ergebnis.

Wie jedes nützliche Werkzeug kann sie in der Hand des Kundigen Meisterwerke hervorbringen, in der Hand des Unerfahrenen aber auch nur Unsinn produzieren.

Gauß und Bach – geniale Erneuerer in der Statistik und in der Musik

Der logistische Lebenszyklus ähnelt in bemerkenswerter Weise der glockenförmigen Kurve, die als «Normalverteilung» bezeichnet wird (Anhang C und Abbildung 1.1). In der Lehrbuchliteratur wird sie auch Gaußkurve[1]) genannt. Von den Forschern in den exakten und weniger exakten Wissenschaften wurde sie überstrapaziert, um alle möglichen Verteilungen zu modellieren. Die Beispiele reichen von der Verteilung der Intelligenzquotienten (IQ) der Menschen, ihrer Größe, ihres Gewichts und so weiter über die Geschwindigkeitsverteilung von Gasmolekülen bis zur Statistik der Roulette-Ergebnisse im Spielkasino.

Der Ruhm, der Carl Friedrich Gauß in diesem Zusammenhang zukommt, muß auch im Kontext der damaligen Zeit gesehen werden. Der berühmte Wissenschaftler, der in der Literatur des neunzehnten Jahrhunderts als der «König der Mathematiker» bezeichnet wurde, erfaßte mit seiner Glockenkurve gerade die Verteilungen, mit denen die Menschen der damaligen Zeit vor allem beschäftigt waren. Außerdem ist sie das Ergebnis einer äußerst eleganten mathematischen Herleitung. Aus dieser historischen Tradition heraus versahen auch weiterhin die Wissenschaftler die meisten Meßgrößen, derer sie habhaft werden konnten, mit dem Etikett der Normalverteilung. In der Realität allerdings folgen nur sehr wenige Phänomene exakt einem Gaußschen Verteilungsgesetz.

Der logistische Lebenszyklus ist einer Gaußkurve so nahe, daß man die beiden fast beliebig vertauschen könnte. Kein Psychologe, Statistiker oder sogar Physiker käme bei seinen statistischen Untersuchungen zu einer anderen Beurteilung seiner Daten, wenn er die eine Kurve gegen die andere austauschte. Ironischerweise wird heutzutage die Gaußverteilung «normal» genannt, obwohl kein natürliches Gesetz hinter ihr steht. Sie sollte eher «mathematisch» genannt und der Name «normal» für die S-Kurve, die auf so fundamentalen Prinzipien beruht, reserviert werden.

Diese Entwicklung spiegelt etwas wider, was sich auch in der Musik ereignet hat. Es geschah aus reiner Bequemlichkeit, daß Bach die wohltemperierte Stimmung der Musikinstrumente einführte. Bach, ein mathematisches Genie, folgte seinem Drang, in allen Tonarten zu komponieren. Bei zwölf Halbtönen gibt es vierundzwanzig Dur- und Molltonarten. Bis zur Zeit Bachs hatten die Komponisten jedoch weniger als eine Handvoll davon für ihre Stücke genutzt. Die anderen

---

1)   Carl Friedrich Gauß (1777–1855), deutscher Mathematiker, machte im neunzehnten Jahrhundert
     eine Glockenkurve bekannt, die heute als Normalverteilung bezeichnet wird. Ihre Einführung
     in die mathematische Literatur wird allerdings dem französischen Mathematiker Abraham de
     Moivre (1667–1754) zugeschrieben.

Tonarten führten unweigerlich zu Dissonanzen bei den normalerweise als harmonisch empfundenen Terzen und Quinten.

Bach entwickelte ein Verfahren, sein Cembalo so zu stimmen, daß er Kompositionen in allen vierundzwanzig Tonarten spielen konnte. Den Beweis trat er mit seinem berühmten Werk *Das wohltemperierte Klavier* an. Im folgenden Jahrhundert erlebten Klaviere eine ungeheure Popularität, gleichzeitig gab es eine Schwemme brillianter Mathematiker. Für die Klaviere mußten dauerhafte Stimmungen gefunden werden, und so formulierten die Mathematiker die von Bach eingeführte Stimmung elegant in die Formulierung um, das Frequenzverhältnis zweier aufeinanderfolgender Halbtöne gleich der $\sqrt[12]{2}$ (der zwölften Wurzel aus 2) zu setzen. Hierdurch führten sie die Bachsche Idee einen Schritt weiter und begründeten damit die *temperierte* Stimmung. (Zeitgenössische Musikwissenschaftler meinen allerdings, daß Bach dem nicht unbedingt zugestimmt hätte.) So wurde das Transponieren ermöglicht, musikalische Ensembles wurden flexibler und das Leben für die Musiker im allgemeinen leichter.

Nun ist die temperierte Stimmung so nah an der natürlichen Oktaveneinteilung, daß die kleinen Unterschiede in den Tonhöhen fast unhörbar werden. Die Gründe für die Existenz der natürlichen Oktave könnten jedoch tiefer liegen. Puristen in der Musik behaupten, daß Klavier und Violine nun nicht mehr zusammen spielen sollten, und fordern für ihr Lieblingskonzert die passende althergebrachte Stimmung. Beschäftigt man sich näher mit der natürlichen Oktave, kann dies sogar zu Erkenntnissen und Einsichten auf einer kosmologischen Ebene führen. In seinem Buch *Auf der Suche nach dem Wunderbaren* zählt Peter Ouspensky, ein russischer Mathematiker und Philosoph, Gedanken auf, die die natürliche Oktave zur Schöpfung des Universums in Beziehung setzen.[13] Wer die reine und esoterische Wahrheit sucht, sollte beim Umgang mit den eleganten Formulierungen eines Gauß oder Bach Vorsicht walten lassen.

Unabhängig von Argumenten der Eleganz ist die logistische Funktion sehr eng mit dem Gesetz des natürlichen Wachstums verbunden. Man kann sich dieses Gesetz sowohl mit der Glockenkurve als auch mit der S-Kurve graphisch vor Augen führen. Beide beruhen auf dem Parameter, der als obere Grenze die Kapazität der im Wachstumsprozeß zu erfüllenden Nische angibt. Aus der Sicht der statistischen Analyse gibt es einen wichtigen Unterschied zwischen beiden Kurven. Die S-Kurve, die gewöhnlich das kumulative Wachstum wiedergibt, ist weniger anfällig gegenüber Fluktuationen, da ein zu kleiner Wert in einem Jahr oft durch einen zu hohen in einem anderen Jahr ausgeglichen wird. Augenscheinlich liefert daher die Darstellung eines Wachstumprozesses durch eine S-Kurve einen verläßlicheren Ansatz, um den oberen Grenzwert vorherzusagen. Intuitiv gesprochen zeigt die S-Kurve das noch zu erreichende Wachstum quantitativ an, während die Glockenkurve auf das herannahende Ende des Prozesses in seiner Gesamtheit verweist.

2 Nadeln im Heuhaufen

Gibt es Ordnung in «zufälligen» Entdeckungen?

LUCY: Was machst du denn da oben auf dem Heuhaufen?
CHARLIE BROWN: Ich suche nach Nadeln.
LUCY: Du wirst keine finden!
CHARLIE BROWN: Und ob. Hier sind eine ganze Menge drin.
LUCY: Woher willst du das wissen?
CHARLIE BROWN: Ich habe sie selbst hineingeworfen. Dann kann ich üben, nach ihnen zu suchen.
LUCY: Da brauchst du ewig.
CHARLIE BROWN: Am Anfang dauert es vielleicht lange. Aber mit der Zeit bekomme ich Übung, und je mehr Nadeln ich finde, desto schneller wird es gehen.
LUCY (rechthaberisch aus der Ferne): Es wird ewig dauern, bis du die letzte findest!

* * *

Lucy und Charlie Brown haben beide recht. Sie streiten sich nur, weil jeder unter «Lernen» etwas anderes versteht.

Der Lernprozeß hat wie jeder andere natürliche Wachstumsprozeß einen Lebenszyklus mit einer Anfangsphase, einer Phase des Anstiegs bis zum Maximalwert und schließlich des Rückgangs bis hin zum Ende. Ob in der Lehre oder bei der Arbeit, immer verläuft der Lernprozeß nach einem Muster, das der S-Kurve aus dem vorherigen Kapitel auffallend ähnelt. Der Lernprozeß beginnt langsam, schreitet während der mittleren Phase rasch voran (wo die S-Kurve die bereits angesammelte Menge des erworbenen Wissens mit einem steilen Anstieg repräsentiert) und schwächt sich schließlich ab. Am Ende, wenn die S-Kurve ihren Maximalwert erreicht, fällt die Rate, das pro Zeiteinheit erworbene Wissen, auf Null. Solche Lernkurven werden allerdings meist nur qualitativ interpretiert. Es ist aber eine interessante Frage, ob das Lernen auch faktisch dem Gesetz des natürlichen Wachstums unter Konkurrenzbedingungen unterliegt. In diesem Falle hätte die logistische Funktion auch eine *quantitative* Aussage.

Während der ersten Lernphasen erhöht ständiges Wiederholen die Geschwindigkeit, mit der die neue Fähigkeit erworben wird. Je öfter man etwas übt, desto schneller kann man es beim nächsten Mal tun. Die Rate des neu erworbenen Wissens scheint dabei stärker als nur proportional zur Anzahl der Wiederholungen anzusteigen. Stellen wir uns zum Beispiel einmal vor, Sie sitzen zum ersten Mal vor einer Schreibmaschine. Obwohl die Tasten mit gut lesbaren Buchstaben versehen sind, wird es einige Zeit dauern, bis Sie Ihren Namen schreiben können. Wenn Sie aber Ihren Namen zum dritten Mal schreiben, geht es vermutlich mehr als dreimal so schnell wie beim ersten Mal. Diese frühe exponentiell anwachsende Phase der Lerngeschwindigkeit wird durch die erste Biegung der S-Kurve repräsentiert. Bald erreichen Sie einen Punkt, an dem die Zunahme der Schreibgeschwindigkeit mit der Zeit geringer wird. Sie schöpfen die Möglichkeiten Ihrer

Reaktionsfähigkeit und Ihrer Muskeln voll aus. Sie möchten sich natürlich noch weiter steigern, aber das ist ein langwieriger und mühevoller Prozeß, und Erfolge lassen immer mehr auf sich warten.

Es gibt andere Beispiele, in denen man beim Lernen alle möglichen Erkenntnisse bereits gewonnen hat, bevor man die Grenzen der eigenen Lernfähigkeit erreicht. So kann man beim Tic-Tac-Toe durch wiederholtes Spielen seine Leistungen steigern bis zu dem Moment, in dem man die Gewinnstrategie des Spiels durchschaut hat. Von da an ist keine weitere Verbesserung mehr möglich, unabhängig davon, wie oft man noch spielt. Anders verhält es sich dagegen beim Schach. Hier ist die Anzahl der möglichen Spielstellungen praktisch unerschöpflich. Erschöpflich ist dagegen die Fähigkeit des Spielers, immer neue Spielstellungen im Gedächtnis zu behalten. Erschöpflich sind ebenfalls unter Umständen die physischen Möglichkeiten des Spielers und vor allem die Zeit, die ihm für ein Spiel zur Verfügung steht. In allen Fällen jedenfalls verlangsamt sich der Lernerfolg schließlich und erreicht ein Endniveau, das bei verschiedenen Individuen unterschiedlich ausfällt.

Diese Verlangsamung des Lernprozesses beim Erreichen des Sättigungsgrades führt zu der zweiten Biegung der S-Kurve. Letztlich liegt die Ursache hierfür in einer Art Wettbewerb um den sinnvollen Einsatz der Zeit, der Energie oder der physischen Möglichkeiten des Lernenden. Im Falle des Heuhaufens vermindert sich die Rate, mit der man noch Nadeln findet, einfach deshalb, weil immer weniger Nadeln übrig sind. Ein Nachweis, ob auch Lernprozesse quantitativ das Gesetz des natürlichen Wachstums erfüllen, läßt sich jedoch nur anhand gemessener Daten führen. Dazu wollen wir einige typische Lernvorgänge genauer untersuchen.

Als erstes Beispiel betrachten wir die Entwicklung der Größe des Wortschatzes eines heranwachsenden Kindes. Der Erwerb des Wortschatzes ähnelt der zufallsgesteuerten Suche nach den Nadeln im Heuhaufen. Die Nadeln sind in diesem Fall die Wörter im vereinten aktiven Wortschatz der Eltern. Die am häufigsten gebrauchten Wörter wird das Kind zuerst lernen, aber dann wird sich die Rate neu gelernter Wörter vermindern, weil immer weniger noch nicht gelernte Wörter übrigbleiben. Abbildung 2.1 zeigt die Entwicklung des kindlichen Wortschatzes während der ersten sechs Jahre.[1]

Die bestangepaßte S-Kurve folgt sehr genau dem Verlauf der erhobenen Daten und erreicht ihr Plateau von etwa 2500 Wörtern am Ende des sechsten Lebensjahres. Dieser Wert setzt damit die Größe des häuslichen Wortschatzes fest. Nach dieser Phase wird der Wortschatz des Kindes selbstverständlich in der Schule erweitert, aber dies ist ein neuer Prozeß mit seinem eigenen Lebenszyklus, der wahrscheinlich einer ähnlichen Kurve folgt und zu einem noch höheren Plateauwert führt.

Derartige Lernmuster sind keineswegs auf Einzelpersonen beschränkt. Man findet sie auch bei Lernprozessen innerhalb bestimmter Personengruppen, bei den Einwohnern eines Landes oder der Menschheit als Ganzem. So läßt sich die Entdeckung der stabilen chemischen Elemente im Verlauf der Jahrhunderte durch die

LERNKURVE DER KINDLICHEN WORTSCHATZERWEITERUNG

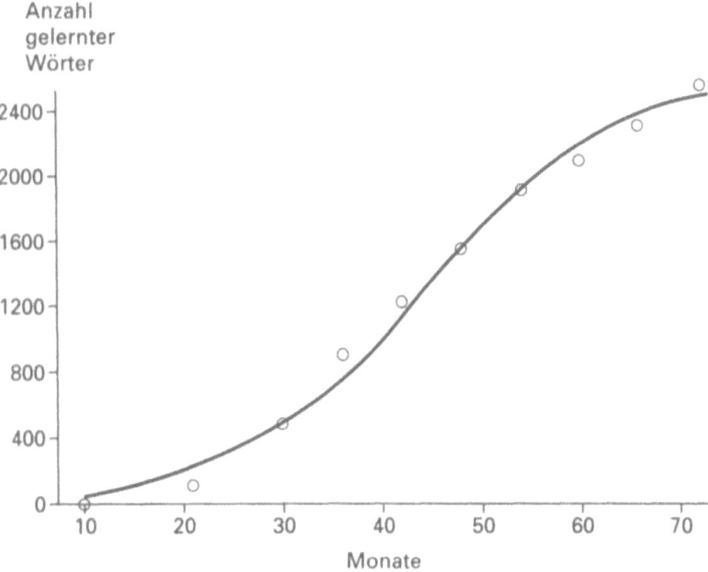

Abb. 2.1 Die an die erhobenen Daten angeglichene S-Kurve gibt den Verlauf wieder, mit dem Kinder Wörter aufnehmen, bis sie den zu Hause üblichen Wortschatz – typischerweise etwa 2500 Wörter – erworben haben.

Gemeinschaft der Naturwissenschaftler nach demselben Muster beschreiben, als handle es sich bei der Gruppe der Forscher um ein einziges Individuum. Wenn man die Anzahl der zu einem bestimmten Zeitpunkt bekannten Elemente – die Akkumulation des Wissens gewissermaßen – als Funktion der Zeit aufträgt, so gleicht ihr Zeitverlauf der S-Kurve des kindlichen Lernprozesses. Der wesentliche Unterschied besteht eigentlich nur im Maßstab, der hier in Jahrhunderten statt in Jahren gemessen wird. Die Entdeckungen, deren Abfolge man als zufällig hätte annehmen können, folgen hier ganz offensichtlich einem regelmäßigen Muster.

Ein erstes Dutzend Elemente war schon sehr lange bekannt; Eisen, Kupfer, Gold, Quecksilber und Kohlenstoff waren schon den Menschen der Antike vertraut. In der Mitte des achtzehnten Jahrhunderts jedoch suchte man, vom Wissensdurst getrieben, immer intensiver nach neuen stabilen Elementen, bis schließlich Mitte des zwanzigsten Jahrhunderts alle natürlich vorkommenden Elemente gefunden waren. Aber immer noch trieb es die Forscher auf die Suche nach neuen Entdeckungen, diesmal in den Teilchenbeschleunigern. Diese letzten Eintragungen in der langen Liste – man könnte sie als Elemente aus der Hexenküche bezeichnen – verdienen kaum den Namen Element, da sie nur einen winzigen Moment lang existieren, bevor sie zerfallen. Jedenfalls aber ist auch ihr Vorrat erschöpft. Das letzte künstliche Element erblickte 1960 das Licht der Welt. Die 250 Jahre währende Entdeckungsgeschichte hat insgesamt das Gesetz des natürlichen Wachstums befolgt und scheint nun ihr Ende erreicht zu haben.

Bei den beiden angesprochenen Lernprozessen haben wir gesehen, daß «zufallsgesteuerte» Entdeckungen im Ganzen regelmäßigen Kurven folgen, was ein Widerspruch zu sein scheint, denn Zufallsprinzipien führen zu chaotischem Verhalten, während S-Kurven die Ordnung des zugrundeliegenden logistischen Gesetzes widerspiegeln. Man kann jedoch zeigen, daß schon in S-Kurven chaotische Entwicklungen angelegt sind, und James Gleick erklärt zudem in seinem Buch *Chaos*, wie bei einer länger währenden Wirkung des logistischen Gesetzes Chaos entsteht. Man findet auch umgekehrt einen geradezu «unheimlichen Sinn für Ordnung» in chaotischen Mustern. Wir werden die Beziehung zwischen Ordnung und Chaos in Kapitel 10 näher unter die Lupe nehmen, und wir werden sehen, daß derartige Ordnungsprinzipien gar nicht so unheimlich sind.

Aus Erfolgen lernen

Muster kollektiver Lernprozesse finden sich auch bei jenen Personengruppen, die das gemeinsame Ziel verfolgen, durch die Herstellung und den Verkauf gewisser Produkte Profit zu machen – mit einem Wort, bei Firmen. Dem liegt die Annahme zugrunde, daß eine Firma ihr Wissen wie ein Individuum erwirbt, nämlich gemäß einer Lernkurve. Das Ziel ist hier, zu lernen, wie man Produkte erfolgreich herstellt und vermarktet. Bei technologisch hergestellten Produkten gilt der Lernprozeß einerseits der Beherrschung der entsprechenden Technologie und andererseits der Senkung der Produktionskosten. Aber der Erfolg im Geschäftsleben ist nicht nur eine Frage der Technologie und der Kosten. Ein Produkt verkauft sich nicht, wenn es nicht den Wünschen der Kunden entspricht.

Die Ingenieure in den Entwicklungsabteilungen sind oft wahre Genies und entwerfen Maschinen, die viel zu gut sind. Doch ein Produkt, das Merkmale aufweist, die auszunutzen die Käufer noch nicht bereit sind, wird sich schlecht verkaufen. Abhilfe schafft hier unter Umständen die Lagerung des Produktes, bis die Zeit für eine Markteinführung reif ist. Eine andere Möglichkeit besteht in einer Anhebung des Preises und der Hoffnung, daß die wenigen, die das Produkt überhaupt nutzen können, trotz der spärlichen Verkaufszahlen für den nötigen Profit sorgen. Bei beiden Strategien ist der springende Punkt das zu dem betreffenden Zeitpunkt optimale Verhältnis zwischen Preis und Leistung. Das richtige Preis-Leistungs-Verhältnis zu finden kann man üben und lernen. Anhand historischer Aufzeichnungen kann man verfolgen, wie sich dieses Verhältnis bei erfolgreichen Produkten im Laufe der Zeit entwickelte und die Verkaufszahlen beeinflußte. Ganz wie bei der natürlichen Auslese ist das Prinzip des Überlebens des Bestangepaßten der Schlüssel zum Erfolg. Das Wachstum unter Konkurrenzbedingungen folgt bekanntlich S-Kurven, und das gleiche gilt für Lernprozesse. Damit sind alle Elemente beisammen, um den Verlauf der Lernkurve auf den erzielten Erfolg zu beziehen, oder, genauer gesagt, auf die erfolgreiche Fortführung des bereits in Gang gesetzten Prozesses.

Könnten Sie auf einen Apfel auf dem Kopf Ihres Sohnes zielen?

Die Geschäftswelt ist eine Arena, in der hochmotivierte, ehrgeizige Individuen mit allen Mitteln um höchstmöglichen Profit kämpfen. Der Vorteil gegenüber dem anderen wird dabei meist in Einklang mit den juristischen Gesetzen, niemals jedoch gegen das Gesetz der Natur gesucht. Wie im Dschungel stellt sich der größte Erfolg – hier oft gleichbedeutend mit dem Überleben – bei dem Bestangepaßten ein.

Der Bestangepaßte ist der Bewerber, der im Wettbewerb die meisten Vorteile erwirkt. In Zeiten des Mangels kann dies auch gleichzeitig der Größte sein. Man sagt ja auch: Wer hat, dem wird gegeben. Manchmal jedoch ist der Bestangepaßte derjenige, der neue Wege geht, besonders dann, wenn sich nachträglich herausstellt, daß er dabei auf eine versteckte Goldmine gestoßen ist.

Erfolgreiche Geschäftsleute wittern förmlich die neuen und erfolgversprechenden Entwicklungen. Statt auf systematische Strategien verlassen sie sich auf ihre Intuition – «ein Gefühl im Bauch sagt mir...» Diese Begabung führt sie denn auch öfter zu Erfolgen als zu Fehlschlägen. Diejenigen aber, die sich das Wissen um Wettbewerbsvorteile durch ein Studium aneignen wollen, ziehen letztlich wenig Nutzen daraus. Das Know-how, das die Lehrer an den wirtschaftswissenschaftlichen Hochschulen weitergeben, hat sich bisher nur selten gegenüber intuitiver Begabung behaupten können. Ganz im Gegensatz zu den bekannten Künstlern und Wissenschaftlern führen Unternehmer ihren Erfolg kaum auf die Ausbildung durch ihre Universitätsprofessoren zurück. Meistens weisen sie auf die Erziehung durch das Leben oder gar ihr genetisches Erbe hin.

Vom Instinkt gesteuerte Handlungsweisen können sich über lange Zeiträume hinweg bewähren, und das haben sie auch getan, insbesondere in Zeiten des Überflusses und unter Bedingungen, die es erlauben, sich mit einigen guten Geschäftsentscheidungen durchzulavieren. Die Schwierigkeiten treten dann auf, wenn sich in einer Rezession der Markt abzusättigen beginnt und ein mörderischer Konkurrenzkampf den Wohlstand in einen Überlebenskampf verkehrt. Der plötzliche psychische Stress kann dann, wie bei einem Musiker oder Akrobaten während seines Auftritts, zu Unsicherheit, Panik und daraus resultierenden Fehlern führen. Wilhelm Tell war sicher die seltene Ausnahme, als er es wagte, auf den Apfel auf dem Kopf seines Sohnes zu zielen. Den meisten guten Armbrustschützen hätten wohl die Hände zu sehr gezittert bei dem Preis, der auf dem Spiel stand.

Streß war es denn auch, der aus den Worten der Verkaufsleiter sprach, als sie zu mir sagten: «In den Zeiten des geschäftlichen Booms hatten wir keinerlei Schwierigkeiten, unsere Produkte auf den Markt zu bringen. Aber jetzt, wo das Wohl der Firma davon abhängt, wie können wir da sicher sein, keine Fehler zu machen?» Damit drückten sie einfach nur den Wunsch nach systematischen Richtlinien aus, mit denen sie weiterhin das vollbringen könnten, was sie bisher auch schon, offenbar instinktiv, vollbracht hatten. Kann es überhaupt solche Richtlinien geben? Nun, ich glaube ja. Indem man die Erfahrung aus vergangenen erfolgreichen Entscheidungen quantitativ erfaßbar macht, kann man eine systematische Vorgehensweise entwerfen, mit der die Verkaufsexperten zukünftig ihre Produkte auf den Markt bringen können.

Ein reales Beispiel

Die Leistung eines Computers läßt sich in Millionen ausgeführter Instruktionen pro Sekunde (MIPS) angeben. Die erfolgskritische Größe für ein bestimmtes Rechnermodell ist damit das Preis-Leistungs-Verhältnis, ausgedrückt in MIPS/$. Ich selbst habe mich eingehend mit der Familie der VAX-Rechner von Digital befaßt, vom ersten Modell, der VAX 11/780, bis zu den derzeit modernen Großrechnern. Wie bei den anderen Firmen haben auch die Ingenieure bei Digital immer leistungsfähigere Rechner bei abnehmendem Preis konstruiert. Das Verhältnis MIPS/$ innerhalb der VAX-Familie zeigt dabei deutlich, daß dieser Prozeß von S-förmigen Lernkurven begleitet wird. Der Lernprozeß steckt derzeit aber noch in den Kinderschuhen, da die bisherigen Daten noch im ersten exponentiellen Anstieg der Kurve liegen. Daher ist die Schätzung des erreichbaren Grenzwertes mit einem großen Fehler (bis zu 100 Prozent) behaftet. Da aber unsere a-priori-Kenntnis dieses Grenzwertes ohnehin auf schwachen Füßen steht, ist sogar eine derart unsichere Schätzung noch von Nutzen.

So ist es eine interessante Erkenntnis, daß wir noch einen langen Weg vor uns haben. Dies mag zwar als eine banale Schlußfolgerung erscheinen, aber aus der Art, wie sie zustande kommt, folgt eben mehr als nur die Erkenntnis «man wird immer weitere Fortschritte machen». Sie besagt nämlich, daß die heute zur Verfügung stehenden Technologien mit Sicherheit zu einer weiteren Evolution in der Computerentwicklung führen. Dabei wird es weitere Durchbrüche geben. Dramatische Entwicklungen wie die Entdeckung des Transistors sind dabei gar nicht eingeplant, um ein drei- bis vierfach so hohes Verhältnis zwischen Leistung und Preis wie heute zu erreichen. Vielmehr muß man erwarten, daß ein eventueller einzigartiger Durchbruch, eine in der Computergeschichte beispiellose Entdeckung, den zu erreichenden Grenzwert noch höher treibt und zu einer neuen, anschließenden S-Kurve führt.

Es gibt aber noch weitere interessante Informationen, die man aus der S-Kurve zu diesen Daten ziehen kann. In der mathematischen Beschreibung dieser Kurve, der logistischen Funktion, werden Preis, Leistung und Zeit miteinander quantitativ in Beziehung gesetzt. Kennt man zwei dieser Werte, so ist der dritte dadurch festgelegt. Die augenscheinlichste Anwendung liegt in der Bestimmung des Preises für ein neues Produkt, dessen Leistung in MIPS, die man ohnehin nur schwer ändern kann, gemessen wurde. Zu dem für die Markteinführung gewählten Zeitpunkt zeigt die logistische Funktion das MIPS/$-Verhältnis, woraus man den Preis berechnet. Hält man sich bei seinen Entscheidungen an eine solche Richtlinie, so kann man hoffen, daß man weiterhin erfolgreich und weniger für Fehler anfällig ist, zu denen einen der heutige Streß verführen könnte.

Über eine Preisfestsetzung hinaus gibt eine genaue Untersuchung aber auch Entscheidungshilfen für Preiskorrekturen, wenn sich die Auslieferung des Produktes verzögert. Die Ankündigung eines neuen Produktes geht der Lieferung meist erheblich voraus. Wie das Bargeld unter dem Kopfkissen verliert ein Produkt, das verspätet auf dem Markt erscheint, an Wert. Um wieviel sollte nun der Preis bei einer Verzögerung gesenkt werden? Oder umgekehrt, um wieviel müßte die Leistung gesteigert werden, wenn der Preis gehalten werden soll?

Hat man die logistische Wachstumsfunktion erst einmal bestimmt, so kann man diese Fragen mit einfachen mathematischen Mitteln (durch Berechnung der Ableitung nach der Zeit) lösen. So findet man, daß bei einer dreimonatigen Verzögerung der Auslieferung der notwendige Preisangleich exponentiell mit der Zeit abnimmt. Mit anderen Worten, Auslieferungsverzögerungen richten den meisten Schaden um den geplanten Erscheinungstermin herum an. Später schlagen Verzögerungen weniger zu Buche. Diese Erkenntnis sollte für Geschäftsleute keine besondere Überraschung sein.

Eine gewisse Überraschung für die meisten wird jedoch die Antwort auf die zweite Frage darstellen, wie man die Leistung erhöhen muß, um den Preis halten zu können. Die bei einer dreimonatigen Verzögerung notwendige Leistungssteigerung gehorcht nämlich einer Glockenkurve. Selbstverständlich muß bei einer verspäteten Auslieferung die Leistung erhöht werden. Diese notwendige Erhöhung wird von Jahr zu Jahr größer, bis wir uns der Mitte der Lernkurve nähern, die für die erwähnten Rechner von Digital etwa im Jahre 1995 erreicht wird. Von da an werden die Anforderungen an eine Leistungssteigerung bei vergleichbaren Lieferverzögerungen aber wieder geringer. Diesen Effekt versteht man am besten, wenn man sich vor Augen führt, daß die Wachstumskurve für das Verhältnis MIPS/$ ab 1995 immer flacher wird, weswegen bei einer verspäteten Auslieferung nach diesem Zeitpunkt ein geringerer Leistungsanstieg erforderlich ist als bei einem früheren Zeitpunkt.

Die Lernkurve des Arbeitslebens

In der industriellen Arbeitswelt werden die meisten Kenntnisse während der Arbeit erworben. Solche Kenntnisse sind daher von einer unzweifelhaften Gültigkeit, sind andererseits aber auch nicht analytisch faßbar. Unbestreitbare Wahrheiten sind jedoch deswegen faszinierend, weil sie auf ein ihnen zugrundeliegendes Gesetz hindeuten. Auf meiner Suche nach erfolgversprechenden Richtlinien für Geschäftsentscheidungen machte ich die Erfahrung, daß man durch mathematische Behandlung der logistischen Funktion nützliche Relationen zwischen Preis und Zeit, Leistung und Zeit oder Preis und Leistung ableiten kann. Als ich mich mit solchen Fragestellungen beschäftigte, stieß ich auf eine fundamentale Regel des Industriewissens: die Ökonomie der Größenordnungen.

Die Ökonomie der Größenordnungen besagt, daß die Herstellung einer Einheit eines Produktes um so weniger kostet, je mehr man davon produziert. Die Produktionskosten sinken aus einer Vielzahl von Gründen mit dem Umfang der Produktion: Automation und der im Verhältnis geringere Verwaltungsaufwand spielen ebenso eine Rolle wie die Reduktion der Materialkosten bei Großeinkäufen und die allgemeine Optimierung des Produktionsprozesses aufgrund der wachsenden Erfahrung. Ein Großteil dieser Kostenreduktion kann durchaus als *Lernprozeß* bezeichnet werden.

Das Prinzip der Ökonomie der Größenordnungen wird in den Wirtschaftswissenschaften qualitativ anhand der *Produktionsvolumenkurve* gelehrt, die zeigt, daß die Produktionskosten pro Einheit mit der Gesamtzahl produzierter Einheiten fällt. Diese Kurve hat die Form einer abnehmenden Exponentialfunktion, die einen konstanten Minimalwert erreicht, wenn die Kosten nicht weiter gesenkt werden können. Es stellt sich aber heraus, daß sich hinter dieser Kurve gerade unsere S-Kurve verbirgt.

Das oben erwähnte kritische Verhältnis von Leistung zu Preis folgt einer S-Kurve und damit der logistischen Funktion. Ihre mathematische Gleichung besteht aus einem Bruch, dessen Zähler eine Konstante und dessen Nenner die Summe aus einer Konstanten und einer abnehmenden Exponentialfunktion ist (vergleiche Anhang A). Daher ist ihr Inverses, nämlich das Verhältnis von Preis zu Leistung, die Summe aus einer Konstanten und einer abnehmenden Exponentialfunktion. In dieser Form besagt die Funktionalgleichung, daß der Preis für eine Einheit an Leistung mit der Zeit abnimmt bis zu einem Grenzwert, der nicht mehr durch weitere Preissenkungen unterschritten werden kann. Diese Schlußfolgerung für Einheiten von Leistung gilt natürlich auch analog für Einheiten von verkauften Produkten.

Mit anderen Worten, die Produktionsvolumenkurve, die die Kosten pro Produktionseinheit darstellt, ist nichts anderes als der Kehrwert der S-förmigen Lernkurve, die die Einheiten pro Dollar angibt. Da haben sich also die Geschäftsleute, die seit Jahrzehnten mit Produktionsvolumenkurven operieren, eigentlich mit S-Kurven abgegeben, ohne es zu wissen. Der beiden Fällen zugrundeliegende Prozeß ist das *Lernen*. Er kann für die Bezugsgröße MIPS/\$ die Form einer S-Kurve annehmen oder für den Kehrwert \$/MIPS wie eine abnehmende Exponentialkurve aussehen. In beiden Fällen wird seine zeitliche Entwicklung vom Gesetz des natürlichen Wachstums unter Wettbewerbsbedingungen bestimmt.

Auf nach Westen

Vorgänge kollektiven Lernens finden sich auch bei Gruppen, die größer sind als Firmen oder Organisationen, wie im Falle gemeinschaftlicher sozialer Erfahrungen. So erwarben zum Beispiel bei den großen Expeditionen die Forscher ein völlig neues Wissen über weit entfernte exotische Länder und Völker und entdeckten eine ganz fremde Welt. Sie erfuhren, daß die Erde eine Kugel ist, und machten ihre Erfahrungen bei der Überquerung des Ozeans. Sie mußten lernen, mit völlig neuen Gefahren umzugehen, mit Gewalt, unbekannter Kost und Krankheiten fertig zu werden. Später wurde dies alles in Enzyklopädien, Büchern und wissenschaftlichen Veröffentlichungen festgehalten. Da mag es seltsam anmuten, daß die Männer, die

8 Im Pulsschlag des Kosmos

Energie ist der ursprüngliche Lebensspender. Ja mehr als das, man könnte sagen, daß eigentlich die Energie für die Schöpfung des Lebens verantwortlich ist. Betrachten wir einmal das Gesetz der Statistik, welches besagt, daß alles, was möglich ist, auch geschehen wird, wenn man nur lange genug wartet. Wenn ein solches Gesetz die Vorgänge in einer energiereichen Umgebung bestimmt, so sollte auch bei Abwesenheit einer bewußten Lenkung letztlich Leben entstehen. Diese philosophische These verdient eine genauere Darlegung, aber das liegt außerhalb des Rahmens dieses Buches. Uns interessiert hier im Detail, wie das Leben mit der Energie umgeht, und spezieller noch, wie der Mensch Energie verbraucht und wie und warum der Energieverbrauch im Laufe der Zeit Schwankungen unterliegt.

Wieder einmal kommen die Daten aus den Vereinigten Staaten. Die Nation gehört zu den jüngsten in der Geschichte und den schnellsten in ihrer Entwicklung, aber zu den ältesten, was die exakte Aufzeichnung geschichtlicher Daten angeht. Dieser Umstand könnte sich in Anbetracht der zunehmenden Bedeutung reichhaltiger historischer Datenbanken für die Zukunftsprognostik als ein Segen erweisen.

In den *Historical Statistics of the United States* findet man detaillierte Informationen darüber, in welcher Weise in den letzten zwei Jahrhunderten in diesem Land Energie verbraucht wurde. Die Daten zeigen ein Wachstum des Energieverbrauchs an, das schon beeindruckend ist. Ist es etwa exponentiell? Nur dem Anschein nach. Natürliches Wachstum ist nicht exponentiell. Explosionen sind exponentiell. Natürliches Wachstum folgt der Form von S-Kurven. In ihrem Anfangsstadium haben jedoch S-Kurven und Exponentialkurven ein sehr ähnliches Erscheinungsbild. Paßt man eine S-Kurve an die Daten des Energieverbrauchs an, so erkennt man, daß er sich immer noch am Anfang seines Wachstums befindet. Die jährlichen Verbrauchszahlen für die Vereinigten Staaten beschreiben eine S-Kurve, die um 1850 beginnt und ihren Maximalwert nicht vor Ende des einundzwanzigsten Jahrhunderts erreichen wird (Anhang C, Abbildung 8.1).

Die Aussicht, daß das Anwachsen des Energiebedarfs um die Mitte des zweiundzwanzigsten Jahrhunderts beendet sein könnte und sich bei der zweieinhalbfachen Menge des heutigen Bedarfs stabilisieren sollte, hat wenig Bedeutung für uns heutzutage. Dafür hat aber etwas anderes um so mehr Bedeutung für uns, obwohl man es in der erwähnten Abbildung fast nicht wahrnimmt: die kleinen Abweichungen der Datenpunkte von der glatten Trendkurve. Wir können uns diese Abweichungen vergrößert darstellen, indem wir das Verhältnis jedes Datenpunktes zum entsprechenden Wert der idealen Kurve aufzeichnen. Dabei verschwindet der große Trend aus dem Blickfeld, und die prozentualen Abweichungen vom globalen Wachstumsmuster werden deutlicher hervorgehoben. Der sich so ergebende Graph in Abbildung 8.1 zeigt ein Bild regelmäßiger Oszillationen. Diese sind so regelmäßig, daß man eine harmonische Schwingungskurve – eine sinoidale Welle – mit einer Periode von sechsundfünfzig Jahren bestimmen kann, die ziemlich genau durch die meisten Punkte geht. Dies zeigt, daß sich die Amerikaner, während

Expeditionen auf der westlichen Hemisphäre

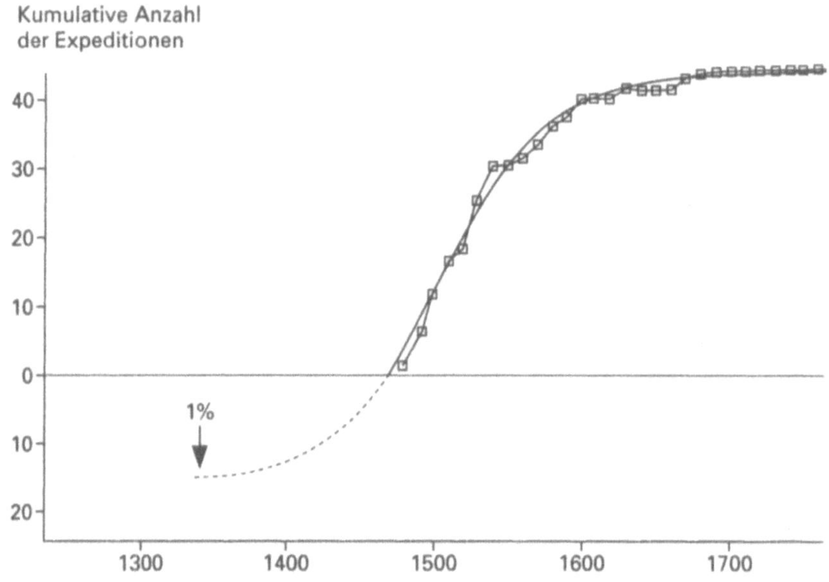

Abb. 2.2   Kumulative Anzahl der 45 Expeditionen ab der ersten Reise von Columbus in Zehnjahresintervallen. Die S-förmige Ausgleichskurve hat einen nominalen Anfang (bei 1 Prozent des Plateauwertes) um das Jahr 1340 und zeigt, daß es vor Columbus etwa 15 Expeditionen gegeben hatte, die nicht belegt sind.

das Kind im Falle der Wortschatzaneignung, die Gemeinschaft der Naturwissenschaftler bei der Entdeckung der chemischen Elemente – und so bilden die Reise des Columbus und alle anderen Expeditionen nach Westen den Lernprozeß, in dem Europa die Neue Welt entdeckte. Stellt man die erfolgreichen Erkundungsfahrten auf der westlichen Hemisphäre, die wohldokumentiert sind, zusammen, so erhält man Abbildung 2.2, in der die kumulative Anzahl der Expeditionen nach Columbus in Zehnjahresintervallen dargestellt ist.[3]

Die Daten lassen erkennen, daß wir es wahrscheinlich mit dem steil ansteigenden mittleren Teil und dem anschließenden abflachenden letzten Teil der S-Kurve zu tun haben. Der Anfang liegt irgendwo im vierzehnten Jahrhundert. Demzufolge wird für die Ausgleichskurve zu diesem Datensatz ein Anfangsteil unbekannter Größe vorgesehen. Die so berechnete beste S-Kurve durch die Daten ist in Abbildung 2.2 eingezeichnet.

Da S-Kurven asymptotisch gegen einen konstanten Wert gehen (gegen den Plateauwert, wenn die Zeit gegen unendlich geht, und gegen Null, wenn die Zeit gegen minus unendlich geht), setzen wir willkürlich als den nominalen Beginn der S-Kurve den Zeitpunkt fest, zu dem 1 Prozent des Plateauwertes erreicht ist. Kleinere Werte würde man allenfalls als Teilexpeditionen bezeichnen. Ein auf diese Weise definierter Beginn weist auf das Jahr 1340 hin. Dieses Datum kann als der Ursprung der Explorationsphase angesehen werden, als der Moment, in dem Europa die Notwendigkeit erkannte, den Westen zu erforschen. Diese Ausgleichskurve liefert außerdem einen Wert für die Anzahl der nicht belegten Expeditionen, der bei etwa fünfzehn liegen muß.

Man kann also schließen, daß es vor Columbus ungefähr fünfzehn gescheiterte Versuche, nach Westen vorzudringen, gegeben haben muß, den ersten schon um 1340. Diese Art der *Rück*sage ist – wenn auch etwas gewagt – nicht grundsätzlich verschieden von der üblichen *Vorher*sage. Wir haben es mit einer Datenverteilung zu tun ähnlich der beim wachsenden Wortschatz eines Kindes, nur müssen wir die Daten auf den Kopf stellen und die Zeit rückwärts laufen lassen. Die Fehlererwartung des Wertes fünfzehn kann übrigens auf plus oder minus drei geschätzt werden (vergleiche Anhang B).

Mesopotamien, der Mond und das Matterhorn

Lernen, Entdecken und Erforschen sind nahe verwandt und gehen oft Hand in Hand, wie bei der Archäologie. Archäologen machen Ausgrabungen und untersuchen das Gefundene, um Erkenntnisse über unsere Vergangenheit zu gewinnen, oft in weit abgelegenen Teilen unserer Erde. Eine solche Region ist Mesopotamien, reich an vergrabenen Geheimnissen antiker Hochkulturen. Diese Tatsache selbst ist jedoch kein Geheimnis, und so machen Forscher seit Jahrhunderten dort ihre Ausgrabungen. Die Ausgrabungsrate kann man als ein Maß für das Interesse der Archäologen ansehen, das gleichzeitig die Größenordnung der erworbenen Kenntnisse reflektiert. Betrachtet man wieder den ganzen Prozeß als einen Lernvorgang, so sollte es möglich sein, die Anzahl noch ausstehender Ausgrabungen abzuschätzen.

Zu diesem Zweck gleicht man wieder eine natürliche Wachstumskurve an die kumulative Anzahl der Ausgrabungen an. Der Plateauwert definiert dann die Größe der Kenntnisnische, die langsam entdeckt wird. Ich nahm mir dafür die Daten über die kumulative Anzahl der größten Ausgrabungen in Mesopotamien aus einem historischen Atlas und berechnete die zugehörige S-Kurve, die sehr nahe an den Daten lag und den Plateauwert praktisch schon erreichte.[4]

Die Ausgrabungen in Mesopotamien begannen in der Mitte des neunzehnten Jahrhunderts. Die größte Aktivität herrschte in den dreißiger Jahren dieses Jahrhunderts, danach nahm die Anzahl neuer Ausgrabungen stetig ab. Dieser Prozeß gleicht der Suche nach den Nadeln im Heuhaufen, wobei die Anzahl der noch verbliebenen Nadeln mit der Zeit verschwindend gering wurde. Die angepaßte S-Kurve läßt die Voraussage zu, daß es in dieser Region praktisch keine neuen bedeutenden Ausgrabungsexpeditionen mehr geben wird. Im großen und ganzen hat der Lernprozeß über Mesopotamien sein Soll erreicht. Wie Goldgräber, deren Minen erschöpft sind, wenden sich die Archäologen nun anderen Ausgrabungsstätten zu.

Mit der Kurve des natürlichen Wachstums kann man auch die Abfolge der Flüge zum Mond zeitlich kartieren und untersuchen. Die Mondflüge wurden in weniger als einer Dekade begonnen und wieder beendet. Sie hinterließen eine S-Kurve mit den Besuchsdaten bei unserem nächsten Nachbarn im All, die man erhält, wenn man die kumulative Anzahl der amerikanischen Mondmissionen über der Zeit aufträgt. Da die Gesamtzahl (bemannte und unbemannte Flüge zusammengenommen) nur vierzehn beträgt, sind statistische Fluktuationen deutlich sichtbar. Die Datenpunkte streuen daher leicht um die Kurve. So kam die zweite Mission etwas verfrüht, während die vierte leicht verspätet war. Aber im Durchschnitt liegen die Daten recht gut an der S-Kurve und begleiten sie bis zum Plateauwert (Anhang C, Abbildung 2.1). Damit war die Forschungsnische Mond 1972 erschöpft, und danach wurden auch keine weiteren Expeditionen unternommen. So hatte sich die exploratorische Inbesitznahme des natürlichen Erdtrabanten durch die Amerikaner nach ihrem Beginn gesteigert und war innerhalb von nur acht Jahren wieder zur Ruhe gekommen, wie eine begeisternde Modeerscheinung.

In gewisser Weise zeigen auch die Expeditionen der Bergsteiger diese zeitliche Struktur. Sie beginnen zunächst verhalten, um dann in eine Periode fieberhafter Goldgräberstimmung zu münden. Aber anders als bei den Goldgräbern findet man bei den Bergsteigern einen interessanten Nachwirkungseffekt. Dies fiel mir zuerst bei den Besteigungen des Matterhorns (4478 m) auf, des zweithöchsten Berges in Europa nach dem Montblanc (4807 m). Diese Beobachtung beleuchtet eine der möglichen Nachwirkungen, mit denen man nach Abschluß eines Erforschungsprozesses rechnen muß.

* * *

Es war einmal vor langer Zeit in einem Chalet in den Alpen, und die Wetterbedingungen für das Skifahren waren gar nicht günstig. So vergrub ich mich in einen Stapel alter Bücher, die in einer Ecke Staub ansetzten und sich langsam mit dem Geruch verbrannten Holzes vollsogen. Und da fand ich auch eine alte Chronik über die Besteigungen des Matterhorns, jenes Schweizer Heiligtums, das sich wie eine Pyramide über die Alpen erhebt und mit seinen drei Seiten den Bergsteiger ruft. Systematisch wurde es von allen Seiten her erforscht. Als es von der einfachsten Seite bestiegen war, wendeten sich die Bergsteiger den schwierigeren Seiten zu, der schwierigsten zuletzt. Jede neue gefährlichere Route wurde mit Beharrlichkeit angegangen und forderte ihren Tribut an Opfern, bevor sie bezwungen war. Jeder Besteigungsversuch steuerte einen weiteren Punkt zu der S-Kurve bei, die sich langsam aber allmählich vor meinen Augen entfaltete. Der natürliche Wachstumsprozeß des Lernens hörte aber schlagartig auf, noch bevor die Kurve vollendet war. Je mehr die Zeit verstrich, desto mehr Leute folgten den alten ausgetretenen Pfaden. Heutzutage stürzen sich wahre Horden von Touristen jeden Tag auf den Berg. Im Gegensatz zu den sanften Krümmungen der S-Kurve des Anfangs, die den Erforschungs- und Lernprozeß beschreibt, zeichnet sich für die kumulative Anzahl der Besteigungen unserer Tage ein steiler, geradliniger Trend ab, der die bis zu einhundert Bergsteiger täglich, meist in wohlorganisierten Gruppen, repräsentiert.

Und so ging ich in mich und versuchte zu verstehen, was mir dieser Graph sagen wollte. Und da begriff ich, daß es einen Unterschied gibt zwischen dem Entdecker und dem Touristen.

* * *

Touristen sind keine Entdecker. Touristen fahren dorthin, wo schon viele vor ihnen hingefahren sind. Eine Reise kann nur dann als eine Expedition gewertet werden, wenn ein Erfahrungsprozeß stattfindet, indem etwas *zum ersten Mal* getan wird. Je öfter etwas schon vorher getan wurde, desto eher muß man diese Wiederholung als touristisch klassifizieren. Zwar haben sowohl Expeditionen als auch touristische Reisen mit Lernprozessen zu tun, aber auf völlig verschiedenen Ebenen. Ein Erforschungsprozeß besteht aus vielen Ereignissen, die alle zu dem zeitlichen Muster des Lernens beitragen – zum Beispiel zur S-Kurve, die die wachsende Kenntnis der Europäer über die westliche Hemisphäre beschreibt. Beim Tourismus hingegen haben die einzelnen isolierten Ereignisse keine Beziehung zueinander. Der einzige, der daraus lernt, ist der Tourist als Individuum.

Wir werden uns in Kapitel 10 noch näher mit der Beziehung zwischen S-Kurven und dem Tourismus beschäftigen. Wir können aber jetzt schon sagen, daß Erforschungsprozesse wie Lernprozesse die zeitliche Struktur des natürlichen Wachstums, also der S-Kurve, aufweisen. Es ist daher möglich, den Zeitpunkt ihres Ursprungs zu bestimmen, auch wenn er nicht dokumentiert ist, ebenso wie den Zeitpunkt ihres Endes, auch wenn er noch weit in der Zukunft liegt.

3 Reproduktion in der belebten und Produktion in der unbelebten Welt

Was haben Computer mit Kaninchen gemeinsam? Sie sorgen für Vervielfältigung. Und sie tun es in fast gleicher Weise!

* * *

Der belgische Mathematiker P.F. Verhulst kann mit Recht als der Vater der S-Kurven bezeichnet werden. Er formulierte als erster schon 1845 ein Gesetz, in dem eine Begrenzung für das Wachstum der Population enthalten war. Nach seiner Argumentation hat ein bestimmter Lebensraum oder eine Nische eine endliche Kapazität für die Erhaltung einer Population, und somit muß die Wachstumsrate zurückgehen, wenn die Populationsgröße diese Nischenkapazität erreicht.[1] Diese Gedanken wurden später von vielen Wissenschaftlern weiterentwickelt. Hierbei sind besonders zwei Namen zu nennen, Alfred J. Lotka und Vito Volterra, die für die Abhängigkeiten zwischen der Populationsgröße einer Art von Räubern und der ihrer Beute eine mathematische Formulierung fanden. Unter Biologen und Ökologen gilt das System von Diffcrentialgleichungen, das ihren Namen trägt, als die Begründung der kompetitiven Wachstumsmodelle.

Die beruflichen Karrieren von Lotka und Volterra erreichten ihre Höhepunkte während der ersten Jahrzehnte unseres Jahrhunderts. Zu dieser Zeit waren die Grenzen zwischen den einzelnen Wissenschaftsdisziplinen noch nicht so scharf gezogen wie heute. So zögerte Lotka, der Professor für Physik an der Johns Hopkins Universität war, nicht, Methoden der Statistik, Biologie, Mechanik und Einsichten in die Bewußtseinsvorgänge alle in eine einzige Arbeit miteinzubeziehen. Volterra, ein italienischer Mathematiker und Professor an den Universitäten von Pisa und Rom, trug Wesentliches zum Fortschritt in der Mathematik, Physik, Biologie, Politikwissenschaft und auch der italienischen Aeronomie während des Ersten Weltkrieges bei. In den zwanziger Jahren übersetzten Lotka und Volterra die Räuber-Beute-Beziehungen in ein System von Gleichungen.[2] Dieses Resultat, heute als das Lotka-Volterrasche Differentialgleichungssystem bekannt, führt die ursprüngliche Beschreibung des natürlichen Wachstums einer einzigen Art durch Verhulst fort.

Es wurde vielfach beobachtet, daß sich die Wachstumsentwicklungen von Populationen in der Tat durch S-Kurven beschreiben lassen. Zu Beginn dieses Jahrhunderts wurde von einem Experiment berichtet, in dem das Wachstum von Fruchtfliegenpopulationen unter kontrollierten Bedingungen im zeitlichen Verlauf einer S-Kurve folgte.[3] Die Meßdaten beschrieben dabei sehr genau den glatten Verlauf der theoretischen Kurve bis zu ihrem Ende (Anhang C, Abbildung 3.1). Eine interessante Überlegung, die schon Lotka als erster anstellte, ist die Frage, ob diese Theorie auch zur Beschreibung des Wachstumsverhaltens *unbelebter* Populationen herangezogen werden kann.

Es gibt tatsächlich Analogien zwischen dem Wachstum einer Kaninchenpopulation auf der Wiese und der Zahl der Autos in unserer Gesellschaft. In beiden Fällen wird das Wachstum begrenzt durch eine beschränkte Ressource, die immer spärlicher wird, je mehr die Population darum im Wettstreit liegt. Bei den Kaninchen ist es das Gras, bei den Autos könnte es der Platz sein, der in den Zentren der Großstädte und auf den Straßen immer kostbarer wird.

Während der frühen Entwicklungsphase einer Kaninchenpopulation vollzieht sich ein rapides Wachstum – exponentiell, um es mathematisch zu beschreiben. Wenn jedes Paar zwei Nachkommen in die Welt setzt, so verdoppelt sich die Individuenzahl nach jedem Fruchtbarkeitszyklus. Dieser Effekt eines rapiden, quasi exponentiellen Wachstums in der Anfangsphase ist auch bei einer Autopopulation zu beobachten. In einer Wohlstandsgesellschaft zieht ein Auto das andere nach sich. In einem Haushalt, in dem beide Elternteile ein Auto besitzen, verlangt die Tochter auch ihr eigenes, sobald der Sohn des Hauses seines bekommt. Auch die Anzahl der Autos der Nachbarn mag eine Rolle spielen, und nicht selten trifft man Leute, die mehrere Autos besitzen, eines für jeden erdenklichen Zweck. Und je mehr wir uns an die Autos gewöhnen, desto mehr brauchen wir sie – jedenfalls schien es noch so vor einiger Zeit.

Diese konzeptionelle Analogie zwischen der Art, wie Kaninchen eine Wiese und Autos die Gesellschaft kolonisieren, weist auf ein beiden Prozessen gemeinsames Wachstumsgesetz hin. Der wesentliche Unterschied liegt nur in der Zeitskala. Kaninchen können ihre ökologische Nische in Monaten oder wenigen Jahren erobern, während Autos erst nach Jahrzehnten ihre Nische in der Gesellschaft ausfüllen. Diese Hypothese muß allerdings noch anhand realer Daten bestätigt werden.

Die Daten über die in Italien seit 1955 offiziell registrierten Automobile zeigen deutlich, daß die jährliche Gesamtzahl wie eine S-Kurve wächst ähnlich der Wachstumskurve der erwähnten Fliegenpopulation (Anhang C, Abbildung 3.1). Es gibt aber zwei Unterschiede. Der eine bezieht sich auf die Zeitskala. Hier ist es keine Angelegenheit von Wochen, sondern von Jahrzehnten, bis der Plateauwert erreicht ist. Der andere bezieht sich auf die viel größere Gesamtheit von Autos gegenüber Fliegen. Die statistischen Fluktuationen sind infolgedessen geringer, und die Übereinstimmung zwischen den Meßdaten und der Kurve ist sogar noch schlagender bei dem Beipiel der Autos als bei den Fliegen.

Es ist bemerkenswert, daß weltbewegende Ereignisse wie die beiden Ölkrisen 1974 und 1979 keinerlei Spuren hinterlassen haben in dem glatten Verlauf der wachsenden Anzahl von Autos, jener Vehikel, die so empfindlich an die Verfügbarkeit von Öl und überhaupt den gesamten Zustand der Wirtschaft gekoppelt sind. Viele Wirtschaftsindikatoren, nicht zuletzt die Ölpreise, stiegen und sanken während des ganzen Beobachtungszeitraumes. Die Autoindustrie reagierte empfindlich auf Wirtschaftskrisen, nicht aber die Zahl der in Gebrauch befindlichen Autos. In schwierigen Zeiten verschoben die Leute eben den Kauf eines neuen Wagens, um kurzfristig Geld zu sparen. Sie behielten ihr altes Vehikel einfach länger.

Die Gesamtzahl der Autos aber stieg weiter nach altbekanntem Muster. Diese Zahl wird von den fundamentalen sozialen Zwängen diktiert und nicht vom ökonomischen oder politischen Klima beeinflußt. Im Lichte dieser Erkenntnis können die Ereignisse, die für die großen Schlagzeilen sorgen, zwar die Welt erschüttern, aber einen meßbaren Einfluß auf die Wachstumsentwicklung der Zahl der Autos auf unseren Straßen haben sie nicht.

Ich wurde an die Methode, S-Kurven an Populationen von Objekten aus Menschenhand anzupassen, herangeführt, als ich untersuchen wollte, ob die Verkaufsstatistik von Computern möglicherweise einem solchen Verlauf folgt. Das erste untersuchte Rechnermodell, die VAX 11/750, einer der ersten erfolgreichen Minicomputer von Digital, stellte sich geradezu als Bilderbuchexemplar heraus. Die kumulative Anzahl verkaufter Geräte ist auf dem oberen Teilbild in Abbildung 3.1 dargestellt. Die angepaßte S-Kurve liegt sehr nahe an allen achtundzwanzig vierteljährlich erhobenen Verkaufsdaten. Im unteren Teilbild ist der Lebenszyklus des Produkts zu sehen, das heißt die Kurve der Zahlen der pro Vierteljahr verkauften Rechner. Die Glockenkurve ergibt sich aus der S-Kurve darüber.

Aus diesen graphischen Darstellungen, die ich 1985 entwarf, schloß ich, daß die Verkaufskurve des Produktes ihre Endphase erreicht hatte. Die meisten unserer Marktstrategen protestierten damals vehement gegen diese Folgerung und erzählten mir von ihren Plänen, den Verkauf mit einer neuen Werbestrategie und neuer Aufmachung wieder anzukurbeln. Sie führten auch saisonale Effekte an, die zum Teil für die jüngsten Verkaufsrückgänge hätten verantwortlich sein können.

Die Daten in den folgenden drei Jahren bestätigten jedoch meine Prognose. Für mich war das ein Beweis dafür, daß Werbung, Preispolitik und Konkurrenz den gesamten Marktzyklus des Produkts hindurch ihre Wirkung entfalten und nicht spezifische Effekte hervorbringen. Die neuen Strategien, die die Marktexperten ins Feld führten, unterschieden sich nicht wesentlich von den vorausgehenden und hatten deshalb keinen verändernden Einfluß auf die vorhergesagte Trajektorie.

Selbst heute noch treffe ich hin und wieder Personen, die behaupten, daß das Auslaufen der VAX 11/750 ein unglücklicher Zufall war, der verfrüht durch die Markteinführung der MicroVAX II, eines ebenso leistungsfähigen, aber um zwei Drittel billigeren Computers, hervorgerufen wurde. Diese Argumentationsweise ist aber irrational. Wie den Physikern der frühen zwanziger Jahre, denen die Konzepte der Quantenmechanik widerstrebten, wird es ihnen große Schwierigkeiten bereiten, die Daten in Abbildung 3.1 zu erklären, die das besiegelte Schicksal der VAX 11/750 schon drei Monate vor der Einführung der MicroVAX II ankündigten.

Seit jener Zeit habe ich an die Daten vieler weiterer Produkte S-Kurven angepaßt. Oft wurden meine Erwartungen aber enttäuscht, gerade in jüngerer Zeit, wo neue Computermodelle mit nur geringen Leistungsunterschieden in rascher Abfolge auf dem Markt erscheinen. Die 11/750 war ein langlebiges und mit Überlegung auf den Markt gebrachtes Produkt, das seine eigene Marktnische hatte. Die heutigen Modelle überlappen sich in ihren Spezifikationen und teilen oft dieselbe Nische miteinander. Die Marktzyklen sind zu kurz und ihre Formen zu unregel-

Der Marktzyklus eines erfolgreichen Rechnermodells

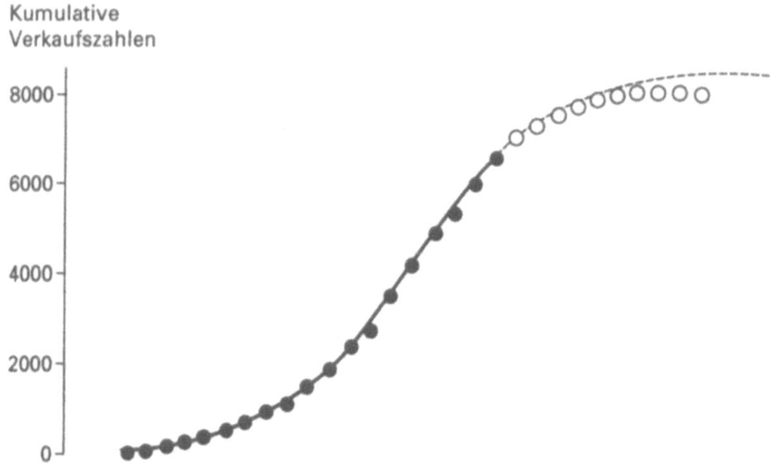

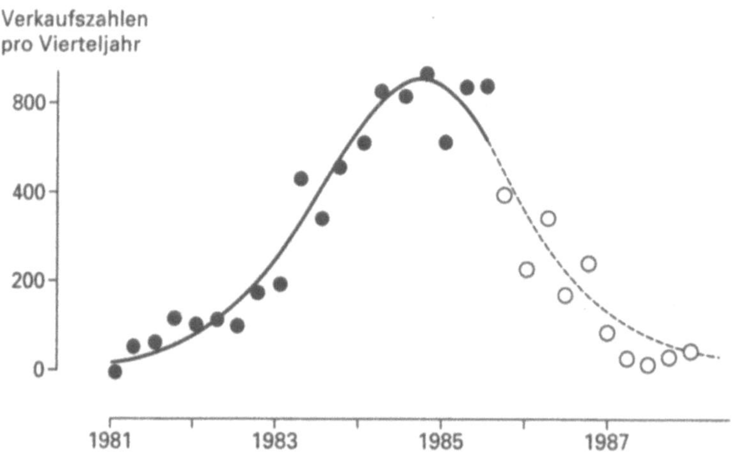

Abb. 3.1   Oben: Das Wachstum der kumulativen Verkaufszahlen des Minicomputers VAX 11/750 von Digital in Europa mit der an die Daten bis 1985 (schwarze Kreise) angepaßten S-Kurve. Die gestrichelte Fortsetzung war zu dem damaligen Zeitpunkt eine Voraussage. Die offenen Kreise zeigen die tatsächlich nachfolgenden Verkaufszahlen.
Unten: Der Marktzyklus des Produkts wurde aus der obigen S-Kurve berechnet.

mäßig, als daß man eine theoretische Kurve an sie anpassen könnte. Viel eher geeignet für eine Beschreibung durch eine Wachstumskurve scheint hingegen eine Familie von Modellen als Ganzes oder eine Generation von Rechnern zu sein.

Aber diesen Fall hatte auch schon Lotka betrachtet. Er untersuchte die Beziehung des Wachstums einer Population zum Wachstum eines Individuums. Eine Kolonie einzelliger Organismen, als Ganzes betrachtet, steht in Analogie zum Körper eines vielzelligen Organismus. Man stelle sich vor, man läßt einen Teller Suppe mehrere Tage auf dem Tisch stehen. Nach kurzer Zeit werden Bakterien auf ihr wachsen, und ihr Wachstum wird begrenzt durch den Vorrat an Suppe. Das Wachstum der Bakterien transformiert eine bestimmte Menge der Suppensubstanz in eine entsprechende Menge des «Bakterienkörpers». H.G. Thornton hat diesen Prozeß genauer untersucht und nachgewiesen, daß das bakterielle Wachstum, gemessen als Fläche, die der Bakterienkuchen mit der Zeit einnimmt, der altbekannten Wachstumskurve folgt (Anhang C, Abbildung 3.2)

Ob es sich nun um Bakterien auf dem Suppenteller, Kaninchen auf einer eingegrenzten Wiese oder Automobile in unserer Gesellschaft handelt, immer geht es um die fortschreitende Umwandlung eines begrenzten Vorrats in eine ansässige Population. Wenn wir es mit dem logistischen Wachstumsgesetz zu tun haben, so ist der Gesamtverlauf des Wachstums *symmetrisch*. Und es ist gerade diese Symmetrie, der S-Kurven ihre Vorhersagekraft verdanken. Wenn die erste Hälfte des Prozesses abgelaufen ist, weiß man, wie sich die andere entwickeln wird. Die Symmetrie der logistischen Funktion kann man mathematisch beweisen, aber man kann sie auch intuitiv wahrnehmen.

* * *

Neben einer Kirche aus dem dreizehnten Jahrhundert in Paris wird gerade die Straße erneuert. Vor einem prächtigen bunten Glasfenster säumen rote Stahlfässer, gefüllt mit Rollsplit, den Straßenrand. Des Nachts betrachtet ein Halbstarker im Vorübergehen das Mosaikfenster mit seinen über hundert bunten Einzelgläsern. Im Schein der blendenden Straßenbeleuchtung entdeckt er ein schwarzes Loch; ein Glasscheibchen fehlt. Beim Anblick der Fässer mit dem Rollsplit kommt ihm ein Gedanke, und er schmeißt ein Steinchen auf das Loch im Fenster. Er trifft nicht, und sein Projektil schlägt ein weiteres Glasstück aus seiner Einfassung. Jetzt sind zwei Löcher im Fenster. Das Klirren gefällt ihm, und so wirft er gleich zwei Steine hinterher. Und schon sind vier Löcher im Fenster. Jetzt beschließt er, das Werk seiner Zerstörung fortzusetzen, indem er immer ganz ungezielt genau so viele Steinchen auf das Fenster wirft, wie es bereits an Löchern zählt. Eine Zeitlang erhöhen die zufälligen Treffer seiner Steine die Zahl der Löcher exponentiell (4, 8, 16 und so weiter), aber schon bald fliegen die ersten Steine durch vorhandene Löcher und richten keinen weiteren Schaden an. Der jugendliche Vandale hält sich mit der Zahl der Steine bei jedem Wurf streng an seine Spielregel. Aber als die Anzahl noch intakter Scheibchen immer mehr abnimmt, bemerkt er, daß seine Trefferquote dieser Anzahl proportional ist. Obwohl er jedesmal Dutzende von Steinen schmeißt, halbiert sich die Zahl seiner Treffer bei jedem Wurf.

Im Schutze der Dunkelheit im Innern der Kirche ist derweil ein Tourist dabei, mit seinem hochmodernen Videorecorder Bilder aufzunehmen, wie sie Touristen normalerweise gar nicht aufnehmen dürfen. Insbesondere filmt er die vollständige Zerstörung des Mosaikfensters. Und im Bewußtsein seiner eigenen illegalen Handlungsweise unternimmt er auch nichts dagegen.

Wieder zurück am heimischen Herd, zeigt er seinen Freunden das wunderschöne Kirchenfenster im Film – vorher und nachher. Angesichts der Entrüstung und Empörung seines Publikums läßt er das Band rückwärts laufen, und siehe da, das Meisterwerk wird Stück für Stück wieder zusammengesetzt. Vor den Augen der Zuschauer füllt sich das leere Bleinetzwerk, das an Bienenwaben erinnert, mit funkelndem farbigem Glas, erst mit einem Stück, dann 2, 4, 8, 16 und so weiter, bis sich schließlich dieses exponentielle Wachstum verlangsamt. Aus dem Publikum weist jemand darauf hin, daß der Verlauf des Voranschreitens der Rekonstruktion identisch ist mit der zeitlichen Abfolge immer neuer Löcher bei der ursprünglichen Zerstörung.

∗ ∗ ∗

In dieser Geschichte kann man ein Gleichnis für das Populationswachstum in einer Umgebung mit begrenzten Ressourcen sehen. Die Anzahl von Kaninchen wächst wie die von Automobilen anfangs exponentiell. Ein vorhandenes Objekt bringt weitere hervor, bis schließlich der Konkurrenzkampf um die zur Neige gehende Ressource dazu führt, daß die Möglichkeit, einen adäquaten Anteil davon zu erlangen, umgekehrt proportional zur Menge des noch vorhandenen Restes ist. Das einfachste Gesetz natürlichen Wachstums besitzt die angesprochene Symmetrie.

Aus demselben Verlaufsmuster wird auch ersichtlich, warum und wann Schneeballsysteme zusammenbrechen müssen. Bei einem Kettenbrief wird von jedem Empfänger verlangt, daß er selbst wieder eine gewisse Anzahl von Briefen versendet, meist mehr als zwei. Wenn diese geforderte Anzahl zum Beispiel zehn beträgt, dann wächst die Population der verschickten Briefe exponentiell, und zwar viel schneller als die Zahl der Steinprojektile in der obigen Geschichte, denn die vorangehende Zahl wird in jedem Schritt mit zehn und nicht nur mit zwei multipliziert. Es sind also nacheinander 1, 10, 100, 1000, 10'000 und so weiter Briefe unterwegs. Die Fortsetzung der Kette wird dann kritisch, wenn die Zahl der Briefe einen signifikanten Anteil der Zahl der potentiellen Teilnehmer erreicht.

Die Bakterien auf dem Suppenteller kann man sowohl als Population als auch als einheitlichen Organismus ansehen. Die Größe lebender Organismen, seien es Bäume oder Menschen, steht in Beziehung zur Größe der Zellpopulation, aus der sie bestehen. Zellen vermehren sich, indem sie sich in zwei neue teilen. Daher wächst die Größe von Organismen anfangs exponentiell an, aber ihr Wachstum unterliegt einer natürlichen Begrenzung, nämlich der genetisch festgelegten endgültigen Größe. Ist es möglich, dafür eine Vorhersage zu machen?

Man sollte nie vorhersagen, was man mit Gewißheit weiß

Eine genetische Vorbestimmung macht natürlich insbesondere eine Vorhersage möglich. Ein Paar schwarzer Menschen kann die Hautfarbe ihres erwarteten Kindes mit einer sehr großen Wahrscheinlichkeit vorhersagen, wenngleich man in solchen Situationen vorbelastete Worte wie «vorhersagen», «Wahrscheinlichkeit» und «genetische Vorbestimmung» gerne vermeidet.

* * *

«Was machst du eigentlich bei der Arbeit?» fragte mich eines Tages meine Tochter.

Ich befaßte mich seit einiger Zeit mit der Zukunftsvorhersage und fragte mich, ob meine Tochter im Alter von zehn Jahren die Bedeutung dieses Wortes kannte. «Ich sage die Zukunft voraus» antwortete ich.

«Das kannst du?» fragte sie ungläubig.

«Bei Dingen, die wachsen, kann ich vorhersagen, wie groß sie noch werden», entgegnete ich.

«Nun, ich wachse ja noch», sagte sie. «Kannst Du mir sagen, wie groß ich werde?»

«Ich könnte es einmal versuchen», sagte ich, «wenn ich wüßte, wieviel du jedes Jahr bisher gewachsen bist. Ich habe dich nur ein paarmal gemessen, als du ein kleines Baby warst.»

«In der Schule messen sie uns jedes Jahr, seit wir im Kindergarten waren», sagte sie. «Die Lehrerin hat das alles auf ihren Karten notiert.»

Als sie am nächsten Tag nach Hause kam, brachte sie eine Photokopie ihrer Schulakte mit den Daten der Größen- und Gewichtsmessungen der letzten sechs Jahre mit. «Hier hast du sie», sagte sie. «Wie groß werde ich denn jetzt?»

Ich warf meinen PC an und gab die Zahlen ein. Sie stand neben mir und platzte förmlich vor ungläubiger Neugier.

Die Daten waren nicht vollständig. Zwischen dem Alter von einem und vier Jahren gab es eine Lücke, die ich durch die Wahl geeigneter Gewichte für die Daten bei der Berechnung der Ausgleichskurve zu kompensieren versuchte. Schließlich sagte ich, und ich konnte mir einen kleinen Triumph nicht verkneifen: «Du wirst 1,67 m groß.»

Zunächst mußte sie sich erstmal eine Vorstellung davon machen, wie groß das war. Wir holten das Bandmaß, machten eine Markierung am Türpfosten und betrachteten sie von allen Seiten. Sie schien beeindruckt. Aber schon bald zeigte sie sich wieder besorgt. «Wie sicher bist du denn?»

Sie war erst zehn und wußte natürlich nichts von Meßfehlern, Statistik, Standardabweichung und Fehlergrenzen bei Ausgleichsrechnungen. Aber ihr Instinkt warnte sie vor der großen Unsicherheit einer Bestimmung des endgültigen Plateauwertes aus wenigen Anfangsdaten. Ich wollte sie nicht enttäuschen, aber ich wollte sie auch nicht anlügen. So machte ich eine kurze Berechnung, gespickt mit den optimistischsten Annahmen, unter Verwendung der Daten aus Tabelle III, Anhang C.

«Du wirst 1,67 m plusminus zehn Prozent», schloß ich.

«Und was heißt das, plusminus zehn Prozent?» fragte sie.

«Das heißt, daß du mit größter Wahrscheinlichkeit zwischen 1,50 m und 1,84 m groß wirst», entgegnete ich zögernd.

Ein Augenblick des Nachdenkens, ein Vergleich der Markierungen auf dem Türpfosten, dann drehte sie sich um und brummelte enttäuscht: «Is' ja toll.»

* * *

Tatsächlich enthielt die Schulakte zusätzlich zu den Meßdaten meiner Tochter Kurven, die auf der Grundlage einer großen Sammlung statistischer Daten über Schülerinnen dieser Gegend erstellt worden waren. Diese Kurven sahen wie obere Hälften von S-Kurven aus. Die Daten meiner Tochter lagen auf der Kurve, die ihre endgültige Größe von 1,67 m bei einem Alter von etwa sechzehn Jahren erreicht.

Die Anpassung natürlicher Wachstumskurven an die Meßdaten der Körpergröße von Kindern ist vielleicht nicht die geeignete Methode, um ihre spätere Größe zu ermitteln. Es gibt exaktere Methoden, die auf einer umfangreichen Beobachtung und Messung während des Wachstumsprozesses von Kindern beruhen und die zu einer Fülle von Tabellen und Kurven geführt haben, die die endgültige Körpergröße mit einer befriedigenden Genauigkeit anzeigen.

Es gibt aber auch Organismen, die zum ersten Male in der Geschichte heranwachsen, so daß man keine Aufzeichnungen darüber zu Rate ziehen kann, wie es denn die Male davor abgelaufen ist. In solchen Fällen sind Vorhersagen auch dann nützlich, wenn sie signifikante Unsicherheiten aufweisen. Als Beispiel wollen wir den Bau des großen amerikanischen Schienennetzes betrachten, das sicher einen in seiner Art einzigartigen Organismus darstellt. Sollte auch dieser Wachstumsprozeß dem bekannten Muster wie bei einer Population unterliegen? Und kann man seine endgültige Größe vorhersagen?

Die Antwort auf diese Fragen findet sich bereits in Alfred J. Lotkas *Elements of Physical Biology (Elemente der physikalischen Biologie)* von 1925, aus einer Zeit also, zu der die Eisenbahn immer noch das Verkehrsmittel Nummer eins war.[4] Lotka zeigt dort einen Graphen, der die Gesamtlänge des Schienennetzes in den Vereinigten Staaten vom Beginn der Eisenbahngeschichte an bis 1918 angibt, als die Länge den Wert von 280'000 Meilen erreicht hatte. Obwohl ihm zu jener Zeit keine Computer zur Verfügung standen, legt er durch die Daten eine theoretische S-Kurve, die sehr genau durch alle Punkte geht. Sie zeigt, daß 1918 die Nische des US-amerikanischen Eisenbahnnetzes bereits zu 93 Prozent ausgefüllt war bei einem prognostizierten Endwert von etwa 300'000 Meilen. Ich schlug die Länge des seit 1918 verlegten Schienenweges nach; sie beträgt etwa 10'000 Meilen und bestätigt damit im wesentlichen Lotkas Vorhersage. Diese Bestätigung seiner Prognose ist um so beeindruckender, als man vor siebzig Jahren den Eisenbahnverkehr weithin als einen jungen Unternehmenszweig mit einer vielversprechenden Zukunft ansah.

Um die Analogie noch deutlicher hervorzuheben, nimmt Lotka zum Vergleich den Graphen der Wachstumsentwicklung einer Sonnenblume mit auf, also einen typischen Vertreter der vielzelligen Organismen, dessen Wachstumskurve der einer Population gleicht (Anhang C, Abbildung 3.3). Bis auf die unterschiedlichen Maßstäbe scheinen die beiden Prozesse identisch. Die Sonnenblumen erreichen ihre maximale Größe von 2,60 m innerhalb von 84 Tagen, während die US-Eisenbahnen zum Bau ihres gesamten Schienennetzes von 290'000 Meilen nach dem exakt gleichen zeitlichen Verlaufsmuster 150 Jahre benötigten. Etwas derart Unbelebtes wie vom Menschen geschmiedete Eisenschienen zeigt die für lebende Organismen typische Wachstumsentwicklung. In diesem Zusammenhang erscheint es durchaus angemessen, daß man bei der Eisenbahn Ausdrücke wie Schienenstrang oder Verkehrsader gebraucht.

Dinosaurier aus Menschenhand

Die Eisenbahninfrastruktur ist nicht das einzige Werk von Menschenhand, dessen Wachstum dem natürlichen Muster folgt. Im Verlauf der Geschichte haben die Menschen im Rahmen der verschiedensten Zeitmaßstäbe Objekte gebaut, die zahlenmäßig wie natürliche Arten mit einem wohldefinierten Lebenszyklus wuchsen.

* * *

King Kong liegt schwer schnaufend bewußtlos auf dem stählernen Boden des Käfigs, der ihn gefangenhält, betäubt von dem Schlafmittel aus dem Betäubungsgewehr, mit dem ihn seine Jäger überwältigen und in die Zivilisation entführen konnten. King Kong zu transportieren ist jedoch leichter gesagt als getan. Nach der Legende ist der riesige Affe fünf Stock hoch und Hunderte von Tonnen schwer. Welches Transportmittel ist hierfür wohl geeignet?

Ein Supertanker, ein Dinosaurier aus Menschenhand.

* * *

Im ursprünglichen Film wird King Kong im Frachtraum eines konventionellen Schiffes befördert, was in Wirklichkeit unmöglich wäre. Als der Stoff erneut verfilmt wurde, gab es zum Glück die Supertanker, die sehr leicht das riesige Tier aufnehmen konnten. Wenn die Geschichte in ein paar Jahrzehnten wieder verfilmt werden sollte, wird es keine solchen Schiffe mehr geben, und King Kong wird vielleicht in die Zivilisation schwimmen müssen.

Als Supertanker bezeichnet man Schiffe mit einer Kapazität von mehr als 300'000 Tonnen. In den siebziger Jahren wurde weltweit eine Flotte von 110 Supertankern gebaut; der Bau solcher Schiffe wurde weniger als zehn Jahre nach seinem Beginn wieder eingestellt. Die Welle der Supertanker schwappte wie eine kurze Modeerscheinung über die Weltmeere. Ihr Lebenszyklus war so kurz, daß man versucht sein könnte, die ganze Angelegenheit als ein mißglücktes Experiment anzusehen. Schiffe mit geringerer Tonnage scheinen bessere Überlebenschancen gehabt zu haben. In der Klemme des Wettbewerbs folgte die zeitliche Entwicklung der Population der Supertanker exakt der Wachstumskurve natürlicher Arten, was die präzise nachgezogene S-Kurve (Anhang C, Abbildung 3.4) wunderschön vor Augen führt. Nachdem der Plateauwert erst einmal erreicht war, wurde die Konstruktion eingestellt, und viele der Schiffe sind mittlerweile stillgelegt. Die Supertankermonster sehen ihrem Aussterben entgegen und werden nicht ersetzt werden.

Im Verlauf der Jahrhunderte hat sich die Gesellschaft Gebilde noch extravaganteren Ausmaßes geleistet. Dazu gehören die gotischen Kathedralen und die Teilchenbeschleuniger. Auch ihre Lebenszyklen werden wie die der Supertanker vom natürlichen Wachstum beherrscht. Nachdem die beiden Populationen ihren zahlenmäßigen Plateauwert erreicht hatten, waren sie auch schon überholt, und die Gesellschaft investierte weder weiteres Geld noch Energie.

Die ersten gotischen Kathedralen wurde gegen Ende des elften Jahrhunderts gebaut. Diese Unternehmungen waren mit bewundernswerten Anstrengungen verbunden, und sie wurden erst durch das Zusammenwirken gesellschaftlicher Gruppen ganz unterschiedlicher Identität möglich: Klerus, Baumeister, Maurerlogen, weltliche Regierung und bäuerliche Gemeinden. Diese Gruppierungen mit zum Teil entgegengesetzten Interessen arbeiteten jahrzehntelang zusammen, um das Werk zu vollenden. Das Interesse an derart monumentalen Gebäuden wuchs und verbreitete sich im Handumdrehen über ganz Europa. Im zwölften Jahrhundert wurden Grundsteine für gotische Kathedralen in schneller Folge überall in Europa gelegt. Viele Kathedralen wurden gleichzeitig errichtet. Es war aber nicht die Pracht bereits vollendeter Bauwerke, die zu neuen Vorhaben anregte. Der Bau neuer Kathedralen wurde begonnen, noch bevor die älteren fertiggestellt waren. Europa war zu einem fruchtbaren Boden für eine Population von Kathedralen geworden. Über einen Zeitraum von 150 Jahren stieg die Rate für den Bau neuer Kathedralen stark an, um dann wieder abzunehmen. Um 1400 wurden keine neuen Kathedralen mehr in Angriff genommen; die Population hatte ihren Plateauwert erreicht und damit wie eine natürliche Art ihre ökologische Nische ausgefüllt.

Beim Zusammenstellen der Daten über die Errichtung gotischer Kathedralen mußte ich unterscheiden zwischen Kathedralen auf der einen und großen gotischen Kirchen auf der anderen Seite. Ich mußte auch für alte Kirchen, die später zu Kathedralen umgebaut wurden, Daten für die Grundsteinlegung erfinden. Solche Unbestimmtheiten könnten verantwortlich sein für eine gewisse Streuung der Datenpunkte um die angepaßte Wachstumskurve. Insgesamt kann man jedoch den Schluß ziehen, daß der Hunger der Europäer nach gotischen Kathedralen im großen und ganzen um 1400 nach Christus auf eine «natürliche» Art befriedigt worden war (Anhang C, Abbildung 3.5).

In jüngerer Zeit waren es die Physiker, die Laboratorien extravaganten Ausmaßes bauen ließen, die Teilchenbeschleuniger. Vor einigen Jahren bezeichnete der Generaldirektor des CERN (Centre Européen de la Recherche Nuclaire) in Genf, wo der derzeit größte Beschleuniger steht, die Teilchenbeschleuniger in einer Einweihungsrede als die Kathedralen unserer Tage. Dieser Vergleich legte unter anderem nahe, daß man ein Ende des Wachstums auch dieser Spezies erwarten sollte, und so beschloß ich, ihre Evolution zu untersuchen und in die Zukunft fortzuschreiben. Die Beschleunigerringe vermehrten sich sehr stark nach dem Zweiten Weltkrieg und brachten eine Population hervor, deren Wachstum derselben Entwicklung wie bei den Supertankern und den Kathedralen folgte. Die historischen Daten, die ich in diesem Zusammenhang sammelte, bestehen aus der Anzahl der Teilchenbeschleuniger weltweit und den Zeitpunkten, zu denen sie in Betrieb genommen wurden. Die daran abgepaßte S-Kurve erreicht ihren Plateauwert 1990 (Anhang C, Abbildung 3.6).

Jeder Beschleuniger wird hier als ein Individuum gezählt, obwohl die Größe der Ringe im Verlauf der Jahre starken Veränderungen unterworfen war. Die ersten hatten noch recht bescheidene Dimensionen. Das Cosmotron des Brookhaven National Laboratory, in dem in den fünfziger Jahren vornehmlich an der Suche nach dem Antiproton gearbeitet wurde, paßte noch in eine große Halle. Der Ring des Elektronenbeschleunigers LEP am CERN wurde 1989 fertiggestellt. Er mißt 29 km im Umfang und liegt tief unter der Erde unter einigen Vororten von Genf, etlichen Dörfern und den nahegelegenen Bergen. Der Beschleuniger SSC (Superconducting Super Collider), der derzeit in Texas gebaut wird, wird auch als unterirdischer Tunnel verlegt, hat aber einen Umfang von fast 84 km.

Man könnte zunächst denken, daß Beschleuniger, die so unterschiedlich in ihrer Größe sind wie das Cosmotron und der LEP, bei der Definition der Population nicht als jeweils ein Individuum gezählt werden sollten. Andererseits war aber der Bau des Cosmotrons mit dem Wissensstand der frühen fünfziger Jahre kein geringeres Unterfangen als der Bau des LEP-Ringes in den späten achtziger Jahren. Die Teilchenphysiker gaben ihr Bestes und wurden in beiden Fällen in vergleichbarer Weise dafür geehrt. T.W.L. Sanford untersuchte die Aufeinanderfolge immer neuer Beschleuniger in ihren Auswirkungen und fand, daß, sobald ein neuer, leistungsfähigerer Beschleuniger in Betrieb genommen wurde, die Physiker, die wichtigen Experimente und die Publikationen vom alten zu dem neuen Beschleuniger hinüberwechselten. Dieser Übergang vollzog sich nicht abrupt, sondern in Form einer glatten S-Kurve.[5]

Die Größe der Beschleuniger ist deshalb zu den praktisch absurden Dimensionen angewachsen, weil wir nach und nach die Möglichkeiten des Grundprinzips der Elektronenbeschleuniger völlig ausgereizt haben: die Beschleunigung durch elektromagnetische Wellen im Radiofrequenzbereich. Jeder neue Horizont, der in der Forschung in der Teilchenphysik erschlossen werden soll, verlangt nach noch höheren Energien, nach höherer Beschleunigung und nach stärkeren elektromagnetischen Feldern. Am Ende ist es nur noch die Größe mit den damit verbundenen Kosten, die den Wachstumsprozeß stoppen wird.

Die an die Daten angepaßte theoretische Wachstumskurve weist darauf hin, daß weltweit vielleicht noch ein oder zwei Beschleuniger gebaut werden dürften. Aber im großen und ganzen kommt die Ära der Forschung im Bereich der hochenergetischen Teilchenphysik, wie wir sie gekannt haben, zu einem Ende. Es mag auch von Interesse sein, daß der nominale Beginn, also die 1 Prozent-Marke des Plateauwertes, nicht auf das berühmte Rutherfordsche Experiment von 1919 deutet, als er zum ersten Male Teilchen benutzte, um die Struktur des Atoms zu erforschen. Der Beginn der Beschleuniger-Ära wird durch die Kurve beim Ausbruch des Zweiten Weltkrieges festgemacht, aber «technische Schwierigkeiten» während der Kriegsjahre haben die tatsächliche Konstruktion solcher Forschungsstätten um etwa zehn Jahre verschoben. Man kann aus den Anfangsdaten sogar einen Nachholeffekt ablesen. Im nachhinein könnte man also sagen, die Rutherfordsche Saat konnte sich aufgrund der intensiven Forschungsaktivitäten in der Atomphysik während der Kriegsjahre besonders gut entwickeln. Man könnte auch gewillt sein, die nachfolgenden Demonstrationen der überwältigenden Möglichkeiten der Kernenergie als den Dünger anzusehen, dem die Beschleuniger ihr Wachstum zu immer gigantischeren Dimensionen verdanken.

In allen drei Beispielen, dem Bau der Supertanker, der Kathedralen und der Teilchenbeschleuniger, hat das Gesetz des kompetitiven Wachstums die Entwicklung bestimmt. Und es handelte sich jedesmal um relativ kurzlebige Ereignisse. Das Ende wurde wahrscheinlich schon durch die konkurrenzbedingten Härten aufgrund der exorbitanten Größe der Objekte heraufbeschworen. Größe allein ist jedoch nicht unbedingt ein Grund für frühzeitige Auslöschung. Die – wirklichen – Dinosaurier lebten länger als die meisten Arten auf der Erde, und sie starben auch nicht aus, weil sie wegen ihrer Größe langsam die Endphase des Wachstums ihrer Art erreichten. Die heute populärste Theorie besagt, daß die Dinosaurier auf unnatürlichem Wege aufgrund einer drastischen Veränderung in ihrer Umwelt ausstarben, die wahrscheinlich durch den Aufprall eines großen Meteoriten auf die Erde ausgelöst wurde. Dadurch wurde so viel Staub in die Atmosphäre geschleudert, daß sich die Sonne für Jahre verfinsterte und ein Großteil der Vegetation abstarb. Etwa 70 Prozent der damals vorhandenen Arten verschwanden von der Erde, auch die Dinosaurier. Im Unterschied zu künstlichen Dinosauriern haben sich die wirklichen langsam entwickelt und in einer mehr als 100 Millionen Jahre langen Geschichte stetig an ihre Umwelt angepaßt, so daß sie für viele weitere Millionen Jahre lebensfähig waren. Das Wachstum der Dinosaurier aus Menschenhand war schnell und kam auch zu einem schnellen Ende. Lebenszyklen sind im allgemeinen symmetrisch, wie es das Sprichwort sagt: Heute rot, morgen tot.

Mutter Erde

Zur Errichtung beeindruckender Gebäude benötigt man Baumaterialien, Energie und Geld. Der Mensch lebt nicht nur von den Gaben der Erde, er entnimmt ihr auch Substanzen mit besonderen Eigenschaften, manchmal in geradezu unglaublichen Mengen. Gold gehört dazu und auch Öl. Ursprünglich gänzlich verschiedenen Zwecken zugedacht, waren diese beiden Dinge in ihrer Funktion doch oft austauschbar. Obwohl die Zeitpunkte, zu denen sie in Erscheinung traten, weit auseinander liegen, haben beide immer wieder den Zwecken der Kriegführung, der Erpressung, der Wohlstandserhaltung und der Macht gedient.

In beiden Fällen ist die Entnahme aus der Erde ein gerichteter Prozeß. Wenn das Öl erst einmal verbrannt ist, kehrt es nicht wieder unter die Erde zurück, um sich zu erneuern. Gleiches gilt für das Gold; ist es bearbeitet und hat es einen Besitzer gefunden, so findet es kaum seinen Weg zurück ins Gestein. Im übrigen dauert eine natürliche Erneuerung viel zu lange, um den Gebrauch wettmachen zu können. Aus diesem Grunde ist es zu einem beliebten Volkssport geworden, über die vorhandenen Vorräte zu spekulieren, und nur zu häufig werden solche Schätzungen revidiert und auf den neuesten Stand gebracht.

Obwohl es sich um unbelebte Substanzen handelt, kann man den Vorgang ihrer Abschöpfung betrachten, als ob es sich um Populationen handelte, die eine Nische füllen, oder in diesem Falle leeren. Die Nische kann die Menge des wertvollen Materials sein, das Mutter Erde unten für uns bereithält. Sie kann aber auch einfach nur die Menge der in Frage stehenden Substanz sein, die wir unbedingt brauchen. Das Argument, daß das menschliche Verlangen nach Energie oder Gold nicht zu stillen ist, ist möglicherweise zu simpel. Öl verliert als Primärenergieträger bereits an Bedeutung gegenüber Gas und der Kernenergie (siehe Kapitel 7), und das lange bevor die Vorräte zu Ende gehen. Auch beim Gold sind verschiedene Mikronischen in und wieder außer Mode gekommen: in der Kunst, der Zahnheilkunde, der Elektronik, der Raumfahrtindustrie und anderswo. Ständig werden Materialien, die Gold ersetzen können – und manchmal für einen bestimmten Zweck besser geeignet sind –, erfunden. Es ist also keineswegs klar, daß der Bedarf an Gold immer weiter wächst.

Wenn die Förderung von Gold oder Öl so verläuft, daß eine kontinuierliche Balance zwischen Angebot und Nachfrage besteht, so muß sie einem *natürlichen* Verlauf folgen. Ein Hinweis auf einen natürlichen Verlauf ist seine Ähnlichkeit mit einer S-Kurve, die anzeigt, daß die Wachstumsrate proportional zu dem noch nicht gefüllten Anteil der Nische ist. Man findet diesen Effekt in der Tat bei der Gold- und Ölproduktion.

Ich habe die weltweite Goldförderung genauer untersucht und die kumulierte Menge seit 1850 über der Zeit aufgetragen.[6] Dieses Jahr kann als der Beginn der heute üblichen Goldförderung angesehen werden, da die Förderungsrate davor weniger als ein Zehntel betrug. Man könnte natürlich auch die Goldschürfung von der Antike bis zum Jahr 1850 durch eine natürliche Wachstumskurve beschreiben, aber mit einem anderen Maßstab.

Die Datenpunkte liegen akkurat auf den ersten 45 Prozent einer S-Kurve. Der extrapolierte Plateauwert der Goldförderung wird gegen Ende des zweiundzwanzigsten Jahrhunderts erreicht werden. Selbst wenn in Amerika kein Gold mehr gefunden werden sollte, wird die durchschnittliche Weltproduktion weiterhin ansteigen, bis um das Jahr 2025 der Maximalwert der jährlichen Goldförderung erreicht sein wird, in einem «goldenen Zeitalter» sozusagen.

Beim Öl sieht die Sache etwas anders aus. Öl wurde kommerziell seit 1859 verarbeitet, aber eine bedeutende Ölproduktion gibt es erst seit Beginn des zwanzigsten Jahrhunderts. Von Anfang an stimulierte die Ölförderung gleichzeitig die Suche nach neuen Vorkommen. Da andererseits die Suche recht teuer war, wurde ihr nur insoweit nachgegangen, als man es zum damaligen Zeitpunkt für nötig hielt. In Abbildung 3.2 sind sowohl die Entdeckung von Ölvorkommen als auch die Verarbeitung geförderten Öls für die USA mengenmäßig dargestellt. Die dicken Linien stehen für die historischen Daten der kumulierten Verarbeitung beziehungsweise der kumulierten Erschließung von Ölreserven.[7] Der Prozeß der Ölproduktion verläuft glatter als die Entdeckung, die aufgrund der Zufallsabhängigkeit bei der Suche größere statistische Fluktuationen aufweist. Beide Datensätze führen jedoch auf exzellente S-Kurven (dünne Linien).

Die beiden Kurven weisen eine bemerkenswerte Parallelität mit einer konstanten Zeitverschiebung von zehn Jahren auf. Eine derart starre Kopplung zwischen Produktion und Entdeckung, die über einen Zeitraum von neunzig Jahren nachgewiesen ist, beweist die Existenz eines Regulationsmechanismus aufgrund einer Rückkopplungsschleife.[1]) In Rückkopplungsschleifen wirken Kausalzusammenhänge in beiden Richtungen. Wird mehr Öl gefunden, so kann dies einen Anstieg der Produktion bewirken, und umgekehrt vermag ein Produktionsanstieg eine intensivere Forschung nach neuen Öllagerstätten hervorzurufen. Jedenfalls besagt die strenge Regulierung, daß wir Ölvorkommen zehn Jahre vor ihrer Förderung und Verarbeitung entdecken, nicht früher und nicht später. Natürlich werden sich die Anstrengungen um die Suche nach Öl wahrscheinlich vergrößern, je mehr wir die leicht zugänglichen Reserven erschöpfen; eine Alternative in dieser Richtung wäre die Suche in größerer Tiefe. Schließlich kann auch die Produktion zurückgehen, wenn sich die Bedingungen bei der Suche nach neuen Reserven verschärfen. Was immer auch geschieht, der Regulationsmechanismus, der sich in Abbildung 3.2 zeigt, wird dafür sorgen, daß wir jederzeit noch Reserven für zehn Jahre haben.

Es muß betont werden, daß dieses Gleichgewicht keineswegs durch geplante Handlungen herbeigeführt wurde. Im Gegenteil, sogenannte Experten haben immer wieder durch Fehlinterpretation der statistischen Daten den bevorstehenden Weltuntergang aufgrund der völligen Erschöpfung aller Ölvorräte innerhalb der nächsten Jahre vorhergesagt. Es hat aber nie Verfechter des Regulationsmecha-

---

1)   In einer Rückkopplungsschleife werden im Rahmen eines zyklischen Prozesses Korrekturmaßnahmen auf der Grundlage von Informationen über einen früheren Zustand des Systems ergriffen. Ein typisches Beispiel für eine Rückkopplungsschleife ist die Steuerung einer Zentralheizung durch einen Thermostaten.

DIE ENTDECKUNG UND DIE VERARBEITUNG
VON ERDÖL GEHEN HAND IN HAND

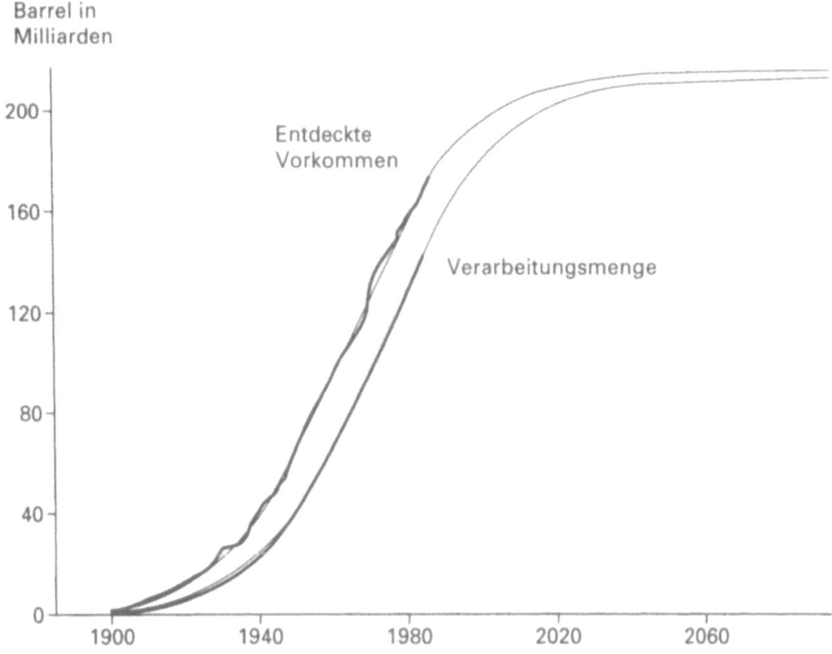

Abb. 3.2 Kumulierte Mengen (dicke Linien) und angepaßte S-Kurven (dünne Linien) der entdeckten Erdöllager und der Rohölverarbeitung in den Vereinigten Staaten.

nismus aus Abbildung 3.2 gegeben: Je stärker man die vorhandenen Reservoire anzapft, desto mehr Reservoire werden aufgetan.

Selbst wenn die Ölfunde in den Vereinigten Staaten schließlich zurückgehen, so ist der Rest der Welt doch erst wenig erforscht, sowohl hinsichtlich der Fläche als auch der Tiefe. So werden denn auch die Schätzungen der noch nicht aufgefundenen Reserven auf unserem Planeten durch die Experten mit der Zeit immer größer. 1977 lagen sie bei dem Drei- bis Zehnfachen der heute bekannten Mengen.[8] Unabhängig davon, welcher Faktor sich am Ende als richtig erweist, scheint es sich abzuzeichnen, daß wir den Gebrauch von Rohöl einstellen werden, bevor es weltweit zur Neige geht. So etwas ist schon öfter passiert. Wir haben das Holz durch die Kohle ersetzt, lange bevor das Holz zu Ende ging. Und ebenso war der Rückgang im Gebrauch der Kohle zugunsten des Erdöls kein Vorgang, der aus Knappheit resultierte. Wie wir noch genauer in Kapitel 7 sehen werden, ist die treibende Kraft bei den Substitutionsvorgängen zwischen Primärenergieträgern nicht die knappe Verfügbarkeit, sondern die unterschiedliche Rentabilität der für den jeweiligen Energieträger erforderlichen Technologien.

Lag der Beginn des Christentums schon vor Christus?

Produktionsverläufe nach Wachstumskurven betreffen den weitaus größten Teil menschlicher Aktivitäten. Die obigen Beispiele der Öl- und Goldförderung sind Unternehmungen der jüngeren Zeit. Ein Prozeß, der viel weiter in die Vergangenheit zurückreicht, ist die Kanonisation christlicher Heiliger. Die Kirche hält natürlich über solche Ereignisse reichhaltige und peinlich genaue Akten bereit, angelegt und weitergeführt von gebildeten Leuten, die an einer fast zweitausend Jahre alten beständigen Tradition festhielten.

Der Einfluß der Kirche und die Bedeutung der Religion waren nicht immer konstant. Cesare Marchetti hatte den Verdacht, daß man vielleicht an der Rate der Heiligsprechungen das Interesse der Gesellschaft an der Religion über die Jahrhunderte ablesen könne. Er behauptet, in der langen Geschichte der Christenheit zwei größere Gipfel in der Kurve der Kanonisationsrate gefunden zu haben. Als ich selbst eine vollständige verläßliche Liste aller Heiligen in Händen hielt, wollte ich seine Behauptung überprüfen.[9]

Ich tabellierte also die Gesamtzahl der Heiligen für jedes Jahrhundert und konnte in der Tat zwei Kumulationen erkennen. In Abbildung 3.3 sind die Heiligenzahlen eines jeden Jahrhunderts als Funktion der Zeit dargestellt. Ich konnte nun zwei S-Kurven so anpassen, daß die meisten historischen Daten recht gut wiedergegeben werden.

Diese beiden Entwicklungswellen erstrecken sich jeweils über vergleichbare Zeiträume, nämlich etwa tausend Jahre. Diese zweigeteilte Struktur spiegelt in etwa die Einteilung in das patristische und thomistische Zeitalter wider, da sie im wesentlichen mit diesen kirchlichen Perioden zusammenfällt. Die erste dieser Perioden steht für den Einfluß der frühen Väter der Christenheit, die zweite ist nach Thomas von Aquin (1224–1274) benannt.

Die beiden Kurven gehen nicht glatt ineinander über. Die erste Entwicklungsphase endet um das elfte Jahrhundert, aber die zweite beginnt nicht vor dem dreizehnten. In der Zeitspanne dazwischen setzt sich die Kanonisation mit einer konstanten Rate, also einem gleichbleibenden Zuwachs an katholischen Heiligen pro Jahrhundert, fort, als ob diese Periode zu keiner der beiden Entwicklungsphasen gehört. Es ist natürlich leicht, im nachhinein Erklärungen dafür zu konstruieren, und deshalb sollte man ihnen nicht allzuviel Gewicht beimessen, aber es ist dennoch von einigem Interesse festzustellen, daß diese Phase der Unsicherheit in der Heiligsprechung zusammenfällt mit dem Zeitalter der Kreuzzüge, in dem die Kirche auf brutale militaristische Weise ihre Machtansprüche durchsetzte. Der Plateauwert der zweiten Kanonisationsphase sollte gegen Ende des einundzwanzigsten Jahrhunderts erreicht werden, und man kann sich jetzt schon fragen, ob es dann wieder zu abartigen Verhaltensweisen in der religiösen Welt kommen wird.

Die interessanteste Beobachtung an Abbildung 3.3 betrifft aber den Beginn der ersten Kurve, deren Anfang von den historischen Daten recht stark abweicht. Der Zuwachs in der Anzahl von Heiligen während der ersten Jahrhunderte nach Christus scheint wesentlich schneller verlaufen zu sein als in der nachfolgenden

Die beiden Phasen der Heiligsprechung

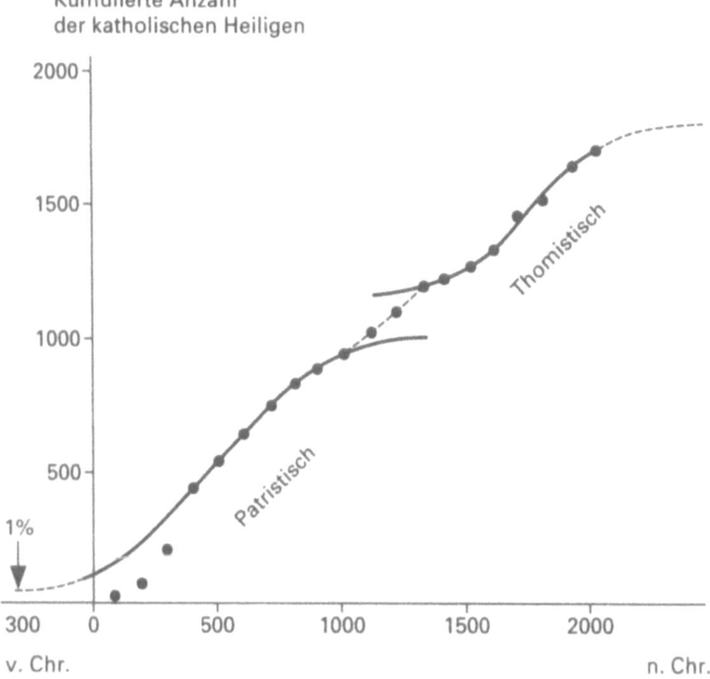

Abb. 3.3 Die beiden S-Kurven wurden unabhängig voneinander an die historischen Daten der beiden Abschnitte der Jahre 400–1000 beziehungsweise 1300–1700 angepaßt. Die erste Kurve (patristisch) hat ihren Nominalbeginn um etwa 300 vor Christus. Die zweite Kurve (thomistisch, nach Thomas von Aquin 1224–1274) erreicht ihren Plateauwert im einundzwanzigsten Jahrhundert. Zwischen dem zehnten und dreizehnten Jahrhundert verläuft die Kanonisation mit konstanter Rate, was darauf hinweist, daß dieser Abschnitt zu keiner der beiden natürlichen Wachstumsphasen gehört.

Zeit des natürlichen Wachstums. Man könnte dies als einen Nachholeffekt interpretieren. Die Menschen hatten ihren Erlöser schon eine sehr lange Zeit erwartet. Als er nun endlich kam, wurde ein Teil der aufgestauten Erwartungsenergie umgesetzt in eine beschleunigte Rate bei der Heiligsprechung.

Hätte sich die Kanonisation die ganze Zeit entsprechend der natürlicheren Rate wie in der Zeit ab dem vierten Jahrhundert vollzogen, so läge ihr Beginn *vor* der Geburt Christi. Wenn man die patristische Kurve rückwärts verfolgt, so kann man den Zeitpunkt, zu dem sie 1 Prozent des Plateauwertes erreicht, als einen vernünftigen Anfang des Kanonisationsprozesses bei den christlichen Heiligen ansehen. Aus Abbildung 3.3 liest man nun ab, daß dieser Anfang etwa im dritten Jahrhundert vor Christus liegt, daß also das Christentum bereits vor Christus begonnen hatte.

Dafür hat Marchetti eine Erklärung.[10] Es hat viele Spekulationen darüber gegeben, wo sich Christus zwischen dem Alter von fünfzehn und dreißig Jahren aufgehalten hat. Es gab da die judaische Sekte der Essener, die in der Gegend, in der man Christus zu jener Zeit vermutete, sehr aktiv war. Als Einsiedler oder in Bruderschaften lebten sie der Askese und einer außergewöhnlichen Frömmigkeit vom dritten Jahrhundert vor bis zum ersten Jahrhundert nach Christus. Es gibt in den berühmten Rollen von Qumran am Toten Meer Hinweise, daß ihre Lehre bereits viele wesentliche Elemente enthielt, die später in der christlichen Botschaft wieder auftauchten. Es wäre möglich, daß Jesus bei ihnen aufgewachsen ist.

Die Rückverfolgung der patristischen Kurve läßt sich rechtfertigen, wenn man zwei Annahmen macht. Zunächst sollte bei kulturellen Entwicklungswellen der Verlauf im allgemeinen S-förmig sein, so daß die beiden Kurven in Abbildung 3.3 ähnlich sein müssen. Und zweitens sollten die Heiligen und Märtyrer, die im wesentlichen gleichen Glaubensrichtungen (wie Essenern und Christen) angehören, auch als eine Gruppe betrachtet werden. Unter diesen Voraussetzungen liefert der bis vor das Erscheinen Christi zurückverfolgte Ast der ersten Kurve Daten und Zahlen, wie viele Personen schon früher als Heilige hätten erkannt werden müssen anstelle der eilig kanonisierten frühen Christen. Auf derartigen Schlußfolgerungen könnte man sogar eine gezielte historische Suche aufbauen.

Der hier beobachtete beschleunigte Ablauf zu Beginn einer S-Kurve ist häufiger anzutreffen. Die eigentliche Anfangsphase eines natürlichen Wachstumsprozesses kann aus vielerlei «technischen» Gründen hinausgezögert werden. Wenn aber das Wachstum erst einmal eingesetzt hat, verläuft es eine Zeitlang schneller als normal, um die verlorene Zeit wieder einzuholen. Weitere Beispiele und auch Gründe dafür werden wir in Kapitel 10 noch kennenlernen.

Das Wachstum einer Population – ob es nun Kaninchen, Autos, Computer, Bakterien, menschliche Zellen, Supertanker, gotische Kathedralen, Teilchenbeschleuniger, Fässer mit Rohöl oder christliche Heilige sind – zeigt bei natürlichem Wachstum den charakteristischen S-förmigen Verlauf. Umgekehrt ist ein Wachstumsprozeß, bei dem die Populationsgröße durch eine S-Kurve beschrieben wird, ein natürlicher. In jedem Fall wird der Lebenszyklus unter normalen Bedingungen nicht vorzeitig abgebrochen. Daher können fehlende Daten sowohl in der Zukunft (Vorhersage) als auch in der Vergangenheit (Rücksage) durch die Konstruktion der vollständigen symmetrischen S-Kurve geschätzt werden.

4 Entstehen und Vergehen der Kreativität

Im legendären Zeitalter der sechziger Jahre wurde die amerikanische Gesellschaft von einer Serie kultureller Schockwellen überrollt: Rock'n'Roll-Musik, Protestwellen gegen den Vietnamkrieg, Rebellion der Jugend, Bürgerrechtsbewegungen. Weniger spektakulär, aber mindestens ebenso einflußreich waren die eher intellektuellen Bewegungen wie Marshall McLuhans Philosophie «das Medium ist die Botschaft», Buckminster Fullers Kosmologie und eine ausufernde Epidemie esoterischer und spiritueller Lehren, einschließlich der Behauptung, daß allen physischen Leiden psychosomatische Ursachen zugrundeliegen. Nun ist ein Vierteljahrhundert vergangen, und die Zeit hat die Wogen der Erregung über diese Abfolge kultureller Revolutionen geglättet. Man wird auch heutzutage bei einem verstauchten Knöchel nur wenigen Patienten eine psychosomatische Behandlung angedeihen lassen. Aber andererseits wundert sich heute auch niemand mehr über einen Zusammenhang zwischen Phasen reger Produktivität und guter geistiger und körperlicher Verfassung.

Cesare Marchetti war der erste, der die Entwicklung der Kreativität und Produktivität eines Individuums zum Modell des natürlichen Wachstums in Beziehung setzte. Er ging davon aus, daß ein Kunstwerk oder eine wissenschaftliche Leistung das Endergebnis eines «Geistesblitzes» ist, der irgendwo in der Tiefe des Gehirns seinen Ausgangspunkt hat und sich durch alle zwischengeschalteten Stationen durcharbeitet, bis die Kreation Gestalt annimmt. Er untersuchte dann die Anzahl derartiger Geistesschöpfungen und konnte nachweisen, daß ihr zeitliches Auftreten einer S-Kurve folgt. Jede Kurve deutete dabei auf ein Ziel hin. Die Größe der angestrebten Nische nannte er *das erkennbare Potential*, da der existierende Wettbewerb immer noch dafür sorgen konnte, daß der Betreffende sie nicht erreichte. Schließlich führte er solche Studien bei Hunderten von wohldokumentierten Lebensläufen bekannter Künstler und Wissenschaftler durch. In jedem dieser Einzelbeispiele trug er die zeitliche Abfolge der künstlerischen oder wissenschaftlichen Leistungen der betreffenden Personen graphisch auf und bestimmte diejenige S-förmige Ausgleichskurve, die den Datensatz am besten beschrieb. Dabei fand er heraus, daß die meisten von ihnen starben, als sie ihr erkennbares Potential im wesentlichen ausgeschöpft hatten. Oder in seinen Worten:

> *Um genauer zu erläutern, was ich unter dem erkennbaren Potential verstehe: Stellen Sie sich vor, das künstlerische Potential seien Bohnen, die ein Mann in einem Sack hat, und wir betrachten die Bohnen, die noch übrig sind, nachdem er schließlich gestorben ist. In den hier erwähnten Fällen ... machen die übriggebliebenen Bohnen nach meinen Untersuchungen gerade 5 bis 10 Prozent der Gesamtmenge aus. Auch Mozart hatte, als er mit fünfunddreißig Jahren starb, offenbar alles gesagt, was er zu sagen hatte.*[1]

Dies ist ein fesselnder Gedanke. Augenscheinlich nimmt die Produktivität im Verlauf eines Menschenlebens zunächst zu und später wieder ab. Junge Leute können noch nicht so produktiv sein, da sie zunächst lernen müssen. Alte dagegen haben ihre Ideen, Energien und Motivationen erschöpft. Intuitiv scheint also klar, daß die menschliche Produktivität im Verlauf des Lebens einem Lebenszyklus unterliegen sollte, der sich zum Ende hin verlangsamt. Die kumulative Produktivität – also die Gesamtzahl der Einzelleistungen – könnte dabei im zeitlichen Verlauf sehr wohl einer S-Kurve folgen. Aber die Möglichkeit, die Phase höchster Produktivität eines Menschen und den unaufhaltsamen anschließenden Niedergang vor dem Tode mathematisch zu modellieren, birgt doch eine ganz eigene Faszination. Marchetti hatte nach eigenen Angaben fast einhundert Persönlichkeiten untersucht und den S-förmigen Verlauf ihrer Produktivitätskurven festgestellt. Dies stachelte mich an, selbst Untersuchungen dieser Art durchzuführen. Ein Grund hierfür war, Marchettis Angaben zu überprüfen; ein weiterer aber lag in der Absicht, diese Methode, wenn sie sich tatsächlich bestätigte, im eigenen Interesse anzuwenden.

Zunächst einmal galt es, unzweideutige Dokumentationen von Produktivität aufzuspüren. Dabei ist es schon eine Schwierigkeit, Produktivität überhaupt zu quantifizieren. Die am besten dokumentierten Lebensläufe sind die von weltberühmten Künstlern und Wissenschaftlern. Aber selbst hier ist es schwer, eine Einheit für Produktivität festzulegen. Aus den Werkverzeichnissen fand ich heraus, daß Mozart 758 Kompositionen zugeschrieben werden, wobei einige undatiert sind und andere unvollendet blieben oder später in größere Werke integriert wurden. Selbst wenn man sich auf den Standpunkt stellt, daß die Komposition eines Menuetts im Alter von sechs Jahren keine geringere Leistung als die Schaffung eines Requiems im Alter von fünfunddreißig ist, sollte ich deshalb wirklich jedes der 758 Werke, die die eifrigen Mozartverehrer ans Tageslicht gefördert und katalogisiert haben, gleich achten? Würde das nicht auf eine unangemessene Inflation in seinem Werk hinauslaufen? Ich mußte also ein objektiveres Kriterium finden, um beurteilen zu können, welche Kompositionen Mozarts in diesem Sinne Beachtung verdienten.

Als ich Musikern diese Frage vorlegte, wurde klar, daß diese Arbeit bereits geleistet war. Der österreichische Musikwissenschaftler Ludwig von Köchel (1800–1877) hatte Mozarts Werke auf eine Weise katalogisiert, die heute weltweit allgemeines Ansehen genießt. Jede «wertvolle» Komposition Mozarts hat hierbei ein K in ihrer Nummer, was auf die Köchelsche Klassifikation zurückgeht. Köchel kam dabei bis zur Zahl 626, aber nur 568 Werke werden heute zweifelsfrei Mozart zugeschrieben.[2]

Mozart starb an Altersschwäche

Man schreibt das Jahr 1791 in Wien. Wolfgang Amadeus Mozart arbeitet auf seinem Krankenbett fieberhaft an einer Komposition. Er liegt nun schon einige Zeit mit einer rätselhaften Krankheit darnieder. Er ist in einem wahren Kompositionsrausch, der sich seit seiner Erkrankung immer mehr gesteigert hat. Krankheit und

Kompositionsgeschwindigkeit gehen Hand in Hand und nehmen an Intensität fortwährend zu. Er ist gerade fünfunddreißig Jahre alt und blickt auf eine brillante musikalische Karriere zurück. Seine Frau ist zutiefst beunruhigt. Sie hilft ihm, so gut sie kann, bei seiner Arbeit an der Partitur und sorgt sich um den Kranken. Wird ihr Mann wieder gesund werden oder etwa sterben? Die Ärzte sind ratlos, aber wen könnte sie sonst fragen? Wer kann ihr Auskunft über die Zukunft geben? Erschöpft läßt sie sich in einen Sessel fallen und schläft sofort ein.

Zurück in die Zukunft: Genf, im Jahre 1987. Eine VAX-8800 nudelt Daten durch einen vierparametrigen χ^2-Minimierer mit dem Ziel, eine logistische Funktion anzupassen. Die Daten sind sämtliche Kompositionen Mozarts aus dem Köchelverzeichnis. Schließlich ist eine Ausgleichskurve gefunden. Diese S-Kurve weist erstaunlich geringe Abweichungen von den einunddreißig Datenpunkten auf, die die kumulierten Anzahlen seiner Kompositionen in jährlichem Abstand angeben. Allerdings fallen zwei kleine Unregelmäßigkeiten auf, eine am Anfang der Kurve, eine am Ende.

Die Unregelmäßigkeit am unteren Beginn der S-Kurve veranlaßte das Programm, einen Parameterwert für fehlende Daten am Anfang einzusetzen. Der Grund: Der Anpassungsprozeß führt zu einer besseren Übereinstimmung zwischen der Kurve und den Daten, wenn man annimmt, daß achtzehn Kompositionen aus Mozarts früher Kindheit fehlen. Er schrieb seine erste nachgewiesene Komposition 1762, als er sechs Jahre alt war. Indes, die Extrapolation der S-Kurve erreicht ihren Nominalbeginn von 1 Prozent des Maximalwertes etwa im Jahre 1756, in dem Mozart geboren wurde. Schlußfolgerung: Mozart komponierte eigentlich vom Augenblick seiner Geburt an, aber die ersten achtzehn Stücke wurden nie dokumentiert, da er weder schreiben noch sich gut genug verbal ausdrücken konnte, um sie seinem Vater zu diktieren.

Die zweite Unregelmäßigkeit findet sich am oberen Ende der Kurve. Im Jahre 1791 steigt die Produktivität Mozarts steil an. Tatsächlich liegt der betreffende Datenpunkt weit oberhalb der Kurve und stellt daher eher die Produktivität, die man für 1793 erwartet hätte, dar. Was hat sich Mozart hier vorgenommen? Sein Schaffenspotential ergibt sich aus der Kurve zu 644 Kompositionen, und mit seinem letzten Werk ist seine Kreativität zu 91 Prozent ausgenutzt. Die meisten Menschen, die in hohem Alter sterben, haben 90 Prozent ihres kreativen Potentials umgesetzt. Für Mozart bleibt also vergleichsweise nur noch wenig zu tun. Er hat sein Werk in dieser Welt eigentlich vollbracht. Die Unregelmäßigkeit am oberen Ende seiner Kreativitätskurve weist also auf einen Endspurt hin! Was ihm noch zu tun bliebe, ist nicht ausreichend, um ihn im Kampf gegen die aufzehrende Krankheit wirksam zu unterstützen. MOZART STIRBT, WEIL ES SEINE ZEIT IST leuchtet als Schlußfolgerung auf dem Bildschirm des Computers.

«Das stimmt nicht!» schreit seine Frau, als sie aus ihrem Alptraum auffährt. «Mein Mann ist erst fünfunddreißig. Er darf noch nicht sterben. Die Welt wird so vieler musikalischer Meisterwerke beraubt.»

* * *

Wolfgang Amadeus Mozart (1756–1791)

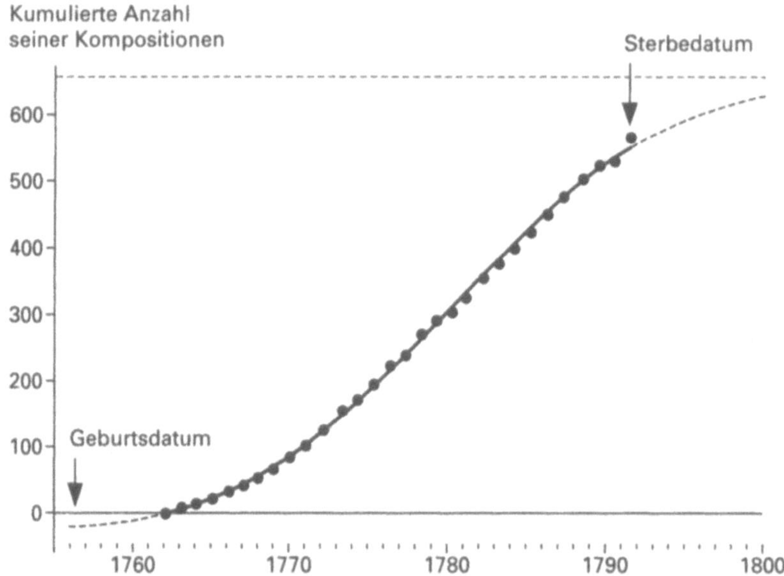

Abb. 4.1 Die S-förmige Ausgleichskurve läßt darauf schließen, daß 18 Kompositionen aus den Jahren 1756 bis 1762 «fehlen». Der nominale Anfang der Kurve – die 1%-Marke – weist auf das Geburtsjahr Mozarts hin. Das nominale Ende – die 99%-Marke – zeigt ein Schaffenspotential von 644 Werken an.

Im Gespräch mit Musikern konnte ich feststellen, daß der Gedanke, Mozart könne sein kreatives Potential mit fünfunddreißig Jahren erschöpft haben, nur auf wenig Widerspruch stieß. Er hatte schon so viel zu allen damals bekannten musikalischen Gattungen beigetragen, daß er selbst in weiteren fünfzig Jahren wahrscheinlich nur wenig Neues hätte hinzufügen können. Er selbst schrieb mit einundzwanzig: «Leben, bis man nichts Neues mehr zur Musik beitragen kann.»[3]

Sein dissonantes Quartett in C-Dur, KV 465 (1785) wurde schon als Beweis für eine mögliche Fortentwicklung Mozarts angeführt, hätte er weitergelebt. Für mich ist dies aber eher ein unwahrscheinlicher Ausblick. Die Lernkurve der Musikliebhaber jener Tage hätte sich nicht auf eine Form der Musik einstellen können, die erst über einhundert Jahre später akzeptiert wurde. Mozart hätte wahrscheinlich sehr bald aufgegeben, musikalisches Neuland zu erforschen, das beim Publikum auf Ablehnung gestoßen wäre.

Ich versuchte neben Mozart auch bei anderen Persönlichkeiten aus der gut dokumentierten Kunst- und Wissenschaftsszene, S-Kurven an die Daten ihrer Werkverzeichnisse anzupassen. Brahms hat es zum Beispiel auf 126 musikalische Kompositionen gebracht. Ich stellte den Graphen der kumulativen Anzahlen auf und errechnete eine S-Kurve, die recht genau durch die meisten Datenpunkte geht.

Sie erreicht einen Maximalwert von 135, das *erkennbare Potential* von Brahms (Anhang C, Abbildung 4.1). Damit war Brahms' Kreativität bei seinem Tode mit vierundsechzig Jahren zu 93 Prozent ausgeschöpft, was ihn aber offenbar nicht der Chance beraubte, einen ansehnlichen Teil restlicher Arbeit zu realisieren. Der Anfang der Kurve (bei 1 Prozent des Maximalwertes) liegt bei 1843, als Brahms 10 Jahre alt war. Diesen Zeitpunkt muß man als Beginn der *Kompositionsphase* bei Brahms ansehen. Warum hat er dann aber nicht zehn Jahre länger komponiert?

Auf der Suche nach einer Antwort auf diese Frage fand ich in Brahms' Biographie, daß er sich schon sehr früh zur Musik hingezogen fühlte, aber aus dem einen oder anderen Grunde zunächst auf das Klavierspiel hinsteuerte. Er machte sich einen Namen als junger Pianist. Mit vierzehn gab er öffentliche Konzerte und spielte einige der schwierigsten zeitgenössischen Stücke. Sein überaus großes Kompositionstalent manifestierte sich im Alter von zwanzig Jahren, als er urplötzlich mit Inbrunst zu komponieren begann – drei wichtige Klavierstücke gleich im ersten Jahr. Bis 1854 hatte er neun Kompositionen vollendet, genauso viele, wie er geschaffen hätte, wenn er das Jahrzehnt davor dem Komponieren statt dem Klavierspiel gewidmet hätte. Nur hätte er sie in diesem Falle mit der ihm «natürlicheren» Geschwindigkeit komponiert, wie sie sich im weiteren Schaffensmuster bis zu seinem Tode ausdrückt.

Im nachhinein könnte man sagen, daß die Umstände Brahms veranlaßten, sich im Alter von zehn bis zwanzig Jahren wie ein Pianist aufzuführen, während seine Berufung als Komponist in ihm brodelte und einen Weg suchte, sich auszudrücken. Als sie diesen Weg gefunden hatte, entließ sein Kompositionsdrang die angestaute Energie in einer fieberhaften Schaffensphase, um die verlorene Zeit aufzuholen.

Hat Einstein zuviel veröffentlicht?

Um die Hypothese, daß die menschliche Kreativität dem natürlichen Wachstumsgesetz in einer kompetitiven Umgebung folgt, noch weiter nachzuprüfen, tabellierte ich die wissenschaftlichen Publikationen Albert Einsteins, wie sie in einer Biographie beschrieben sind, die kurz nach seinem Tode erschien.[4] Die Daten in Abbildung 4.2 stellen Einsteins kumulierte Publikationszahlen dar, die durch die angepaßte S-Kurve sehr gut beschrieben werden. Der nominale Anfang der Kurve (1 Prozent des Maximalwertes) verweist auf 1894, als Einstein fünfzehn Jahre alt war. Dies würde bedeuten, daß er keinerlei Impuls verspürte, sich schon als Kind der physikalischen Forschung zuzuwenden. Nach dieser Kurve kam dieser Impuls in seiner Teenagerzeit. Aber immer noch publizierte er nichts, bis er einundzwanzig war, wahrscheinlich weil niemand die Gedanken eines mittelmäßigen jungen Studenten ernst nehmen oder gar veröffentlichen würde.

Die dargestellte S-Kurve ist diejenige, die sich den Daten am besten angleicht. Wiederum war im Ausgleichsprozeß ein Parameter vorgesehen, der die fehlenden Daten am Beginn der Kurve repräsentiert, und der auf dreizehn bestimmt wurde. Dies bedeutet, daß eigentlich dreizehn Veröffentlichungen fehlen,

Albert Einstein (1879–1955)

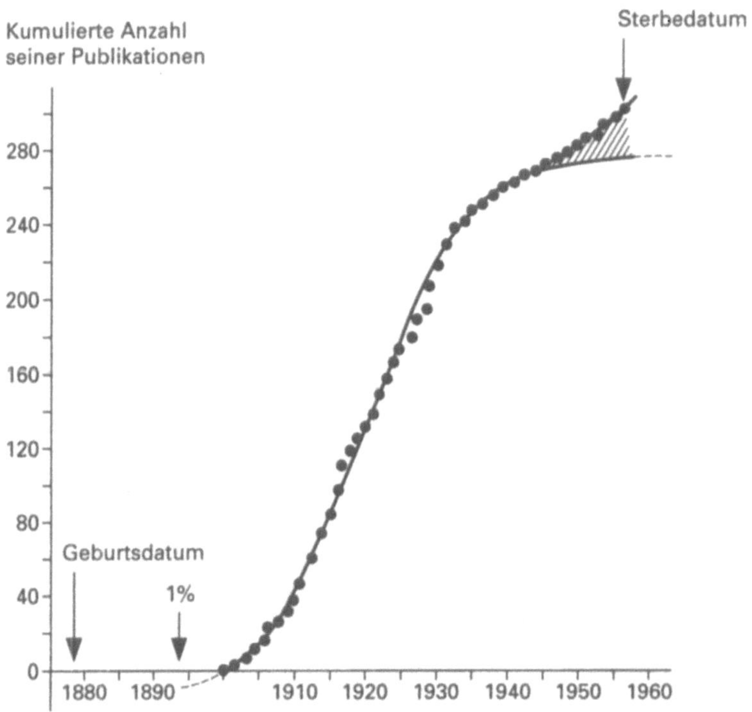

Abb. 4.2 Die kumulierten Anzahlen der Veröffentlichungen Einsteins mit S-förmiger Ausgleichskurve, die darauf hindeutet, daß zwischen dem Beginn der Kurve 1894 und Einsteins erster Publikation 1900 dreizehn Publikationen «fehlen». Der Maximalwert liegt bei 279.

die Dinge betreffen, mit denen er sich im Alter zwischen fünfzehn und einundzwanzig beschäftigt hat und die es verdient hätten, veröffentlicht worden zu sein. Sieht man sich Einsteins Biographie genauer an, so findet man Hinweise, die eine solche Schlußfolgerung tatsächlich unterstützen. Obwohl er nicht gerade ein exzellenter Schüler war, hatte er bereits mit achtzehn die Werke der größten Physiker im Original verschlungen, darunter die von James C. Maxwell, Isaac Newton, Gustav R. Kirchhoff, Hermann Helmholtz und Heinrich R. Hertz.

Aber der eigentlich interessantere Knick der Kurve in Abbildung 4.2 befindet sich am anderen Ende gegen das Todesjahr Einsteins hin. Sein erkennbares Potential ergibt sich aus der Ausgleichskurve zu 279 wissenschaftlich relevanten Publikationen. Als er starb, hatte er aber 297 Artikel veröffentlicht und damit sein Potential um 8 Prozent überstiegen! Sieht man sich den Graphen genauer an, so erkennt man, daß die Publikationszahlen in den letzten elf Jahren seines Lebens von der Kurve, die ihren Maximalwert etwa 1945 praktisch erreicht hat, systematisch abweichen. Die kumulative Zahl seiner Veröffentlichungen wächst anhand einer *geraden Linie*, also mit einer *konstanten Produktionsrate*, wie bei einer Maschine, die Papier mit einer voreingestellten Geschwindigkeit bedruckt.

Ich habe mir diese letzten Publikationen angesehen. Im allgemeinen sind wissenschaftlich originelle Gedanken darin eher dünn gesät. Einige sind offene Briefe oder Grußbotschaften auf Konferenzen oder Empfängen. Die meisten aber sind einfach nur Übersetzungen oder Neuauflagen älterer Werke mit neuer Einleitung. Es sieht so aus, als hätte Einstein am Ende seines Lebens eine Überkompensation erfahren für das, was ihm in jungen Jahren vorenthalten blieb. Und schließlich: Wer würde es schon wagen, die Veröffentlichung eines Dokuments abzulehnen, als dessen Autor Albert Einstein zeichnet?

Können wir unseren eigenen Tod vorhersagen?

Marchetti leistete Pionierarbeit, als er die Lebensläufe ausgewählter hervorragender Persönlichkeiten aus Kunst, Literatur und Wissenschaft untersuchte und das Ende ihres Lebens mit dem Ende ihrer Kreativität oder Produktivität in Beziehung setzte. In einer Arbeit mit dem Titel *Action Curves and Clockwork Geniuses*[5] (*Genies und ihre Leistungskurven im Uhrwerktakt*) zeigt er entsprechende Kurven. Er gibt dabei zu, daß die Auswahl der Fallstudien von seinem persönlichen Interesse an der bildenden Kunst und auch der Verfügbarkeit verläßlicher Daten in seiner Bibliothek beeinflußt wurden. Zu den Fallstudien gehören Sandro Botticelli, Domenico Beccafumi, Guido Reni, José Ribera, Sebastiano Ricci, Tintoretto, Francisco de Zurbarán, Johann Sebastian Bach, Wolfgang Amadeus Mozart, William Shakespeare, Ludwig Boltzmann, Alexander von Humboldt und Alfred J. Lotka. Marchetti konzentriert sich dabei auf Personen, deren Leistungen geschätzt, genauer untersucht und klassifiziert wurden. Die Arbeit der Herausgeber, Autoren, Verleger und Kritiker trägt wesentlich zur Beurteilung der Daten bei und hilft so, eine Materialgrundlage zu schaffen, die möglichst genau die wertvollen Schöpfungen eines Genies beschreibt.

Ich überprüfte einige der Studien Marchettis (Mozart, Botticelli, Bach, Shakespeare) und machte mich daran, selbst einige Fälle zu untersuchen. Nicht immer ergab sich dabei eine Übereinstimmung zwischen dem betreffenden Lebenswerk und einer Kurve natürlichen Wachstums. (Einige «Fehlschläge» werden im folgenden Abschnitt diskutiert.) Ich hatte allerdings von Anfang an die Meinung, daß ein solcher Ansatz, sollte er überhaupt berechtigt sein, nicht nur auf Genies anwendbar sein sollte. Schließlich beruht er auf natürlichen und fundamentalen Prinzipien, und so sollte er auch allgemeiner anwendbar sein. Die Schwierigkeit bei der Anwendung auf einen Durchschnittsmenschen ist dabei nicht prinzipieller Natur, sondern liegt in der Unfähigkeit begründet, die richtige Variable zu finden, die die kreativen und produktiven Fähigkeiten der betreffenden Person zutreffend beschreibt. Schließlich wird die Produktivität normaler Leute nicht während ihres ganzen Lebens gemessen, taxiert und quantitativ erfaßt.

Das Auffinden der relevanten Aktivität und die Zuordnung der Meßgröße sind damit auch die entscheidenden Schritte, will man die eigene natürliche Wachstumskurve bestimmen. Aktivitäten, die stark von der körperlichen Kondition abhängen, überdecken selten eine ganze Lebensspanne. So erstreckt sich die Lebenserwartung einer Frau weit über ihre fruchtbare Phase hinaus, die bald nach dem vierzigsten Lebensjahr endet. Ebenso fällt das Ende einer Sportlerkarriere selten mit dem Tod des Sportlers zusammen. Das Ende der Kreativität eines Künstlers oder Wissenschaftlers jedoch weist oft auf das herannahende Lebensende hin. Aktivitäten im intellektuellen Bereich sind daher besser für eine solche Untersuchung geeignet als die im körperlichen Bereich. Schachspiele haben zum Beispiel mehr Aussagekraft als Boxkämpfe. Authentische Kreativität und Produktivität in eigenen Interessengebieten können, wenn sie systematisch quantifiziert und klassifiziert werden, geeignete Variablen sein. Wesentlich ist eine kritische Bewertung dessen, was Kreativität oder Produktivität ausmacht. Hier spielen öffentliche Anerkennung oder Auszeichnungen eine hilfreiche Rolle. Sie stellen objektive Kriterien bei der Definition der relevanten Datenmenge dar.

Ebenso wichtig ist aber, daß die Daten vollständig und frei von Verfälschungen sind. Es darf keine Lücken aufgrund verlorener oder vergessener Ereignisse oder Beiträge geben. Die festgelegten Definitionen und die Methoden dürfen während der Datensammlung auch nicht geändert werden. Die Benutzung verschiedener Quellen, zum Beispiel zweier Personen, die die Daten für unterschiedliche Lebensabschnitte sammeln, und die spätere Zusammenführung solcher Datenbestände können das Ergebnis durch Fehlgewichtung verfälschen. Hier wäre es besser, beide Personen über die ganze Lebensspanne Daten sammeln zu lassen und später Durchschnittswerte zu bilden.

Schließlich muß die Ausgleichsberechnung dem modernsten Standard entsprechen. Die Bestimmung des Maximalwertes einer S-Kurve bei nur wenigen Datenpunkten kann zu völlig unterschiedlichen Resultaten führen, wenn dazu weniger ausgefeilte Computerprogramme benutzt werden (es wird sich wahrscheinlich kein normaler Mensch darauf einlassen, dies ohne Computer zu versuchen). Eine robuste χ^2-Minimierung, wie sie in Anhang A beschrieben ist, bestimmt S-Kurven kleinster Fehlertoleranzen. Die Fehler, die man bei einer solchen Angleichung erwarten muß, hängen nur von der Genauigkeit der einzelnen Datenpunkte und dem Bereich der S-Kurve ab, den sie überdecken. Tabellen zur Berechnung der zu erwartenden Fehlertoleranzen finden sich in Anhang B.

Dennoch ist die Vorhersage des eigenen Todes nicht ganz einfach. Wie im nächsten Abschnitt näher ausgeführt werden wird, kann eine ganze Anzahl möglicher Komplikationen zu irreführenden oder abstrusen Schlußfolgerungen führen. Eines ist jedoch sicher: Der Ansatz scheint intuitiv sinnvoll. Von der eigenen Kreativität und Produktivität erwartet man, daß sie einen glockenförmigen Zeitverlauf hat mit einem langsamen Start, ein Maximum erreicht und gegen das Lebensende hin wieder abnimmt. Der körperliche Zustand folgt einem ganz ähnlichen Muster. Die Korrelation zwischen körperlichem Zustand und Leistungsfähigkeit wird sehr oft im Alltagsleben unter Beweis gestellt. Wenn man beispielsweise Leistung erbringen muß, wird man auch widerstandsfähiger gegen Krankheiten. Ganz allgemein fällt die größte Produktivität mit dem höchsten Punkt in der natürlichen Wachstumskurve des Lebenszyklus zusammen.

All dies klingt vernünftig und ist bis zu einem gewissen Grad allgemein bekannt. Der neue Aspekt hier ist die Bewußtheit und die Visualisierung. Die Kurve des Lebenszyklus ist *symmetrisch*. Bevor Sie sich nun aufmachen, ihr Leben in Datenpunkten zu quantifizieren, und versuchen, eine Gleichung für Ihren eigenen Tod abzuleiten, überlegen Sie zuerst, ob Sie nach Ihrem Gefühl den Höhepunkt Ihrer Produktivität hinsichtlich Ihrer Aktivitätsvariablen erreicht haben. Wenn Sie nun feststellen, daß Sie sich irgendwo in der Nähe dieses Maximums befinden, dann sollten Sie sich dem tröstlichen Gedanken hingeben, daß vor Ihnen noch eine Periode liegt, die in ihrer Länge derjenigen entspricht, die Sie schon erlebt haben.

Auf der Suche nach Beispielen, wo der S-Kurven-Ansatz versagt

Es gibt viele Gründe, warum sich der Kreativitäts- oder Produktivitätsverlauf im Leben eines Menschen manchmal nicht durch eine S-förmige Kurve darstellen läßt. Der Sonderfall einer «Nische in der Nische» (näher erläutert in Kapitel 7) ist ein möglicher Grund. Mit ihm kann man beispielsweise die zeitliche Abfolge der Werke eines Filmregisseurs, der zur Produktion von Fernsehserien überwechselt, beschreiben. Die Gesamtzahl seiner Produktionen wird in diesem Falle nicht einer einzigen glatten Kurve folgen. Es kann auch vorkommen, daß sich jemand zwei (oder mehr) Aktivitätsnischen in seinem Leben erschließt. Den Kindererziehungsjahren einer Frau kann eine schriftstellerische Phase folgen, oder man lebt ein zweigleisiges Leben, in dem zum Beispiel eine medizinische Karriere *parallel* mit einer künstlerischen einhergeht.

Von dem Moment an, als mein Interesse geweckt war, mathematische Funktionen mit den Lebensdaten von Personen in Beziehung zu setzen, suchte ich genauso sorgfältig nach Gegenbeispielen wie nach Beispielen. Insbesondere dachte ich daran, daß ein unnatürlicher Todesfall die Entwicklung der Produktivität eines Menschen abrupt unterbrechen sollte. Ich machte mich also auf die Suche nach berühmten Persönlichkeiten, die durch einen Unfall, auf gewaltsame Weise oder durch Selbstmord zu Tode gekommen waren. Dabei tauchte schon bald eine neue Schwierigkeit auf: Was macht eigentlich einen *wirklich unnatürlichen* Tod aus? Als ich eine S-Kurve konstruierte, die Ernest Hemingways Karriere als Autor darstellte, erschien der Zeitpunkt seines Todes als geradezu natürlich!

Die kumulative Anzahl der Bücher Hemingways läßt sich sehr gut durch eine natürliche Wachstumskurve wiedergeben, deren Anfang bei 1909 liegt, als Hemingway zehn Jahre alt war. Dabei überrascht es natürlich nicht, daß sein erstes Buch in Wirklichkeit erst vierzehn Jahre später erschien. Man kann schließlich nicht erwarten, daß jemand im Alter von etwa zehn Jahren schon ein Buch veröffentlicht. Aber wie wir schon mehrfach gesehen haben, staut sich bei einem anfangs gehemmten kreativen Impuls Energie auf, die sich in der ersten Phase der einsetzenden Karriere entlädt. Hemingway war hierbei keine Ausnahme; er produzierte in den ersten drei Jahren mit großer Intensität – in gewisser Weise «unnatürlich», denn sein kumuliertes Werk wuchs schneller als die S-Kurve. Aber das Erscheinen von *In Our Time* (*In dieser Zeit*) brachte ihn 1925 geradewegs auf die Kurve zurück, von der er bis zu seinem Tode nicht mehr signifikant abwich (Anhang C, Abbildung 4.2).

Das Interessante am Beispiel Hemingways ist aber, daß seine Autorenkarriere ihr Ende glatt bei einem Alter von zweiundfünfzig Jahren erreicht, nicht anders als bei Brahms mit vierundsechzig oder Mozart mit fünfunddreißig, die beide auf natürliche Weise starben, nachdem sie ihr schöpferisches Potential praktisch aufgebraucht hatten. Auch Hemingway hatte sein kreatives Potential erschöpft. Tatsächlich bemerken seine Biographen, daß das Erkennen seiner schwindenden schöpferischen Kraft einen Beitrag zu seinem Selbstmordentschluß lieferte. Die S-Kurve weist Hemingways Tod in dem Sinne als natürlich aus, als seine Zeit gekommen war, auch wenn er sich selbst das Leben nahm.

Nachdem nun der Verdacht genährt war, daß Selbstmord nicht unbedingt etwas anderes als ein natürlicher Tod sein muß, untersuchte ich als nächstes einen reinen Unfalltod: den von Shelley, der bei einer Segelpartie im Alter von dreißig Jahren ertrank. Dieser Fall schien besonders kompliziert, da viele seiner Gedichte posthum in Anthologien zum Teil mehrfach veröffentlicht wurden. Trotz der Unmenge erforderlicher Arbeit datierte ich jedes einzelne seiner Gedichte, ein Unterfangen, das mir nur aufgrund der phantastischen biographischen Leistungen von Newman Ivey White ermöglicht wurde. Aber die Mühe lohnte sich. Es war mir möglich, die ab 1809 steil ansteigende kumulative Anzahl der Gedichte von Shelley graphisch darzustellen. Bei der S-Kurve zu den Datenpunkten entdeckte ich wieder, wie bei Hemingway und Brahms, eine kurze frühe Periode des «Nachholens». Shelley begann mit dem Schreiben von Gedichten im Alter von siebzehn, während der Anfang der Kurve auf ein Alter von zehn hinweist. Was jedoch einzigartig ist am Falle Shelleys, ist die Tatsache, daß sein Werk unvollendet blieb durch seinen Tod. Der Maximalwert der Kurve deutet auf ein kreatives Potential hin, das der zweifachen Anzahl der von ihm tatsächlich geschriebenen Gedichte entspricht (Anhang C, Abbildung 4.3). So hatte Shelley bei seinem Tode nur die Hälfte dessen gesagt, was er eigentlich zu sagen gehabt hätte. Sein Unfalltod war in diesem Sinne also wirklich unnatürlich.

Es war ein Glücksfall, daß ich Shelleys Produtivitätsanalyse schon durchgeführt hatte, als ich Marchetti bei der Internationalen Konferenz über Verbreitungsmechanismen von Technologien und Sozialverhalten 1989 wiedertraf. Während einer Kaffeepause erklärte er dem Schwarm seiner Fans, der ihn wie gewöhnlich umringte, daß die Leute dann und auch nur dann sterben, wenn ihre Kreativität erschöpft ist, auch wenn die oberflächliche Todesursache ein Selbstmord oder Unfall ist. «Es gibt keine Unfälle», behauptete er. Sofort konfrontierte ich ihn mit dem Fall Shelley. Ohne Widerrede akzeptierte er, daß es Ausnahmen geben kann. Als ich mich schließlich entfernte, hörte ich jemanden sagen: «Hiermit ist doch eigentlich den Lebensversicherungsgesellschaften eine Möglichkeit an die Hand gegeben zu entscheiden, ob ein Unfall echt ist oder nicht, bevor sie sich entschließen zu zahlen!»

Ein unnatürlicher Selbstmordversuch

Robert Schumann war rastlos an jenem Abend. Man hatte den Eindruck, daß es mehr war als die Langeweile, die die allzu häufigen musikalischen Salonabende der höheren Gesellschaft verbreiteten. Gegen Mitternacht, als sich immer noch zwei seiner Freunde im Empfangszimmer aufhielten, stand er plötzlich auf und verließ das Haus. Sein Aufbruch war so bestimmt, daß die Freunde nicht wagten, ihm zu folgen. Dennoch waren sie von Sorge erfüllt. Sie dachten an seine chronische psychische Krankheit mit ihren periodischen Ausbrüchen.

Schumann ging direkt zum Rhein und warf sich in die Fluten. Wegen seiner Kleidung ging er nicht gleich unter. Dieser Umstand ermöglichte es ein paar Fischern in der Nähe, die das Platschen gehört hatten, ihn wieder herauszuziehen. Im Wagen auf dem Weg ins Hospital sagte einer von ihnen: «Ich glaube, wir haben ihn gerade noch gerettet.» Der andere schien sich andere Gedanken zu machen. «Wenn es ihm nicht gelungen ist, sich umzubringen», sagte er, «dann war es falsch, daß er es überhaupt versucht hat.»

* * *

Einhundertdreißig Jahre nach diesem Ereignis scheint nun ein Beweis für die Vermutung aufzutauchen, daß Schumann tatsächlich den Selbstmordversuch mit vierundvierzig Jahren zu unrecht beging. Er verließ jenes Hospital nie wieder. Obwohl er erst zwei Jahre später starb, konnte er seine volle geistige Gesundheit nicht mehr erlangen und leistete auch keinen Beitrag mehr zur Musik. Dennoch stieg die Zahl seiner veröffentlichten Werke in den achtzehn Jahren nach seinem Selbstmordversuch. Die zahlreichen musikalischen Manuskripte, die er hinterlassen hatte, wurden der Öffentlichkeit in einer zeitlichen Abfolge vorgestellt, die, hätte er normal weitergelebt, dem kreativen Schaffensablauf entsprochen hätte. Aber all das geschah in seiner Abwesenheit!

In Abbildung 4.3 sind die kumulativen Publikationszahlen der Kompositionen Schumanns aufgetragen.[6] Sie oszillieren leicht um die angeglichene Trendkurve. Die Gesamtkurve unterteilt sich durch den großen Nervenzusammenbruch im Jahre 1845 und den Selbstmordversuch 1854 in drei Abschnitte. Beide Ereignisse kollidieren mit der natürlichen Entwicklung seines Gesamtwerkes; dennoch kann man eine kleinere S-Kurve innerhalb jeder der drei Perioden erkennen.

Legt man den Nominalbeginn der S-Kurve zugrunde, muß Schumann seine Berufung als Komponist 1826 im Alter von sechzehn Jahren erfahren haben. Um dies zu bestätigen, sah ich noch einmal in seine Biographien und erfuhr tatsächlich, daß Musik keine wichtige Rolle in Schumanns Jugendjahren gespielt hatte. In

Robert Schumann (1810–1856)

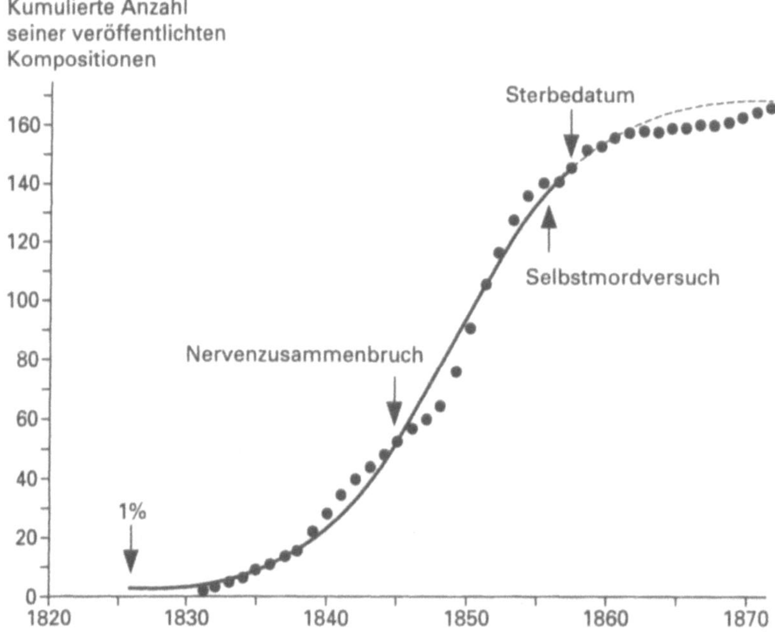

Abb. 4.3   Kumulative Publikationszahlen der Kompositionen Schumanns. Die Ausgleichskurve beginnt um 1826 und erreicht einen Maximalwert von 173. Tatsächlich wurden 170 Kompositionen veröffentlicht, die letzte sechzehn Jahre nach seinem Tod.

seiner Kindheit war er der Musik nicht zugeneigt, aber er mußte im Rahmen seiner allgemeinen Erziehung Klavierstunden nehmen. Erst im Alter von dreizehn Jahren fand er Gefallen an den Klavierübungen, und sein Interesse an der Chormusik erwachte. Bald danach jedoch wurde er zu einer juristischen Fakultät geschickt. Er wechselte mehrmals die Universität bei dem erfolglosen Versuch, die Rechte zu studieren. Erst als er zwanzig wurde, fand er den Mut, offen zu erklären, daß er nun das Jurastudium aufgeben und sich nur noch der Musik widmen werde. Ein Jahr später erschienen seine ersten Kompositionen.

Seine Kompositionstätigkeit unterlag sprunghaften Wechseln. Sie konnte infolge der Ausbrüche seiner psychischen Krankheit vollständig zur Ruhe kommen oder in fieberhafte Tätigkeit ausarten. Die Veröffentlichungskurve seiner Werke jedoch folgt einem natürlicheren Verlauf. Die Gesellschaft hatte einen *glättenden* Einfluß auf die unregelmäßige Abfolge seiner Kompositionen. Sein Selbstmordversuch und der darauf folgende Tod werden nur als kleine Einbuchtung in der Kurve der Publikationsentwicklung seines Werkes registriert. Die Folge der Veröffentlichungen seiner Werke riß nicht ab und folgte weiterhin recht genau derselben Kurve, die sich aus der Abfolge der Publikationen zu seinen Lebzeiten ergibt. Soweit es die Beziehung zur Öffentlichkeit betrifft, blieb Schumann am Leben und komponierte weiter, wobei sich die Geschwindigkeit allmählich verlangsamte und endete 1872 im eher adäquaten Alter von zweiundsechzig Jahren.

Schumanns Lebenslauf ist ein Beispiel, in dem eine frühzeitige Prognose anhand der S-Kurve eine irrige Vorhersage ergeben hätte, obwohl die Daten als bestätigt, wohldokumentiert und fehlerfrei gelten können. Die Verwendung der Publikationsdaten anstatt der Kompositionsdaten haben zu einem regelmäßigeren Muster geführt, aber nicht regelmäßig genug, um zu verläßlichen Vorhersagen zu gelangen. Fraglos gibt es Leute, deren Leben keinen natürlichen Verlauf nimmt und daher unvorhersagbar bleiben muß.

Eine Fruchtbarkeitsschablone

Die kreativen Leistungen von Künstlern und Wissenschaftlern lassen sich anhand der Anzahl ihrer Werke quantifizieren, so als seien diese ihre intellektuellen Kinder. Es stellt sich die Frage, ob es genauso instruktiv sein kann, wirkliche Kinder auf dieselbe Weise zu quantifizieren. Es gibt sehr genaue Aufzeichnungen zu den Geburtsraten der amerikanischen Frauen über einen langen Zeitraum. Ich sah mir die entsprechenden Daten für das Jahr 1987 an, nämlich wie viele Kinder im Durchschnitt die Frauen einer bestimmten Altersgruppe in diesem Jahr hatten, und zeichnete die kumulativen Daten auf.

Da die Anzahlen über eine sehr große Population gemittelt sind, sind die statistischen Fluktuationen sehr klein, und es war schon beeindruckend, wie genau die Datenpunkte eine S-förmige Wachstumskurve beschreiben (Anhang C, Abbildung 4.4). Es ergab sich, daß die amerikanische Frau mit vierundvierzig Jahren den Maximalwert von 1,87 Kindern im Durchschnitt erreicht hat, während sie mit fünfundzwanzig nur ein Kind hatte. (Hier treten Bruchteile von Kindern auf, da wir es mit Durchschnittswerten zu tun haben.)

Zu einer völlig unerwarteten Einsicht führte die Frühphase dieses Prozesses. Um die Übereinstimmung der Kurve mit den Daten zu verbessern, ließ ich einen Parameterwert für verlorene Daten am Beginn der Kurve zu, der sich auf 0,14 einstellte. Der Nominalbeginn, die 1-Prozent-Marke der Kurve, liegt bei etwa zehn Jahren, wo es jedoch noch keine Datenpunkte gibt. Dies bedeutet, daß eine von sieben amerikanischen Frauen «natürlicherweise» ein Kind haben könnte, bevor sie zwölf ist. Die Bedeutung des Wortes «natürlicherweise» ist hier eher im physiologischen als im sozialen Kontext zu verstehen. Jedenfalls kann die allgemeine Form der natürlichen Wachstumskurve ebenso als Schablone für das Kindergebärverhalten angesehen werden wie für die intellektuelle Fruchtbarkeit der Genies dieser Welt in den früheren Beispielen. Mein Vertrauen in diese Analogie steigt mit jedem neu entdeckten Fall, in dem sie funktioniert.

Zeitgenössische Genies

Nachdem ich nun schon so weit gegangen war, konnte ich nicht widerstehen, auch Vorhersagen für die Karrieren einiger gefeierter zeitgenössischer Persönlichkeiten zu wagen, die sich noch in ihrer kreativen Phase befinden. Ich konzentrierte mich auf vier Nobelpreisgewinner – zwei Physiker und zwei Schriftsteller – und einen berühmten Regisseur.

Burton Richter bekam 1976 den Nobelpreis für Physik und ist derzeit Direktor des Teilchenbeschleunigers in Stanford. Er gab mir eine vollständige Liste seiner wissenschaftlichen Veröffentlichungen. Carlo Rubbia bekam 1986 den Nobelpreis für Physik und ist nun Direktor des europäischen Forschungslaboratoriums CERN in Genf in der Schweiz. Die Daten seiner wissenschaftlichen Arbeiten entnahm ich den *Physics Abstracts* (London: The Institute of Electrical Engineers). Gabriel García Marquez erhielt 1982 den Nobelpreis für Literatur. Seine Romane sind in der Bibliothek der Universität von Kolumbien katalogisiert. Alexander Solschenyzin erhielt seinen Nobelpreis 1970. Die verwendeten Daten über seine schriftstellerische Tätigkeit wurden der *Encyclopedia Universalis* entnommen. Die Karriere des renommierten italienischen Regisseurs Federico Fellini ist ebenfalls wohldokumentiert. Um eine vollständige Liste seiner abendfüllenden Spielfilme zu erstellen, konsultierte ich drei verschiedene Ausgaben des *Who's Who*.

In allen fünf Fällen paßte ich eine S-Kurve an die kumulierten Anzahlen der Werke an und bestimmte deren Maximalwert. Dem Berechnungsprogramm entnahm ich ferner Werte für die 1- und die 90-Prozent-Marke. Die erstere steht für den Moment des Beginns der Karriere der betrachteten Person; die letztere gibt den Zeitpunkt an, bis zu dem man das Werk als noch weitgehend unvollständig ansehen muß und vor dem der Betreffende kaum sterben wird. In der Tabelle sind die Daten zusammengefaßt.

Name	Maximum	Jahr bei 1%	Jahr bei 90%	Geboren
Richter	340	1954	1991	1931
Rubbia	240	1948	1994	1934
Marquez	54	1964	1994	1928
Fellini	24	1920	2003	1920
Solschenyzin	27	1955	1988	1918

Wie man sieht, sind die Laufbahnen der beiden Physiker durchaus vergleichbar. Beide beginnen sehr früh und erreichen die Vollendung ihres Werkes ungefähr mit sechzig Jahren. Marquez wurde zum Schriftsteller im Alter von sechsunddreißig und wird weiter Bücher schreiben, mindestens bis er sechsundsechzig ist. Fellini jedoch bricht alle Rekorde. Es sieht so aus, als ob er noch mindestens drei Filme drehen wird, den dritten im stolzen Alter von dreiundachtzig!

Fellinis Karriere unterscheidet sich von den anderen noch in mehrerlei Hinsichten. Der Nominalbeginn seiner Kurve liegt nahe bei seinem Geburtsjahr und

weist ihn so als einen geborenen Filmregisseur aus. Obwohl er seine frühen Jahre
großenteils im Filmgeschäft verbrachte, begann er erst recht spät, Regie zu führen,
nämlich mit zweiunddreißig Jahren. Spät bezieht sich hier auf seine potentiellen
Möglichkeiten. Regie zu führen ist die Arbeit eines Chefs, und niemand beginnt
als Chef. Konsequenterweise muß es bei Leuten, deren Lebenswerk es ist, Chef
zu sein, in der frühen Phase eine Abweichung von der natürlichen Wachstumskurve geben. So zeigt Fellinis Kurve einen anfänglichen Nachholeffekt, der bei den
drei Nobelpreislaureaten nicht zu entdecken ist (Anhang C, Abbildung 4.5). Die
Kurve beweist auch, daß er nicht vor dem Jahre 2003 einer Krankheit erliegen
oder Selbstmord begehen sollte.[1]

Auch Solschenyzin begann seine schriftstellerische Karriere relativ spät. Er
veröffentlichte sein erstes Buch im Alter von fünfundvierzig Jahren. Seine Kreativitätskurve scheint mittlerweile praktisch abgeschlossen zu sein. Solschenyzins
Laufbahn als Autor scheint nur einen Aspekt seines Lebens darzustellen. Er war
nicht der geborene Schriftsteller. Ich sage das nicht, weil ich weiß, daß er zunächst
Mathematik und Physik studierte, als Lehrer arbeitete und es auch im Militär zu
einer bedeutenden Karriere brachte. Ich kam zu diesem Schluß, schon bevor ich
einen Blick in seine Biographie warf, als ich seine Kreativitätskurve aufstellte.
Ihr Nominalbeginn liegt bei 1955, als er sich im Exil in Sibirien befand. Dieser Abschnitt in seinem Leben scheint verantwortlich für die 1,5 Bücher, die bei
der Realisierung in der Frühphase seines kreativen Potentials «fehlen» (vergleiche
ähnliche Effekte bei Mozart und Einstein). Solschenyzin mag trotzdem noch ein
oder zwei Bücher schreiben. Aber die Tatsache, daß seine Kurve als Autor fast
abgeschlossen ist, hält ihn nicht davon ab, sich noch anderen kreativen Tätigkeiten
in seinem Leben zuzuwenden, wie er es ja schon öfter getan hat.

Hat man die 90-Prozent-Marke seines Potentials erreicht, so bedeutet dies
nicht den unmittelbar darauffolgenden Tod. Es ist natürlich möglich, das eigene
Potential zu übertreffen oder sich, alternativ, auf andersartige Aktivitäten zu verlegen. Tatsächlich können sich alle fünf hier betrachteten Persönlichkeiten auf eine
Fortsetzung ihrer kreativen Kraft und ein langes Leben freuen.

Innovationen bei der Computerentwicklung

Der nächste Schritt in meinen Studien führt zur Betrachtung von schöpferischen
Prozessen, nicht wie man sie bei Individuen findet, sondern bei einer Gruppe von
Personen, die durch ein gemeinsames Ziel oder Interesse, gemeinsame Fähigkei-
ten oder Arbeitsplätze verbunden sind, zum Beispiel in einer Firma oder einer

---

1)   Zum Zeitpunkt der Ausgabe der deutschen Übersetzung war Fellini bereits verstorben, ohne sein
      Lebenswerk entsprechend dieser Analyse vollendet zu haben. Man könnte nun in seinem Leben
      nach Anhaltspunkten für Filmpläne oder Entwürfe suchen, die er nicht mehr realisieren konnte.
      Es mag in bezug auf die große Altersdifferenz ironisch klingen, aber man könnte sagen, daß
      Fellini in gewisser Weise jünger gestorben ist als Mozart.

Organisation. Die Individuen spielen hier gleichsam die Rolle von Zellen in einem vielzelligen Organismus, der aus ihrer Vereinigung besteht. Man kann die Population als Gesamtheit, also die Organisationsstruktur, nun als ein Individuum behandeln. Von der Kreativität einer solchen Organisation kann man daher erwarten, daß sie einer S-Kurve folgt, genauso wie bei den Individuen vorhin.

Alain Debecker und ich untersuchten die kreative Innovationskraft von Computerfirmen, eine Studie, die ich teilweise bereits in Kapitel 1 vorstellte.[7] Wir interessierten uns für die Anzahlen der neuen Modelle, die die neun größten Computerhersteller auf den Markt brachten. Die Auftragung der Anzahlen der verschiedenen Modelle jeweils einer Firma führte zu S-förmigen Innovationskurven.

Bei der Firma Honeywell spielten wir das Lieblingsspiel der Vorhersagebranche: Man streicht die letzten fünf Jahre aus dem Datenbestand und versucht, sie nachträglich vorherzusagen. Wir paßten eine S-Kurve an die Daten der Periode 1958 bis 1979 an und stellten fest, daß die extrapolierte Kurve in außergewöhnlich guter Übereinstimmung mit den Daten der Periode 1979 bis 1984 war. Gleichzeitig offenbarte uns der erste Abschnitt der historischen Periode, daß dort vierzehn Modelle «fehlten», wahrscheinlich nicht erfolgreiche Versuche und Reißbrettmodelle, die nie in Produktion gingen.

Als wichtigstes Ergebnis stellten wir bei mehreren Herstellern fest, daß sich die Ausgleichskurven einem Maximalwert näherten, der eine Sättigung der Innovationsfähigkeit und damit ein Absinken der Fabrikationsrate differenzierter neuer Rechnermodelle anzeigte. Dies sollte zum Nachdenken anregen. Die Computerindustrie ist noch jung, und die Innovationsfähigkeit drückt sich in Verkaufszahlen aus. Wir benutzten in unserer Studie Daten bis 1985, und die sich zu dieser Zeit daraus ergebenden Kurven ließen darauf schließen, daß Firmen wie Honeywell dringend zu neuen technologischen Durchbrüchen kommen mußten, um eine neue Phase innovativer Entwicklungen zu ermöglichen. Daß Honeywell in der Folge aus der amerikanischen Computerindustrie ausschied (Honeywell wurde von der französischen Firma BULL aufgekauft), mag als symptomatisch für die in unserer Untersuchung aufgezeigten Effekte gelten.

Als ein weiteres Ergebnis unserer Arbeit zeigt sich, daß sich nicht nur das Erscheinen von Computermodellen, sondern auch von Computerherstellern in Form von S-Kurven vollzieht. So wie die Rechner ihre Nische füllen, so auch die Firmen. Beide Anzahlen steigen derzeit noch, aber während sich die Industrie etabliert, werden sich die Zahlen stabilisieren müssen, selbst wenn die Verkaufszahlen weiter steigen. Eine vergleichbare Entwicklung war zu Beginn des Jahrhunderts in der Autoindustrie zu beobachten. Die Anzahl der Unternehmen, die sich auf die Produktion von Automobilen warfen, wuchs entlang einer S-Kurve und erreichte einen Maximalwert von etwa eintausendvierhundert! Dieser Kurve folgte sehr dicht eine ähnliche, die das Ausscheiden von Herstellern beschrieb und fast den gleichen Maximalwert erreichte. Die kleine Differenz zwischen den beiden Kurven repräsentiert das Dutzend Autohersteller, das überleben konnte und den heutigen Automobilmarkt unter sich aufteilt.

Schließlich gibt es noch eine weitere Beobachtung, die ebenfalls schon in Kapitel 1 angesprochen wurde. Da Computermodelle und Hersteller in parallelen Trajektorien erscheinen, ist das Verhältnis zwischen beiden Anzahlen bemerkenswert stabil. Eine einfache Auftragung der Entwicklung der Anzahl der Modelle als Funktion der Zahl der Hersteller zeigt eine perfekte Gerade, deren Steigung den Wert fünf hat (Anhang C, Abbildung 4.6). Das Verhältnis von neuen Modellen zu neuen Firmen war konstant während der gesamten Geschichte der Rechnerentwicklung und ist somit eine *Invariante*.

Dies ist mehr als nur eine amüsante Randnotiz. Es weist darauf hin, daß es einen internen Regulationsmechanismus gibt, der im Computergeschäft beachtet werden muß. Die Anzahl verschiedener Modelle, die ein Hersteller während seiner Existenz entwickeln kann, liegt im Durchschnitt bei fünf. Wie kann man dann aber die produktiven Giganten wie IBM verstehen, auf deren Konto Hunderte verschiedener Rechnermodelle gehen?

Um diese Frage zu beantworten, müssen wir uns genauer ansehen, was um diese riesigen Festungen des Computer-Know-hows passiert. Wie ich bereits früher als Antwort vorschlug, verlassen erfolgreiche Modellentwicklungen, Konzepte und Ingenieure die Firmen und führen zu Gründungen kleiner Computergesellschaften, die oft nur auf einer Idee oder der Initiative einer Person beruhen. Mit anderen Worten, die Muttergesellschaft produziert nicht nur neue Modelle, sondern auch neue Gesellschaften. Es gibt dabei immer wieder kleine Firmen, die kommen und gehen und es nie auf fünf Modelle bringen. Aber die durchschnittliche Norm liegt bei fünf, und je mehr ein großer Hersteller diese Zahl übersteigt, desto größer wird der Bedarf nach dem Auftauchen kleiner Firmen, die dies wieder ausgleichen. Der einträchtige Weg für ihre Geschäftsführung, und vielleicht auch der mit dem kleinsten Widerstand, liegt in der gleichzeitigen Produktion von neuen Modellen *und* neuen Firmen im Verhältnis von fünf zu eins. Im Lichte dieser Erkenntnis sollte man bei denjenigen, die ihren Posten aufgeben, um eine eigene Firma zu gründen, nicht einen Affront gegen den Arbeitgeber sehen. Diese Leute tragen dazu bei, daß das Gleichgewicht aufrecht erhalten wird. Ohne sie würde sich anderswo Druck auf die Geschäftslage entwickeln. Ihre Initiative sollte willkommen sein und bis zu einem gewissen Grade gefördert werden.

Gleichermaßen läßt sich auch ein guter Rat für ambitionierte Unternehmer ableiten, die eine neue Computerfirma gründen wollen. Sie sollten sich entweder auf schnelle Gewinne aus den ersten fünf Modellserien konzentrieren oder, wenn sie sich über dieses Stadium hinauswagen wollen, von vornherein planen, in die notwendige Infrastruktur zu investieren, um ausreichende technologische Schöpfungskraft sicherzustellen, die nicht nur neue Modelle, sondern auch neue Tochtergesellschaften hervorbringen kann.

Die Fallstudien in diesem Kapitel zeigen eine klare Korrelation zwischen Kreativität beziehungsweise Produktivität und der Lebensspanne. Dennoch möchte ich niemand ermutigen, sich auf die Vorhersage seines eigenen Todes zu stürzen.

Ein Grund hierfür liegt in der Schwierigkeit, einen unvoreingenommenen Bewertungsmaßstab für das eigene Lebenswerk zu finden und die Klassifikation vorzunehmen. Des weiteren können unvorhergesehene Umstände (wie im Falle Schumanns) oder Komplikationen (wie bei der Situation einer Nische in der Nische) zu irrigen Vorhersagen führen. Schließlich läßt sich der Tod auch nicht vorschreiben, zu einem bestimmten Vervollständigungsgrad des Lebenswerkes zu erscheinen. Die S-Kurve erreicht ihren Maximalwert asymptotisch; das heißt, sie benötigt unendlich viel Zeit, um dort wirklich anzukommen. Das einzige, was man sagen *kann*, ist, daß es unwahrscheinlich ist, daß man vor Erreichen der 90-Prozent-Marke stirbt.

Es gibt noch ein weiteres Argument, das einen davon abhalten sollte, sich in der Vorhersage des Lebensendes zu ergehen: Es lenkt von den viel positiveren Ergebnissen ab, die man aus der glatten S-förmigen Ausgleichskurve entnehmen kann. Eine detaillierte Untersuchung der Übereinstimmung der Kurve mit den Datenpunkten kann verborgene Einflüsse aufdecken und Interpretationsmöglichkeiten für vergangene Ereignisse anbieten. In bezug auf die Kreativität liegt der besondere Wert der S-Kurve vielleicht in der «Vorhersage» der Vergangenheit.

5 Die Guten und die Bösen kämpfen auf dieselbe Weise

Gut und böse sind Begriffe, die meist, wie Tag und Nacht, extreme Gegensätze darstellen sollen. Es muß daher ironisch erscheinen, daß gut und böse weitgehend subjektive Kategorien sind und daß für die einen etwas gut sein kann, was für die anderen böse ist.

So ist es eine Frage der Definition, ob eine Nische geleert oder eine andere gefüllt wird. Die Anzahl der Nadeln, die man im Heuhaufen findet, wird mit der Zeit immer größer, umgekehrt nimmt aber die Zahl der Nadeln, die man noch finden kann, in gleicher Weise ab. In bezug auf die Produktivität eines Künstlers liefert die entsprechende Kurve, die uns das Anwachsen seines Werkes zeigt, auch direkt die Kurve der Geschwindigkeit, mit welcher sich die Originalität seiner Ideen erschöpft. Die erstere wächst einem Maximalwert entgegen, die letztere geht gegen null. Zu jedem Zeitpunkt addieren sich die beiden Kurven zu einem konstanten Wert, sei es im Fall der Nadeln im Heuhaufen oder bei den schöpferischen Leistungen im Verlauf eines Lebens.

Das Heranwachsen eines Kindes gilt stets als ein erfreulicher Vorgang, obwohl es sich auch als die Verminderung der ihm noch verbleibenden Lebenstage betrachten läßt. Die Schaffung eines Kunstwerkes wird man niemals als «eines weniger», das noch zu schaffen bleibt, ansehen. Ein Nachlassen in der Geschwindigkeit des Schaffens trägt andererseits immer den Makel des Verfalls. Wenn ich auf einfache Weise erklären sollte, was den Unterschied zwischen einem Optimisten und einem Pessimisten ausmacht, würde ich sagen, daß er durch die Position auf dem Lebenszyklus definiert wird. Vor dem Höhepunkt ist man Optimist; danach erhalten die genau gleichen Ereignisse eine pessimistische Färbung.

Vor einiger Zeit kam Pessimismus auf über die zukünftige Entwicklung der Vereinigten Staaten. Ihre Macht, so sagt man, sei im Niedergang begriffen, was sich auf eine Vielzahl von sozialen, ökonomischen und politischen Gründen zurückführen läßt, darunter auch ein Absinken der Moral. Solche Theorien können bei der Suche nach Ursache und Wirkung Argumentationen im Stile von «Wer war zuerst da, das Ei oder die Henne?» im Schlepptau führen.

Ich möchte eher eine auf Beobachtung beruhende Beschreibung des Niedergangs vorschlagen, ohne seine Gründe erklären zu wollen. Die einzige hieraus ableitbare Rechtfertigung wäre existentieller Art: Es muß zum Niedergang kommen, weil es vorher Wachstum gab. Das Wann und Warum sind Fragen nach Einzelheiten, die man nur durch genaue Untersuchung der Beobachtungsgrößen, die den betreffenden Lebenszyklus begleiten, erörtern kann. Eine solche Beobachtungsgröße ist die intellektuelle Stärke einer Nation, die man an der Zahl ihrer herausragenden Köpfe messen kann, zum Beispiel an der Anzahl ihrer Nobelpreislaureaten.

Im letzten Kapitel haben wir gesehen, daß die Zunahme der individuellen Leistung begrenzt ist. Wie haben ebenfalls gesehen, daß ganze Firmen in gleicher Weise wie Einzelpersonen Wissen erwerben und Innovationen hervorbringen. In einer nächsten Stufe der Verallgemeinerung kann man eine ganze Nation als einen einzigen Organismus betrachten, der wächst, mit anderen in Wettbewerb tritt und schließlich eventuell einem Neuling unterliegt. Dies hätte zur Folge, daß auch die kollektive intellektuelle Leistung einer Nation begrenzt wäre. Ich bin mir durchaus bewußt, daß eine solche Hypothese vielleicht die Analogie überstrapaziert, aber ein abschließendes Urteil darüber sollte man sich aufsparen, bis man die Daten tatsächlich gesehen hat.

Die Vereinigten Staaten kann man in bezug auf die Vergabe von Nobelpreisen als eine Nische ansehen, und so können wir den Zuwachs in der Zahl der Nobelpreise, die an Amerikaner verliehen wurden, als Funktion der Zeit graphisch auftragen. Die obere Kurve in Abbildung 5.1 zeigt die kumulative Zahl der Nobelpreise für Amerikaner von der ersten Verleihung an. Die Daten stammen aus einem eigenen Artikel aus dem Jahre 1988.[1] Hier wurden alle Preissparten zusammengefaßt, und jeder Laureat wurde als eine Person gezählt, auch wenn er den Preis mit anderen teilte. An die Daten wurde eine S-Kurve angepaßt.

Die Übereinstimmung zwischen Daten und Kurve ist als gut zu bezeichnen. Hat man erst einmal die Funktion bestimmt, so erhält man durch Berechnung der Ableitung die glatte glockenförmige Kurve, die im unteren Teilbild in Abbildung 5.1 bei den Daten der jährlichen Nobelpreisvergaben eingezeichnet ist. Diese Kurve stellt den Lebenszyklus dieses Prozesses dar. Zu Beginn des Jahrhunderts, als die Nobelpreisverleihungen gerade ins Leben gerufen waren, schienen sie eine europäische Domäne zu sein. Amerika betrat die Nobelbühne 1907, zunächst nur mit einem Preis alle paar Jahre. Aber die Amerikaner gewannen allmählich an Boden, und zur Wende von den dreißiger zu den vierziger Jahren hatten sie die Spitze erreicht. Von 1958 an gab es kein einziges Jahr, in dem es nicht einen amerikanischen Nobelpreisträger gegeben hätte. Der Maximalwert der Glockenkurve liegt jedoch bei 1978, und das weist darauf hin, daß die rückläufige Phase bereits seit den achtziger Jahren eingesetzt hat, eine Feststellung, die man anhand der stark schwankenden Daten über die jährlichen Zahlen amerikanischer Preisträger nicht hätte treffen können.

1988 gab es fünf und 1989 sechs amerikanische Nobelpreisträger. Die Größenordnung der Schwankungen zwischen den einzelnen Jahren erlaubt jedoch nicht, Vorhersagen aus diesen Zahlen abzuleiten. Des weiteren könnten die Einflüsse der Fluktuationen auf die Berechnung der Ausgleichskurve den Maximalpunkt im Lebenszyklus um bis zu einer Dekade verschieben. Insgesamt aber kann man vorhersagen, daß sich die durchschnittliche Zahl amerikanischer Nobelpreisträger um die Mitte des einundzwanzigsten Jahrhunderts auf weniger als einen pro Jahr verringert haben wird.

Da drängt sich natürlich eine Frage auf: «Wenn die Amerikaner weniger Nobelpreise erhalten, werden dann andere mehr gewinnen?» Um diese Frage beant-

Weniger Nobelpreise für die Amerikaner

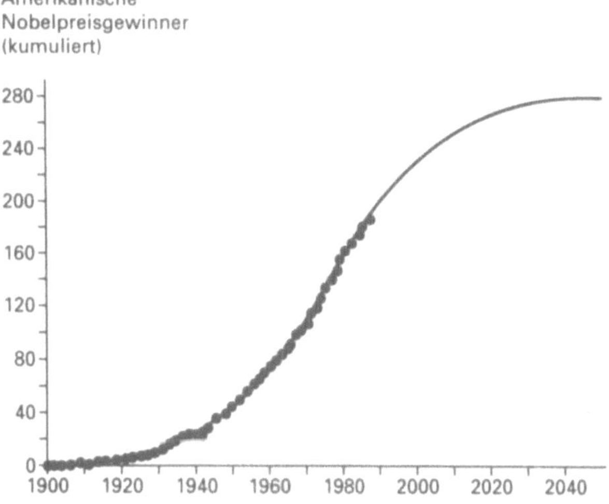

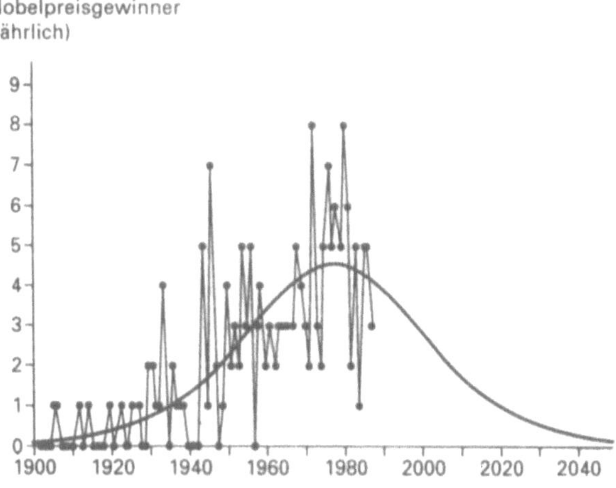

Abb. 5.1 Oben: Die S-förmige Ausgleichskurve ergibt eine «Nischenkapazität» von 283 Nobelpreisen. 1987 waren mit 182 verliehenen Preisen 64% der Nische erreicht.
Unten: Zugehöriger Lebenszyklus mit den Anzahlen jährlicher Preisvergaben an Amerikaner.

worten zu können, müssen wir uns die Verteilung der Preise unter den beteiligten Ländern ansehen und eventuelle Trends aufspüren. Dabei stellt man fest (siehe Kapitel 7), daß der zu erwartende Rückgang bei den Amerikanern doch weniger alarmierend ist, als es auf den ersten Blick erscheint. Der amerikanische Anteil an den Nobelpreisen bleibt bis zum Jahre 2000 relativ stabil. Aber eine abnehmende Absolutzahl bei *konstantem* Anteil hat zur Folge, daß die Gesamtzahl vergebener Nobelpreise zurückgeht.

Sollte man nun tatsächlich erwarten, daß die Vergabe von Nobelpreisen mit der Zeit zurückgeht und schließlich ganz eingestellt wird? Es gibt Beobachtungen, die diese Hypothese stützen. Erstens einmal hat die jährliche Anzahl der Laureaten in der letzten Zeit zugenommen. Neue Kategorien wurden aufgenommen (Wirtschaftswissenschaften 1969; bei Mathematik wird darüber nachgedacht), und immer öfter werden Preise geteilt. Diese inflationären Tendenzen mindern den Wert der Auszeichnung und deuten darauf hin, daß es ein Ende für den Nobelpreis geben könnte.

Eine zweite Beobachtung betrifft das ansteigende Durchschnittsalter der Preisträger. Bis 1940 betrug es 54,5 Jahre und ist seitdem auf 57,7 Jahre angestiegen; wenn wir es ausschließlich auf die letzten zehn Jahre beziehen, liegt es sogar bei 60. Obwohl dieser Effekt teilweise auch den generellen Anstieg der Lebenserwartung widerspiegeln mag, so bedeutet er in einem natürlichen Sinne eine Degeneration insofern, als er herausragende Leistung mit zunehmendem Alter und nachlassender Kraft assoziiert verbindet und nicht so sehr mit jüngerem Lebensalter und größerer Leistungsfähigkeit. Es sollte ausdrücklich bemerkt werden, daß tatsächlich eine Korrelation zwischen Alter und Leistungsfähigkeit besteht. Zu den Spitzenzeiten der Preisverleihungen in den dreißiger und fünfziger Jahren, als sich die Amerikaner in brillanter Weise hervortaten, lag das Durchschnittsalter bei 51,1 beziehungsweise 49,1 Jahren.

Mit diesen Gedanken im Hinterkopf machte ich mich daran, die Ausgleichskurve für die Gesamtzahl aller Nobelpreisträger zu bestimmen. Für die ganze Welt und alle Zeiten ergab sich ein Potential von 923 Laureaten, das 1988 zu 56 Prozent ausgeschöpft war, und eine jährliche Rate von weniger als zwei Preisverleihungen pro Jahr am Ende des einundzwanzigsten Jahrhunderts. So könnte eine abnehmende Zahl jährlicher Nobelpreisträger auf den ersten Blick für einen Indikator einer «Alterserscheinung» statt für einen Verlust an intellektuellen Fähigkeiten gehalten werden. Um ein tieferes Verständnis für die amerikanische Wettbewerbsfähigkeit zu entwickeln, müssen wir daher die Leistungsfähigkeit der Amerikaner *im Vergleich* zum Rest der Welt betrachten, was wir in Kapitel 7 nachholen werden.

Kriminelle Karrieren

Haben wir uns bisher intensiv mit den herausragenden Persönlichkeiten beschäftigt, die zum Wohl der Menschheit beigetragen haben, so wollen wir uns jetzt den gegenteiligen Personen zuwenden, den Kriminellen. Wir können dies mit Leichtigkeit tun, da auch viele ihrer Karrieren ausführlich dokumentiert sind und sich ihre Produktivität anhand der Zahlen und Daten ihrer Straftaten, Verhaftungen oder Verurteilungen quantifizieren läßt. Darüber hinaus, so argumentiert Cesare Marchetti, unterscheiden sich Kriminelle nicht von anderen, was die *Mechanismen* ihres Verhaltens betrifft. Sie haben bloß «unorthodoxe» Ziele. Schließlich ist Kriminalität eine Frage sozialer Definition. Es wird des öfteren darauf hingewiesen, daß das Töten im Frieden als kriminell gilt, im Krieg hingegen als heldenhaft.

Kriminelles Vorgehen ordnet sich pflichtschuldigst den Gesetzen des natürlichen Wettbewerbs unter, wenngleich sich das Wetteifern in diesem Fall weniger auf gegenseitige Rivalitäten bezieht als vielmehr auf die Bemühungen, die Polizei auszutricksen. Die Tüchtigkeit der Polizei wird durch die Tüchtigkeit der Verbrecher herausgefordert, und wer sich am besten den Bedingungen anpaßt, gewinnt. Da die Karriere des Kriminellen genauso wie bei Mozart aus einer Anzahl von «Werken» besteht, kann man auch hier an ein vorgegebenes Potential, eine Begrenzung und einen Maximalwert, der eventuell erreicht wird, denken.

Unter dieser Hypothese haben Kriminelle, wie Künstler und Wissenschaftler, ein bestimmtes Potential für ihre Untaten, und deren Durchführung wird entsprechend dem Maximalwert nach einem präzisen Zeitplan reguliert. Jeder hat in seinem Innern einen natürlichen Mechanismus, der ihm genau angibt, wie viele Verbrechen er begehen muß und zu welchen Zeitpunkten. Die Gleichung der an ihre Daten angepaßten S-Kurve enthüllt diesen Mechanismus, und da man diese Gleichung bereits aus einer Teilmenge ihrer Daten gewinnen kann, kann man sie benutzen, um vorherzusagen, wie viele Straftaten ein berühmter Krimineller begehen wird und mit welcher durchschnittlichen Rate.

Es ist wohlbekannt, daß wir genetisch peinlich genau vorprogrammiert sind, aber diese Form der Vorprogrammierung des eigenen Verhaltens für einen langen Zeitraum mag doch jenen überraschend erscheinen, die an den freien Willen des Menschen glauben. Bevor Marchetti mit der Analyse der kriminellen Karrieren beginnt, bemerkt er denn auch:

Die menschliche Intelligenz und der freie Wille sind die heiligen Kühe illuministischer Theologie. Der freie Wille ist bereits krank von den vehementen Attacken Freuds, und die Intelligenz steht unter der Bedrohung durch die Maschinerie verschlagener Computer. Ich werde davon absehen, mich durch diese bedeutungsbeladenen und kontroversen Diskussionsgegenstände durchzuwursteln, sondern statt dessen die Situation sehr distanziert und objektiv betrachten, indem ich vergesse, was die Leute denken und sagen, und nur beachte, was sie tun. Taten sind die mich interessierenden Beobachtungsgrößen.[2]

Auf der Basis von mehr als einem Dutzend Fallbeispielen, mit denen er belegte, daß sich Verbrechen gemäß natürlicher Wachstumskurven akkumulieren, kommt Marchetti zu dem Schluß:

Es zeigt sich, daß eine Gefängnisstrafe keinen Einfluß auf das Endresultat hat. Die Perioden, in denen der Kriminelle außer Gefecht gesetzt ist, werden wieder wettgemacht durch erhöhte Aktivität nach der Freilassung aus dem Käfig. Dieser feste Wille, das Programm zu erfüllen und den Zeitplan einzuhalten, macht den Kriminellen vorhersagbar. Seine vergangenen Aktivitäten enthalten die Informationen zur Bestimmung seines künftigen Verhaltens, so wie man aus einem Teil der Flugbahn einer Kugel die bisherige und die weitere Bahn berechnen kann.

Marchetti fährt mit dem Vorschlag fort, begrenzte Freiheitsstrafen für Diebstahl und kleinere kriminelle Vergehen ganz abzuschaffen. Haft ist ein unwirksames Mittel zum Schutz der Gesellschaft, da die Straftäter die Zeit gewöhnlich durch verstärkte Kriminalität wieder aufholen, sobald sie das Gefängnis verlassen haben. Er denkt ferner, daß die Inhaftierung als Strafmaßnahme zu teuer und daher der falsche Weg ist, das Geld des Steuerzahlers auszugeben. Ein besserer Nutzen ließe sich aus dem Geld ziehen, wenn man die Opfer entschädigte und so das Erleiden von Straftaten wie andere Unglücksfälle behandelte.

Bei der ersten sich bietenden Gelegenheit sprach ich Marchetti auf dieses Thema an. Nach meinem Verständnis des kompetitiven Wachstums reflektieren natürliche Prozesse ein Gleichgewicht zwischen gegensätzlichen Kräften, und eine kriminelle Karriere würde nach immer höherem Niveau «streben», gäbe es dagegen keine Abschreckungsmittel. Die Angst vor einer Gefängnisstrafe hilft sicherlich bei der Unterdrückung krimineller Impulse. Marchetti stimmte mir zu, aber er hatte auch eine Antwort parat: «Warum nicht etwas Altmodisches wie die Prügelstrafe?» schlug er vor. «Sie würde abschreckend wirken und wäre viel billiger als ein Gefängnisaufenthalt.»

Solcherlei Argumente sind angetan, endlos währende Kritik auszulösen. Aber die Geschichte hat auch ihre Moral, und die sollte für die meisten akzeptabel sein. Die Anpassung einer S-Kurve an die kriminellen Karrieredaten – und damit die daraus folgenden Vorhersagen – kann erst erfolgen, *nachdem* ein Großteil der kriminellen Taten in die Realität umgesetzt wurde. Vom Standpunkt des natürlichen Wachstumsprozesses aus ist dies viel zu spät, um noch korrigierend eingreifen zu können. Das weitere Wachstum eines Baumes, der schon ein Gutteil seiner endgültigen Höhe erreicht hat, ist mehr oder weniger gesichert. Maßnahmen zur wirksamen Bekämpfung der Kriminalität müßten also ergriffen werden, *bevor* sich jemand als Verbrecher etabliert.

«Vorprogrammierte» Kriminalität beschränkt sich nicht nur auf Individuen. Am Beispiel der Kreativität und der Innovation haben wir Ähnlichkeiten zwischen Individuen und Gruppen erkannt (Firmen und Nationen). Eine Firma ist dabei definiert als eine organisierte Gruppe von Leuten, die ein bestimmtes gemeinsames

Ziel verfolgen wie das Erwirtschaften eines Gewinns durch die Herstellung oder den Verkauf eines Produktes oder die Bereitstellung einer Dienstleistung. Man kann eine kriminelle Organisation auf die gleiche Weise definieren, auch wenn sie andersartige Ziele verfolgt. Bei einer Firma sind die erzielten Einnahmen ein Maßstab für ihren Erfolg. Bei einer kriminellen Vereinigung, wie den Roten Brigaden in Italien, kann man das Wachstum der Organisation zum Beispiel an der Zahl ihrer Opfer messen. Ich habe für die Roten Brigaden die Kurve der kumulativen Anzahlen der von ihnen getöteten Opfer aufgestellt (Anhang C, Abbildung 5.1). Die Daten wachsen in genauer Übereinstimmung mit dem Gesetz des natürlichen Wachstums. Der Prozeß ist beinahe abgeschlossen. Die Roten Brigaden haben bereits neunzig der sich als Maximalwert aus der Ausgleichskurve ergebenden neunundneunzig Opfer umgebracht.

Die Aktivitäten der Terroristenvereinigung begannen 1974, erreichten ihren Höhepunkt 1979 und wurden in den frühen achtziger Jahren rückläufig. Die Lebenszeit der Gruppe betrug neun Jahre. Offenbar hat sie sich aufgelöst oder ist vernichtet worden, als sie 90 Prozent ihres «Potentials» verwirklicht hatte. Eine alternative Interpretation ihres Endes könnte darin bestehen, daß sie, geschwächt durch «hohes Alter», durch Polizeieinsätze leichter verwundbar geworden war. Hohes Alter muß man in diesem Zusammenhang natürlich dahingehend interpretieren, daß sie die Maximalzahl der Operationen, die ihnen während ihrer Existenz als Gruppe vorgegeben war, nunmehr fast erreicht hatten.

Diese Art, Kriminalität zu beurteilen, kann ein neues Licht auf die Wirksamkeit von Polizeioperationen werfen. Kriminelle «Erfolge» der «schlechten Jungs» sind gleichbedeutend mit polizeilichen Mißerfolgen, und aus denselben Daten kann man die komplementären Kurven für die «guten Jungs» konstruieren. Kritisch an der Interpretation ist einzig die Zuweisung von Ursache und Wirkung. Sind es die Kriminellen, die schwächer werden, oder wird die Polizei stärker? Bei solch einem eng verzahnten Katz-und-Maus-Verhältnis ist es schwer, Ursache und Wirkung auseinanderzuhalten. Eine gelungene Beschreibung durch eine S-Kurve weist jedoch darauf hin, daß hinter dem beobachteten Prozeß ein lebendiger Einfluß steht. Ob es nun die kriminelle Organisation oder die Polizei ist, das hängt davon ab, wer gerade die Situation beherrscht.

Killerseuchen

Verbrechen fordern nur einen kleinen prozentualen Anteil an den Todesfällen in der Gesellschaft, wie auch Selbstmorde, Unfälle oder Opfer von Kampfeinsätzen. Die bei weitem größten Mörder sind Krankheiten, besonders diejenigen, die zu einer bestimmten Zeit weit verbreitet sind. Heutzutage haben die Herz-Kreislauf-Erkrankungen den größten Anteil mit beinahe zwei Dritteln aller Todesfälle, gefolgt von Krebs mit etwa einem Drittel. Vor hundert Jahren lagen noch Lungenentzündung und Tuberkulose vor dem Krebs. Es scheint, daß sich die Krankheiten ablösen, um jeweils ihren Löwenanteil an Opfern einzufordern.

Die genaue Abfolge der führenden Krankheiten soll in Kapitel 7 beschrieben werden. Inzwischen will ich aber den Begriff des *kompetitiven Wachstums* bei der Zahl der Opfer einer Krankheit anführen. Daß die kumulative Zahl der Opfer der Roten Brigaden einer S-Kurve folgt, haben wir bereits gesehen, und wir hatten Grund, die Folgen krimineller Aktivitäten als soziale Leiden aufzufassen. Warum sollten wir nicht auch richtige Krankheiten unter demselben Aspekt untersuchen?

Wir wollen Krankheiten als Arten von Mikroorganismen betrachten, deren Populationen um Überleben und Wachstum kämpfen. Da die Gesamtzahl der potentiellen Opfer beschränkt ist, wird der Kampf dafür sorgen, daß einige Krankheiten einen größeren Anteil erobern und andere verschwinden, eine Situation ähnlich der, in der Populationen verschiedener Arten in ein und derselben ökologischen Nische wachsen. Das Wachsen einer Krankheit läßt sich quantitativ erfassen anhand der Zahl ihrer Opfer. Man kommt zu einer relativen Quantifizierung, wenn man diese Zahl als Prozentanteil an allen Todesfällen ausdrückt. Der prozentuale Anteil von Opfern, den die fürs Überleben bestgeeignete Krankheit fordert, steigt von Jahr zu Jahr, während die weniger geeignete Krankheit einen immer kleineren Anteil bekommt.

Wie wir in Kapitel 1 bei den Zahlen der Verkehrstoten gesehen haben, «erkennt» die Gesellschaft das Risiko und übt eine relativ scharfe Kontrolle über die tödliche Unfallrate aus. Vergleichbares geschieht offenbar bei der Gesamtzahl der Todesfälle. Untersucht man die jährlichen Todesfälle pro einhunderttausend Einwohner in den Vereinigten Staaten, so ist diese Zahl von etwa siebzehn zu Beginn dieses Jahrhunderts stetig auf einen Wert von etwa neun in den späten achtziger Jahren zurückgegangen (vergleiche Abbildung 5.2).[3]

Einen solchen Rückgang sollte man auch erwarten aufgrund der Fortschritte in der Medizin in diesem Jahrhundert und der verbesserten Lebensbedingungen. Wesentliche Abweichungen von diesem Trend kamen nur durch Ereignisse wie Kriege (etwa 1918) zustande, und selbst dann verliert sich der Effekt, wenn er über einen längeren Zeitraum verteilt ist, wie es im Zweiten Weltkrieg der Fall war.

Das Wesentliche an Abbildung 5.2 ist das *flache Auslaufen* des anfänglich steilen Abfalls. Die Sterberate nimmt immer weniger ab, und während der letzten Dekade ging sie praktisch überhaupt nicht mehr zurück. Die glatte Kurve, eine einfache exponentielle Ausgleichskurve zu den Daten, könnte sehr wohl der auslaufende Ast einer gespiegelten S-Kurve sein. (Man erinnere sich daran, daß das natürliche Wachstum am Anfang und am Ende exponentiellen Charakter hat.) Man sollte also keine Überraschungen mehr erwarten, wenn man diese Entwicklung der Sterberate in die Zukunft projiziert. Die Toleranzschwelle der Gesellschaft ist nahezu erreicht. Von diesem Punkt an sollte man mit einem leichten Schwanken um diesen stabilen Grenzwert rechnen und nicht mehr mit weiterem Absinken. Wenn die Sterberate plötzlich wieder signifikant steigen sollte, aus welchen Gründen auch immer, würde die Gesellschaft ihre Anstrengungen zur Gegenwehr verstärken, bis

DIE STERBERATE NIMMT NICHT MEHR AB

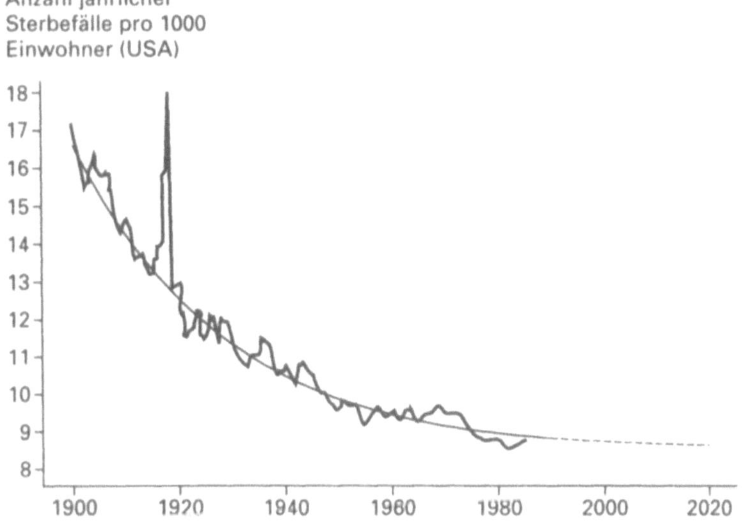

Abb. 5.2 Die Sterberate in den Vereinigten Staaten hat praktisch ihren Stagnationspunkt erreicht. Die eingezeichnete Ausgleichskurve ist eine Exponentialfunktion, oder anders ausgedrückt, der auslaufende Ast einer gespiegelten S-Kurve. Klar erkennbar ist der Erste Weltkrieg, weniger klar jedoch der Zweite Weltkrieg, da er länger dauerte und die Opfer prozentual weniger ins Gewicht fielen.

die Dinge wieder im Lot wären. Diese Bemühungen würden allerdings nicht zu weit gehen. Der asymptotische Grenzwert von etwa neun Toten pro einhunderttausend Einwohner pro Jahr nach Abbildung 5.2 scheint der allgemein akzeptierte Gleichgewichtswert zu sein. Kostenträchtige Aktionen für eine weitere Verminderung würden schließlich nicht weiter verfolgt werden.

Innerhalb dieser relativ strengen Begrenzungen müssen auch die Opfer einzelner Krankheiten gesucht werden. Krankheiten kommen und gehen, und keine erhält den ganzen Anteil an Opfern. Jede hat ihre eigene Nische und damit einen bestimmten Bruchteil der Todesfälle. Diese Nischen werden ausgefüllt (oder wieder freigegeben) entsprechend den Bedingungen des natürlichen Wettbewerbs, denn auch Krankheiten kämpfen mit ihren Ellbogen um die Opfer. Neue und «gutangepaßte» haben wettbewerbsmäßige Vorteile gegenüber alten und «abgeschlafften». Oft hört man, daß Krebs keine neue Krankheit ist, sondern eine, die sich einen vorderen Platz erkämpft hat, seit andere zurückgetreten sind. Wie Mutanten können Krankheiten auf unbestimmte Zeit gelagert werden, bis sie durch günstige Bedingungen zum Vorschein kommen. In diesem Sinne hat Krebs erst in diesem Jahrhundert begonnen, eine wichtige Rolle zu spielen, und ist daher ein relativer Neuling im Kampfgetümmel in der Arena der Krankheiten.

Wenn Krankheiten miteinander konkurrieren und nach dem natürlichen Gesetz um Wachstum und Macht kämpfen, so sollte der Weg, auf dem sie ihre Nischen ausfüllen oder freigeben, einer S-Kurve folgen, wie bei der Population einer Art oder bei der menschlichen Kreativität. Der anthropomorphe Ansatz bei einer solchen Hypothese mag zwar störend wirken, aber die Natur ist da nicht heikel. Jedenfalls hängt die Gültigkeit einer Hypothese im wesentlichen nur von ihrer Verifikation durch die realen Daten ab.

Wann gibt es das Wundermittel gegen AIDS?

Um diese Hypothese zu überprüfen, wollen wir den geschichtlichen Entwicklungsverlauf sowohl einer «neuen» als auch einer «alten» Krankheit verfolgen. Die Diphtherie gehört zu den letzteren, und als eine der alten Krankheiten hat sie im Verlauf dieses Jahrhunderts ein Rückzugsgefecht um ihr Überleben gefochten. Schon lange vor der Entwicklung eines wirksamen Impfstoffs war der Anteil der durch Diphtherie verursachten Todesfälle stetig zurückgegangen, eine Tatsache, die vielleicht bekannt war, aber nicht ausreichend gewürdigt wurde.

* * *

Generalstab der Armee, Washington, D.C., 1915. In Europa wütet der Erste Weltkrieg, aber die Amerikaner spielen nur die Rolle des aufmerksamen Beobachters. Wieder einmal findet ein Treffen der hohen Tiere der Armee statt mit einer neuen Runde hitziger Debatten unter jenen Männern, deren Spezialität das Kriegshandwerk ist. Ihr Instinkt sagt ihnen, daß die ersten Aktionen kurz bevorstehen. Die Ereignisse in Europa stellen die Kenntnisse und Fähigkeiten dieser Männer vor neue Aufgaben. Es geht um Zahlen: Dollars, Schiffe, Flugzeuge, Waffen, Soldaten und Verluste. Sie geben die Zahlen pro Nation, pro Kontinent und pro Armee an; sie projizieren sie in die Zukunft. Sie versuchen dabei so exakt wie möglich vorzugehen und alles einfließen zu lassen, was sie gelernt haben. Sie möchten alle Möglichkeiten in Betracht ziehen, die genauesten Prognosen treffen, den wahrscheinlichsten Ablauf des Geschehens vorhersagen und nichts dem Zufall überlassen.

«Wieviel wird es kosten? Wie viele Männer werden wir verlieren? Wie viele wird der Feind verlieren?» Da gibt es Zufälligkeiten, die unvorhersehbar scheinen. «Wir müssen alles vorwegnehmen und auf alle Eventualitäten vorbereitet sein: schlechtes Wetter, Krankheiten, Erdbeben, nehmen Sie, was Sie wollen. Wie viele Männer werden an ganz gewöhnlichen Krankheiten sterben? Einer von sechs stirbt heutzutage an Tuberkulose oder Diphtherie. Die Zahlen sind zwar in den letzten Jahren zurückgegangen, aber was ist, wenn sich der Trend umkehrt? Was wird sein, wenn es ernst wird und sich diese Zahlen aufgrund einer Epidemie unter den Soldaten auf dem Feld verdoppeln oder verdreifachen?»

«Das wird nicht geschehen», ertönt die Stimme eines psychointellektuellen Neunmalklugen, der auch an dem Treffen teilnimmt. «Vertrauen Sie auf die menschliche Natur. Wenn man Leuten mehr Leistung abverlangt, werden sie auch gegen

Krankheiten resistenter. Soldaten im Kampfeinsatz entwickeln eine große Abwehr, wie schwangere Frauen. In Zeiten der Belastung werden sie immun gegen Krankheiten. Sie werden erst dann krank, wenn sie die Hoffnung aufgeben.»

«Von der Theorie habe ich noch nie etwas gehört», gibt ein Militärpragmatiker schnippisch zurück. «Ich wünschte, wir hätten ein Wundermittel gegen alle diese Krankheiten. Wofür haben eigentlich diese Wissenschaftler ihre ganzen Forschungsgelder ausgegeben? Warum haben wir immer noch keine Medikamente, um diese Seuchen auszurotten? Hätten wir einen wirksamen Impfschutz in unseren Händen, so könnten wir ein für allemal diese Bedrohung eliminieren.»

* * *

Obwohl sie es nicht wußten, hatten die Männer bei ihrem Treffen alle notwendigen Hilfsmittel an der Hand, um eine recht genaue Vorhersage treffen zu können über den Einfluß einer der Krankheiten, die sie so beschäftigte, nämlich der Diphtherie; aber Emotionen und eingefahrene Denkweisen verhinderten einen aufklärenden Blick in die Zukunft. Die zackige Linie in Abbildung 5.3 zeigt den zurückgehenden prozentualen Anteil der durch Diphtherie verursachten Todesfälle in den Vereinigten Staaten. Die Daten hierfür wurden den *Statistical Abstracts of the United States* entnommen.[4]

Die Jahre um den Ersten Weltkrieg weisen eine besonders wechselhafte Struktur auf. Der Neun-Jahres-Durchschnitt, der durch einen dicken Punkt symbolisiert ist, fällt jedoch genau auf die Ausgleichskurve durch die Daten. In den ersten Kriegsjahren forderte die Diphtherie außerordentlich wenige Todesopfer, während ihre Rolle unmittelbar nach Kriegsende an Wichtigkeit enorm zunahm. Dieser Effekt erlaubt eine Vielzahl von Erklärungen. Große Verluste auf dem Felde während des Krieges könnten der Krankheit potentielle Opfer abgejagt haben. Der Höhepunkt, den die Diphtherie direkt nach dem Kriege erreichte, könnte auf kriegsbedingte Ursachen zurückgehen, wie eine große Zahl Verwundeter, schlechte Versorgung und unzureichende medizinische Hilfe, kurz Bedingungen, die Diphtherie eventuell mehr als andere Krankheiten begünstigt haben könnten. Die Tatsache, daß sich Kurvental und Spitzenwert gegenseitig nahezu exakt aufheben, kann jedoch als Hinweis für die inhärente Stabilität des Prozesses gewertet werden und unterstützt das Argument, daß eine besorgte Gesellschaft in Momenten der Gefahr (also im Ersten Weltkrieg) Resistenz gegen Krankheiten entwickelt, während sie beim Abklingen der Bedrohung anfällig wird.

Die Ausgleichskurve in Abbildung 5.3 beruht nur auf den Daten vor 1933. Die gepunktete Linie über 1933 hinaus ist die Extrapolation der mathematischen Funktion, die zu dem historischen Fenster von 1900 bis 1933 bestimmt wurde. Ich habe die Geschichte 1933 abgeschnitten, weil in diesem Jahr die Diphtherieimpfung offiziell in großem Maßstab eingeführt wurde. In einem Land wie den Vereinigten Staaten mit seinen exzellenten Kommunikationssystemen und einer effektiven medizinischen Versorgung sollte man annehmen, daß es überhaupt keine

Der vorprogrammierte Rückgang der Diphtherie

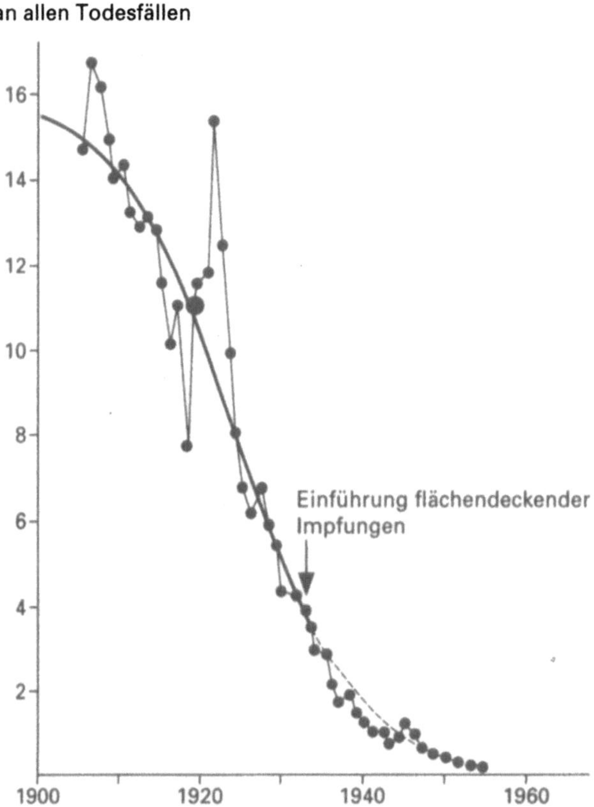

Abb. 5.3   Durch Diphtherie verursachte Sterbefälle in den Vereinigten Staaten. Der dicke Punkt repräsentiert den Neun-Jahres-Durchschnitt der Zeit um den Ersten Weltkrieg. Die S-Kurve wurde nur an die Daten vor 1933 angeglichen, jenem Jahr, ab dem Diphtherieimpfungen in großem Maßstab eingeführt wurden.

Opfer einer bakteriell verursachten Krankheit mehr gibt, wenn erst einmal ein Impfstoff gefunden ist.

Überraschenderweise fallen die Daten aus der Zeit nach 1933 mit der extrapolierten Ausgleichskurve zusammen, die aus den Daten vor 1933 bestimmt wurde. Dies bedeutet, daß die Krankheit weiterhin nach dem «Rezept» zurückging, das aus der Zeit vor der Erfindung des Impfstoffes stammte. Die Datenpunkte scheinen in den letzten Jahren sogar weniger zu schwanken, wenn man einen Effekt sehen will, und machen dadurch die Übereinstimmung zwischen der vorhergesagten Trajektorie und dem tatsächlichen Verlauf noch überzeugender. So genommen würde dies besagen, daß das Wundermittel in diesem Fall keinerlei reale Wirkung entfaltete.

Ich fand diese Schlußfolgerung so irritierend, daß ich zur Bibliothek ging, um Genaueres über die Diphtherieimpfungen nachzulesen. Der Impfstoff war nicht vom Himmel gefallen. Die Forscher hatten jahrzehntelang daran mit zunehmendem Erfolg gearbeitet, und zwar sowohl in Europa als auch in den USA. Zunächst waren weniger wirksame Versionen des Impfstoffes bei großen Stichproben der Bevölkerung ausprobiert worden. Je mehr ich las, desto klarer wurden mir die Zusammenhänge. Die Entwicklung des Impfstoffes hatte selbst über viele Jahre hinweg einen natürlichen Wachstumsprozeß durchgemacht, und was wir in Abbildung 5.3 sehen, ist tatsächlich die Koevolution von Krankheit *und* Impfstoff.

Die Medizin war nicht der einzige Feind dieser Krankheit. Der Rückgang der Diphtherie muß auch auf die Verbesserungen in den Lebensbedingungen, der Ernährung, der Hygiene oder einfach der Bildung zurückgeführt werden. Darüber hinaus forderten neue, schnell anwachsende Krankheiten, wie zum Beispiel der Krebs, einen immer größeren Anteil am erforderlichen Todessoll. Der endgültig entwickelte Impfstoff half eher, das Ausscheiden der Diphtherie zu regulieren, statt sie gleich ganz zu eliminieren. Immer noch starben einzelne an dieser Krankheit, aber seuchenhafte Ausbrüche, bei denen die Bewohner ganzer Dörfer dezimiert wurden, wurden nun verhindert. Die Geschichte der Entwicklung des Impfstoffes ist eng verwoben mit der rückläufigen Phase der Krankheit. Die zunehmende Verbesserung des Impfstoffes gegen Diphtherie kann sowohl als Ursache wie als Effekt der Endphase des Prozesses angesehen werden.

Eine ähnliche Situation wie bei der Diphtherie findet man bei der Tuberkulose. Zu den medizinischen Durchbrüchen im Kampf gegen diese Krankheit gehören die Entwicklung der Antibiotika und natürlich des B.C.G.-Impfstoffes (Bacillus-Calmette-Guérin). Das erste Experiment am Menschen mit einer Tuberkuloseimpfung wurde 1921 in Frankreich durchgeführt, aber zehn Jahre später wurde ihre Sicherheit immer noch von den Experten wie dem berühmten amerikanischen Bakteriologen S.A. Petroff diskutiert.[5] Verläßliche Heilmittel gegen Tuberkulose waren erst Mitte der fünfziger Jahre erhältlich. Welches davon als Wundermittel zu bezeichnen wäre, ist keineswegs klar. Was aber ebenso für die Tuberkulose wie für die Diphtherie gilt, ist die Tatsache, daß sie seit 1900 stetig an Boden gegenüber anderen Krankheiten verloren hat. In einer Wiederholung der Übung zeichnete ich wie bei der Diphtherie den prozentualen Anteil der durch Tuberkulose verursachten jährlichen Sterbefälle seit 1900 auf. Danach berechnete ich die Wachstumskurve zu dem historischen Fenster von 1900 bis 1931, also bevor Penicillin, Antibiotika, Impfstoffe und Heilmittel bekannt waren. Die Extrapolation dieser Kurve stimmte in bemerkenswerter Weise mit den Daten einer viel späteren Periode, nämlich den Jahren nach 1955, überein. Eine solche Übereinstimmung muß auf einen glücklichen Zufall zurückgehen. Aufgrund der Fehlertoleranzen bei der Ausgleichsberechnung konnten mehrere ähnliche S-Kurven mit gleicher Berechtigung den Daten angepaßt werden, aber alle zeigten dasselbe allgemeine

Muster. Die Datenpunkte, die sich ergaben, *nachdem* wirksame Medikamente zur Verfügung standen, folgen dem gleichen Muster mit außergewöhnlicher Regelmäßigkeit (Anhang C, Abbildung 5.2).

Anstelle der im Fall der Diphtherie auftretenden ausgeprägten Abweichung um den Zeitraum des Ersten Weltkrieges zeigen die Daten für die Tuberkulose einen breiten Gipfel um 1946 herum, dessen Anstieg zwischen 1936 und 1946 liegt, also der Dekade, die die Vorphase mit dem Zweiten Weltkrieg umfaßt. Diese Abweichung läßt sich vielleicht durch die Armut und die Not zur Zeit der Depression erklären, Umstände also, die zu einem erneuten Aufflackern der Tuberkulose geführt haben könnten.

Auch bei anderen Krankheiten, deren Endphasen durch S-förmige Trajektorien beschrieben werden können, konnte ich gelegentliche Abweichungen erkennen: bei Typhus, Keuchhusten, Scharlach, Magen-Darm-Katarrh und Lungenentzündung. Zeitlich begrenzte Abweichungen können auch durch ungenaue Klassifikation hervorgerufen werden. So ergeben die Daten für den Anteil der Propeller- und Düsenflugzeuge am transatlantischen Personenverkehr, bei dem sie gemeinsam mit den Schiffen konkurrierten, keine glatte Kurve für Flugzeuge insgesamt, wenn man die Daten zusammenfaßt. In der gleichen Weise ergibt die Vermischung der Auswirkungen der spanischen Grippe – die vielleicht gar keine Grippe war – mit der Lungenentzündung gegen Ende des Ersten Weltkriegs eine klar erkennbare Abweichung nach oben.[6]

Nach einer gewissen Zeit jedoch werden solche Abweichungen vom allgemeinen Trend in der Regel wieder aufgefangen und hinterlassen auf lange Sicht keine Spuren. So ergibt sich aus den bisher untersuchten Fällen das recht verläßliche Bild von Krankheiten, die in ihrer rückläufigen Phase ihre Nische – ihren Anteil an allen Sterbefällen – räumen, wie es die S-Kurve vorschreibt. Man kann es so zusammenfassen:

– Der Kampf gegen eine Krankheit ist ein Prozeß, der einem natürlichen Gesetz folgt. Aus den historischen Daten seiner ersten Hälfte kann man den Ablauf der zweiten Hälfte vorhersagen.

– Eine Krankheit geht in ihre ausklingende Phase schon über, bevor wirksame Medikamente entwickelt und allgemein erhältlich sind.

Im Lichte dieser Erkenntnis scheint die Hoffnung auf ein Wundermittel als einziger Möglichkeit im Kampf gegen AIDS der Ausdruck naiven Wunschdenkens zu sein. Wenn die obigen Hypothesen stimmen, ist die Entdeckung eines Impfstoffes oder einer wirksamen Medizin gegen AIDS eher unwahrscheinlich, solange nicht die Daten einen relativen Rückgang der AIDS-Opfer anzeigen. Diese Folgerung sollte allerdings auch keine Panik auslösen. Die Zahl der AIDS-Opfer in den Vereinigten Staaten ist zwar noch weit davon entfernt, zurückzugehen, aber der Zuwachs an neuen Fällen verlangsamt sich schon. Während der letzten Dekade nahm AIDS jedes Jahr einen immer größer werdenden Anteil an der Gesamtzahl der Todesfälle ein. Die «Nische» für AIDS scheint jedoch viel kleiner zu sein, als von den meisten befürchtet. Als ich die Entwicklung der Krankheit anhand des Anteils der Todesfälle graphisch darstellte, erhielt ich gerade das Spiegelbild der Entwicklung bei Diphtherie.

Die Daten über die AIDS-Todesfälle sind «The AIDS Surveillance Report» («Report zur AIDS-Entwicklung») entnommen, der vom US-Gesundheitsministerium herausgegeben wurde. Hier wurde, wie bei vielen anderen Agenturen weltweit, die Verbreitung der Seuche beobachtet und dokumentiert einzig aufgrund von Erkenntnissen aus den Statistiken der Schlagzeilenmeldungen. Neuartig an meiner Analyse von AIDS ist die Betrachtung ihres *Anteils an allen Todesfällen*, wodurch die relative Stärke der Krankheit beleuchtet wird und so den Konkurrenzkampf zwischen AIDS und anderen Krankheiten enthüllt.

Die den Daten angepaßte S-Kurve zeigt einen Wachstumsprozeß, der Ende 1988 fast abgeschlossen sein sollte. (Ich ließ die beiden Halbjahre 1989 außer Betracht, um Fehlereinflüsse aufgrund verspätet eingehender Meldungen auszuschließen.) Der Maximalwert für das Wachstum der Krankheit läßt sich zu 0,95 schätzen und sollte in den frühen neunziger Jahren erreicht sein (Anhang C, Abbildung 5.3). Mit anderen Worten, in der amerikanischen Gesellschaft scheint für AIDS ein Platz reserviert zu sein, der gerade unter einem Prozent aller Sterbefälle liegt, so als ob es wichtigere Todesursachen gäbe. In diesem Jahrzehnt können später Schwankungen in der Zahl der AIDS-Opfer auftreten, und es gibt immer die Möglichkeit großer chaotischer Abweichungen über und unter den Wert von 0,95 Prozent (vergleiche die Diskussion des Chaos in Kapitel 10). Jedenfalls strebt AIDS derzeit einem oberen Grenzwert zu.

Es scheint einen Mechanismus zu geben, der AIDS in einer natürlichen Weise begrenzt. Dieser Mechanismus mag die Kontrolle reflektieren, die die amerikanische Gesellschaft durch eine kollektive Sorge ausübt. Mit oder ohne Wundermittel wird sich diese Seuche wahrscheinlich nicht weiter ausbreiten, und es ist sogar wahrscheinlich, daß sie in der Zukunft allmählich zurückgehen wird. Unter Umständen wird es ein wirksames Medikament dagegen geben. Diejenigen, die den bevorstehenden Untergang voraussagen, wenn kein Wundermittel entdeckt wird, vergessen, in ihre Überlegungen die natürlichen Konkurrenzmechanismen einzubeziehen, die die Anteile der verschiedenen Todesursachen an der Gesamtzahl der Todesfälle regulieren, wodurch sie gleichzeitig ein optimales Überleben der Gesellschaft sicherstellen.

6 Der Kampf des Lebens

Das natürliche Wachstum unter Konkurrenzbedingungen stellt in seiner einfachsten Form einen Prozeß dar, in dem eine oder mehrere «Arten» darum ringen, ihren Bestand in einer «Nische» begrenzter Ressourcen zu vermehren. Je nachdem, ob die Art damit im Verlauf der Zeit Erfolg hat oder nicht, wird ihre Populationsgröße einer aufsteigenden oder abfallenden S-Kurve folgen. In einer Nische, deren Kapazität ausgeschöpft ist, kann die Population einer Art nur in dem Maße wachsen, in dem eine andere abnimmt. Auf diese Weise kommt es zu einem *Ersetzungsprozeß*, und wenn es sich um Bedingungen des natürlichen Wettbewerbs handelt, sollte sich der Übergang von der Besetzung durch die alte zur Besetzung durch die neue Art anhand der wohlbekannten S-Kurve der natürlichen Wachstumsprozesse vollziehen.

Eine Beziehung zwischen Substitutionsprozessen unter Konkurrenzbedingungen und S-Kurven wurde zum ersten Mal von J.C. Fisher und R.H. Pry in einem berühmten Artikel im Jahre 1971 hergestellt, der ein Klassiker in den Untersuchungen zur Verbreitung technologischen Wandels wurde. Sie schreiben:

Wenn man akzeptiert, daß der Mensch nur wenige Grundbedürfnisse hat, die befriedigt werden müssen – Essen, Kleidung, Unterkunft, Fortbewegung, Kommunikation, Erziehung und dergleichen –, dann folgt daraus, daß die technologische Entwicklung in der Hauptsache darin besteht, alte Formen dieser Befriedigungen durch neue zu ersetzen. Im Rahmen des technologischen Fortschritts ersetzen wir nacheinander bei der Erzeugung von Energie Holz durch Kohle, Kohle durch Kohlenwasserstoffe und schließlich die fossilen Brennstoffe durch atomare. Bei den Waffen haben Gewehre die Pfeile und Bogen oder Panzer die Pferde abgelöst. Selbst in viel banaleren Bereichen trifft man immer wieder auf Substitutionsprozesse. So ersetzen beispielsweise wasserlösliche Farben die Ölfarben, Waschmittel die Seife und Kunststoffbodenbeläge das Parkett.[1]

Sie fahren fort mit der Erklärung, daß man einen solchen Prozeß je nachdem, in welchem Zeitraum sich die Substitution vollzieht, als evolutionär beziehungsweise revolutionär empfinden kann. Ungeachtet der Geschwindigkeit des Wechsels jedoch besteht das Endergebnis darin, daß eine bereits vorher ausgeübte Funktion oder ein weiterhin bestehendes Bedürfnis nun auf andere Weise befriedigt wird. Die Funktion oder das Bedürfnis selbst unterliegen dabei nur selten radikalen Änderungen.

Derselbe Prozeß spielt sich in der Natur ab, wobei der Wettbewerb auf einer Ebene stattfindet, in der der neue Weg mit dem alten um das Privileg wetteifert, das betreffende Bedürfnis zu befriedigen. Der Gewinner ist dann, in der Darwinschen Terminologie, der fürs Überleben besser Geeignete. Dieser mit einem faden Nachgeschmack behaftete Schluß mag den alternden, weisen und erfahrenen Mitgliedern der menschlichen Gesellschaft gegenüber unfair erscheinen, aber in der

Praxis ist es keineswegs immer einfach für die Jungen, die Alten zu verdrängen. Erfahrung und Weisheit sorgen tatsächlich für einen kompetitiven Vorsprung, und der Ersetzungsprozeß geht auch nur in dem Maße voran, in dem sich die Jugend zunehmend mit Kenntnissen und Einsichten wappnet. Es ist die Kombination aus der erforderlichen Energie, Eignung, Erfahrung und Weisheit, die die Geschwindigkeit kompetitiver Substitutionsvorgänge bestimmt. Wenn der eigene Rang im Wettbewerb wegen eines Mangels in einer der Kategorien gering ist, wird ein anderer mit besseren Voraussetzungen an Boden gewinnen, aber nur proportional zu seinem relativen Wettbewerbsvorteil.

Der umgekehrte Prozeß, in dem das Alte das Neue ersetzt, ist auch möglich, aber äußerst selten. Man kann dies manchmal in Krisensituationen beobachten, wenn Alter und Erfahrung für das Überleben wichtiger sind als Jugend und Energie. Aber unabhängig davon, wer nun wen ersetzt, und trotz der kompetitiven Substitutionsprozessen anhaftenden Härte kann man sagen, daß diese Vorgänge zu Recht natürlich genannt werden können.

Wir wollen uns einigen sachlichen Beispielen zuwenden. Ein klassisches Beispiel einer natürlichen Ersetzung von Technologien war die Ablösung der Pferde durch Automobile beim Personentransport. Als die Autos zum ersten Mal auftauchten, boten sie doch eine radikal andersartige Alternative zur Reise auf dem Rücken der Pferde. Geschwindigkeit und Kosten jedoch waren etwa gleich. In seinem Buch *Megamistakes: Forecasting and the Myth of Rapid Technological Change* (*Riesenirrtümer: Zukunftsvorhersagen und der Mythos vom schnellen technologischen Wandel*) stellt Steven Schnaars die Kosten-Nutzen-Analyse als eine der drei Möglichkeiten vor, Fehler in Prognosen zu vermeiden.[2] In diesem Falle allerdings hätte eine solche Analyse den Autos eine düstere Zukunft prophezeit.

Ironischerweise war einer der ersten Vorteile, die man dem Automobil zuschrieb, seine Umweltfreundlichkeit. In großen Städten war die Beseitigung von Pferdemist auf den Straßen zu einem ernsten Problem geworden, und im Lichte der absehbaren Zunahme des erwarteten Bedarfs an Transportkapazität erschien dieses Problem als unüberwindlich. Deshalb und vor allem aus anderen, tieferliegenden Gründen begannen die Autos die Pferde rasch zu ersetzen und verbreiteten sich in der Gesellschaft als beliebtes Transportmittel.

Wir wollen uns diesen Substitutionsprozeß im Detail ansehen und uns dabei auf die frühe Periode in der Automobiltechnologie von 1900 bis 1930 konzentrieren. Wir betrachten dabei wieder die relativen Anteile, das heißt die Prozentsätze von Autos und Pferden am gesamten Verkehrsaufkommen (der Summe aus Autos plus Pferden). Vor 1900 füllten die Pferde 100 Prozent der Nische des Personentransports. Seit der Prozentanteil der Automobile wuchs, mußte der Anteil der Pferde zurückgehen, da die Summe aus beiden Anteilen immer 100 Prozent beträgt. Die Daten in Abbildung 6.1 beziehen sich nur auf die Pferde und Maultiere, die nicht in Farmbetrieben eingesetzt wurden.

Die Trajektorien ähneln offenbar komplementären S-Kurven. 1915 gibt es auf den Straßen gleich viele Pferde wie Autos, und um 1925 ist der Substitutionspro-

AUTOS ERSETZEN PFERDE BEIM PERSONENTRANSPORT

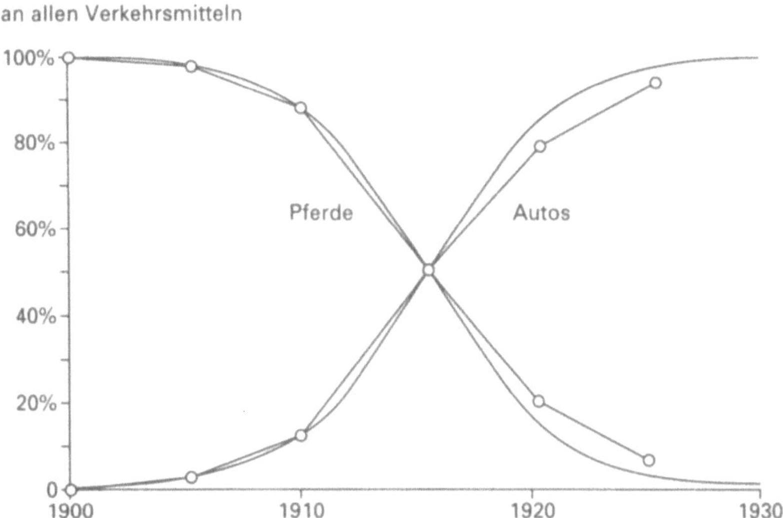

Abb. 6.1   Die durch Geradenstücke verbundenen Datenpunkte repräsentieren prozentuale Anteile am gesamten Transportaufkommen, das sich aus Autos und Pferden oder Maultieren (Zugtiere aus Farmbetrieben nicht mitgerechnet) zusammensetzt. Die S-Kurven sind keine Ausgleichskurven zu den Daten! Sie sind nur eingezeichnet, um einen idealen Substitutionsprozeß zu symbolisieren. Die Summe aus ansteigendem und abnehmendem Prozentanteil beträgt immer 100 Prozent.*

* Nach: Cesare Marchetti, «Infrastructures for Movement», *Technological Forecasting and Social Change*, vol. 32, no. 4 (1987): 373–93. Copyright 1986 by Elsevier Science Publishing Co., Inc. Nachdruck mit freundlicher Genehmigung des Herausgebers. Die Originalzeichnung geht zurück auf Nebojsa Nakicenovic, «The Automobile Road to Technological Change: Diffusion of the Automobile as a Process of Technological Substitution», *Technological Forecasting and Social Change*, vol. 29: 309–40.

zeß zu über 90 Prozent abgeschlossen. In diesem Zusammenhang ist es interessant festzuhalten, daß die eingezeichneten idealisierten S-Kurven (diese Kurven sind nicht an die Daten angepaßt!) gegen einen 100prozentigen Autoanteil nach 1930 gehen, während die Datenpunkte einem geringeren Maximalwert zuzustreben scheinen. Dies könnte damit zusammenhängen, daß eine bestimmte Anzahl von Pferden nicht durch Autos ersetzt wurde. Wahrscheinlich handelt es sich dabei um jene Pferde, die man heute bei den Freizeitreitern oder im Pferdesport findet.

Ein anderes Beispiel aus jüngerer Zeit ist die Ersetzung von Dampflokomotiven durch Dieselmaschinen oder elektrisch angetriebene Lokomotiven im größten Teil der Welt. Der Niedergang der alten «Art» erinnert in manchem an den Rückgang der Diphtherie oder der Tuberkulose. In seinem Buch *The Rise and Fall of Infrastructures (Der Aufstieg und der Verfall von Infrastrukturen)* zeigt Arnulf Grubler, daß der prozentuale Anteil von Dampflokomotiven in den Vereinigten

Staaten und in der UdSSR in der gleichen Weise abnahm wie früher der Anteil der Pferde. Die Rohdaten ergeben so offensichtlich eine S-Kurve, daß keinerlei Veranlassung besteht, eine solche noch anzupassen (Anhang C, Abbildung 6.1).

Die Daten zeigen außerdem, daß die Kurven des zeitlichen Rückzugs der Dampflokomotiven in Rußland und Amerika zwar zehn Jahre auseinanderliegen, aber ansonsten streng parallel verlaufen. Diese Ähnlichkeit ist aber irreführend, denn zur gleichen Zeit fand noch ein anderer Substitutionsprozeß statt. Die beiden Staaten sind nicht nur geographisch und kulturell verschieden, ihre Abhängigkeit von der Eisenbahn unterscheidet sich grundlegend. Um 1950, mitten in der auslaufenden Phase für Dampfloks, war der Transport auf dem Schienenweg anscheinend schon dem Transport auf der Straße gewichen. So hatte die Länge des Straßennetzes die siebenfache Länge der Schienenwege erreicht (vergleiche Kapitel 7). Im Gegensatz dazu florierte 1960 in der Mitte des Dampfzeitalters in der UdSSR die Eisenbahn immer noch, und die Länge des Schienennetzes entsprach der Hälfte des gesamten Straßennetzes.

Die Beispiele des Veraltens wie hier im Falle der beiden Transportmittel Pferd oder Dampflok illustrieren die unvermeidliche Substitution durch den Neuling mit der kompetitiven Überlegenheit. Bei den Eins-zu-eins-Substitutionsprozessen gibt es immer zwei komplementäre Trajektorien, eine für den Verlierer und eine für den Gewinner. Sie geben die Anteile, also die relativen Positionen der Kontrahenten an. Der obere Grenzwert ist nach Definition 100 Prozent, was die Bestimmung solcher Kurven etwas vereinfacht und weniger fehleranfällig macht als die der Kurven, die bisher in diesem Buch betrachtet wurden und bei denen der Maximalwert mitgeschätzt werden mußte.

Indem man Anteile statt absoluter Werte betrachtet, arbeitet man den Effekt der Konkurrenz heraus und zeigt direkt den Wettbewerbsvorteil, dessen Ursprung so tief verwurzelt ist, als sei er genetisch programmiert. Durch eine solche Beschreibung werden äußere Einflüsse, die durch Wirtschaft oder Politik, Erdbeben oder saisonale Effekte wie Ferienzeiten oder Feiertage hervorgerufen werden, eliminiert. Beim Beispiel der Lokomotiven hat die Popularität der Eisenbahn den Substitutionsprozeß nicht beeinflußt. Bei den Pferden und Autos spielte der Erste Weltkrieg keine Rolle.

Einen weiteren Vorteil bietet die Betrachtung von relativen Anteilen in Substitutionsvorgängen bei schnell wachsenden Märkten, in denen der natürliche Charakter des Prozesses (die S-Form der Kurve) manchmal unter den absoluten Zahlen versteckt ist, die bei *beiden* Konkurrenten steigen. Hier ist das schnellere Anwachsen des einen Bewerbers, wenn *gleichzeitig* die Trajektorie des prozentualen Anteils einer natürlichen Kurve folgt, ein Beweis, daß sich der andere Bewerber in der auslaufenden Phase befindet. In Abbildung 6.2 ist die absolute Zahl der Pferde in den Vereinigten Staaten seit 1850 dargestellt. Während des ersten Jahrzehnts dieses Jahrhunderts stieg die Zahl der Pferde weiter, wie sie es in der Vergangenheit getan hatte. Die Anzahl der Autos stieg jedoch noch stärker. Der Graph

Anstieg des Personenverkehrs trotz Rückgangs des Pferdeanteils

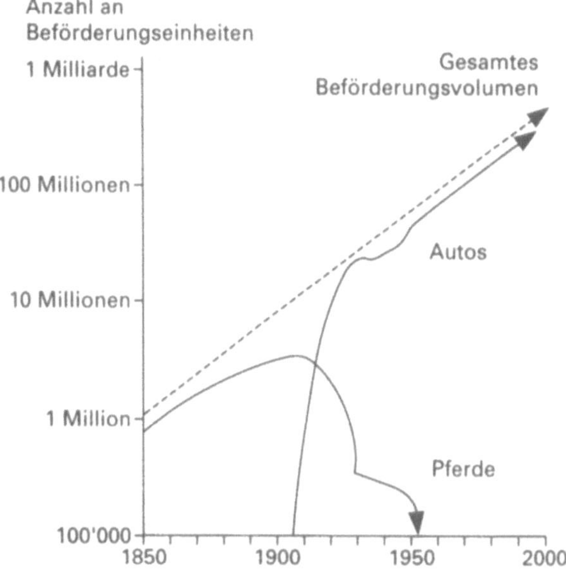

Abb. 6.2   Die Absolutzahlen der Pferde (einschließlich Maultiere, nicht aus Farmbetrieben) und der Autos in den USA in logarithmischem Maßstab, um das Anwachsen auf ein Vielfaches darstellen zu können. Die Summe der Anzahlen von Pferden und Autos wuchs während der Periode der Ersetzung nahezu ohne Störungen.*

* Nach einem Graphen aus: Nebojsa Nakicenovic, «The Automobile Road to Technological Change: Diffusion of the Automobile as a Process of Technological Substitution», *Technological Forecasting and Social Change*, vol. 29: 309–40. Copyright 1986 by Elsevier Science Publishing Co., Inc. Veränderter Nachdruck mit freundlicher Genehmigung des Verlags.

für den Substitutionsprozeß in Abbildung 6.1 enthüllt dagegen unwiderlegbar den Rückgang des Anteils der Pferde am Transport in der betreffenden Dekade.

Spielt man des Teufels Advokat, so könnte man versucht sein, mit solchen Gedankengängen zu beweisen, daß bei zwei beliebigen Konkurrenten notwendigerweise immer einer in der rückläufigen Phase ist. Da sie in der Regel mit verschiedenen Raten wachsen, wird immer einer, relativ am anderen gemessen, «verlieren». Der Trugschluß liegt bei diesem Ansatz darin, daß zwei zufällig ausgewählte Konkurrenten meistens nicht zur gleichen Nische gehören. Eine natürliche Eins-zu-eins-Substitution kann man dann erwarten, wenn es einen direkten Transfer vom einen zum anderen Konkurrenten gibt, ohne daß daran Dritte beteiligt sind. Die Nische muß also sehr genau definiert werden. Gehören zum Beispiel die beiden Computerhersteller IBM und Digital zur gleichen Nische? Sollten wir erwarten, daß der eine den anderen ersetzt, oder sollten wir sie nur als zwei von vielen Bewerbern auf dem größeren Rechnermarkt ansehen? Ein Beweis für die Existenz einer Mikronische könnte sein, daß die beiden Anteile zeitlich dem Verlauf S-förmiger Trajektorien folgen. Ein anderer Hinweis wäre es, wenn man unabhängig davon wüßte, daß in einer geographischen Region oder einem Marktsegment die beiden betrachteten Konkurrenten die einzigen Firmen sind, die ein bestimmtes Produkt anbieten. In diesem Fall stellen die Region oder das Marktsegment eine Nische dar, aber ob ein Substitutionsprozeß auf *natürliche* Weise stattfindet oder nicht, hängt davon ab, wie genau die Entwicklung der Marktanteile S-förmigen Mustern folgt. Ein solches Muster kann in Form gerader Linien erscheinen, wenn man sie nur durch ein entsprechendes «Okular» ansieht.

Geraden in der Natur

Nach allgemeinem Dafürhalten gibt es in der Natur keine geraden Linien. Mathematisch exakten Umrissen wie Kreisen, ebenen Flächen, rechten Winkeln oder Ellipsen begegnet man nicht bei einem Waldspaziergang. Solche Formen werden als Erfindungen des menschlichen Geistes angesehen und tragen deshalb den Stempel des «Unnatürlichen». Rudolf Steiner, ein Guru der westlichen Welt des zwanzigsten Jahrhunderts mit einer beachtlichen Gefolgschaft in Zentraleuropa, schuf seine Philosophie um «das Natürliche» herum. Unter anderem sorgte er dafür, daß ein riesiges Betongebäude errichtet wurde, in dem es praktisch keine rechten Winkel gibt – als steingewordenes Monument seiner Theorien.[3]

Kann ein natürliches Phänomen eine gerade Linie hervorbringen? Zweifellos; mir fällt da eine Fülle von Beispielen ein, aber ich will mich auf das natürliche Wachstum unter Wettbewerbsbedingungen beschränken, dessen Verlauf bisher als S-förmig beschrieben wurde. Die logistische Funktion bei einer natürlichen Eins-zu-eins-Substitution hat die folgende Eigenschaft: Dividiert man zu jedem Zeitpunkt die Anzahl der «neuen» durch die Anzahl der «alten» Objekte und zeichnet dieses Verhältnis in einem logarithmischen Maßstab über der Zeit auf, so erhält man eine *Gerade*. Es handelt sich dabei um eine mathematische Transformation. Das Ziel hierbei ist es, die Notwendigkeit des Gebrauchs von Computern und komplizierten Ausgleichsberechnungen zu vermeiden, wenn man nach «Natürlichkeit» bei Substitutionsprozessen sucht.

Betrachten wir den folgenden hypothetischen Fall. Sie sind besorgt, weil auf der anderen Straßenseite dem Ihren gegenüber ein neuer Hamburgerladen aufgemacht hat. Sie haben Angst, daß dessen Angebot, in weniger als zehn Minuten ins Haus zu liefern, nicht nur Ihrem eigenen Geschäft schaden, sondern Sie über kurz oder lang ganz ruinieren wird. Die Leute könnten ja auf die Idee kommen, statt Benzin zu verfahren, ihre Hamburger von dorther zu bestellen, wo sie sich gerade aufhalten. Der Einfachheit halber wollen wir annehmen, daß der Laden auf der anderen Straßenseite zu Reklamezwecken ein Zählwerk aufgestellt hat, das die Anzahl der jeweils bisher verkauften Hamburger anzeigt.

Nun ist es ganz leicht herauszufinden, ob die Methode des Konkurrenten die Methode der Zukunft ist. Und so lautet das Rezept: Beginnen auch Sie zu zählen, wie viele Hamburger Sie seit Beginn des Konkurrenzkampfes verkauft haben, und verfolgen Sie graphisch das Verhältnis des Verkaufserfolges des Konkurrenten geteilt durch Ihre eigenen Verkaufszahlen als Funktion der Zeit. Gehen Sie zum Schreibwarenhändler und kaufen Sie halblogarithmisches Papier, auf das Sie jeden Tag diese Verhältniszahl eintragen. Schon am dritten Tag sehen Sie, ob das Verhältnis von heute mit dem der beiden Vortage auf einer Geraden liegt. Nach einigen Wochen haben Sie genügend Daten, um den Trend zu erkennen. Wenn die Daten auf einer Geraden liegen (innerhalb der Genauigkeit kleiner täglicher Schwankungen, versteht sich), könnten Sie schon langsam beginnen, sich nach einem neuen Broterwerb umzusehen. Wenn sich der Trend allerdings abflacht oder gar keine durchgehende Gerade zu erkennen ist, dann stehen die Chancen gut, daß die Jungs auf der anderen Straßenseite nicht mehr lange bleiben, oder, wenn sie es doch tun sollten, wenigstens nicht das ganze Geschäft an sich reißen werden.

In dieser Weise erscheint der natürliche Substitutionsprozeß als Gerade. Je gerader die Linie, desto natürlicher ist der betreffende Vorgang. Je länger die Gerade schon ist, desto mehr kann man auf die Gültigkeit einer Extrapolation vertrauen. Wenn das Verhältnis neu zu alt den Wert 0,1 noch nicht erreicht hat, könnte es noch zu früh sein, von einem Substitutionsprozeß zu sprechen. Ein natürlicher Ersetzungsvorgang wird erst dann «respektabel», wenn er die Grenze der «Säuglingssterblichkeit» überwunden hat.

Ein schlagendes Beispiel für einen solchen Prozeß stammt aus dem bereits zitierten Artikel von Fisher und Pry und ist in Abbildung 6.3 dargestellt. Es zeigt die Ersetzung von Seife durch Waschmittel in den USA und in Japan, wie sie sich im Anstieg des prozentualen Marktanteils widerspiegelt. (Der entsprechende Rückgang des Seifenanteils ist nicht dargestellt.)

Waschmittel kamen kurz nach dem Zweiten Weltkrieg in den USA auf den Markt und zehn Jahre später auch in Japan. In beiden Ländern hat die Substitution von Seife durch Waschmittel etwa 90 Prozent der Marktnische erfaßt. Dies bedeutet nicht, daß nun alle Seife verschwinden müßte. Waschmittel ersetzte Seife nur bei der Kleiderwäsche. Die Seife für die Körperpflege hat sich in ihrer eigenen Nische bisher blendend entwickelt. Es scheint ferner interessant, daß trotz der zehnjährigen Verzögerung und der enormen kulturellen Unterschiede die Substitutionsraten in den beiden Ländern offenbar identisch waren, was sich in der gleichen Steigung der Kurven zeigt. Man könnte sich fragen, ob dieser Ähnlichkeit irgendeine Bedeutung zukommt.

Fälle von natürlichen Eins-zu-eins-Substitutionen gibt es zuhauf. Nebojsa Nakicenovic hat technologische Substitutionsprozesse untersucht und viele Beispiele gefunden, in denen die Beschreibung auf Geraden führt. Den längsten fand sie bei den beiden Kategorien primärer Energiequellen: der traditionellen und der kommerziell-industriellen. Zur Kategorie der traditionellen Energiequellen zählt Nakicenovic Brennholz, Wasser- und Windenergie (aus Mühlen, Wasserfällen und so weiter) und die von Arbeitstieren erzeugte Energie, die sie durch den im verbrauchten Futter enthaltenen Energieanteil charakterisierte. Zu den kommerziellen

Waschmittel als Ersatz für Seife

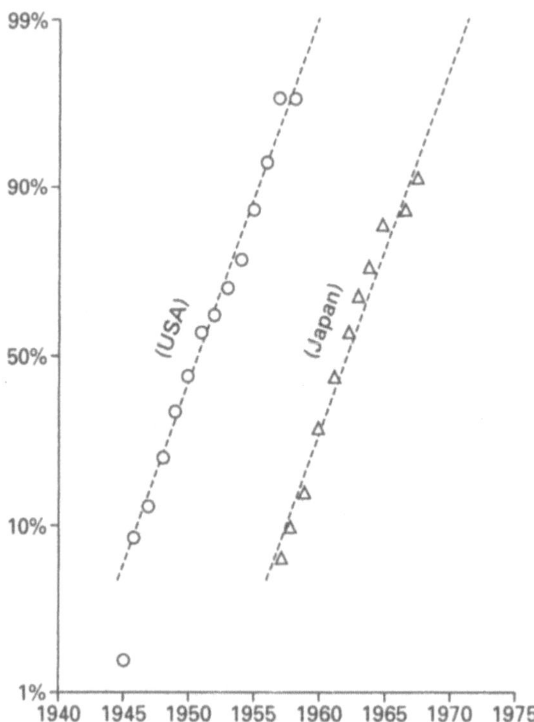

Abb. 6.3   Die Datenpunkte zeigen das Verhältnis zwischen den jährlich in den USA beziehungsweise in Japan verbrauchten Mengen an Waschmitteln und Seife. Der logarithmische vertikale Maßstab läßt die angepaßten S-Kurven (gestrichelte Linien) als Geraden erscheinen. Die Zahlen an den Skalenmarkierungen geben nicht das Verhältnis, sondern den Marktanteil in Prozent an. Man kann sagen, daß ein solcher Graph im *logistischen* Maßstab gezeichnet ist. Das Anwachsen des Waschmittelanteils ist klar zu erkennen; der komplementäre rückläufige Seifenanteil ist nicht eingezeichnet.*

* Nach einem Graphen aus: J.C. Fisher and R.H. Pry, «A Simple Substitution Model of Technological Change», *Technological Forecasting and Social Change*, vol. 3, no. 1 (1971): 75–88. Copyright 1971 by Elsevier Science Publishing Co., Inc. Nachdruck mit freundlicher Genehmigung des Verlags.

Energiequellen gehören Kohle, Rohöl, Erdgas und Kernenergie. Diese Art der Klassifikation ist auch deshalb interessant, weil hier zusätzlich zur kulturell bedingten Unterscheidung, die aus den Worten «traditionell» und «kommerziell» spricht, erneuerbare Energien von nicht erneuerbaren (fossilen) getrennt werden.

Nakicenovic erhielt eine recht gute Gerade bei der Beschreibung der Ersetzung von traditionellen durch kommerzielle Energiequellen (Anhang C, Abbildung 6.2). Neunzig Prozent des US-Energiebedarfes wurden um 1850 durch erneuerbare Energien gedeckt, heute ist es weniger als ein Prozent. Dieser Rückgang war ein natürlicher Prozeß. Die Aufzeichnung des Einsatzes von fossiler Energie würde in einem linearen Maßstab eine nahezu perfekte S-Kurve ergeben. Gelegentliche kurzzeitige Abweichungen von der Geraden lassen sich rational erklären – zum Beispiel im Falle des kurzzeitigen Rückgriffs auf traditionelle Energiequellen während der Zeit der Depression.

Auch in der Automobilindustrie gibt es viele kompetitive Substitutionsprozesse, die natürlich abliefen. Die ersten Autos hatten offene Karosserien, und es dauerte fast dreißig Jahre, bis 90 Prozent der Wagen geschlossen waren. In jüngerer Zeit, und auch wesentlich schneller – in zehn Jahren –, ersetzten Scheibenbremsen die Trommelbremsen und Radialreifen die Diagonalreifen. In gleicher Weise verdrängen gerade Lenkkraftverstärker und unverbleites Benzin ihre funktionalen Vorgänger.

Natürliche Substitutionsvorgänge, die in einem logarithmischen Maßstab eine Gerade ergeben, sind verantwortlich für die meisten populären Entwicklungstrends. Betrachten wir einmal die amerikanische Arbeitskraft. Zu den Megatrends unserer Zeit gehören das Anwachsen des Informationsanteils in den einzelnen Berufen und die zunehmende Bedeutung der Rolle der Frau. Mit den Daten vom Bureau of Labor Statistics und mit Hilfe meiner Analyse fand ich, daß die historischen Entwicklungen der prozentualen Anteile bei diesen Prozessen durch Geraden beschrieben werden. Die Extrapolationen dieser Geraden ergeben quantitative Aussagen über diese Trends bis zum Ende dieses Jahrhunderts. Die daraus gewonnenen Vorhersagen sollten relativ zuverlässig sein, da sie der Beschreibung der natürlichen Wachstumsentwicklung dieser Prozesse folgen (Anhang C, Abbildung 6.3).

Zu den Arbeitern in den Bereichen ohne Informationsverarbeitung gehören handwerkliche Kräfte im Dienstleistungsbereich, bei Herstellungs- und Reparaturbetrieben, in der Fabrikation und in der Land-, Forst- und Wasserwirtschaft. Der prozentuale Anteil dieser Art von Arbeitern nimmt seit geraumer Zeit stetig ab. Die 50-Prozent-Marke wurde schon 1973 unterschritten. Es zeichnet sich ab, daß um das Jahr 2000 weniger als 40 Prozent der Arbeitskraft in dieser Kategorie erbracht werden wird. (Man sollte aber andererseits auch darauf hinweisen, daß eine solche Grobeinteilung den wirklichen Anteil der «Informationsverarbeitung» unterschätzt, denn auch manuell Arbeitende verbringen einen erheblichen Teil ihrer Arbeitszeit mit Aufgaben, die den Umgang mit Informationen erfordern.)

Die Tatsache, daß die Frauen eine immer wichtigere Rolle in der Arbeitswelt spielen, ist allgemein bekannt. Was aber eher verschwiegen wird, ist die *Art* der Arbeiten, die sie verrichten. Unter den informationsverarbeitenden Angestellten waren 1991 sechsundfünfzig Prozent Frauen, vornehmlich in Stellungen bei der Kirche und in Verwaltungen oder als Sekretärinnen. Auf der Ebene der leitenden Angestellten sieht das Bild schon ganz anders aus. Ich habe den prozentualen Anteil der weiblichen leitenden Angestellten aufgetragen und wiederum eine Gerade erhalten. Die Rolle der Frau in leitenden Positionen steigt stetig an, wird aber einen 50-Prozent-Anteil auf natürlichem Wege erst um das Jahr 2000 erreichen.

Ein natürlicher Substitutionsprozeß sollte bei Abwesenheit «unnatürlicher» Einflüsse vollständig bis zu seinem Ende ablaufen. In meiner graphischen Darstellung habe ich die Daten einer Periode von einundzwanzig Jahren verwandt, in der weibliche leitende Angestellte ihre männlichen Kollegen immer mehr verdrängt haben, obwohl dieser Trend wahrscheinlich schon vor dieser Zeit eingesetzt hatte. Bleiben ähnliche Rahmenbedingungen weiter bestehen, so wird dieser Substitutionsprozeß wohl anhalten, und schließlich wird es mehr Frauen als Männer unter den leitenden Angestellten geben.

Könnte es wirklich soweit kommen, daß die Frauen die Szene der leitenden Angestellten beherrschen? Warum nicht, könnte man antworten. Vor noch nicht allzu langer Zeit hat ein Ungleichgewicht von praktisch 100prozentiger männlicher Leitung die Gesellschaft auch nicht daran gehindert zu funktionieren. Eine Extrapolation des Trends der S-Kurve über eine Periode, die dem benutzten historischen Ausschnitt entspricht, ist noch vertretbar. Nach einer solchen Extrapolation steigt der weibliche Anteil in den Chefetagen zum Jahr 2010 auf etwa 60 Prozent. Bevor wir aber über größere Zeiträume extrapolieren, sollten wir noch andere Betrachtungen miteinbeziehen.

Manchmal erreichen die Substituenten nicht ihre 100 Prozent, weil neue Wettbwerber auf dem Plan erscheinen. So verdrängt beispielsweise Krebs die Herz-Kreislauf-Erkrankungen als Todesursache, aber Krebs wird niemals 100 Prozent erreichen, denn AIDS und andere neue Krankheiten werden an Bedeutung gewinnen und ihren Anteil fordern. Öl ersetzte Kohle für eine Weile gemäß einem natürlichen Prozeß (siehe Kapitel 7), aber noch bevor die 100prozentige Substitution vollkommen war, begann Erdgas wiederum das Öl zu ersetzen. Im Falle der Frauen, die die Männer verdrängen, kann man allerdings kaum in dieser Weise argumentieren, da man nicht erwarten kann, daß ein weiteres Geschlecht die Frauen verdrängt. Dennoch können sich fundamentale Änderungen ergeben.

Zum Beispiel könnte sich die Definition des leitenden Angestellten einer Wandlung unterziehen. Neue Methoden im Management zeigen Wege weg von den traditionellen Hierarchien. Firmen experimentieren mit einer Verteilung der Macht und Verantwortung und verlagern Entscheidungsprozesse von der Konzernspitze auf Abteilungsleiter und auf die Mitarbeiter mit Kontakt zu den Kunden. Die Nische der leitenden Angestellten, wie wir sie bisher definiert haben, hört vielleicht auf zu existieren, bevor sie von den Frauen dominiert wird. Eine andere Möglichkeit könnte sein, daß die Frauen daran gehindert werden, den natürlichen Substitutionsprozeß zu Ende zu gehen. Die Daten der letzten drei Jahre liegen nun gerade ein klein wenig unterhalb der Kurve (Anhang C, Abbildung 6.3). Sollte es sich hierbei nicht um eine «unschuldige» Fluktuation handeln, so könnte es ein frühzeitiger Hinweis auf eine Quote sein, die durch irgendeinen sozialen Mechanismus eingeführt wird.

Der kulturelle Widerstand gegen Innovationen

Die Rate bei technologischen Substitutionen bestimmt sich nicht allein aus dem technischen Fortschritt, sondern reflektiert auch die Akzeptanzrate der betreffenden Innovation durch die Gesellschaft. Wir werden im nächsten Kapitel sehen, daß es mehr als einhundert Jahre dauerte, bis die Dampfschiffe die Segler verdrängt hatten. Diese Zeitspanne ist um vieles länger als die Lebensdauer der Schiffe selbst. Die Segelschiffe verteidigten nicht deshalb so lange ihren Platz auf den Weltmeeren, weil sie so dauerhaft gewesen wären oder weil es zu kostspielig gewesen wäre, die Werften vom Bau von Seglern auf Dampfschiffe umzurüsten. Es gibt vielmehr einen gewissen Widerstand gegen Innovationen, der von *kulturellen* Kräften kontrolliert wird. Rationale Erwägungen wie entstehende Kosten oder die Bedeutung von Investitionen spielen dabei nur eine untergeordnete Rolle.

Das Wachstum des amerikanischen Eisenbahnnetzes erforderte nicht nur gigantische Investitionen und Anstrengungen beim Bau, sondern auch einen Feldzug gegen die starke gesellschaftliche Opposition, die sich gegen die Verbreitung einer neuen Technologie richtete, wie es ein Plakat in Abbildung 6.4 wiedergibt.

Eine andere Innovation, die auf vehementen Widerstand stieß, war die Fluorbeimischung im Trinkwasser gegen den Zahnverfall. Der Historiker Donald R. McNeil hat die Situation in seinem Artikel «America's Longest War: The Fight Over Fluoridation, 1950–19??» («Amerikas längster Krieg: Der Kampf um die Fluorisation des Trinkwassers, 1950–19??») zusammengefaßt.[4] Er weist darauf hin, daß nach nunmehr vierzig Jahren immer noch die Hälfte der amerikanischen Bevölkerung kein fluoriertes Wasser hat. Die Opposition war vielschichtig und überraschend. Sogar die Kirche wurde gegen die Fluorisierung mobilisiert. Zu den Argumenten der Gegner gehörten Behauptungen, Kommunismus, Atheismus und Mongolismus würden zunehmen! Die Wasservorräte in den USA werden heutzutage routinemäßig chloriert, aber auch dieser Plan wurde anfangs heftigst bekämpft.

Die Opposition gegen technische Innovationen erreichte gewalttätige und kriminelle Ausmaße, als 1830 in England landwirtschaftliche Maschinen eingeführt wurden. Die höhere Leistung von Dreschmaschinen gefährdete die Arbeitspätze von Landarbeitern, die darauf mit dem Versuch reagierten, die Verbreitung der Technologie zu verhindern und die öffentliche Meinung und die Sympathie der Kirche auf ihre Seite zu bringen. Der Widerstand formierte sich zunächst sporadisch, als landwirtschaftliche Ausrüstungsgegenstände zerstört, Farmen in Brand gesteckt und die Löscharbeiten sabotiert wurden, wofür es zudem nur milde Strafen gab. Die Lage spitzte sich aber zu, als es im November 1830 zu einer Welle konzentrierter Angriffe gegen Dreschmaschinen kam. E.J. Hobsbawm und G. Rude haben detaillierte Informationen über die Zerstörung von 250 Maschinen innerhalb eines einzigen Monats gesammelt.[5] Dieser gewalttätige Ausbruch der Unzufriedenheit trägt den Stempel einer «natürlichen» Evolution: Die kumulative Anzahl der in einem Monat vernichteten Maschinen bildet eine vollständige S-Kurve (Anhang C, Abbildung 6.4). Mit ähnlichen Darstellungen könnte man sicher andere Formen des Widerstands erfassen, die die Verbreitung dieser Innovation verlangsamten.

LAUTSTARKE OPPOSITION

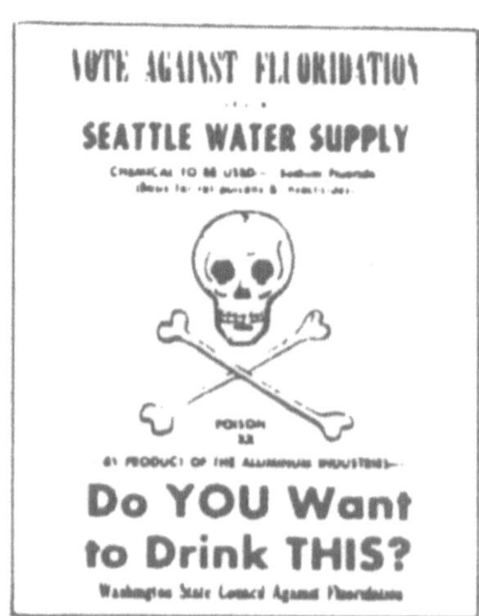

Abb. 6.4   Plakate als Beispiele für kulturell begründeten Widerstand gegen technologischen Wandel. Das Eisenbahnplakat wurde freundlicherweise von Metro-North Commuter Railroad, New York, zur Verfügung gestellt. Die beiden unteren Plakate sind dem Report EUR 12675 EN, 1990, «On Society and Nuclear Energy», von Cesare Marchetti, entnommen. Nachdruck mit freundlicher Genehmigung der Kommission der Europäischen Gemeinschaft, Luxemburg.

Die Einführung landwirtschaftlicher Maschinen, die die Produktivität wesentlich steigern, bildet ein typisches Beispiel für eine neue Technologie, die ein Gleichgewicht stört, das sich in bezug auf eine ältere ausgebildet hatte. Der Teil der Bevölkerung, dessen Einkommen gefährdet scheint, wird sie eine Zeitlang bekämpfen und ihre Verbreitung dadurch verzögern. Soziokultureller Widerstand gegen Veränderungen hat sich jedoch nicht immer in gewalttätiger Opposition und Kritik geäußert. Manchmal zeigte er sich nur in massiven Verzögerungen bei Veränderungen, die unter normalen Bedingungen hätten rasch vollzogen werden sollen. Innovationen, deren Nutzen außer Frage stand und deren Einführung keinerlei Kapitalinvestitionen oder ökonomische Opfer erforderte, haben bis zu fünfzig Jahren gebraucht, bis sie die notwendige Popularität in der Gesellschaft gefunden hatten. Ein Beispiel hierfür ist die allgemeine Relativitätstheorie; es erforderte mehrere Jahrzehnte, bis die Physiker sie akzeptierten. Ein anderes ist die Saumseligkeit, mit der die Amerikaner das Rauchen aufgeben.

Unnatürliche Substitutionen

Der gesunde Menschenverstand legt die Annahme nahe, daß ein zu erwartender Substitutionsprozeß in einer natürlichen Weise abläuft. Man kann dann weiter erwarten, daß sich auch die Prozentanteile der konkurrierenden Größen entsprechend entwickeln. So konnte man beispielsweise erwarten, daß sich die Kommunikation, die in früheren Jahrhunderten vornehmlich durch das Versenden von Briefen bewältigt wurde, sich auf Telegramme und/oder Telefongespräche verlagern würde, als diese technischen Möglichkeiten verfügbar wurden. Die Übertragungsgeschwindigkeit und die Bequemlichkeit der neuen Kommunikationskanäle boten klare Wettbewerbsvorteile. Dies erwies sich als zutreffend für die Telefonkommunikation, nicht jedoch für die Telegraphie.

Arnulf Grubler konnte zeigen, daß sich die Substitution der Kommunikation per Telefon für die Briefpost in Frankreich seit Beginn des Jahrhunderts nach einer geradlinigen Gesetzmäßigkeit vollzog (Anhang C, Abbildung 6.5). Die Daten, die er hier auftrug, waren die Prozentanteile aller Botschaften, die im Verlauf eines Jahres mittels Telefon beziehungsweise Brief ausgetauscht wurden. Abgesehen von ein paar Fluktuationen, von denen einige offensichtlich auf den Krieg zurückzuführen waren (während des Krieges schrieben die Leute vornehmlich Briefe, stürzten sich aber unmittelbar danach auf die Benutzung des Telefons), scheint der allgemeine Trend auf einen natürlichen Substitutionsprozeß hinzuweisen, der schon einige Zeit vor der Jahrhundertwende begann und 1980 zu etwa 70 Prozent abgeschlossen war. Telegramme, und später Telexsendungen, wurden in dieser Studie nicht berücksichtigt, da sie, so Grubler, nie mehr als den Bruchteil eines Prozentes am gesamten Kommunikationsaufkommen ausmachten. Mangels der notwendigen Daten bezog er auch keine Faxübertragungen ein, aber man kann dennoch mit Sicherheit sagen, daß das Telefon den bei weitem größten Einfluß auf den Wandel der Kommunikationstechnologien hatte.

Was einer Substitution in der Kommunikationstechnik am meisten widerstand, war der Kontakt von Angesicht zu Angesicht. Als das Telefon aufkam, hofften viele, daß es die Notwendigkeit persönlicher Reisen reduzieren könnte. In jüngster Zeit kamen noch raffiniertere elektronische Kommunikationssysteme auf den Markt – Bildtelefone und die Möglichkeit von Telekonferenzen –, von denen man erwarten könnte, daß sie die Geschäftsreisen ersetzen, insbesondere in Zeiten verschärfter Spesenkontrolle. Derartige Technologien haben zweifellos einen Teil der Fußarbeit übernommen. Trotzdem scheint der Hang nach persönlichem Kontakt einem Ersatz hartnäckigen Widerstand zu leisten. Die Wirkung von Verhandlungen Auge in Auge wird von den Geschäftsleuten heute als genauso wesentlich betrachtet wie von den Abgesandten in der Antike.

Es gibt ernste Zweifel daran, ob das gesellschaftliche Bedürfnis nach direktem persönlichem Kontakt jemals durch technische Kommunikationsmittel zu befriedigen sein wird. Es ist schwierig, die Informationsmenge, die bei persönlichem Kontakt ausgetauscht wird, mit der bei technischer Übertragung ausgetauschten Menge quantitativ zu vergleichen. Der Informationsgehalt der Körpersprache läßt sich beispielsweise nicht so leicht in Einheiten wie der Anzahl getätigter Telefonanrufe oder verschickter Briefe messen. Aber der Nachdruck, mit dem Manager und Politiker auf ihren kostspieligen Missionen bestehen, deutet darauf hin, daß eine derartige Substitution «unnatürlich» oder bestenfalls langsam, und zwar viel langsamer als die Ersetzung der Briefpost durch Telefonkommunikation, verlaufen würde.

Wenn eine a priori als vernünftig angesehene Substitution nicht nach der erwarteten Trajektorie verläuft, kann ein anderer Grund darin liegen, daß die beschreibende Variable nicht in geeigneter Weise definiert wurde. Im bereits erwähnten Beispiel der Seifensubstitution durch Waschmittel hätte sich keine Gerade ergeben, hätten Fisher und Pry sich auf die *gesamte* Seife bezogen. Sie betrachteten nur die zum Waschen verwendete Seife und ließen die Seife für kosmetische Zwecke außer acht. Komplikationen, durch die Substitutionsprozesse «unnatürlich» wirken können, treten auch dann auf, wenn der Fall einer Nische in der Nische oder einer Nische über einer Nische vorliegt. In beiden Fällen müssen für entsprechende Zeitabschnitte zwei verschiedene S-Kurven in Betracht gezogen werden. In der logarithmischen Darstellung erhält man in einem solchen Fall eine unterbrochene Linie, die aus zwei Geradenstücken besteht.

Wenn auch eine detaillierte Untersuchung vorhandene Unregelmäßigkeiten nicht beseitigen kann, dann hat der betreffende Prozeß auf alle Fälle etwas Unnatürliches an sich. Jeder Substitutionsvorgang kann lokale Abweichungen von einer Geraden aufweisen, die zum Beispiel auf zeitlich begrenzte außergewöhnliche Umstände zurückzuführen sind. Derartige Anomalien werden jedoch bald wieder aufgefangen, und der Prozeß folgt wieder seinem natürlichen Verlauf. Ein Beispiel hierfür sehen Fisher und Pry bei der Ersetzung natürlichen Gummis durch synthetisches während der Kriegsjahre. In den dreißiger Jahren erschien synthetisches Gummi anfangs recht zögerlich auf dem amerikanischen Markt als mindere Alternative zum natürlichen Kautschuk, der in großen Mengen aus dem Ausland importiert wurde. Während der Anfangsphase des Zweiten Weltkrieges wurde Amerika von diesen Kautschukimporten im wesentlichen abgeschnitten, während gleichzeitig die Nachfrage nach Gummi beträchtlich anstieg. Ansehnliche nationale Anstrengungen führten in dieser Zeit zu einer Qualitätsverbesserung und Kostenreduktion bei der Produktion synthetischen Gummis.

Fisher und Pry haben gezeigt, daß das synthetische Gummi das natürliche in den Kriegsjahren mit einer beschleunigten Rate ersetzte (Anhang C, Abbildung 6.6). Aber als der Krieg vorüber war, wurden die ausländischen Importquellen wieder zugänglich, und die Substitutionsrate sank. Von da an stellte sich eine Substitutionsrate wie bei ähnlich verlaufenden Prozessen ein, wie der Ersetzung von Butter durch Margarine oder von natürlichen durch synthetische Textilfasern. Die Abweichung, die die Umstände des Krieges erzwungen hatten, verschwand und hinterließ keinerlei Spuren, als sich das Leben wieder normalisierte.

Die Fallbeispiele in diesem Abschnitt schilderten Abweichungen von der Beschreibung des Vorgangs durch das natürliche Substitutionsmodell. Würde ein Ökonom mit einer solchen Situation konfrontiert – einem *Gegenbeispiel* zum allgemeingültigen Modell –, würde er das Modell selbst modifizieren. Bei dem natürlichen Wachstumsprozeß unter Konkurrenzbedingungen jedoch ist die Theorie die eigentliche Grundlage; Abweichungen müssen, wann immer sie auftreten, im Rahmen des Modells erklärt werden und nicht zu einer Frage nach seiner Gültigkeit ausarten.

Die Schweden kommen

Ungarn, Oktober 1956. Russische Panzer rattern durch die Straßen von Budapest und schlagen den Volksaufstand nieder. Mit den Studenten, Arbeitern und ungarischen Soldaten, die sich der Roten Armee widersetzen, gibt es blutige Zusammenstöße. Es gibt viele Todesfälle zu beklagen, die Führer des Aufstandes fallen, und die Hoffnungen auf eine demokratische Zukunft schwinden. Die Emotionen laufen heiß; die Jugend ist nicht bereit, ihre Ideale aufzugeben. Man trifft sich heimlich, und die hochfliegenden Ambitionen verwandeln sich allmählich in Tagträume.

«Wenn doch nur eine Supermacht sich unser annehmen und es diesen Russen mit Waffengewalt heimzahlen würde.»

«Glaubst du, die Amerikaner würden es tun?»

* * *

Die Amerikaner kamen nicht zu Hilfe. Die ganze Welt war in Alarmzustand versetzt, sah aber tatenlos zu, als der Aufstand erbarmungslos niedergeschlagen wurde und 170'000 Ungarn aus ihrem Heimatland flohen. Erst später erschien eine Biene auf dem Plan und stach den großen Bären.

Als ich die Verteilung der Nobelpreisgewinner auf verschiedene Länder untersuchte, fielen mir dabei einige Substitutionsprozesse auf. Einige Trends schienen wohlbekannt; so gewannen die Amerikaner in der ersten Hälfte des Jahrhunderts immer mehr an Boden gegenüber den Europäern. Aber ein Substitutionsprozeß ergab überhaupt keinen Sinn, obwohl er dem natürlichen Gesetz zu folgen schien.

Es gab da nämlich eine fünfundzwanzig Jahre während Schlacht um Nobelpreise zwischen den Schweden und den Russen. Ich konzentrierte mich auf diese beiden Länder, nachdem ich erkannt hatte, daß in der Zeit von 1957 bis 1982 der russische Anteil an Nobelpreisen steil abfiel, während der schwedische Anteil einen klaren Anstieg zeigte. Da die Prozesse komplementäre Steigungen aufwiesen, hatte ich den Verdacht, daß es sich um eine Eins-zu-eins-Substitution in einer lokalen Mikronische handeln könnte.

Bei meinen weiteren Untersuchungen zeigte sich, daß die Summe der Nobelpreislaureaten der beiden Länder bemerkenswert konstant ist, und zwar ist die Summe fünf innerhalb jedes Fünfjahresintervalls zwischen 1957 und 1982. Im ersten dieser Intervalle gab es vier Russen und einen Schweden, doch dieses Verhältnis kehrte sich langsam, aber stetig um, und fünfundzwanzig Jahre später waren da vier Schweden und ein Russe. Die zeitliche Entwicklung dieses schwedisch-russischen Verhältnisses ist in logarithmischem Maßstab mit einer Geraden recht gut vereinbar, ein Kennzeichen für einen natürlichen Substitutionsprozeß (Anhang C, Abbildung 6.7). War dies nur ein Artefakt statistischer Fluktuationen? Sollte es einer unbewußten Befangenheit zuzuschreiben sein, die auf die traditionelle Animosität zwischen den beiden Ländern und die Tatsache zurückgeht, daß die Nobelstiftung schwedisch ist? Oder sollte es sich tatsächlich um einen natürlichen Substitutionsprozeß in einer lokalen Mikronische handeln?

Zwei Argumente drängen sich besonders auf, und beide sprechen gegen die mögliche Existenz einer Mikronische. Das erste basiert auf dem beobachteten Verhältnis zwischen Konkurrenzfähigkeit und Alter. Das Durchschnittsalter der schwedischen Preisträger beträgt 65,1 Jahre und ist damit signifikant höher als das Durchschnittsalter der Russen von 57,5 Jahren im selben Zeitraum. Es gibt also während dieser Periode keinen selektiven Vorteil für die Schweden im Darwinschen Sinne, der das Alter betrifft, und wie er vielleicht im Falle der Dominanz der Amerikaner über die Europäer und in späteren Zeiten beim Vorteil der restlichen Welt gegenüber den Amerikanern existieren mag. Das zweite Argument liegt einfach in meinem Unvermögen, eine Mikronische für die Russen und die Schweden im beobachteten Zeitraum, in dem ein natürlicher Substitutionsprozeß hätte stattfinden können, zu rechtfertigen.

Es gibt noch eine dritte Hypothese. Es wäre denkbar, daß dieses Phänomen, dessen Ende wir vielleicht schon erlebt haben (es hat in den letzten fünf Jahren keine Nobelpreise für Schweden gegeben), vielleicht durch die russische Intervention in Ungarn ausgelöst worden ist. Die russische Popularität sank zu dieser Zeit weltweit und erlitt weiteren Schaden durch die späteren Militäraktionen in der Tschechoslowakei 1968 und in Afghanistan 1978. Diese Hypothese wird auch durch die offen politischen Entscheidungen bei der Friedensnobelpreisvergabe gestützt, besonders in den letzten Jahren.

Fisher und Pry – Fischen und Spähen

Als Fisher und Pry ihr Modell für kompetitive Substitutionen entwickelten, ging es ihnen hauptsächlich um die Beschreibung des Verbreitungsvorganges bei neuen Technologien. In ähnlicher Weise hatten schon vorher die Epidemiologen die logistische Funktion zur Beschreibung der Ausbreitung epidemischer Seuchen eingesetzt. Hier ist es offensichtlich, daß die Rate neuer Opfer beim Ausbrechen einer Epidemie sowohl der Anzahl bereits infizierter Menschen als auch der Zahl der noch gesunden proportional ist. Damit gilt dasselbe Gesetz wie bei der Beschreibung des natürlichen Wachstums unter Konkurrenzbedingungen. Die Ausbreitung einer Epidemie kommt einem Substitutionsprozeß gleich, bei dem die gesunde Bevölkerung zunehmend durch eine infizierte ersetzt wird. Bei allen drei Prozessen – der Ausbreitung, der Substitution und dem kompetitiven Wachstum – gehorchen die betrachteten Größen demselben Gesetz.

In ihrem Artikel untersuchten Fisher und Pry die Substitutionsrate bei einer Fülle von Beispielen. Sie fanden, daß die Geschwindigkeit, mit der ein Substitutionsprozeß voranschreitet, nicht einfach von Verbesserungen in der Technologie, der Herstellung, dem Marketing, der Verteilung oder von irgend einem anderen einzelnen Faktor abhängt. Es kommt viel mehr darauf an, wieviel besser das Neue in *all* diesen Faktoren als das Alte ist. Wenn ein Substitutionsprozeß einsetzt, kämpft das neue Produkt (der neue Prozeß oder die neue Dienstleistung) zunächst einmal darum, seine Vorteile gegenüber dem alten zu verbessern und zu demonstrieren. Findet der neue Wettbewerber Anerkennung, indem er einen kleinen Anteil des Marktes erobert, so verdoppelt das bedrohte Produkt seine Anstrengungen, seine Position zu halten oder seinerseits zu verbessern. Dadurch kann sich die Innovationsgeschwindigkeit im Verlauf eines Substitutionskampfes wesentlich erhöhen. Die Biegungen und der steile Anstieg der S-Kurve, die das Verhältnis der Marktanteile beschreibt – oder die Steigung der Geraden in der logarithmischen Auftragung –, ändert sich jedoch nicht während des Ersetzungsvorgangs. Die Geschwindigkeit, die sich in dieser Steigung ausdrückt, scheint durch die Kombination der ökonomischen Kräfte bestimmt zu sein, die aus der Überlegenheit des Neulings resultieren.

Fisher und Pry wiesen darauf hin, daß sich dieses Modell bei Untersuchungen als nützlich erweisen könnte, in denen es um die vielfältigen Aspekte des technologischen Wandels und der Innovation in unserer Gesellschaft geht. Tatsächlich hat das Modell weit darüber hinaus Anwendungen gefunden. Ich weiß nicht, ob sie damals im Jahre 1970 die Vielfalt der Gebiete, in denen sich ihr Modell in den nächsten zwanzig Jahren verbreiten würde, schon geahnt hatten, aber ich stimme Marchetti zu, wenn er sagt, daß sie uns ein Werkzeug an die Hand gegeben haben, mit dem wir in den Mechanismen des gesellschaftlichen Lebens «fischen und spähen» können.

7 Der Wettbewerb als Schöpfer und Regulator

Das Sprichwort wird ursprünglich dem griechischen Philosophen Heraklit zugeschrieben. Die gebräuchliche Übersetzung aus dem Griechischen lautet: «Der Krieg ist der Vater aller Dinge.» Dabei geht die Bedeutung des Wortes Krieg jedoch über die übliche Auslegung als gewalttätiger Konflikt hinaus. Heraklit, der gerne als der erste westliche Denker apostrophiert wird, sieht den Krieg als eine göttliche Kraft, ein natürliches Gesetz, das Götter von Menschen scheidet, das den einen zum Herrscher und den anderen zum Sklaven bestimmt;[1] ein Gesetz, das erschafft und das Geschehen kontrolliert. In diesem Sinne muß ein solches Gesetz eher als Wettbewerb denn als Krieg im üblichen Sinn interpretiert werden.

Zweitausendfünfhundert Jahre später kam Charles Darwin zu ähnlich wichtigen Schlußfolgerungen über den Wettbewerb, als er das Überleben des Anpassungsfähigen als Prinzip formulierte, das auch als natürliche Selektion bekannt ist. Damit rief Darwin den Zorn des zeitgenössischen Klerus hervor, aber auch Freude bei den Biologen, die auf seinen Ideen eine erfolgreiche Wissenschaft aufbauten. Mathematiker wie Vito Volterra und Alfred J. Lotka setzten seine Theorie in Gleichungen um und konnten damit die komplizierten Wechselwirkungen zwischen Räuber und Beute in Mischpopulationen beschreiben. Im Zentrum dieser Darstellung steht die *logistische Funktion*, die mathematische Formulierung für das Wachstum einer Population unter Konkurrenzbedingungen.

Das Konzept der natürlichen Selektion hat sich bei der Beschreibung des Wachstums der Arten innerhalb von Populationen sehr bewährt. Es hat nicht lange gedauert, bis Soziologen und Psychologen begannen, diese Ideen zu übernehmen, um das menschliche Konkurrenzverhalten nach denselben Prinzipien zu modellieren. Schließlich wurde der Formalismus auch auf unbelebte, abstraktere Gebiete übertragen, wie zum Beispiel Verkaufsgüter, Industrien, Primärenergieträger, Transportmittel und Krankheiten. Die Anwesenheit von Konkurrenz in diesen Gebieten war schon frühzeitig erkannt worden, aber es fehlte die Mathematik, die quantitative Beschreibungen ermöglicht und zu neuen Einsichten und den oft interessanten und weitreichenden Schlußfolgerungen geführt hätte.

Die Evolution einer Art aufgrund natürlicher Selektion ist unter den richtigen Bedingungen möglich dank der Mutationen. Mutationen finden immer statt, aber unter normalen Bedingungen werden sie wieder eliminiert, weil sie nicht ans Überleben angepaßt sind. Die Art hat in einer langen Periode natürlicher Selektion einen optimalen Zustand erreicht; es ist sehr unwahrscheinlich, daß zufällige Mutationen einen kompetitiven Vorteil mit sich bringen, und so verschwinden sie wieder. Die fortwährende Verfügbarkeit von Mutanten spielt jedoch eine wichtige Rolle zu Zeiten drastischer Veränderungen in der Umwelt, an die sich die Art anpassen muß, will sie nicht ausgelöscht werden. Aus dem Vorrat an Mutanten werden dann diejenigen ausgewählt, die mit ihren Charakteristika am besten angepaßt und überlebensfähig sind. Je größer dieser Vorrat ist, desto besser ist die

Chance für eine erfolgreiche Anpassung. Die Art durchläuft rasche Wechsel in ihrer Entwicklung, bis ein neuer optimaler Zustand erreicht ist und die Art zur Strategie der Konservierung zurückkehrt.

Eine ähnliche Situation trifft man in der Industrie an. Eine Firma oder gar ein ganzer Industriezweig, der seinen optimalen Zustand erreicht hat, wird konservativ. Man will eben nichts ändern, was gut funktioniert. Dennoch wird in der Hinterhand ein Portefeuille an Mutanten bereitgehalten, das in Krisenzeiten hervorgeholt wird. Innovation, Reorganisation, Aquisition und andere, bisweilen ausgefallene Aktionen werden mit dem Ziel der Reoptimierung in Gang gesetzt. Die Organisation ist auf der Jagd nach der optimalen Konfiguration, um ihr Überleben zu sichern.

Die Stahlindustrie zum Beispiel war eine lange Zeit konservativ, aber mittlerweile könnte sie in eine Krisensituation geraten sein, in der sie sich der scharfen Konkurrenz durch neue alternative Materialien stellen muß. Sie benimmt sich wie ein junger Industriezweig, der noch seinen Weg zum Optimum sucht, das bessere Überlebenschancen garantiert. Sie vergrößert dabei auch die Anzahl der Suchrichtungen, denn eine Überspezialisierung gefährdet das Überleben. Pandas sind zu einer gefährdeten Art geworden, weil sie nur Bambus fressen, und dessen Vorrat ist begrenzt. Haie sind in dieser Beziehung besser optimiert; sie fressen fast alles. Die Umweltschützer sorgen sich nicht um die Haie, jedenfalls nicht aus den gleichen Gründen.

Das Überleben auf lange Sicht bedingt den Wechsel zwischen konservativem und innovativem Verhalten. Wenn die Dinge gut stehen, besteht die Überlebensstrategie darin, «nichts zu ändern». Muß man dagegen radikalen Änderungen in der Umgebung folgen, so heißt die angebrachte Politik: «Sieh dich nach neuen Wegen um, erforsche viele verschiedene Möglichkeiten, um die Chancen zu erhöhen, wieder auf einem erfolgreichen Weg zu landen.»

Wie wir in den vorangegangenen Kapiteln gesehen haben, läßt sich das natürliche Wachstum unter Konkurrenzbedingungen «logistisch» mit einer S-Kurve beschreiben. Richard Foster, ein Direktor bei McKinsey & Company, einer führenden Management-Beratungsfirma, verspricht geschäftlichen Erfolg, wenn die Manager umgehend ihre Strategien auf die Situation abstimmen, in der sie sich entsprechend der momentanen Lage der Firma auf der S-Kurve des gerade durchlaufenen Wachstumsprozesses befinden. Er drängt die Firmenleiter, die Grundlagen rücksichtslos zu ändern, wenn das Wachstum ein Saturationsniveau erreicht hat und die Zeit reif ist für Innovationen.[2] Marc von der Erve von der Digital Equipment Corporation geht sogar noch weiter, indem er die Rolle eines «Steuermanns der Fortschrittspolitik» definiert, eines Menschen, dessen Arbeit es ist, die Ausrichtung der Angestellten einer Firma so zu lenken, daß sie je nach Erfordernis sich konservativ verhalten oder die alten Wege verlassen und nach neuen suchen. Er glaubt, daß dies durch zwei Arten von «Entwicklungskräften» bewerkstelligt werden kann. Die eine Kraft ermutigt den «Sprung von einer S-Kurve zur anderen», die andere motiviert die Leute, bei der gerade aktuellen zu bleiben. Der recht-

Aufeinanderfolgende Wachstumsprozesse

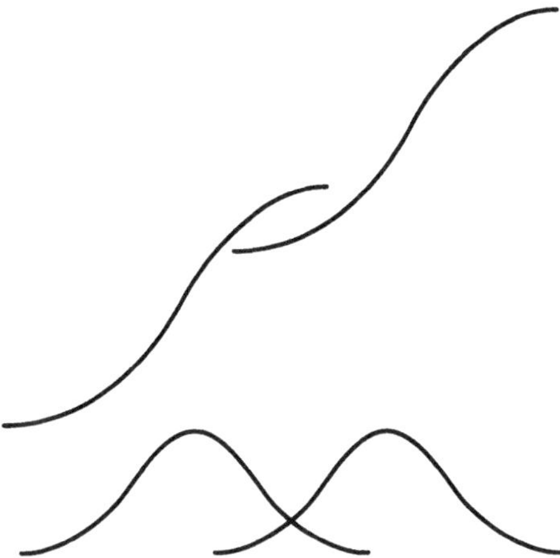

Abb. 7.1 Schematische Darstellung des Übergangs von einer S-Kurve auf die andere. Die Glocken-
kurven darunter repräsentieren die zu den einzelnen Prozessen gehörigen Lebenszyklen.

zeitige Einsatz dieser Kräfte garantiert den Erfolg. Zu früh, und es geht einem
vielleicht ein großer Profit durch die Lappen; zu spät, und man geht vielleicht
pleite, bevor man den Wechsel vollzogen hat.[3]

Eine Aufeinanderfolge von Wachstumsphasen kann man sich als eine Kaskade
von S-Kurven vorstellen. Jede Phase ist selbst ein natürlicher Wachstumsprozeß
in kleinem Maßstab, und es kann durchaus sein, daß sich eine das gesamte Leben überspannende S-Kurve aus vielen kleinen zusammensetzt. Ein neuer Wachstumsprozeß beginnt, bevor ein älterer endet, und wächst weiter, wenn der ältere
seinen Maximalwert erreicht hat. Der Übergang von einer S-Kurve zur nächsten
ist schematisch in der oberen Hälfte von Abbildung 7.1 dargestellt. Der steil ansteigende Abschnitt ist die Periode schnellen und erfolgreichen Wachstums und
daher die Zeit der Konservierung. Das Abflachen der Kurve zeigt einen Rückgang
der Wachstumsrate an, und wenn dieser signifikant wird, ist es Zeit für den Wechsel. In Abbildung 7.1 unten sind die Lebenszyklen – die Wachstumsraten – der
aufeinanderfolgenden Wachstumsprozesse dargestellt.

Es sollte nicht überraschen, daß die Saat für den neuen Zyklus direkt nach dem
Maximum des vorangehenden gelegt wird. Das daraus resultierende Muster, eine
Aufeinanderfolge von Wellenkämmen, läßt vermuten, daß die Aufrechterhaltung
von Wachstum und die Evolution selbst keine uniformen Prozesse sind.

Aller guten Dinge sind drei

Eine Aufeinanderfolge von Lebenszyklen, wie sie in Abbildung 7.1 unten dargestellt ist, hat ein wellenförmiges Aussehen. Da Lebenszyklen die Wachstumsrate (zum Beispiel die pro Monat verkauften Einheiten eines bestimmten Produktes) repräsentieren, zeigen die Gipfel der Wellen an, daß hier eine größere Frequenz des betreffenden Ereignisses zu beobachten ist. Eine Welle mit vielen Kämmen weist also auf eine Folge von Perioden ganzer Gruppen von Ereignissen hin. In vielen Kulturen gibt es Sprichworte, die das Phänomen der Ereignishäufung zum Gegenstand haben, das sicher von den Puristen unter den Statistikern bestritten wird. Ereignisse, die normalerweise zeitlich gleichmäßig verteilt sein sollten, treten in wohlerkennbaren Schüben auf, die von Phasen unterbrochen sind, in denen sie überhaupt nicht vorkommen. Wer abergläubisch ist, wird sagen, ein Unglück komme selten allein; der Teufel scheiße auf einen großen Haufen; oder aber: «Aller guten Dinge sind drei.» Für einige scheinen Glück und Pech in Wellen zu kommen, wenn sie die entsprechenden «Strähnen» haben.

Glückssträhnen am Roulettetisch lassen sich leicht entmystifizieren, wenn ihnen Mathematiker mit den Gesetzen der Statistik bei möglicherweise manipulierten Rouletterädern zu Leibe rücken. Der gehäufte Erfolg beim anderen Geschlecht wird von Psychologen auf ein Hoch im allgemeinen Wohlbefinden der betreffenden Person zurückgeführt, das den Sexappeal steigert und so innerhalb kurzer Zeit Massen des anderen Geschlechts anzieht. Weniger leicht hingegen scheint es zu sein, die häufig beobachteten Schübe in der Geschichte der Entdeckungen, der Erfindungen, bei Volksaufständen und politischen Unruhen, bei Gewalttaten und Kriegshandlungen zu erklären.

Das erste Mal beeindruckten mich solche Schübe von ansonsten gleichverteilten Ereignissen, als ich ein Buch mit dem Titel *Das technologische Patt* von Gerhard Mensch las, in dem ein Graph dargestellt ist, der Anzahlen und Zeitpunkte des Erscheinens aller grundlegenden Innovationen in der westlichen Welt zeigt. Mensch klassifiziert die Innovationen, die er für grundlegend hält, für die letzten zweihundert Jahre. Dabei findet er, daß sie nicht mit einer gleichbleibenden Rate aufkommen, sondern mit einer Rate, die wohlunterschiedene Gipfel- und Talphasen aufweist.

Mensch definiert eine Innovation als grundlegend, wenn aus ihr eine neue Industrie hervorgeht oder wenn sie zu einem neuartigen Produkt führt, wie zum Beispiel der Phonograph. Jede Innovation beruht auf einer Erfindung oder Entdeckung, die schon eine Weile zurückliegt und die weitere Entwicklung möglich macht. Spätere Verbesserungen im Herstellungsprozeß oder in der Qualität dieser Produkte werden dagegen nicht als Innovationen gewertet. Als Serie von Schüben manifestiert sich diese Klassifikation von grundlegenden Innovationen nach Mensch. Abbildung 7.2, die seinem Buch entnommen ist, zeigt die Anzahlen grundlegender Innovationen pro Jahrzehnt. Man erkennt klar vier verschiedene Gipfel, die in einem ziemlich regelmäßigen Muster, jeweils fünfzig bis sechzig Jahre voneinander getrennt, angeordnet sind.

INNOVATIONEN KOMMEN IN SCHÜBEN

Abb. 7.2   Die Daten stellen die Anzahl grundlegender Innovationen pro Jahrzehnt entsprechend der Klassifikation von Gerhard Mensch dar. Man erkennt recht dramatische Änderungen dieser Anzahl im Verlauf der Zeit, selbst wenn man über die Zahlen im einzelnen diskutieren mag.*

* Nach einem Graph aus Gerhard Mensch, *Stalemate in Technology: Innovations Overcome the Depression* (Cambridge, MA: Ballinger, 1979). Nachdruck mit freundlicher Genehmigung des Verlags. Das deutsche Original *Das technologische Patt* (Frankfurt: Umschau Verlag, 1975) enthält genauere Angaben zur Datenauswahl und ist zu diesem Zwecke vorzuziehen.

In Menschs Definition einer grundlegenden Innovation ist immer noch ein gewisser Spielraum an Beliebigkeit. Das sich ergebende Muster an Schüben bleibt jedoch auch bei anderen Klassifikationsversuchen bestehen.[4] Es wurde auch bemerkt, daß Innovationen, wie die Früchte des Feldes, offenbar saisonal bedingt auftreten. Nach der Ernte erlebt ein Obstbaum während des Winters einen langsamen Erholungsprozeß, und im Frühjahr erblühen seine Zweige, um die nächsten Früchte zu erbringen. Nach Marchetti verhält es sich mit den Innovationen in einem sozialen System ganz analog: Dem sozialen System kommt dabei die Rolle des Baumes zu, den Innovationen die der Früchte.[5]

Obwohl die Schlußfolgerungen von Mensch durch andere Klassifikationen grundlegender Innovationen bestätigt wurden, hegte ich doch noch gewisse Vorbehalte wegen des subjektiven Elementes, das einer Prozedur wie der quantitativen Tabellierung des Wertes der Innovationen zweier Jahrhunderte zwangsläufig innewohnt. Dennoch fand ich die Idee der Clusterbildung anziehend, und der Eindruck ihrer Gültigkeit wurde verstärkt, als ich einem weniger subjektiv beeinflußten Beispiel begegnete, bei dem es keinen Raum für Zweideutigkeiten bezüglich der Definitionen, Einheiten oder Daten gab: der Entdeckungsgeschichte der stabilen chemischen Elemente, ein Sujet, dem ich während meiner Karriere als Physiker aufs engste verbunden war. Abbildung 7.3 zeigt die Entdeckungsdaten der stabilen Elemente über die Jahrhunderte. Die obere Kurve zeigt die Anzahl der Elemente, die zu dem jeweiligen Zeitpunkt bekannt waren. In Kapitel 2 wurde angedeutet,

Die Entdeckung der stabilen Isotope in Schüben

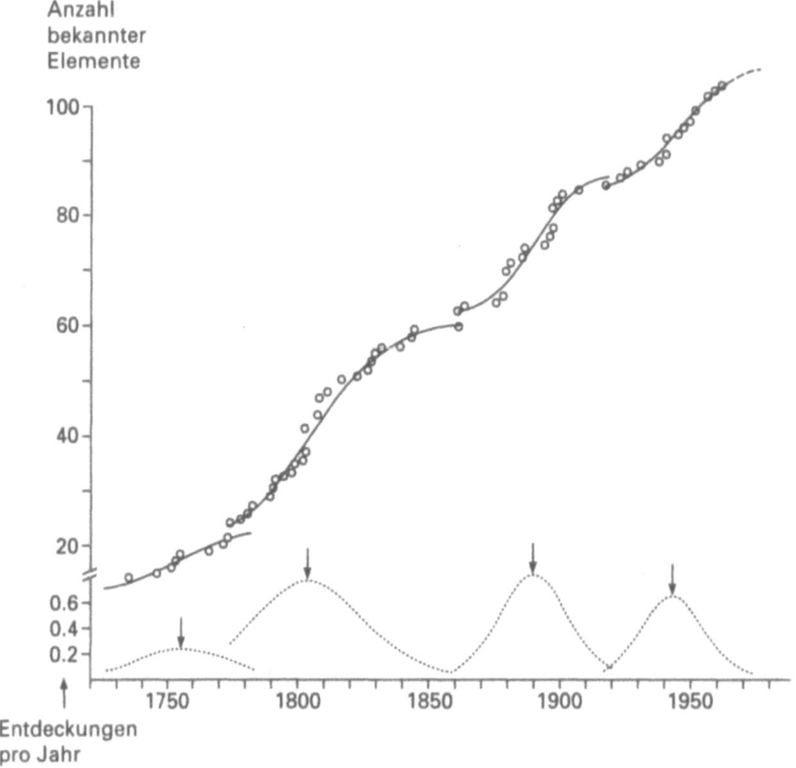

Abb. 7.3   Die kleinen Kreise geben die Anzahl der bekannten stabilen chemischen Elemente im jeweiligen Jahr an. Die S-Kurven wurden jeweils innerhalb begrenzter historischer Perioden angepaßt, die gepunkteten Linien unten stellen die zugehörigen Lebenszyklen dar. Die Pfeile zeigen auf die entsprechenden Zentren der Entdeckungswellen mit einer gewissen regelmäßigen Abfolge.*

* Quelle: The American Institute of Physics Handbook, 3rd ed. (New York: McGraw-Hill).

daß man den gesamten Datensatz der Entdeckungsgeschichte mit einer einzigen S-Kurve approximativ beschreiben kann. Bei genauerem Hinsehen kann man jedoch vier kleinere S-Kurven in Folge erkennen. Der untere Graph, der die Zahl der pro Jahrzehnt entdeckten Elemente darstellt, zeigt die Lebenszyklen der entsprechenden vier Perioden. Das daraus entstehende Gesamtbild zeigt Aktivitätsgipfel ähnlich jenen, die bei Menschs Klassifikation grundlegender Innovationen auftreten.[6]

Es ist gar nicht so schwer, eine Erklärung für diese Clusterbildung zu finden. Die ersten zwölf Elemente waren schon seit der Antike bekannt: Gold, Silber, Eisen, Kupfer, Kohlenstoff und so weiter. Ihre Entdeckung ist vielleicht auch nach einem anfänglichen Wachstumsprozeß erfolgt, der sich über viele Jahrhunderte erstreckt haben mag. Die Entdeckung der restlichen Elemente begann mit der Industrialisierung in der Mitte des achtzehnten Jahrhunderts und schritt in wohldefinierten Zyklen voran. Jeder Zyklus ist mit der vorhandenen Technologie zur Trennung der entsprechenden Elemente verbunden. Der Zyklus, der auf der Ausnutzung chemischer Eigenschaften beruhte, wurde abgelöst von einem Zyklus, der auf physikalischen Eigenschaften beruhte. Dieser wiederum wurde abgelöst durch jenen Zyklus, bei dem die kernphysikalischen Eigenschaften ausgenutzt wurden, woraufhin Elemente künstlich in Teilchenbeschleunigern erzeugt wurden, die so schnell zerfielen, daß sie kaum die Bezeichnung stabil verdienen. Jedenfalls scheint auch dieser Zyklus praktisch abgeschlossen zu sein; Voraussagen über die Anzahl noch zu entdeckender oder zu erzeugender Elemente müssen auf eins oder zwei beschränkt bleiben. Die Aufeinanderfolge der Zyklen in der Geschichte der Entdeckung der Elemente aber muß als beendet angesehen werden.

Eine Frage bleibt allerdings. Wieso sind die Abstände zwischen den Zyklen so regelmäßig? Hat es gar eine Bedeutung, daß die Abstände hier in etwa denen bei der Charakterisierung der Abfolge der grundlegenden Innovationen entspricht? Wir werden im nächsten Kapitel versuchen, eine Antwort auf diese Frage zu finden. Hier wollen wir uns erst einmal mit der Feststellung begnügen, daß man bei einer S-Kurve für einen ganzen Prozeß bei genauerer Betrachtung eine Abfolge ähnlicher, aber kürzerer Phasen entdecken kann, die ein welliges Muster ergeben statt eines uniformen kontinuierlichen Ablaufs.

Eine Folge von S-Kurven wurde zum ersten Mal in Kapitel 2 am Beispiel des Wortschatzerwerbs bei Kindern erwähnt, wo ein erstes Plateau erreicht wird, wenn sich das Kind im Alter von sechs Jahren das Vokabular der häuslichen «Nische» komplett angeeignet hat. Der Erwerb des Vokabulars vollzieht sich (wie bei der Entdeckung der chemischen Elemente) in Schüben, der eine im Alter bis zu sechs Jahren, danach noch einer oder mehrere je nach der sprachlichen Vielfalt der Umgebungen, in die das Kind später kommt. Der häuslichen Nische folgt die schulische Nische, der eventuell später eine weitere folgt.

Aber es könnte auch nötig sein, S-Kurven in einer anderen Weise zu kombinieren, als sie nur aneinanderzuhängen. Es gibt Fälle, in denen eine neue Nische innerhalb einer älteren erscheint. Gewöhnlich geschieht dies nach einem technologischen Wandel, wie zum Beispiel nach der Einführung wasserdichter Armbanduhren, die auch Schwimmer tragen können. Eine solche Situation – die Nische in der Nische – findet sich exemplarisch im Lebenswerk Alfred Hitchcocks.[7] Der Graph in Abbildung 7.4 zeigt die Anzahl der Filme, für die Hitchcock während eines bestimmten Abschnitts seiner Karriere verantwortlich zeichnet.

Als Kind hatte Hitchcock großes Interesse an Theateraufführungen gezeigt, aber als Teenager ging er öfter ins Kino und begann schon bald, Filmstudios zu besuchen. Mit zwanzig nahm er einen bescheidenen Job als Designer für die Zwischentitel der damaligen Stummfilme an. Dabei gab er vor – wie er es auch später immer wieder tat –, keinerlei Ambitionen für verantwortungsvollere Tätigkeiten

Alfred Hitchcock und seine beiden Nischen im Film

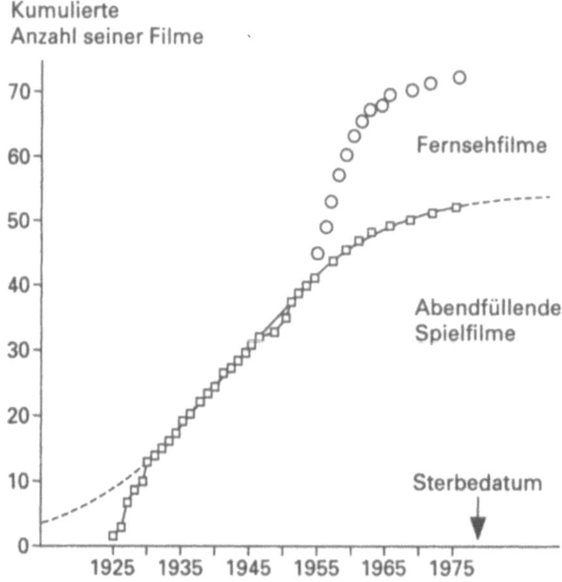

Abb. 7.4 Die Quadrate bezeichnen abendfüllende Spielfilme, die Kreise die Summe der Anzahlen dieser Spielfilme und der kürzerer Fernsehfilme. Für die Spielfilmdaten wurde eine Ausgleichskurve berechnet. Durch die Fernsehfilme wird eine kleinere Kurve erzeugt, deren Beginn in die Zeit der Filmarbeiten Hitchcocks fällt. Die Konfiguration dieser beiden S-Kurven zusammen stellt ein graphisches Beispiel für die Situation der Nische in der Nische dar.

zu haben. Dies steht im Widerspruch zu seiner Beharrlichkeit, alles zu lernen, was es über das Filmemachen zu lernen gab, und freiwillig bei jeder neuen Arbeit Hand anzulegen. Tatsächlich scheint die Kurve, die dem unteren Teil der Daten zu seinen Spielfilmen angepaßt ist, schon vor 1925 zu beginnen, als sein erster Film herauskam. Mit sechsundzwanzig schließlich begann er seine Karriere als Regisseur mit einer ungeheuren Produktivität in den ersten sechs Jahren, als ob er etwas nachholen wollte, ganz so wie die anderen aus Kapitel 4, bei deren Karrieren sich im Anfangsstadium die aufgestaute Energie plötzlich entlud.

Von 1930 an stieg die kumulative Zahl seiner Spielfilme stetig an, bis sie 1975 den Wert zweiundfünfzig erreichte, das sind 96 Prozent seines Potentials laut S-Kurve, die den Maximalwert vierundfünfzig hat. Hitchcock stellt somit ein weiteres Beispiel für den Fall dar, in dem zum Zeitpunkt des Todes nur wenig produktives Potential seiner Realisierung harrte. Die Wendung bei Hitchcock kam 1955, als er sich überreden ließ, Filme für die berühmte Fernsehserie *Alfred Hitchcock zeigt* zu drehen. Die offenen Kreise in Abbildung 7.4 zeigen die Summe der Anzahlen der Spiel- und Fernsehfilme. Man kann klar eine kleinere S-Kurve über der größeren erkennen. Diese Nische in einer Nische enthält zwanzig Filme; der Prozeß ihrer

Besetzung beginnt 1955 und endet 1962 mit der natürlichen Komplettierung nach der auslaufenden Phase.

Die Entwicklung von Hitchcocks Werk unmittelbar vor seinem Einsteigen in das Fernsehfilmabenteuer zeigt ein suggestives Signal, nämlich ein Abflachen, das glatt in die folgenden Fernsehaktivitäten hinüberleitet. Aus statistischer Sicht könnte man sagen, daß der kleinen Abweichung der Datenpunkte um 1951 keine wirkliche Signifikanz zukommt. Sie fällt jedoch in jene Zeit, als die amerikanische Filmindustrie die Konkurrenz des immer mehr an Popularität gewinnenden Fernsehens schmerzlich zu spüren bekam.

Wachstum in Zyklen führt zum Phänomen der Clusterbildung, das schon erwähnt wurde. Die Entdeckung der chemischen Elemente vollzog sich in Zyklen, und Zyklen zeigt Hitchcocks Werk. Jeder Zyklus steht für das Erobern einer neuen Nische. Die Entdeckung eines oder zweier Elemente mag zunächst als Zufallsereignis erscheinen, wie vielleicht auch Hitchcocks erster Fernsehfilm. Isolierte Ereignisse können Zufälle sein, sie können aber auch der Anfang eines neuen Schubes sein. Wenn dabei etwas fundamental Neues beteiligt ist, wie eine neue Technologie bei der Trennung von chemischen Elementen oder ein neues Medium wie das Fernsehen in der Filmproduktion, so kann man vermuten, daß die isolierten Ereignisse keine Zufälle sind, sondern die Eröffnung einer neuen Nische bedeuten. Wenn die Nische auf natürliche Weise ausgefüllt wird, so wird der Prozeß die aufeinanderfolgenden Stadien des Wachstums, der Reifung und des Rückgangs durchlaufen. Konsequenterweise werden weitere Ereignisse dieser Art folgen und damit zu einem Schub führen, der sich zum Lebenszyklus des Prozesses entwickelt.

Jeder Wachstumsprozeß zeigt Clusterbildung. Wenn die Periode des Prozesses kurz ist, wie bei der Verbreitung von Modeerscheinungen, so macht sich die Welle stark bemerkbar. Wenn dagegen der Prozeß langsam voranschreitet, bleibt unter Umständen die Clusterbildung völlig unbemerkt. So sind sich nur wenige Leute der Tatsache bewußt, daß auch die Lebenserwartung Lebenszyklen durchlaufen hat, wie wir im nächsten Kapitel sehen werden: einer hatte sein Maximum um die Jahrhundertwende, ein anderer in den fünfziger Jahren.

Substitutionen in Serie

In Kapitel 6 wurde demonstriert, daß natürliche Substitutionsprozesse denselben S-förmigen Wachstumsmustern folgen wie Populationen von Lebewesen. Die Einführung eines erfolgreichen neuen Konkurrenten in eine bereits besetzte Nische führt zu einer fortschreitenden Ersetzung des älteren Okkupanten, und die beherrschende Rolle wechselt schließlich vom alten zum neuen Konkurrenten. Wenn der neue älter geworden ist, tritt er die Führung seinerseits an einen jüngeren Konkurrenten ab, und die Substitutionen lösen einander auf diese Weise ab. So ersetzten die Dampfschiffe die Segler, wurden aber selbst später von Schiffen mit Verbrennungsmotoren abgelöst. Während die Tonnage der amerikanischen Handelsflotte in

Segelschiffe – Dampfschiffe – Motorschiffe

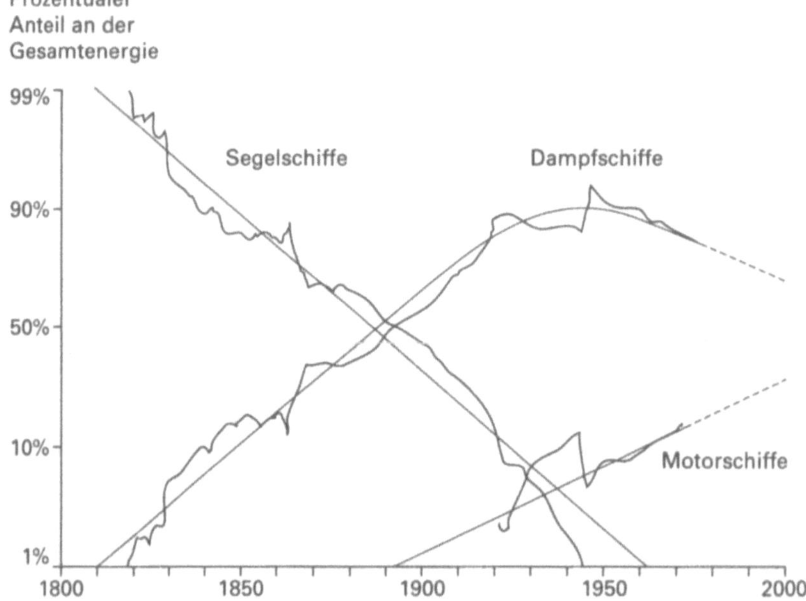

Abb. 7.5 Die prozentualen Anteile an der gesamten US-Handelstonnage, aufgeschlüsselt nach Schiffstypen. Aufgrund der Wahl des logistischen Maßstabs für die vertikale Achse erscheinen S-Kurven als Geraden. Die eingezeichneten Geraden sind Ausgleichsgeraden zu den Daten. Das Kurvenstück steht für die Übergangsperiode zwischen Anfangsphase und Beginn der Endphase bei den Dampfschiffen (vergleiche Anhang A). Dampfer ersetzten Segler in der Zeit von 1800 bis 1920, zu welcher Zeit Schiffe mit Verbrennungskraftmaschinen die Dampfer zu verdrängen begannen. Der Zweite Weltkrieg hat diesen Prozeß offenbar in seinen natürlichen Verlauf gezwungen.*

* Nach einem Graphen aus: Nebojsa Nakicenovic, «The Automobile Road to Technological Change: Diffusion of the Automobile as a Process of Technological Substitution», *Technological Forecasting and Social Change*, vol. 29: 309–40. Copyright 1986 by Elsevier Science Publishing Co., Inc. Nachdruck mit freundlicher Genehmigung des Verlags.

den letzten zweihundert Jahren um einen Faktor von nahezu hundert anstieg, zeigten die Prozentanteile der verschiedenen Schiffstypen zwei aufeinanderfolgende Substitutionsprozesse.

In Abbildung 7.5 wurde wieder der Maßstab gewählt, in dem S-Kurven zu Geraden werden. Wir können zwei Eins-zu-eins-Substitutionen unterscheiden: Dampf- für Segelschiffe vor 1900 und Motor- für Dampfschiffe nach 1950. Zwischen diesen Daten koexistieren alle drei Typen, wobei die Dampfer den Löwenanteil beanspruchen. Es ist bemerkenswert, daß selbst heute die Motorschiffe nicht mehr als 25 Prozent der Gesamttonnage ausmachen. Die Zahl der Dampfer mag zwar zugunsten der Motorschiffe abnehmen, aber sie bleiben derzeit die vorherrschenden Handelsschiffe; viele werden mit Öl statt mit Kohle betrieben, und in einigen Fällen werden Dampfturbinen verwendet.

Kurz nachdem Verbrennungsmotoren zum ersten Mal in Schiffen verwendet worden waren, verbreiteten sie sich mit einer «abnormal» hohen Geschwindigkeit, wahrscheinlich wegen des Impulses, den sie durch die rasante Verbreitung auf den Straßen erfahren hatten bei der Ablösung der Pferde durch die Autos, die dem unmittelbar vorausgegangen war. Die Realitäten des Zweiten Weltkriegs, besonders die Knappheit von Dieseltreibstoffen, unterbrach jedoch unerwartet die beschleunigte Verbreitung des Maschinenantriebs, und der Substitutionsprozeß stellte sich auf einem anderen Niveau mit einem Rhythmus ein, der sich später als der natürliche erwies.

Die glatten Linien in Abbildung 7.5 beruhen auf der theoretischen Beschreibung nach dem von Nebojsa Nakicenovic auf mehr als zwei Konkurrenten erweiterten Substitutionsmodell.[8] Danach folgt zu jedem Zeitpunkt der Anteil aller Konkurrenten *bis auf einen* einer geradlinigen Trajektorie. Dieser singuläre Konkurrent, auch der *saturierende* genannt, hat einen Anteil, der sich als Rest ergibt, wenn man alle anderen Anteile von 100 Prozent subtrahiert. Der saturierende Konkurrent ist normalerweise der älteste unter den noch wachsenden. Gewöhnlich ist er auch der mit dem größten Anteil. Sein Maximalanteil an der Nische ist praktisch erreicht und sollte demnächst zurückgehen. Die Trajektorie des saturierenden Anteils ist gekrümmt. Sie durchläuft den Übergang von der Wachstumsphase, in der der Konkurrent seinen Vorgänger ersetzte, in den Beginn der Neigungsphase, in der er selbst von dem nächsten auf der Warteliste ersetzt wird. Die Konkurrenten durchlaufen alle ihre Saturationsphasen in chronologischer Reihenfolge.

Die Saturationsphase stellt den Kulminationspunkt und gleichzeitig den Anfang vom Ende dar. Bei einem Produkt entspricht sie oft der Reifephase im Lebenszyklus. Dies ist die Zeit, in der man dem Konkurrenzkampf ins Auge sieht. Man hat Erfolg gehabt, und alle wollen einem den Gewinn abspenstig machen. Der eigene Anteil ist das, was nach Subtraktion der Anteile aller anderen von 100 Prozent übrigbleibt. Man ist an der Spitze, aber da ist es einsam; in diesem Modell ist *einer und nur einer* für die momentane Saturationsphase vorgesehen. Diese Bedingung ist notwendig, um zu einem praktikablen Modell zu gelangen, aber sie stimmt auch sehr gut mit den Vorgängen in einer Arena mit vielen Konkurrenten überein, wie bei den olympischen Spielen.

An der Spitze ist immer nur einer

Für die Logistik bei olympischen Spielen verantwortlich zu sein, ist ein Kunststück, das mit den Rekorden, die während der Spiele selbst aufgestellt werden, vergleichbar ist oder sie sogar übertrifft. Die Planung solcher Spiele betrifft Vorbereitungen wie die Errichtung von Unterkünften, Zufahrtswegen, Untergrundbahnen, Stadien und ganzer Dörfer. Die Zahl der Besucher, die untergebracht werden müssen, übertrifft bisweilen sogar die Zahl der Einwohner.

Etwas einfacher ist die Bestimmung der Zahl der Medaillen, die vorfabriziert werden müssen. Diese Objekte der Begierde gibt es in drei Ausfertigungen: Gold, Silber und Bronze. Und pro Wettkampf gibt es genau eine von jeder Sorte, nicht mehr und nicht weniger. Unter den besten Athleten der Welt gibt es keine Überraschungen bei der Auszählung der Gewinner. Immer gibt es einen Sieger, einen Zweiten und einen Dritten. In jeder Disziplin überragen die drei Gewinner den normalen Sterblichen in ihrer Leistung um denselben Faktor. Dennoch kann man unter Wettkampfbedingungen ihre Leistungen noch feiner unterscheiden, indem man mit Präzisionsstoppuhren auf die hundertstel Sekunde genau oder genauer mißt. Die Unterscheidung zwischen erstem, zweitem und drittem Platz erscheint übertrieben, verglichen mit dem minimalen Unterschied der Leistungen.

* * *

In einem typischen amerikanischen Wohnzimmer hat sich die Familie um den Fernseher versammelt, um einmal wieder die olympischen Spiele anzuschauen.

«Mami, gleich weinen sie wieder», sagt der Kleine.

Gerade wird der ergreifendste Moment übertragen, die Siegerehrung. Drei junge Athleten steigen aufs Treppchen. Gold-, Silber- und Bronzemedaillen werden um die entsprechenden Hälse gehängt. Die Emotionen schlagen hoch, im Stadion und im Wohnzimmer. Alle drei Wettkämpfer heulen.

«Sie weinen vor Freude», sagt Mami.

«Der Zweite und der Dritte sehen nicht sehr erfreut aus», gibt der Kleine zu bedenken.

* * *

Das kann schon so sein. Die zweiten und dritten Plätze sind unter den Wettkämpfern nicht sehr begehrt. Jeder kämpft um den ersten Platz. Es liegt in der Natur des Wettkampfes, daß es immer *einen* Spitzenkandidaten gibt, und alle anderen kämpfen gegen ihn.

Verfolgt man dieses Phänomen graphisch, so erhält man beim verallgemeinerten Substitutionsmodell in logarithmischem Maßstab das Bild einer gebirgigen Landschaft ähnlich der in Abbildung 7.5. Sich kreuzende Geraden bezeichnen natürliche Substitutionsprozesse, und eine gekrümmte Gipfelkurve steht für den Spitzenkandidaten der jeweiligen Periode, jemand, der noch vor kurzem nach dem ersten Platz trachtete und nicht mehr lange Erster bleiben wird.

Im folgenden betrachten wir zwei solcher Prozesse genauer: die Substitution bei Transportmitteln und bei Primärenergiequellen. Sie beruhen auf jährlich erhobenen Daten aus der *Historical Statistics of the United States*[9] aus den letzten beiden Jahrhunderten.

Infrastrukturen im Transportwesen

Die Transportmittel haben sich zu einer immer größeren Leistungsfähigkeit hin entwickelt. Höhere Geschwindigkeit ist eine der offensichtlichen Errungenschaften, aber die wirklich signifikanten Leistungssteigerungen müssen in Einheiten der Leistungsfähigkeit (Geschwindigkeit mal Ladung) gemessen werden, das heißt in Tonnenmeilen pro Stunde oder Passagiermeilen pro Stunde.

Der erste größere Fortschritt im Verkehrssystem der USA kam mit dem Bau von Kanälen mit dem Ziel, die Binnenwasserwege mit denen der Küste zu einer einzigen Infrastruktur zu vereinigen. Der Bau von Kanälen wurde vor etwa zweihundert Jahren begonnen und dauerte fast einhundert Jahre an. Gegen Ende des neunzehnten Jahrhunderts wurden bereits wieder einige Verbindungen aus der Planung herausgenommen, da sich der Verkehr auf die Schiene zu verlegen begann. Die ersten Eisenbahnen wurden 1830 gebaut und trugen zur Erhöhung der Transportgeschwindigkeit und Leistungsfähigkeit bei. Die Blütezeit der Eisenbahn dauerte bis 1920, als die Schiene begann, Marktanteile an die Straße abzugeben. Die Gesamtlänge des *in Gebrauch befindlichen* Schienennetzes hat sich seitdem um 30 Prozent vermindert. Das Automobil fand um die Jahrhundertwende zunehmende Verbreitung und konnte seine Geschwindigkeit und Transportleistung noch einmal erhöhen, als es befestigte Straßen gab. Schließlich kam in den dreißiger Jahren der Luftverkehr auf, und Linienverbindungen wurden zwischen den Städten eingerichtet. Abgesehen davon, daß sich Luftverkehrsverbindungen leichter als Eisenbahnstrecken und Landstraßen einrichten und wieder schließen lassen, kann man doch die Gesamtlänge der verschiedenen Verkehrssysteme durchaus miteinander vergleichen, da sie alle demselben Zweck dienen.

Jede der aufeinanderfolgenden Infrastrukturen im Transportwesen – Kanäle, Eisenbahnen, Straßen und Luftverkehrsverbindungen – brachte eine Steigerung der durchschnittlichen Leistungsfähigkeit um eine Größenordnung mit sich. Im Lichte dieser Erkenntnis kann das Transportmittel der Zukunft nicht das Überschallflugzeug sein, wie wir es heute kennen, selbst wenn es die Geschwindigkeit von mehreren Mach erreichen sollte (ein Mach entspricht der Schallgeschwindigkeit). Solche Flugzeuge mögen zwar höhere Geschwindigkeiten erreichen, aber in Wahrheit vermindert sich bei ihnen die Transportleistung. Der Erfolg der europäischen Concorde wurde relativiert durch die Tatsache, daß sie die im Flug gewonnene Zeit beim Auftanken wieder verlor.

Das Know-how in der Flugtechnologie hat heute bereits seinen Höhepunkt erreicht, und einfache technische Neuerungen können keine Verbesserungen um den Faktor zehn mehr erbringen. Fundamental neue Technologien sind erforderlich – zum Beispiel mit flüssigem Wasserstoff angetriebene Flugzeuge oder Magnetschwebebahnen.[10] Der neue Konkurrent muß einen unbestreitbaren Vorteil besitzen. Die Streichung des Überschalltransportprojektes (SST) 1971 durch den Senat mißfiel zwar der Nixon-Regierung, könnte aber der Ausdruck einer grundlegenden, wenn auch unbewußten Einsicht gewesen sein. Der Kommentar des damaligen Senators Henry M. Jackson: «Dies ist ein Votum gegen Wissenschaft und Technologie», muß aus heutiger Sicht als vereinfachend und unempfänglich für den öffentlichen Bewußtseinswandel erscheinen.

Aber kehren wir zurück zu den aufeinanderfolgenden Substitutionen der verschiedenen Verkehrsmittel. Ein Reisender oder ein Paket kann den Weg zum Teil auf der Straße, zum Teil auf der Schiene und zum Teil in der Luft zurücklegen. Die verschiedenen Transportmittel sind funktional miteinander verbunden und können als ein Gesamtnetzwerk interpretiert werden. Das Anwachsen der Gesamtlänge dieses Netzes ist in den letzten 180 Jahren dem Verlauf einer S-Kurve gefolgt und hat heute 80 Prozent des Endwertes erreicht, wie Grubler zeigt.[11] Jede einzelne Infrastruktur stellt einen Anteil am Gesamtnetz. Jedes der Systeme tritt auf den Plan, wächst, erreicht die Phase seiner Blütezeit, wenn es einen Hauptteil (mehr als 80 Prozent) des Marktes beansprucht, und verliert wieder an Bedeutung. Kurioserweise wird die Phase der Blütezeit lange vor dem Ende der Ausbauphase erreicht. Das Eisenbahnnetz wuchs noch um einen Faktor zehn zwischen jener Phase, als der Schienenverkehr im Konkurrenzgeschehen seinen maximalen Anteil hatte, und der Zeit, als der weitere Ausbau schließlich zum Erliegen kam.

In einer Darstellung nach dem verallgemeinerten Substitutionsmodell beschreibt die Abfolge der verschiedenen Transportinfrastrukturen die typische Gebirgslandschaft (Anhang C, Abbildung 7.1). Vom Anfang des neunzehnten Jahrhunderts an ging der Anteil der Kanäle entlang einer Geraden zurück zugunsten der Eisenbahnen, deren Anteil um 1880 ein Maximum erreichte, als sich Kanäle und Straßen in den Rest teilten. Als nun die Länge des Straßennetzes rapide wuchs, fiel der Anteil des Schienennetzes, obwohl auch seine Gesamtlänge weiter wuchs. Im frühen zwanzigsten Jahrhundert kam es zu einer Eins-zu-eins-Substitution von Eisenbahn- durch Straßentransport. Das Wachstum der relativen Bedeutung des Straßennetzes erreichte sein Saturationsniveau um 1960 mit einem Anteil von etwa 80 Prozent, wobei sich nun Eisenbahn und Flugverkehr den Rest teilten. Schließlich kamen die Fluglinien in ihre Anlaufphase und erreichten einen ansehnlichen Anteil in der zweiten Hälfte des zwanzigsten Jahrhunderts, wodurch sie den Zuwachs an befestigten Straßen in den relativen Abstieg zwangen.

Im Falle des Lufttransports ist die «Länge» als die Gesamtlänge aller Routen definiert, die von Fluggesellschaften geflogen werden. Diese Schätzung, die in Analogie zu den *physikalischen* Längen der Verkehrswege der anderen Transportsysteme stehen soll, ist natürlich recht grob. Flugrouten werden je nach Marktlage eröffnet oder wieder stillgelegt, während ein derartiges Eingehen auf die Erfordernisse des Marktes für die anderen Verkehrsträger eine größere Aktion war, verbunden mit dem Bau von Kanälen, Schienenwegen oder Straßen. Dennoch stellt die Tatsache, daß die so definierten Daten mit dem Substitutionsmodell übereinstimmen, eine Bestätigung unserer Hypothese dar.

Die beobachteten aufeinanderfolgenden Rückgänge der Verkehrswegelänge bedeuten keine physikalische Zerstörung der Anlagen. Die Rückgangsphase ist relativ zu sehen und kommt nur durch die Tatsache zustande, daß jedes neue Transportmittel die Gesamtlänge der Netze um eine oder zwei Größenordnungen vergrößerte. Die meisten Kanäle sind heutzutage stillgelegt, werden aber auf andere Weise dem Geist der Zeit entsprechend genutzt, für Freizeitaktivitäten, zum Transport minderwertiger Güter oder zur Bewässerung. Ähnlich ist die Situation bei der Seeschiffahrt. Nakicenovic weist darauf hin, daß heute mehr Takelage für Segelboote hergestellt wird als zu Zeiten der großen Ozeanklipper, aber die meisten werden im Freizeitbereich verwendet und tragen daher nicht zu einer einzigen Tonnenmeile des kommerziellen Transports bei.

Primärenergiequellen im Wandel der Zeiten

Ein anderer Markt, auf dem verschiedenartige Technologien koexistieren und miteinander konkurrieren, ist die Energieerzeugung. Dabei handelt es sich um Marchettis liebstes, ältestes und meistzitiertes Beispiel, das 1975 zum ersten Mal publiziert wurde. Damals schrieb er: «Ich ging von der einigermaßen bilderstürmerischen Hypothese aus, daß die verschiedenen Primärenergiequellen Waren sind, die um Marktanteile kämpfen, wie verschiedene Seifenmarken ... so daß die Spielregeln letztlich die gleichen sind.»[12]

Marchetti wandte sodann das verallgemeinerte Substitutionsmodell an und fand eine überraschend gute Übereinstimmung mit den weltweit erhobenen Daten im betrachteten Bereich von mehr als einhundert Jahren. Seine auf den neuesten Stand ergänzten Daten sind in Abbildung 7.6 wiedergegeben. Während der letzten hundert Jahre waren Holz, Kohle, Erdgas und Kernenergie die Hauptvertreter der Energielieferanten auf der Welt. Zu jedem Zeitpunkt wurde mehr als nur eine Energiequelle genutzt, aber die führende Rolle wechselte von einer zur anderen. Wind- und Wasserkraft machen weniger als 1 Prozent des gesamten Energieaufkommens aus und sind in der Abbildung nicht dargestellt.

Im frühen neunzehnten Jahrhundert und davor wurde der Großteil des Weltenergiebedarfs durch das Verbrennen von Holz und in geringerem Maße noch durch die Leistung von Tieren, die ebenfalls nicht dargestellt ist, gedeckt. Im Gegensatz zum populären Bild der kohlefressenden Lokomotive blieb Holz bis in die siebziger Jahre des vergangenen Jahrhunderts der Haupttreibstoff der Eisenbahnen in den Vereinigten Staaten. Der Substitutionsgraph zeigt, daß die Hauptenergiequelle zwischen 1870 und 1950 die Kohle war. Öl wurde ab 1940 ein dominanter Konkurrent, als die Automobilbranche im größten Wachstum begriffen war, gleichzeitig mit petrochemischer und anderen Industrien, die Öl verarbeiten.

Bei dieser Darstellung wird klar, daß sich die Entwicklung der Bedeutung einer Energiequelle über ein Jahrhundert recht gut durch nur zwei Konstanten beschreiben läßt, eben jene, die eine Gerade definieren. (Die Werte in den gekrümmten Abschnitten werden berechnet, indem man die Werte der anderen Geraden von 100 Prozent subtrahiert.) Das Schicksal einer Energiequelle wird also, wie es scheint, in ihrer Frühzeit festgeschrieben, sobald sich die beiden Konstanten der Geraden bestimmen lassen.

Der Wettbewerb zwischen den Primärenergiequellen

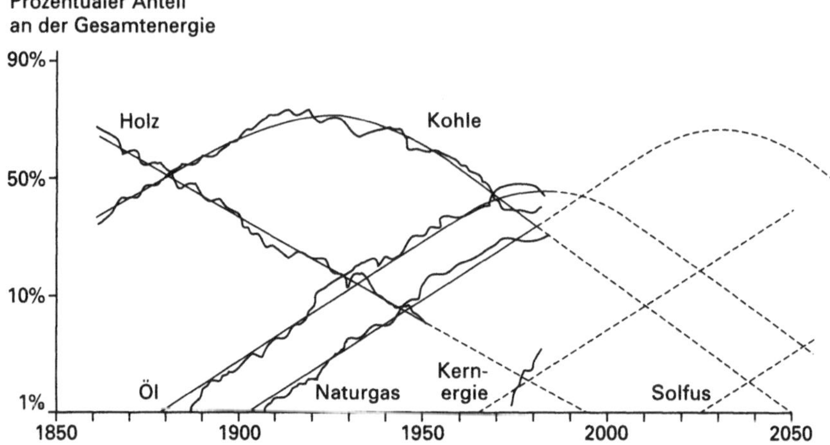

Abb. 7.6   Daten, Ausgleichskurven und deren Extrapolationen für die Anteile verschiedener Primärenergiequellen am weltweiten Verbrauch. Die gepunktete Linie für den Kernenergieanteil ist keine angepaßte Kurve, sondern eine auf Analogie beruhende Schätzung. Die futuristische Energiequelle «Solfus» könnte auf Solarenergie und thermonuklearer Fusion beruhen.*

* Nach einem Graph aus: Cesare Marchetti, «Infrastructures for Movement», *Technological Forecasting and Social Change*, vol. 32, no. 4 (1987): 373–93. Copyright 1987 by Elsevier Science Publishing Co., Inc. Nachdruck mit freundlicher Genehmigung des Herausgebers. Der Graph stammt ursprünglich aus Nebojsa Nakicenovic, «Growth to limits» (Ph.D. Diss., Universität Wien, 1984).

Marchetti führt nun die üblichen Exerzitien des Prognostikers durch; das heißt, er betrachtet nur einen begrenzten historischen Bereich, bestimmt dafür die Konstanten und leitet daraus Vorhersagen ab, die an der folgenden tatsächlichen historischen Entwicklung überprüft werden können. Auf der Grundlage des Bereichs zwischen 1900 und 1920 erhält er ziemlich genaue langfristige Vorhersagen, die mit Erfolg schon viele Jahrzehnte vorher den Rückgang des Kohleanteils und das Abflachen des Ölanteils prognostizieren. Die Resultate sind beeindruckend, aber ich habe schon pragmatische Geschäftsleute getroffen, die diesem Ansatz skeptisch gegenüberstehen. Sie können es nicht glauben, daß man die gesamte Entwicklung schon gesehen haben kann, um sie dann wieder zu vergessen. Sie argwöhnen, daß irgendeine Voreingenommenheit, vielleicht unbewußter Natur, in solche Trockenübungen eingeht. Das einzige unzweifelhaft akzeptierte Vorgehen ist die Aufstellung der Daten, Ableitung der Vorhersage und Abwarten, ob sie sich in der Zukunft als wahr oder falsch erweist.

Abbildung 7.6 hält noch andere Informationen bereit. Bei genauerer Betrachtung der Daten erkennt man, daß welterschütternde Ereignisse wie Kriege, explodierende Energiepreise und Depressionen kaum einen Einfluß auf den globalen Trend hatten. Eher zu erkennen sind die Auswirkungen von Streiks. Bei der kohleverbrauchenden Industrie führen solche Aktionen zum Beispiel zu kurzzeitigen Abweichungen, aber der ursprüngliche Trend wird schnell wieder aufgenommen.

Man beobachtet auch, daß es keine Beziehung zwischen der Ausbeutung und den Reserven einer Primärenergiequelle gibt. Es scheint, daß sich der Markt von einer bestimmten Energiequelle wegbewegt, schon lange bevor sie sich erschöpfen würde, jedenfalls in weltweitem Maßstab. Und umgekehrt: Trotz der ominösen Prognosen aus den fünfziger Jahren, daß der Ölvorrat innerhalb von zwanzig Jahren austrocknen würde, wuchs der Ölverbrauch ungehindert, und mehr Öl wurde entdeckt, als benötigt wurde. Die Ölreserven werden wahrscheinlich nie erschöpft werden aufgrund einer rechtzeitigen Einführung anderer Energiequellen. Die dauerhaften Substitutionsprozesse mit ihren langfristig gültigen Konstanten sind fundamentaler Natur und können aus keinen «minderen» Gründen als der Erschöpfung von Reserven verändert werden.[13]

Aus Abbildung 7.6 folgt auch, daß Erdgas das Öl immer mehr ersetzen wird, wobei es seinen Zenit in den zwanziger Jahren des nächsten Jahrhunderts erreichen und weltweit mehr Bedeutung als das Öl in den 1970er Jahren erlangen wird. Soll der Hauptanteil des weltweiten Energiebedarfs mit Erdgas gedeckt werden, so sind dafür mehr Gasvorkommen nötig, als heute bekannt sind, aber niemand braucht sich deshalb Sorgen zu machen. Es ist sehr wahrscheinlich, daß weitere wichtige Erdgasfelder gefunden werden. Vor kurzem wurde die Suche nach «trockenem» Gas begonnen. Die Entdeckung von Gas ist wahrscheinlicher als die von Öl, je tiefer man bohrt, was mit dem Temperaturgefälle in der Erdkruste zusammenhängt. Und schließlich, sollten die Funde neuer Erdgasfelder in der Gas-Ära aus irgendwelchen Gründen nicht mit dem Bedarf Schritt halten, so könnten Öl oder Kohle künstlich zu Gas aufgearbeitet werden und den fehlenden Anteil ersetzen. Synthetische Gasbrennstoffe wie Methanol könnten leicht die Autos des einundzwanzigsten Jahrhunderts antreiben.

Die künftig führende Rolle des Erdgases wurde erstmals 1974 vorhergesagt, zu einer Zeit, als sich die Experten mit einer solchen Vorstellung nicht einverstanden erklärten.[14] Eine halbe Generation später sind die Umweltschützer zu der Schlußfolgerung gelangt, daß Erdgas die «Wunderenergie für die Zukunft ist». 1990 wurde George H. Lawrence, der Präsident der American Gas Association, mit der Prognose zitiert, der nationale Gasverbrauch würde «in den nächsten zwanzig Jahren um ein Drittel steigen».[15] Ich weiß nicht, welche Methode er für seine Schätzung benutzte, aber wenn ich mich auf das Diagramm der Energie-Substitution und die Erkenntnis stütze, daß der Weltenergieverbrauch seit 1860 mit einem gleichbleibenden Durchschnitt von 2 Prozent pro Jahr gestiegen ist, so komme ich auf einen Anstieg des Erdgasverbrauchs von 220 Prozent in zwanzig Jahren. In den Vereinigten Staaten allein wird der Anstieg sicher noch größer sein, weil hier der Energieverbrauch um mindestens 3 Prozent jährlich gestiegen ist. Eine quantitative Analyse für die Vereinigten Staaten ergibt, daß der Erdgasverbrauch um das Jahr 2000 etwa viermal so hoch wie im Jahre 1982 sein wird. Falls dies zutrifft, so müßten wir bald erleben, wie der Verbrauch von Erdgas gewaltig in die Höhe schnellt.

Wenn die Rolle des Erdgases an Bedeutung gewinnt, werden Regierungen und Konzerne in die üblichen Machtkämpfe um das Gut eintreten. Ken Weiner, stellvertretender Direktor im Rat für Umweltfragen unter Jimmy Carter und derzeit Anwalt in Seattle, bemerkte kürzlich: «Man hat gesagt, der Krieg sei zu wichtig, um ihn den Generälen zu überlassen. Inzwischen fragt man sich, ob die Umwelt nicht zu wichtig ist, um sie den Umweltschützern zu überlassen.»[16] Im Zuge dieser Bemerkung ist es vielleicht die Frage wert, welche Rolle wirklich die Umweltschützer bei dem Erfolg des Erdgases gespielt haben. Die Bedeutung von Gas auf dem Weltmarkt war in den letzten neunzig Jahren stetig angestiegen, unabhängig von den Sorgen um die Umwelt in der letzten Zeit. Der Ruf der Umweltschützer erinnert mich an Ralph Naders Kreuzzug für Verkehrssicherheit in den sechziger Jahren, als die Zahl der Verkehrstoten schon längst seit über vierzig Jahren zwischen zweiundzwanzig und achtundzwanzig pro Jahr und pro einhunderttausend Einwohner festgemacht war (Abbildung 1.1).

Umweltschützer haben auch zur Frage der Kernenergie vehement Stellung bezogen. Diese Primärenergiequelle trat in den Weltmarkt Mitte der siebziger Jahre ein, als sie einen Anteil von mehr als einem Prozent erreichte. Die Wachstumsrate im ersten Jahrzehnt scheint jedoch überproportional hoch, wenn man sie mit den Ein- und Austrittsraten für Holz, Kohle, Öl und Erdgas vergleicht, die alle zu einer moderaten Geschwindigkeit tendieren (siehe Abbildung 7.6). Gleichzeitig scheint auch die Opposition gegen die Kernenergie übermäßig groß, verglichen mit der bei anderen Umweltproblemen. Als Konsequenz der vehementen Kritik hat sich das Anwachsen des Kernenergieanteils beträchtlich verlangsamt, und es würde mich nicht überraschen, wenn die Daten für die nächsten paar Jahrzehnte besser mit der Geraden übereinstimmten, die das Modell in der Abbildung nahelegt. Man kann sich nun fragen, was hier der primäre Beweggrund war – die Sorge um die Umwelt, die die Wachstumsrate der Kernenergie verringern konnte, oder die Modeerscheinung Kernenergie, die die Umweltschützer zwang zu reagieren?

Daß eine solche Mode aufkam, ist durchaus verständlich. Die Kernenergie betrat die Bühne dieser Welt während des Schlußaktes für den Zweiten Weltkrieg mit welterschütternder Wirkung und demonstrierte die Fähigkeit des Menschen, übermenschliche Kräfte zu entfesseln. Ich gebrauche hier das Wort übermenschlich, weil Atomreaktionen auf den Mechanismen beruhen, mit denen Sterne ihre Energie erzeugen. Die Menschheit besaß zum ersten Mal die Energiequelle, aus der sich unsere Sonne speist, die in der Vergangenheit vielfach als Gott angesehen wurde. Gleichzeitig erwarb die Menschheit damit Unabhängigkeit; Kernenergie ist die einzige Energiequelle, die uns unbegrenzt zur Verfügung steht, wenn die Sonne einmal ausgehen sollte.

Abbildung 7.6 vermittelt den Eindruck, die Nuklearenergie habe noch eine lange Zukunft vor sich. Ihr Anteil sollte zukünftig mit einer geringeren Geschwindigkeit wachsen, so daß die Trajektorie parallel zu denen des Öls, der Kohle und des Erdgases verläuft. Es ist keine Alternative in Sicht. Das Erscheinen der nächsten Primärenergiequelle – Kernfusion und/oder Sonnenenergie und/oder andere – in diesem Diagramm wird für die Jahre um 2020 prognostiziert mit einem Anteil von zunächst 1 Prozent am Weltbedarf. Diese Vorhersage ist deshalb vernünftig, weil für eine derartige Technologie, nachdem sie sich als tauglich erwiesen hat, noch eine Generation benötigt wird, bis man sie industriell beherrscht, wie es ja auch bei der Kernenergie der Fall war.

Seien wir einmal überaus optimistisch und nehmen wir an, daß die technologische Entwicklung sich in den nächsten zehn Jahren rasant beschleunigt und eine neue, saubere Energiequelle schon im Jahre 2000 auf dem Weltmarkt verfügbar ist. Sie wird mit der normalen Rate, mit der in der Vergangenheit andere Energien aufgekommen und wieder verschwunden sind, anwachsen müssen. Sie wird daher einen ähnlichen Einfluß auf die Kernenergie haben wie das Erdgas auf das Öl. Das heißt, der Anteil der Kernenergie, und zu einem geringeren Grade auch der des Erdgases, wird auf einem geringeren Niveau gesättigt sein, während die neue Energie einen höheren relativen Anteil erreichen wird. Dennoch wird bis dahin die Kernenergie eine mindestens genauso wichtige Rolle gespielt haben wie das Erdöl in seiner Zeit.

Aber abgesehen von technologischen Fragen gibt es einen weiteren Grund, warum ich glaube, daß ein solch optimistisches Szenario unrealistisch ist. In einem solchen Falle kämen die Maxima für den Gas- und Kernenergieverbrauch früher und fielen daher aus dem Rhythmus des sechsundfünfzigjährigen Zyklus heraus, der solche Dinge kosmologischer Importanz zu regeln scheint. Wir werden uns diesen kosmischen Zyklus im nächsten Kapitel, speziell in Abbildung 8.3, genauer ansehen.

Der Marktplatz der Krankheiten

Hier noch ein weiteres Beispiel für aufeinanderfolgende Substitutionen, die sich nach dem Muster des natürlichen Wachstums vollziehen. Ich habe schon früher erwähnt, daß man Krankheiten als Konkurrenten um einen möglichst großen Anteil an der Gesamtheit der Todesfälle auffassen kann. Junge Krankheiten erweitern ihren Anteil, während alte im Verschwinden begriffen sind. Um dieses Phänomen in einem Diagramm darzustellen, gruppierte ich die entsprechenden Krankheiten nach vorherrschender Verbreitung und Art in drei breitangelegte Kategorien und erhielt so ein vereinfachtes, aber quantitatives Bild der Situation (Anhang C, Abbildung 7.2). Eine Gruppe enthält alle Herz-Kreislauf-Erkrankungen, heute noch Todesursache Nummer eins. In einer zweiten Kategorie der neoplastischen Krankheiten sind alle Krebsarten zusammengefaßt. Die dritte Gruppe umfaßt alle alten, in der Regel im Rückgang begriffenen Krankheiten. Hepatitis und Diabetes wurden nicht aufgenommen, da ihr Anteil im Verlauf der Zeit sehr flach war (ohne kompetitive Substitution) und immer unter der 1-Prozent-Marke blieb (und im gewählten Maßstab nicht sichtbar wird). Der Anteil der Leberzirrhose ist auch zu klein, da er aber zeitlich einen interessanten zyklischen Verlauf hat, wird er später in Abbildung 8.4 noch einmal im einzelnen vorgestellt.

Der «Markt» der Krankheiten zeigt die klassische bergige Landschaft der Dynamik des natürlichen Konkurrenzkampfes. Seit der Jahrhundertwende hatten die Herz-Kreislauf-Erkrankungen einen stetig wachsenden Anteil, so daß sie um 1925 zur vorherrschenden Todesursache avancierten. Der Anteil erreichte in den sechziger Jahren mit mehr als 70 Prozent sein Maximum und begann von nun an zugunsten der Krebserkrankungen zurückzugehen, deren Anteil ebenfalls mit einer vergleichbaren Geschwindigkeit (wie die parallele Kurve zeigt), aber mit kleineren Werten gestiegen war. Alle anderen Todesursachen hatten seit Beginn des Jahrhunderts einen rückläufigen Anteil. Heute mögen die Herz-Kreislauf-Erkrankungen zwar noch doppelt so viele Opfer wie die Krebserkrankungen fordern, aber ihr Anteil geht stetig im Vergleich zum Krebs zurück. Extrapolationen der natürlichen Wachstumskurven zeigen, daß sich Krebs und Herz-Kreislauf-Erkrankungen um das Jahr 2010 die Todesfälle je zur Hälfte teilen werden.

Es ist sehr wahrscheinlich, daß in der Zukunft neue Krankheiten die Szene betreten werden. Der meistzitierte Kandidat ist derzeit AIDS. Für meine graphische Darstellung hatte ich noch keine Trendzahlen für AIDS – der historische Bereich ist zu klein –. Also zeichnete ich ein übertriebenes Szenario ein, in dem AIDS seine ganze prospektive Nische ausfüllen wird. 1988 hatte AIDS einen Anteil von 0,7 Prozent an allen Todesfällen. Diesen Datenpunkt nahm ich als Anfang der Kurve des AIDS-Anstiegs, der ich eine Steigung gab, die mit jener der Anteile der Krebs- und Herzkrankheiten vergleichbar ist. Damit liegt der offizielle Eintritt von AIDS in das Geschehen, die 1-Prozent-Marke, etwa im Jahre 2000. Wegen des Wachstums des neuen «Konkurrenten» erreicht der Anteil der Krebserkrankungen seine Sättigung, durchläuft in der zweiten Hälfte des einundzwanzigsten Jahrhunderts seinen Höhepunkt und beginnt seine rückläufige Phase im zweiundzwanzigsten Jahrhundert, wenn AIDS dasselbe Niveau erreicht hat wie Krebs heute.

Diese Prognose macht die Entwicklung von AIDS viel bedrohlicher als die Schlußfolgerung aus Kapitel 5, daß nämlich AIDS auf eine Mikronische von einem Prozent aller Sterbefälle beschränkt bleibt. Darüber hinaus kann man die Annahme, daß der Anteil von AIDS mit derselben Rate steigen wird wie der der Herz-Kreislauf-Erkrankungen zu Beginn des Jahrhunderts, durchaus in Frage gestellt werden, denn AIDS ist eine *epidemische* Krankheit mit ganz anderen Verbreitungsmechanismen. Dies ist wahr, aber es stimmt auch, daß jemand, der sich vor AIDS unter allen Umständen schützen will, dies relativ verläßlich auch tun kann, was bei Herz-Kreislauf-Erkrankungen nicht möglich ist. Unter diesen Umständen möchte man glauben, daß sich das menschliche Verhalten bei einer ausreichend großen Bedrohung durch AIDS allmählich so den Gegebenheiten anpaßt, daß die endgültige Trajektorie schließlich die «normale» Steigung bekommt oder aber die Krankheit tatsächlich auf eine kleine Mikronische begrenzt bleibt.

Das Szenario, in dem die Entwicklung von AIDS zu einer der Haupttodesursachen vorhergesagt wird, ist eine akademische Übung, die nur zur Simulation des

Angriffs neuer Krankheiten dient. Die aktuellen Daten über die AIDS-Entwicklung weisen darauf hin, daß die Toleranzschwelle der amerikanischen Gesellschaft gegenüber diesem Feind eher bei dem 1-Prozent-Anteil aller Todesfälle aus Kapitel 5 liegt. Abgesehen von einem möglichen Erscheinen noch unbekannter neuer Krankheiten, ist die genaueste Vorhersage die, daß der Anteil der Krebserkrankungen weiter ungehindert steigen wird.

Internationale Konkurrenz um Nobelpreise

Das Phänomen der natürlichen Substitution ist auch bei einer ganz noblen Form des Wettstreits am Werke: beim Streben nach dem Nobelpreis. Der Gesamtvorrat der pro Jahr zu vergebenden Nobelpreise kann als ein Markt angesehen werden, als ein Kuchen, der unter den Kandidaten aufgeteilt werden soll. Faßt man Individuen mit geeigneten gemeinsamen Charakteristika zusammen, so kann man von Regionen oder Ländern sprechen, die um die Nobelpreise konkurrieren. So gab es Ende 1987 insgesamt 652 Nobelpreisträger aus über vierzig Ländern. Viele Länder sind dabei mit nur ein paar Preisträgern vertreten, so daß es nötig ist, Ländergruppen zu bilden, will man Trends aufspüren. Die vernünftigste Gruppierung besteht dabei aus drei Regionen. Die Vereinigten Staaten sind eine solche Region. Eine andere ist das «klassische» Europa, bestehend aus Belgien, Deutschland, Frankreich, Großbritannien, Holland, Irland, Österreich, der Schweiz, Skandinavien, Spanien und der UdSSR. Die dritte Gruppe besteht aus allen anderen Ländern, der restlichen Welt also. Hierzu gehören die Länder der dritten Welt, die Entwicklungsländer, aber auch Japan, Australien und Kanada.

Diese Klassifikation fällt sofort als natürlich auf, wenn man die Geraden sieht, die bei der Auftragung des Anteils dieser drei Gruppen als Funktion der Zeit entstehen (in Darstellung mit logistischem Maßstab) und die die verschiedenen Substitutionen repräsentieren. Man erkennt drei Substitutionsprozesse (Anhang C, Abbildung 7.3). Der Anteil des klassischen Europa mit 100 Prozent zu Beginn des Jahrhunderts nahm in den folgenden vier Jahrzehnten in gerader Linie ab. Die Vereinigten Staaten griffen die europäischen Verluste auf, so daß sich ihr Anteil anhand der komplementären Geraden vergrößerte. Nach dem Zweiten Weltkrieg hörte der amerikanische Anteil auf zu wachsen, der europäische Anteil ging in eine weniger dramatische Abstiegsphase über, und die restliche Welt wurde der neue ansteigende Konkurrent. In den letzten zwanzig Jahren flachte sich die Kurve des amerikanischen Anteils langsam ab und wird um das Jahr 2000 in eine rückläufige Phase eintreten, der europäischen vergleichbar. So sollte man trotz der Folgerung aus Kapitel 5, daß die jährliche Zahl der Preisträger in den USA schon im Sinken begriffen ist, erwarten, daß ein Erschlaffen der Konkurrenzfähigkeit erst nach dem Jahre 2000 auftritt. Die Extrapolationen der Kurven im verallgemeinerten Substitutionsmodell zeigen, daß die restliche Welt die Europäer 2010 und die Amerikaner 2015 überholen wird.

Die hier beschriebenen Substitutionen bestätigen das Vorhandensein eines Altersvorteils. Die amerikanischen Preisträger holten die Europäer bis 1940 mit einem Durchschnittsalter von 52,9 gegenüber 54,8 Jahren ein. In gleicher Weise holt die restliche Welt seit den letzten zehn Jahren gegenüber den Amerikanern mit einem Durchschnittsalter von 57,3 gegenüber 59,3 Jahren auf, während die europäischen Preisträger weiter mit dem durchschnittlichen Alter von 62,4 Jahren an Boden verlieren. Das Altersargument wird noch relevanter, wenn man in Betracht zieht, daß die eigentliche Arbeit oft viele Jahre vor der Preisverleihung geleistet wurde. Das Alter des Preisträgers zur Zeit der Verleihung wurde nur deshalb gewählt, weil es unmittelbar verfügbar war und weil in einigen Fällen das Datum der eigentlichen Arbeit nicht klar definiert war. Der Beweis für den Altersvorteil ist auf alle Fälle richtig, solange es zwischen den drei regionalen Gruppen keine verfälschenden Unterschiede in den Latenzzeiten bis zur Preisverleihung gibt. Wieder einmal scheint die Jugend einen Vorteil gegenüber dem Alter zu haben.

Konkurrenz «beherrscht» die Substitution in allen in diesem Kapitel betrachteten Beispielen. Die gleichzeitige Anwesenheit von mehr als zwei Konkurrenten in einer Nische führt zu einer Abfolge von Eins-zu-eins-Substitutionen. In jedem Substitutionsprozeß geht der Anteil des alten Konkurrenten zurück, während der des neuen ansteigt. Das Element des Wettbewerbs zwingt die ansteigenden und abfallenden Trajektorien auf natürliche Wachstumskurven und macht sie so vorhersagbar. Aus einer Teilmenge der Daten lassen sich die Kurven für die Anteile bestimmen, die dann sowohl in die Zukunft als auch in die Vergangenheit extrapoliert werden können. Das einzige Zeitintervall, in dem der Anteil eines gegebenen Konkurrenten nicht einer natürlichen Wachstumskurve folgt, liegt zwischen dem Ende der Wachstumsphase und dem Beginn des Rückgangs. Aber die Anteile aller anderen Wettbewerber gehorchen in diesem Zeitintervall natürlichen Wachstumskurven, und die Summe aller Anteile ist immer 100 Prozent. Daher kann auch in dieser Periode der Verlauf der Trajektorie berechnet und, wenn keine Daten verfügbar sind, vorhergesagt werden.

8 Im Pulsschlag des Kosmos

Energie ist der ursprüngliche Lebensspender. Ja mehr als das, man könnte sagen, daß eigentlich die Energie für die Schöpfung des Lebens verantwortlich ist. Betrachten wir einmal das Gesetz der Statistik, welches besagt, daß alles, was möglich ist, auch geschehen wird, wenn man nur lange genug wartet. Wenn ein solches Gesetz die Vorgänge in einer energiereichen Umgebung bestimmt, so sollte auch bei Abwesenheit einer bewußten Lenkung letztlich Leben entstehen. Diese philosophische These verdient eine genauere Darlegung, aber das liegt außerhalb des Rahmens dieses Buches. Uns interessiert hier im Detail, wie das Leben mit der Energie umgeht, und spezieller noch, wie der Mensch Energie verbraucht und wie und warum der Energieverbrauch im Laufe der Zeit Schwankungen unterliegt.

Wieder einmal kommen die Daten aus den Vereinigten Staaten. Die Nation gehört zu den jüngsten in der Geschichte und den schnellsten in ihrer Entwicklung, aber zu den ältesten, was die exakte Aufzeichnung geschichtlicher Daten angeht. Dieser Umstand könnte sich in Anbetracht der zunehmenden Bedeutung reichhaltiger historischer Datenbanken für die Zukunftsprognostik als ein Segen erweisen.

In den *Historical Statistics of the United States* findet man detaillierte Informationen darüber, in welcher Weise in den letzten zwei Jahrhunderten in diesem Land Energie verbraucht wurde. Die Daten zeigen ein Wachstum des Energieverbrauchs an, das schon beeindruckend ist. Ist es etwa exponentiell? Nur dem Anschein nach. Natürliches Wachstum ist nicht exponentiell. Explosionen sind exponentiell. Natürliches Wachstum folgt der Form von S-Kurven. In ihrem Anfangsstadium haben jedoch S-Kurven und Exponentialkurven ein sehr ähnliches Erscheinungsbild. Paßt man eine S-Kurve an die Daten des Energieverbrauchs an, so erkennt man, daß er sich immer noch am Anfang seines Wachstums befindet. Die jährlichen Verbrauchszahlen für die Vereinigten Staaten beschreiben eine S-Kurve, die um 1850 beginnt und ihren Maximalwert nicht vor Ende des einundzwanzigsten Jahrhunderts erreichen wird (Anhang C, Abbildung 8.1).

Die Aussicht, daß das Anwachsen des Energiebedarfs um die Mitte des zweiundzwanzigsten Jahrhunderts beendet sein könnte und sich bei der zweieinhalbfachen Menge des heutigen Bedarfs stabilisieren sollte, hat wenig Bedeutung für uns heutzutage. Dafür hat aber etwas anderes um so mehr Bedeutung für uns, obwohl man es in der erwähnten Abbildung fast nicht wahrnimmt: die kleinen Abweichungen der Datenpunkte von der glatten Trendkurve. Wir können uns diese Abweichungen vergrößert darstellen, indem wir das Verhältnis jedes Datenpunktes zum entsprechenden Wert der idealen Kurve aufzeichnen. Dabei verschwindet der große Trend aus dem Blickfeld, und die prozentualen Abweichungen vom globalen Wachstumsmuster werden deutlicher hervorgehoben. Der sich so ergebende Graph in Abbildung 8.1 zeigt ein Bild regelmäßiger Oszillationen. Diese sind so regelmäßig, daß man eine harmonische Schwingungskurve – eine sinoidale Welle – mit einer Periode von sechsundfünfzig Jahren bestimmen kann, die ziemlich genau durch die meisten Punkte geht. Dies zeigt, daß sich die Amerikaner, während

PERIODISCHE ABWEICHUNGEN DES ENERGIEVERBRAUCHS
VOM NATÜRLICHEN WACHSTUMSMODELL

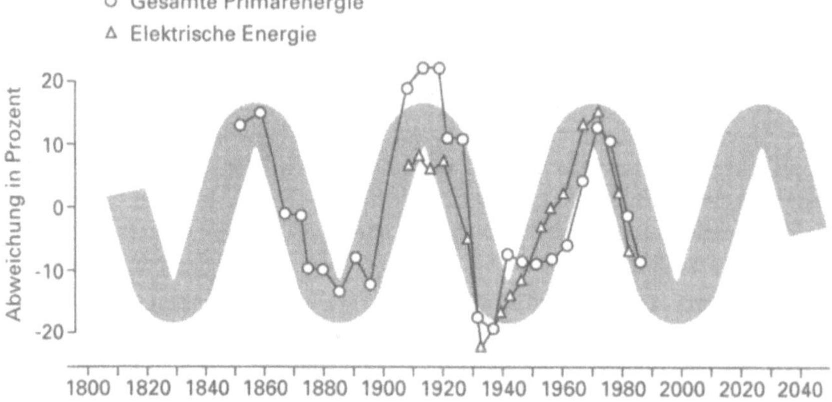

Abb. 8.1   Die Datenpunkte geben die prozentuale Abweichung des Energieverbrauchs in den USA vom jeweiligen Idealwert der S-förmigen Ausgleichskurve des natürlichen Wachstums wieder. Die schattierte «Schlange» ist ein Band von 8% Breite um eine regelmäßige Abweichungskurve mit einer Periode von 56 Jahren.

sie immer mehr Energie verbrauchen, manchmal unersättlich dieser himmlischen Nahrung bedienen und zu anderen Zeiten Diät halten. Es zeigt ferner, daß ihre Freßsucht mit periodischer Regelmäßigkeit auftritt.

Diese Periodizität im Energieverbrauch wurde erstmals von Hugh B. Stewart bemerkt.[1] Schon vor und auch nach Stewart haben bei den verschiedensten Gelegenheiten Ökonomen und andere darauf hingewiesen, daß viele Aktivitäten der Gesellschaft mit einer Periode von fünfzig bis sechzig Jahren oszillieren.[2] Es scheint, als ob sich nicht nur die Amerikaner in ihren Energieverbrauchsgewohnheiten so verhalten; die ganze Welt scheint in diesem Rhythmus zu pulsieren. Mit Daten aus vielfältigen Quellen habe ich in Abbildung 8.2 frappierende Beispiele dafür aus den verschiedensten Bereichen der Gesellschaft zusammengefaßt. Der Energieverbrauchszyklus ist ganz oben angegeben und dient als Uhr. Den Einzelbildern ist eine schattierte «Schlange» mit entsprechender Periodik von sechsundfünfzig Jahren unterlegt, um den Eindruck der Oszillation zu übermitteln.

Das erste Beispiel betrifft die Verwendung von Pferdekraft in den Vereinigten Staaten. Wieder in den *Historical Statistics*[3] (*Historische Statistiken der Vereinigten Staaten*) findet man Daten über die Nutzung von Pferdekraft bei Antriebsmaschinen. Als Antriebsmaschinen werden Maschinen definiert, die bei ihrer Arbeit Primärenergie umsetzen. Autos, Boote und Flugzeuge sind Beispiele von Antriebsmaschinen, ebenso Stromgeneratoren und Turbinen in Fabriken. Selbst Pferdefuhrwerke sind Antriebsmaschinen. Elektrische Lokomotiven hingegen werden nicht zu den Antriebsmaschinen gezählt, da sie von Elektrizität angetrieben werden, die bereits aus einer anderen Primärenergie erzeugt wurde.

Faßt man die gesamte so definierte Pferdekraft zusammen, so findet man einen spektakulären Anstieg in den letzten anderthalb Jahrhunderten. Gibt es aber auch ein Muster bei den Abweichungen von der natürlichen Wachstumskurve? Um diese Frage zu beantworten, führen wir eine ähnliche Analyse durch wie im Falle des Energieverbrauchs, nämlich den Vergleich zwischen den Daten und der Kurve des Gesamttrends. Wieder findet man ein zyklisches Muster, das dem Zyklus des Energieverbrauchs sehr genau folgt. Dies sollte aber keine Überraschung sein. Wenn die Amerikaner zu manchen Zeiten einen exzessiven Energieverbrauch haben, so wird zu diesen Zeiten auch der Verbrauch an Pferdekraft exzessiv sein, denn ein großer Teil der Primärenergie wird in von Pferden getriebenen Maschinen umgesetzt. Weniger offensichtlich ist die Frage nach Ursache und Wirkung. Führt nun ein Übermaß an verfügbarer Energie zu einem erhöhten Verbrauch an Pferdeleistung, oder ruft eine gesteigerte Nachfrage nach Pferdekraft eine Übersteigerung des Energieverbrauchs hervor?

Man könnte versucht sein, Partei für die eine oder die andere mögliche Antwort zu ergreifen. Nachdem man sich aber all die anderen noch folgenden Phänomene angesehen hat, die in Resonanz mit dem gleichen Rhythmus stehen, könnte man weitere Alternativen in Erwägung ziehen; zum Beispiel, daß weder die Nutzung von Pferdestärke noch der Energieverbrauch Ursache sind, sondern daß beide auf einen externen Stimulus reagieren.

Als zweites Beispiel betrachten wir die Clusterbildung beim Auftreten grundlegender Innovationen aus Kapitel 7. In Abbildung 8.2 erkennt man, daß die Maxima bei den Innovationen mit den Tälern des Energieverbrauchs zusammenfallen. Er mag zwar in einer anderen Phase schwingen, aber der Energieverbrauch in Amerika steht in Resonanz mit dem Auftauchen grundlegender Innovationen (die meisten davon in Europa). Sind Innovationen in irgendeiner Weise mit der Menge verbrauchter Energie verbunden? Sie stehen sicherlich in Verbindung zu Entdeckungen, und die Entdeckung der chemischen Elemente – das nächste Teilbild in Abbildung 8.2 – scheint im wesentlichen demselben Rhythmus zu folgen. Es sind dieselben Daten wie in Abbildung 7.2 des letzten Kapitels.

Auch hier könnte man der Versuchung erliegen, kausale Zusammenhänge herzustellen. Die zur Trennung und Entdeckung von neuen Elementen notwendigen Technologien könnten selbst mit den fundamentalen Innovationen zusammenhängen und daher dasselbe zeitliche Muster ausprägen. Das Bild wird aber noch verwirrender, wenn man beachtet, daß die Hochzeiten der Innovation und der Entdeckungen in Perioden der Rezession und knappen Investments fallen, was man am untersten Teilbild über die Zahl der Bankzusammenbrüche ablesen kann. Die diesbezüglichen Daten stammen aus zweierlei Quellen für zwei unterschiedliche Perioden. Für die wenigen Jahre vor 1933 sind die Angaben über prozentuale Anteile nicht allzu verläßlich. Eines ist jedoch bekannt: die Zahlen waren sehr hoch. Sechsundfünfzig Jahre später, in den späten achtzigern, steigt der Prozentsatz in

Zyklen im Puls des Energieverbrauchs

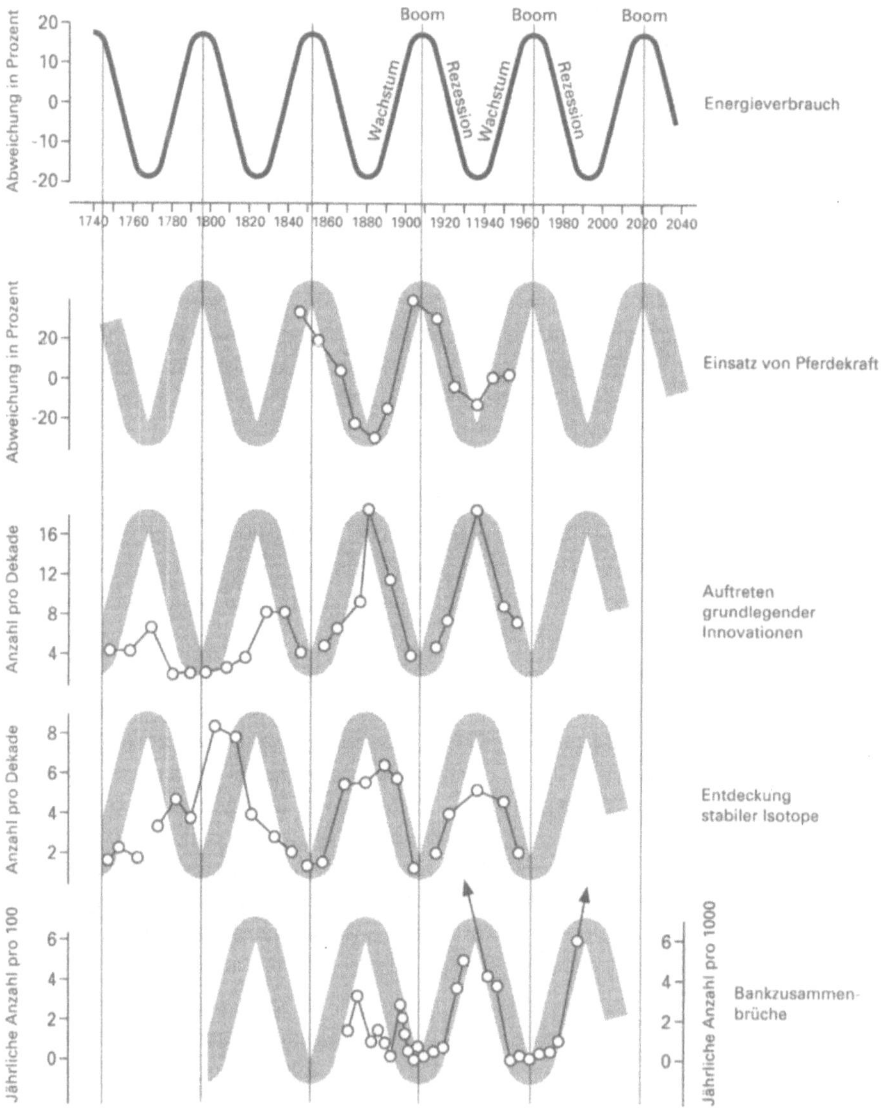

Abb. 8.2   Der idealisierte Zyklus des Energieverbrauchs oben dient als Uhr. Der Einsatz von Pferdeleistung ist wiederum als prozentuale Abweichung von der Ausgleichskurve angegeben. Die Zahl der Innovationen und die Zahl entdeckter stabiler Isotope sind pro Dekade angegeben. Die Daten zu den Banken zerfallen in zwei Perioden: Bankaufgaben vor 1933 und die Schließung von Banken aufgrund finanzieller Probleme danach.

einer ähnlich alarmierenden Weise. Der Datenpunkt für 1988 liegt außerhalb des dargestellten Bereichs und mußte daher mit einem Pfeil symbolisiert werden. In diesem Jahr gerieten 1,7 Prozent aller Banken in finanzielle Probleme. Das Jahr 1989 sah den Prozentsatz der Bankzusammenbrüche bei 1,8.

Es ist vernünftig anzunehmen, daß die Aufwärtsbewegung im Energieverbrauchszyklus mit industriellem und wirtschaftlichem Wachstum zusammenfällt. Ein gewisser Hinweis dafür läßt sich beim zeitlichen Fortschritt im Bau von U-Bahnnetzen in den großen Städten dieser Welt finden. Vergleicht man die Einweihungsdaten der jeweils ersten U-Bahnlinien aller Städte, so fällt eine Koordinierung dieser Daten weltweit auf.[4] Sie erscheinen in Schüben und können in drei Gruppen eingeteilt werden. Die erste enthält nur zwei Städte, London (1863) und New York (1868). Die zweite Gruppe mit achtzehn Städten zeigt den Höhepunkt der Bauphase im Jahre 1920, etwa sechsundfünfzig Jahre nach dem der ersten Gruppe. Während der vierziger Jahre kam es zu einer rezessiven Phase, aber Einweihungen von U-Bahnlinien nahmen in den späten fünfzigern wieder zu. Die Bauphase in der dritten Gruppe ist noch nicht abgeschlossen, aber ihr Zyklus hatte sein Maximum in den späten siebziger Jahren, also ungefähr sechsundfünfzig Jahre nach der zweiten Gruppe. Heute gibt es immer weniger neue Städte, die einen U-Bahnbau beginnen, aber mit dem Modell der Energieverbrauchsoszillation kann man eine vierte Welle vorhersagen, die irgendwann zu Beginn des einundzwanzigsten Jahrhunderts anfangen und ihr Maximum um 2030 haben wird.

Spitzen des Energieverbrauchs fallen mit zahlenmäßigen Höhepunkten bei der Eröffnung neuer U-Bahnprojekte zusammen, beides Zeichen wirtschaftlicher Blüte. Solche Phasen der Hochkonjunktur erscheinen alle sechsundfünfzig Jahre und sind nicht nur auf die USA beschränkt. Ihr universeller Charakter zeigt sich schon in der Ablösung der Primärenergiequellen weltweit, wie sie in Kapitel 7 diskutiert wurde.

Die kompetitive Substitution der Primärenergiequellen ist noch einmal in Abbildung 8.3 unten dargestellt, wobei eine weitere Energiequelle, die der Nutztiere, zwischen den Glanzzeiten von Holz und Kohle eingezeichnet ist. Nebojsa Nakicenovic hat den Beitrag der Arbeitstiere zum Energiehaushalt angegeben in Einheiten des Energiegehaltes der verbrauchten Futtermittel. Obwohl sich ihre Berechnungen allein auf die Daten aus den USA stützen (diesbezügliche weltweite Daten gibt es nicht), habe ich ihre Kurve über die Arbeitstierfuttermittel hier berücksichtigt, um zu zeigen, daß es auch eine Primärenergiequelle gab, die um 1870 ihren Höhepunkt hatte.[5] Mit den Spitzenwerten bei der Kohle um 1920 und Erdöl um 1975 stellt sich wieder ein Rhythmus der Primärenergiesubstitution ein, der mit der Oszillation im Energieverbrauch der USA in Resonanz steht. Aber die Verdachtsmomente verdichten sich weiter. Die Energiepreise flackern im gleichen Rhythmus.

Im oberen Teilbild von Abbildung 8.3 sind Preisindizes verschiedener Provenienz dargestellt. Um Verfälschungen durch die Inflation auszuschalten, wurden die Preise normalisiert, und zwar für die Daten zu den Heiz- und Lichtkosten

Synchronisation bei Energiepreis, Verbrauch und Substitution

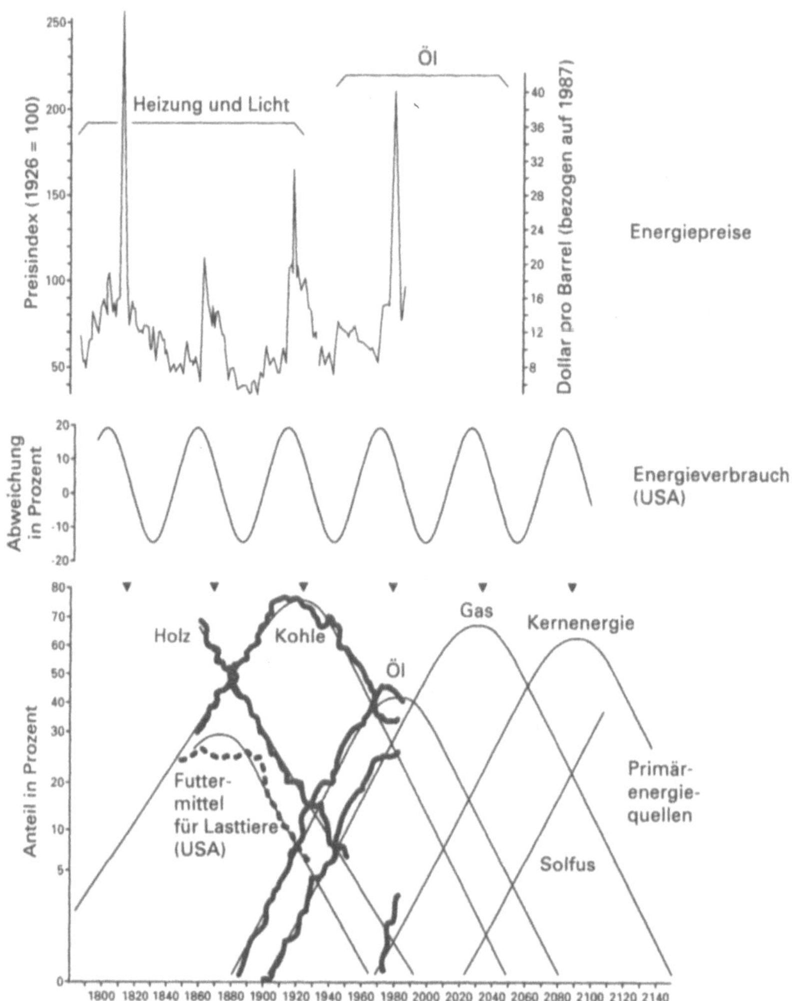

Abb. 8.3   Jährliche Durchschnittspreise für Energie (oben) in zwei verschiedenen Zeitabschnitten nach zwei unterschiedlichen Quellen.* Die Substitutionsfolge der Primärenergien (unten) wurde aus Abbildung 7.6 übernommen unter Hinzunahme der Energie aus Tierarbeit in den USA, angegeben in Futtereinheiten (gestrichelte Linie). Die kleinen Dreiecke am oberen Rand deuten auf die Zeit der Vorherrschaft der entsprechenden Primärenergien. Diese Zeitpunkte fallen zusammen mit plötzlichen Preisanstiegen und beginnender wirtschaftlicher Rezession.

* Preise für Heizung und Licht nach: *Historical Statistics of the United States, Colonial Times to 1970*, vols. 1 and 2, Bureau of the Census, Washington, D.C., 1976. Ölpreise nach: World Energy Outlook, Chevron Corporation, Corporate Planning and Analysis, San Francisco, CA.

auf einen Dollarwert von 1926, für die Ölpreise auf den Dollar des Jahres 1987. Riesige Preisanstiege stehen jeweils am Beginn der Abwärtstendenzen im Energiezyklus. Diese Anstiege sind so auffällig im Vergleich zu den alltäglichen leichten Preisschwankungen und so gleichmäßig verteilt, daß sie Vertrauen in einige gewagte Voraussagen geben. So sollten beispielsweise weder Preisfestsetzungen noch Feindseligkeiten zwischen den ölproduzierenden Staaten in der Lage sein, den Ölpreis länger als ein paar Monate auf das Niveau von 1981 hochzutreiben. Der Ölpreis wird bis weit über das Jahr 2000 hinaus bei 20 bis 25 $ pro Barrel verharren. Die Energiepreise werden wieder um 2030 zu einem Höhenflug ansetzen, worin sich dann in wesentlichen der Preis für Erdgas widerspiegelt, das dann die vorherrschende Energiequelle sein wird.

Cesare Marchetti bemerkte, daß Perioden steigenden Energieverbrauchs mit Zeiten wirtschaftlichen Wachstums zusammenfallen, die zu Hochkonjunkturen führen. Diesen Perioden gehen Zeiten voran, in denen es Innovationen im Überfluß gibt, und die wahrscheinlich diese Entwicklung auslösen. Innovationen sind wie Blumenzwiebeln, die nach der Keimung in der Konjunktur industrielle Früchte tragen. Um dies weiter zu überprüfen, untersuchte er das Wachstum der Automobilindustrie auf dem Weltmarkt und stellte eine außergewöhnliche Regelmäßigkeit fest, mit der Autopopulationen wachsen und ihre Nische füllen. Wie natürliche Arten folgen sie natürlichen Wachstumskurven und erreichen die Maximalwerte, die man schon vorab berechnen kann. Mehr noch, Zuspätkommer, wie die Japaner, steigerten ihren Anteil schneller, so daß sie alle schließlich ihr Sättigungsniveau um dieselbe Zeit erreichen sollten: Mitte der neunziger Jahre. In den größeren westlichen Nationen haben die Autozulassungen ihre Nische praktisch erschöpft, gerade so wie in der italienischen Nische, die am Anfang von Kapitel 3 betrachtet wurde. Die allgemeine Sättigung des Wachstums der Automobilpopulationen in ganz Europa geht einher mit einer wirtschaftlichen Talfahrt.

Marchetti bestimmte natürliche Wachstumskurven als Ausgleichskurven zur Entwicklung von Autopopulationen schon 1981.[6] Seine Schätzungen der Maximalwerte für die meisten westlichen Länder sind inzwischen erreicht, in manchen Fällen sogar überschritten worden. So betrug 1987 die Anzahl der in Italien zugelassenen Autos 22,8 Millionen und lag damit um 10 Prozent höher als Marchettis ursprüngliche Schätzung. Dies muß nicht notwendigerweise bedeuten, daß er die italienische Marktnische unterschätzte. Italien ist dieser Tage vermutlich mit Autos überfüllt, und die Anzahl könnte sehr wohl in den nächsten Jahren wieder zurückgehen. Solch ein Überschießen über die eigentliche Nischengröße ist nichts Ungewöhnliches. Man findet oft Schwingungen um den Sättigungswert. Wir werden dieses Phänomen noch besser verstehen, wenn wir in Kapitel 10 die Verbindung zwischen natürlichem Wachstum und Chaos hergestellt haben.

Seltsamerweise ist gerade in den Vereinigten Staaten noch Platz für eine Expansion des Autos, obwohl dies das Land ist, in dem zuerst das Automobil in größerem Maßstab verbreitet war. Obwohl die USA in dieser Beziehung also Oldtimer sind, werden sie unter den Ländern sein, die zuletzt mit Autos gesättigt sind.

Der Sättigungswert wird auf 173 Millionen geschätzt;[7] mit 137,3 Millionen war die Nische 1987 nur zu 79 Prozent angefüllt. Die 90-Prozent-Marke wird jedoch 1995 erreicht werden, in dem Zeitraum, in dem die meisten Industrialisierungsprozesse in ihre Saturationsphase kommen, wie wir noch sehen werden.

Eine ähnliche Situation trifft man bei der Expansion der Straßen an. Der Bau von Fern- und anderen befestigten Straßen im allgemeinen kann als abgeschlossener Prozeß betrachtet werden. Die natürlichen Wachstumskurven für die Gesamtlänge des Straßennetzes erreichen derzeit in zehn europäischen Ländern ihren Sättigungswert. Aus den Daten bis einschließlich 1970 konnte man für das ausgebaute Straßennetz in den USA eine Endlänge von 3,4 Millionen Meilen schätzen. 1987 betrug die Länge 3,5 Millionen Meilen, aber es werden keine neuen Straßen mehr geplant.

Sowohl die Automobil- als auch die Straßennische sind bereits zu über 90 Prozent besetzt. Die Sättigungswerte der entsprechenden Kurven hätten schon in den sechziger Jahren berechnet werden können – wenn auch mit geringerer Genauigkeit. Deshalb kann man diese allgemeine Saturation auch nicht mit globalen Ereignissen wie den Ölkrisen der siebziger Jahre, der Luftverschmutzung oder anderen Umweltproblemen, die unsere Gesellschaft erregen, in Zusammenhang bringen. Genausowenig wäre es richtig, diesen Sättigungseffekt wirtschaftlicher Rezession zuzuschreiben. Im Gegenteil, vernünftiger wäre die umgekehrte Argumentation, daß die Rezession eine Folge der Sättigung der erwähnten Nischen ist.

Viele der Probleme, mit denen sich die Automobilindustrie derzeit weltweit konfrontiert sieht, kann man folgendermaßen erklären.[8] Sobald die Zahl der Autos ihren Sättigungswert erreicht hat, fungiert die Industrie nur noch als Lieferant von Ersatz für ausgediente Wagen. Die Produktivität steigt jedoch wegen der Konkurrenz, der Tradition und der erwarteten Lohnerhöhungen weiter. Ein konstantes Produktionsniveau, gekoppelt mit steigender Produktivität, produziert überflüssiges Personal und führt schließlich zu Entlassungen. Saturation wie Entlassungen gehen Hand in Hand mit der Rezession.

Aber nicht nur die Automobilindustrie steckt heutzutage in Schwierigkeiten. Die meisten technischen Errungenschaften werden sich zu einem mehr oder weniger gleichen Zeitpunkt erschöpfen, denn die Cluster der grundlegenden Innovationen, die zu gleicher Zeit aufkamen, werden auch miteinander saturiert. Selbst wenn sie einen Fleck auf der Landkarte erst sehr spät erreichen, so wachsen sie dort gewöhnlich um so schneller. Die gleichzeitige Sättigung in vielen Bereichen der Wirtschaft führt zu einer fortschreitenden Freisetzung von Arbeitskräften und einem Minuswachstum im Bruttosozialprodukt – mit anderen Worten: zur Rezession. Neues Wachstum wird erst nach einem frischen Schwung neuer Innovationen kommen.

Grundlegende Innovationen – in Kapitel 7 als etwas definiert, das eine neue Industrie oder ein neuartiges Produkt auf der Basis bereits bestehender Erfindungen ins Leben ruft – findet man in größerer Häufigkeit während Rezessionsphasen, wenn es nur wenige risikoarme Investitionsmöglichkeiten gibt. Derartige Innovationen fungieren als Katalysatoren für *fundamentale Veränderungen* in der wirtschaftlichen Struktur, ihren technologischen Grundlagen und vielen Institutionen und Strukturen auf dem sozialen Sektor. Wachstum und Substitutionen alter Schlüsseltechnologien durch neue (zum Beispiel die Ersetzung von Pferden durch Autos, Dampfantrieb durch Motoren, Kohle durch Öl, Autos durch Flugzeuge) finden während des Aufschwungs des ökonomischen Zyklus statt.

Solche Aufschwünge gab es 1884–1912 und 1940–1968, wie man in Abbildung 8.2 sehen kann. Gegenwärtig befinden wir uns in einer Periode wirtschaftlicher Rezession, einer Zeit, in der Innovationen in Fülle auftauchen, aber dies bedeutet eben nicht, daß ein ökonomischer Aufschwung unmittelbar bevorsteht. Die Neuerungen, die erst im Entstehen begriffen sind, müssen erst an Bedeutung wachsen, bevor sie einen Einfluß auf die Arbeitslosigkeit und die wirtschaftliche Entwicklung nehmen können. Die Energieuhr sagt, daß wir gerade im Begriff sind, die Talsohle zu erreichen, Mitte der neunziger Jahre. Von da an wird sich die Wachstumsrate kontinuierlich steigern, wird aber ihr Maximum – die nächste Hochkonjunkturphase – erst in den 2020er Jahren erreichen.

Der Wall-Street-Crash von 1987

Empirisch gewonnene Hinweise auf große Zyklen im Wirtschaftsleben hat es schon seit Beginn der Industriellen Revolution gegeben. William S. Jevons (so zitiert bei Alfred Kleinknecht[9]) sprach davon schon 1884 und zitierte bereits damals frühere Autoren. In der Folgezeit wurde heftig darüber debattiert, ob derlei Variationen zufällig sind oder durch die Art der Beziehung des wirtschaftlichen Wachstums zu Gewinn, Beschäftigungsniveau, Innovation, Handel, Investitionen und so weiter hervorgerufen werden. In jüngerer Zeit hat der Gelehrte Joseph A. Schumpeter versucht, die Existenz wirtschaftlicher Zyklen zu erklären, indem er die Wachstumsphase dem Umstand zuschrieb, daß die wesentlichen technologischen Neuerungen in Schüben auftreten.[10] Eine ausführliche Liste mit Literatur über große ökonomische Zyklen findet man in dem Artikel von R. Ayres.[11] Eine Person verdient es jedoch ganz besonders, hier erwähnt zu werden, und das ist der russische Ökonom N.D. Kondratieff, der wegen seiner klassischen Arbeit aus dem Jahre 1926 namengebend für dieses Phänomen wurde.[12]

Allein aus ökonomischen Indikatoren leitete Kondratieff die Existenz eines wirtschaftlichen Zyklus mit einer Periode von etwa fünfzig Jahren her. Seine Arbeit wurde auch prompt in Frage gestellt. Die Kritiker bezweifelten sowohl die Existenz des Kondratieff-Zyklus als auch seine kausale Erklärung durch Schumpeter. Sein Postulat wurde schließlich von den zeitgenössischen Wirtschaftswissenschaftlern aus den verschiedensten Gründen im wesentlichen ignoriert. Nach einer abschließenden Analyse scheint jedoch der ausschlaggebende Grund für diese Zurückweisung die Kühnheit der Schlußfolgerungen gewesen zu sein, die auf so zweifelhafte und unpräzise Daten gegründet waren, wie sie aus dem Geld- und Finanzwesen zu gewinnen sind.

Derartige Konjunkturanzeiger sind, wie Preisschilder, eher wertlos, will man den dauerhaften Wert eines Objektes wiedergeben. Inflation und Kursschwankungen infolge von Spekulationen oder wirtschaftspolitischen Gegebenheiten haben oft einen großen und unvorhersehbaren Effekt auf den Geldwert wirtschaftlicher Objekte. Man hat hier schon extreme Schwankungen beobachtet. Van Gogh zum Beispiel starb völlig verarmt, obwohl jedes seiner Gemälde heute ein Vermögen wert ist. Die Anzahl der Kunstwerke, die er hervorbrachte, hat sich seit seinem Tode nicht verändert; gewertet in D-Mark hat sich sein Werk um ein Ungeheuerliches vervielfacht.

Als Beispiele für Zyklen mit einer Periode von sechsundfünfzig Jahren habe ich in diesem Kapitel nur solche zitiert, die in physikalischen Größen gemessen wurden. Energieverbrauch, Einsatz von Maschinen, die Entdeckung chemischer Elemente, die Substitutionsfolge der Primärenergiequellen und die Serie der Innovationsschübe, sie alle wurden in den ihnen eigenen Einheiten gemessen und nicht in Relation zu ihrem Geldwert. Die Zyklen, die man auf diese Weise erhält, verdienen ein größeres Vertrauen als der ökonomische Zyklus von Kondratieff. Tatsächlich folgte im Falle der Primärenergiequellen die Preisentwicklung demselben Zyklus, indem die Preise am Ende einer jeden Hochkonjunkturphase in die Höhe schnellten.

In direkter Beziehung zum Geld, aber immer noch physikalischer als Preisindizes, sind Konkurse und Einbrüche auf dem Aktienmarkt, die sich vornehmlich auf dem Abwärtstrend der Energieoszillation zeigen und mit einer Rezession im ökonomischen Zyklus in Einklang stehen. Vom ersten Moment an, als ich des sechsundfünfzigjährigen wirtschaftlichen Zyklus gewahr wurde, galt mein Interesse weniger der Frage, ob ein Wall Street Crash hinter der nächsten Ecke lauerte, sondern eher der Frage, wie man sich verhalten muß, wenn man sich einem bevorstehenden Zusammenbruch des Aktienmarktes gegenübersieht. Meine Berechnungen deuteten auf einen Zusammenbruch um 1985 hin, und die mindeste Vorsorge, die man treffen konnte, war, sich vom Aktienmarkt fernzuhalten.

Das tat ich denn auch. Monat für Monat widerstand ich der Versuchung, Aktien zu kaufen. Meine Arbeitskollegen reagierten ganz aufgeregt auf die steigenden Kurse. Phantastische Konditionen wurden für den Kauf von Firmenaktien angeboten. Die Leute um mich herum konnten zusehen, wie ihr Geld täglich mehr wurde. Ich verhielt mich ruhig und hoffte, meine Rechtfertigung durch den baldigen Kurssturz zu erhalten – aber nichts dergleichen geschah. Monate vergingen, und der Markt florierte immer noch. Jahre gingen ins Land! Bis weit ins Jahr 1987 hinein waren alle meine Kollegen immer reicher geworden, und ich war sauer.

Mein Widerstand brach zusammen. Es war Herbst geworden, die Blätter wechselten ihre Farbe, und ich wollte mit einem Freund für das Wochenende in die Berge fahren. Ich hatte genug davon, mich zurückzuhalten. Ich wollte wie die anderen sein. Am Freitag nachmittag rief ich meine Bank an und erteilte ihr einen Kaufauftrag. Ich ging ins Wochenende mit dem Gefühl, endlich der Lethargie entronnen zu sein. Zu guter Letzt hatte ich nun doch etwas getan, etwas, worauf ich mich am Montag freuen konnte.

Über das Wochenende konnte ich bei gutem Wetter die wundervolle Landschaft, das exzellente Essen und das Zusammensein mit einem Freund genießen. Aber da wartete etwas noch Wichtigeres auf mich, als ich zur Arbeit zurückkam. Am Montag, dem 19. Oktober 1987, brach die Börse zusammen. Ich war niedergeschmettert. Das Geld, das ich verloren hatte, war gar nicht das Wichtigste, sondern der schier unerträgliche Schmerz. Gleichzeitig hatte sich, wenn auch auf einem anderen Niveau, mein Glaube bestätigt. Das *System* hatte sich ganz nach Plan verhalten, als ob es ein Programm gehabt hätte, einen Willen und eine Uhr. Ich hatte zu dieser Kenntnis früh genug Zugang. Mein Fehler beruhte auf der menschlichen Schwäche; ich hatte nicht wissenschaftlich gehandelt. Die Uhr des Systems war sehr genau, aber ich hätte eine Schwankung von ein paar Prozent zulassen müssen.

Wie auch immer, der Kurssturz war vorüber, und der Aktienmarkt erholte sich im wesentlichen innerhalb weniger Jahre. Was aber unverändert blieb, ist unsere allgemeine Position innerhalb des großen ökonomischen Zyklus: die Jahre der Rezession. Das Aufflackern der Energiepreise in Abbildung 8.3 kann als Warnsignal für den Beginn einer wirtschaftlichen Talfahrt angesehen werden, deren Ende wir noch nicht erreicht haben. Wir werden noch bis 1996 warten müssen, bevor sich der Wachstumstrend umkehrt.

Vom Leben und vom Tod

Es gibt in der menschlichen Gesellschaft weitere Vorgänge, die mit dem sechsundfünfzigjährigen Zyklus zusammengehen. In Kapitel 7 habe ich bereits erwähnt, daß sich das Ansteigen der allgemeinen Lebenserwartung in Wellen vollzieht. Obwohl die Lebenserwartung die ganze Zeit über ansteigt, beschleunigt sich dieses Anwachsen zu gewissen Zeiten, zu anderen verlangsamt es sich. Daß die prozentuale Abweichung vom globalen Wachstumstrend mit dem sechsundfünfzigjährigen Zyklus im Energieverbrauch korreliert ist, kann man in Abbildung 8.4 ablesen. Die Spitzen bei den Abweichungswerten der Lebenserwartungszunahme folgen zeitlich kurz auf die Talsohlen der Energieverbrauchswerte. Die Zeiten, zu denen die Lebenserwartung am wenigsten anwächst, kommen gleich nach einer Hochkonjunktur, als ob sie damit sagen wollte, daß Überfluß und die oft damit verbundene Dekadenz einem langen Leben nicht besonders zuträglich sind. Wenn andererseits eine Rezession einsetzt, schnallen die Leute ihren Gürtel enger, was einen vorteilhaften Einfluß auf die Lebenserwartung hat, deren Steigerung nun wieder zulegt.

Zusätzlich zu dem nachteiligen Effekt auf die Lebenserwartung hat der Überfluß der Jahre des Wirtschaftsbooms noch eine weitere Auswirkung: Alkoholismus.

Effekte der Energieverbrauchszyklen in weiteren Gebieten

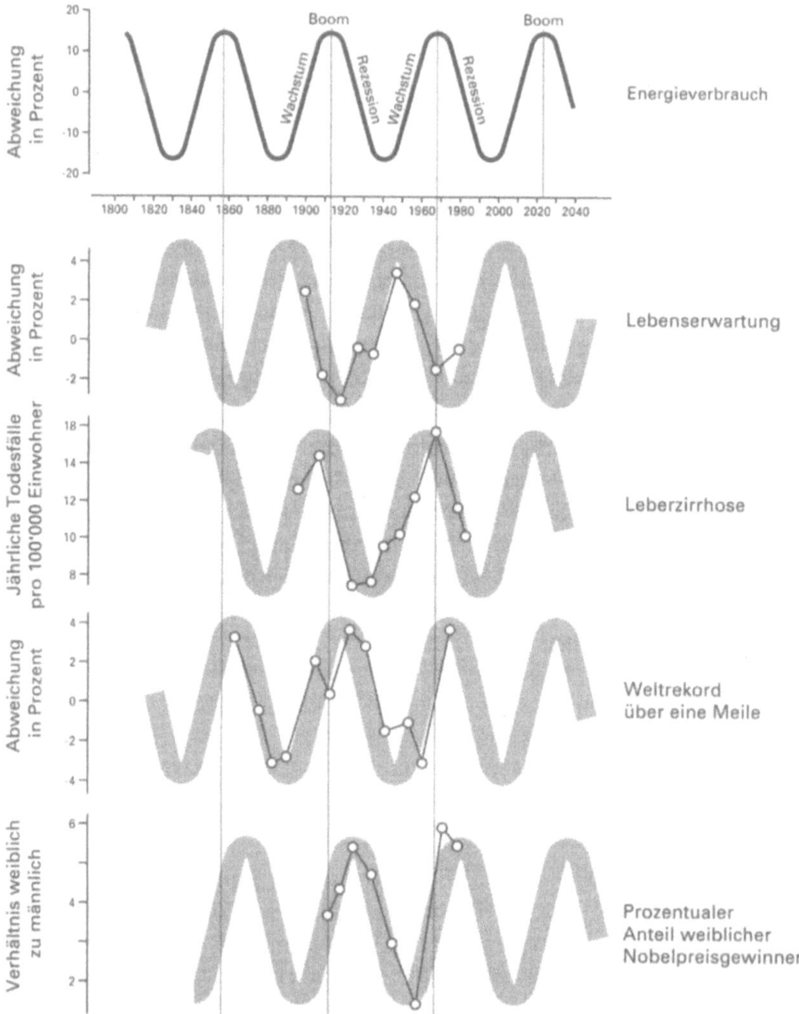

Abb. 8.4   Die Kurven über die Entwicklung der Lebenserwartung und den Rekord über die Meile ergeben sich auf die gleiche Weise wie die des Energieverbrauchs, nämlich als prozentuale Abweichungen von den Werten der Ausgleichskurve für den langzeitlichen Trend. Die Anzahl der weiblichen Nobelpreisträger ist als Prozentsatz der Nobelpreisträger insgesamt innerhalb eines Jahrzehnts angegeben.* Bei der Leberzirrhose ist die jährliche Sterbezahl, bezogen auf die Bevölkerung, angegeben.

* Der Graph für die Frauen unter den Nobelpreisträgern wurde übernommen aus: «Competition and Forecasts for Nobel Prize Awards», *Technological Forecasting and Social Change*, vol. 34 (1988): 95–102. Copyright 1988 by Elsevier Science Publishing Co., Inc.

Die mittlere Kurve in Abbildung 8.4 stellt die jährliche Rate der Todesfälle, verursacht durch Leberzirrhose, die meist durch Alkoholismus ausgelöst wird, für die Vereinigten Staaten dar. Ihre Spitzen fallen mit den Perioden des größten Wohlstandes zusammen, und die einfachste Erklärung für ein Ansteigen der Fälle von Leberzirrhose ist wohl, daß auch die Anzahl der Alkoholiker angestiegen ist.

Ich fand noch ein weiteres interessantes Korrelat zum Zyklus des Energieverbrauchs: die Rekordzeiten beim Rennen über eine Meile. Die Verbesserungen des Rekords über eine Meile wurden seit eineinhalb Jahrhunderten genau festgehalten, und sie bergen ein Geheimnis. Obwohl die Rekordzeiten stetig abnehmen, wird der Rekord in gewissen Zeiten Jahr für Jahr gebrochen – und jedesmal um eine ansehnliche Zeit verbessert –, während zu anderen Zeiten oft Jahre vergehen, ohne daß ein neuer Rekord aufgestellt wird, oder die neue Bestzeit unterscheidet sich nur um Sekundenbruchteile von der alten. In Abbildung 8.4 erkennt man klar drei solcher Rekordperioden des Rekordbruchs, die jeweils sechsundfünfzig Jahre auseinanderliegen. Den Rekord beim Rennen über eine Meile zu brechen ist ein Sport, der seine Aktivitätsspitze unmittelbar nach einer Hochkonjunktur zeigt. Der Wohlstand und die damit verbundene Freizeit scheinen den Leuten auf die Sprünge zu helfen. In schwierigen Zeiten werden die Rekordbrüche selten.

Seltsamerweise sind die Bemühungen, den Meilenrekord zu verbessern, und die Steigerung der Lebenserwartung zwei gegenläufige Phänomene, obwohl sie doch beide mit guter körperlicher Verfassung korreliert sein sollten. Wenn sich die Verbesserungen beim Meilenrekord beschleunigen, verlangsamt sich der Zuwachs bei der Lebenserwartung und umgekehrt. Korrelation bedeutet aber nicht unbedingt Kausalität. Es scheint auch nicht vernünftig anzunehmen, daß die Lebenserwartung nicht mehr so schnell steigt, weil sich die Leute dem freien Lauf hingeben.

Genauso fraglich ist es, ob es an der Hochkonjunktur liegt, wenn Ausbrüche des Feminismus zu beobachten sind, wie sie sich auch an einem erhöhten Prozentsatz von Frauen unter den Nobelpreisträgern zeigten. In Abbildung 8.4 sehen wir, daß auch der Anteil der Nobelpreisträgerinnen mit der Zeit oszilliert. Die Periode steht in Einklang mit den sechsundfünfzig Jahren. Die beiden Spitzen liegen bei 1930 und 1980 und fallen mit Ausbrüchen von Feminismus in der Folge von Zeiten der Hochkonjunktur zusammen. Nach der Energieuhr wird der wirtschaftliche Wohlstand wieder um 2025 ein Maximum erreichen. Ob es nun von ökonomischem Wohlstand abstammt oder nicht, das nächste Aufblühen des Feminismus sollte auch ein gutes Stück im einundzwanzigsten Jahrhundert erwartet werden.

Die Energieverbrauchsuhr tickt nicht nur für glückliche Ereignisse. Die Gesellschaft verhält sich anthropomorph in ihren Stimmungen. In dieser Beziehung ähnelt sie ihren Bestandteilen, den Menschen. Sie kann glücklich oder depressiv, passiv oder aggressiv sein, und das spiegelt sich wider im Verhalten der Menschen, deren Rollenspiel die gegenwärtige Stimmung der Gesellschaft ausdrückt. Es sollte daher keine Überraschung sein, daß die Selbstmordhäufigkeit ihre Spit-

zenwerte in schlechten Zeiten erreicht und daß die Selbstmordraten in Einklang mit
dem Sechsundfünfzig-Jahre-Zyklus nach oben und nach unten gegangen sind.[13]

Abbildung 8.5 zeigt, daß die Tötungsrate in den Vereinigten Staaten ihre nie-
dersten Werte in den Jahren des Wachstums hat, wobei die Rate zwischen Jahren
der Rezession und des Aufschwungs um einen Faktor einhalb absinkt. Sogar noch
ausgeprägter – mit einem Faktor ein Drittel zwischen Maximal- und Minimalwert – ist die Verschiebung bei der Auswahl einer entsprechenden Mordwaffe.
Das Verhältnis von Feuerwaffen und Messern oszilliert mit praktisch der gleichen
Frequenz. Revolver werden gegen Ende einer Hochkonjunktur bevorzugt. In einer Rezession hingegen ersticht man lieber, ein Verhalten, das seinen absoluten
Vorrang gegen Ende der schwarzen Tage erhält.

Schließlich gibt es noch eine ganz spezielle Form der sexuellen Diskrimina-
tion, die mit der gleichen Frequenz schwingt, nämlich das Verhältnis weiblicher zu
männlichen Mordopfern in den USA. Es gibt eine bevorzugte Tendenz, Männer zu
ermorden – meist mit dem Messer –, wenn die Zeiten hart sind und die Rezession
immer mehr Gestalt annimmt. Frauen werden dagegen öfter das Ziel von Mordan-
schlägen – und dann meist mit Schußwaffen – in den Jahren des wirtschaftlichen
Wachstums. Gerade wenn die Hochkonjunktur beginnt, erreicht die Zahl weiblicher Opfer ihren Maximalwert. Die Extrapolationen deuten darauf hin, daß die
jährlichen Kriminalstatistiken in den USA um 1995 diejenigen einer Depression
sein werden: hohe Mordraten (sieben pro einhunderttausend Einwohner), die meisten Opfer männlich (im Verhältnis drei zu eins), mit angestiegener Bevorzugung
des Messers als Waffe (40 Prozent).

Alle Beispiele in diesem Kapitel zeigen ein in Intervallen von etwa sechsundfünfzig Jahren wiederkehrendes Verhaltensmuster. Ich bin davon überzeugt, daß
man noch weitere derartige Muster finden kann, wenn man ein Gespür für diesen
grundlegenden Puls entwickelt. So kann man das Wiedererstehen des Antisemitis-
mus durch die Aktivitäten der Neonazis in Europa in der jüngsten Zeit als das Echo
auf die späten dreißiger Jahre ansehen, das nach sechsundfünfzig Jahren zurück-
kommt. Aber schon aufgrund der in diesem Kapitel dargestellten Verhaltensmuster
könnte ich es wagen, ein Bild der Gesellschaft und ihres Verhaltens zu entwerfen, wie sie von der Sechsundfünfzig-Jahres-Welle gebeutelt wird. Die Abfolge
der Geschehnisse ist beunruhigend, wenn auch allgemein bekannt, obwohl die
chronologische Reihenfolge nicht unbedingt auf einen kausalen Zusammenhang
hinweisen muß:

*In Perioden wirtschaftlichen Wachstums ist die Kriminalitätsrate gering,
ebenso die Häufigkeit von Bankpleiten. Die Leute scheinen fleißig darauf
bedacht, zu arbeiten, etwas aufzubauen und ihren Wohlstand zu meh-
ren. Wenn wir in die Jahre der Hochkonjunktur geraten, werden Frauen
das bevorzugte Opfer von Mördern. Das Leben in den Wohlstandsjah-
ren bringt die Leute dazu, Geschmack an Schußwaffen zu finden, mehr
Alkohol zu trinken und Wettlaufrekorde zu brechen. Der Überfluß richtet nunmehr mehr Schaden an als er nutzt, denn die Lebenserwartung*

DER GLEICHE RHYTHMUS BEI DEN TODESURSACHEN

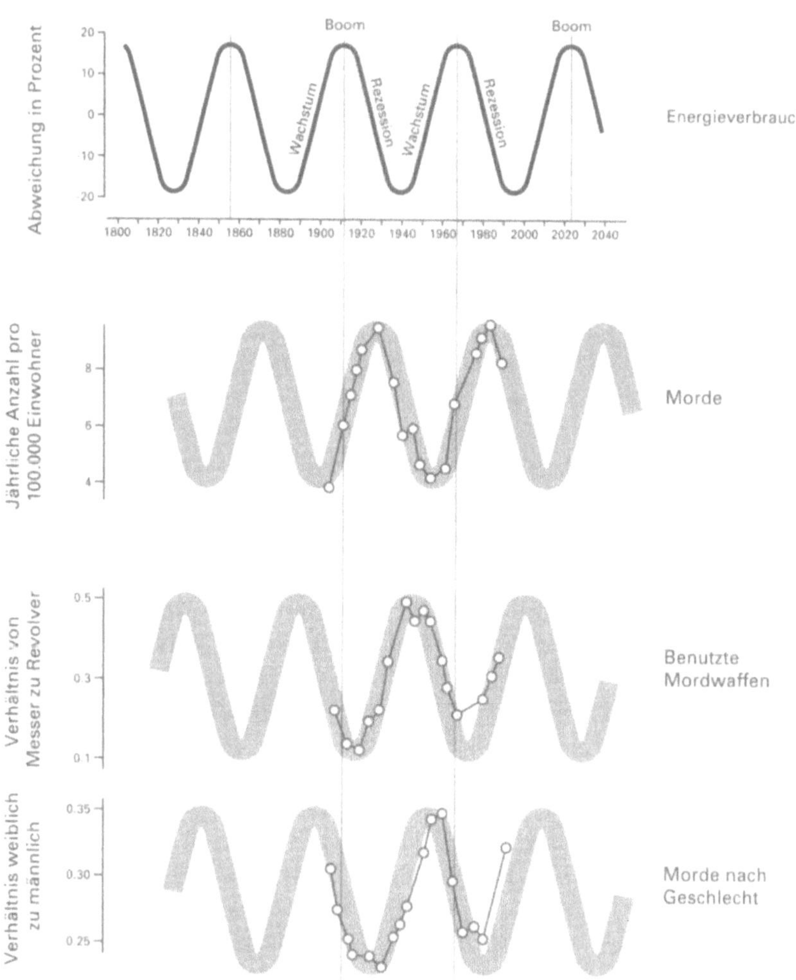

Abb. 8.5   Unterhalb der Energieverbrauchsuhr die jährliche Mordrate in den USA. In der Mitte: das Verhältnis von Messer zu Schußwaffe im Gebrauch als Mordwaffe. Unten: das Verhältnis weiblicher zu männlichen Mordopfern.

durchläuft ein Tief in ihrer relativen Zunahme. Am Ende des Wirtschafts-
booms sind Schußwaffen als Mordwaffe zehnmal so beliebt wie Messer.
Gleich danach floriert der Feminismus, traulich geborgen zwischen dem
Ende des Wohlstands und dem Beginn der Rezession. Zu dieser Zeit
schießen die Energiepreise in den Himmel wie Feuerwerksraketen und
signalisieren das Ende von Spaß und Spiel. Auf dem Weg in die Rezes-
sion schnellt die Zahl der Bankpleiten in die Höhe, und dasselbe tut
die Zahl der Morde. Sie erreicht ein Maximum, wenn das Leben wirk-
lich hart geworden ist; diesmal sind Männer die Opfer, und die Mörder
haben nach und nach Geschmack am Messerstechen gefunden. Es gibt
aber nichts Schlechtes, das nicht auch etwas Gutes in sich trüge. Gegen
Ende der Rezession zeigt die Lebenserwartung ihre größte Steigerung,
selbst wenn konkurrierende Angelegenheiten Schaden genommen haben.
Technologische Entwicklungen und Innovationen kommen in Fülle, und
die Kriminalitätsrate geht zurück. Die allgemeine Ernüchterung der Ge-
sellschaft hat ihre Funktion als Vorbereitung auf die vor ihr liegende
Wachstumsphase. Und nun beginnt sich der Zyklus zu wiederholen.

Grabinschriften – oder Erklärungen postum

Eine Erklärung kann man als Versuch definieren, ein Phänomen nur unter Zuhil-
fenahme bereits vorher existierender Kenntnisse zu beschreiben. Die Wirtschaftswissenschaftler frönen dieser Aktivität mit unersättlicher Leidenschaft. Ihre Erklärungen geben sie ausnahmslos nach dem Ereignis ab, weswegen man sie nie
testen kann – «Wie Grabinschriften», meint Marchetti, «die für den wissenschaftlich ausgebildeten Geist viel zu sehr nach Friedhof riechen.»[14]

Auch Physiker versuchen sich in der Kunst des Erklärens. Im Gegensatz zu
den Ökonomen drücken sie sich allerdings nicht davor, die Vergangenheit «vorherzusagen». Die ballistische Analyse einer Teilstrecke der Flugbahn einer Kugel
läßt nicht nur eine Vorhersage zu, wo die Kugel landen wird, sondern auch, woher sie kam. Die Daten, die ich in diesem Kapitel vorgestellt habe, zeigen, daß
man für ein sehr breites Spektrum menschlicher Aktivitäten eine Schwingung mit
einer Periode von sechsundfünfzig Jahren nachweisen kann. Als Physiker kann
ich der Versuchung nicht widerstehen, Erklärungsmöglichkeiten für diesen Zyklus
anzubieten.

Als wir diese Beobachtungen diskutierten, wies mich der Physiker und Nobelpreisträger Simon van der Meer[15] darauf hin, daß eine Periode von sechsundfünfzig
Jahren ziemlich genau mit der Zeitspanne übereinstimmt, in der ein Individuum
aktiv auf seine Umgebung einwirkt. Da er ein Experte für stochastische Prozesse
ist, schlug er als Erklärung vor, daß man die Individuen in einer Gesellschaft
als feste «Verzögerungselemente» in einem nie endenden Fluß kontinuierlichen
Wandels ansehen könnte. In der Gesellschaft gibt es eine Unzahl von Rückkopplungsschleifen, und trotz der kontinuierlichen Nachlieferung von Individuen könnte

die Existenz einer festen individuellen Verzögerung – wenn sie erst einmal durch eine Unregelmäßigkeit (Symmetriebrechung) ausgelöst wurde – zum Phänomen «schubweiser» Entwicklungen führen, deren charakteristische Periode der Verzögerungszeit entspricht.

Eine andere mögliche Erklärung der regelmäßigen sechsundfünfzigjährigen Oszillationen könnte mit periodischen Phänomenen auf ähnlichen Zeitskalen zusammenhängen, wie periodischen Bewegungen im Weltraum. Findet man kosmische Ereignisse, deren Einfluß auf unsere Erde weit entfernt von unserem Planeten entspringt und die periodisch alle sechsundfünfzig Jahre wiederkehren?

Die Astronomen kennen schon seit langem Konfigurationen im Kosmos, die in Zyklen wiederkehren. Der seit der Antike bekannte Saros-Zyklus beruht auf der Tatsache, daß sich immer gleiche Sonnen- und Mondverfinsterungen alle achtzehn Jahre, elf Tage und acht Stunden ereignen, aber nicht an der gleichen Stelle auf der Erde zu sehen sind. Nach dem Meton-Zyklus, der zur Berechnung des Osterdatums herangezogen worden ist, ist der Mond alle neunzehn Jahre zur annähernd gleichen Jahreszeit in ein und derselben Mondphase. Tatsächlich kehren die Mondverfinsterungen alle 18,61 Jahre wieder und konnen vom gleichen Ort auf der Erde betrachtet werden. Daher ist die kleinste ganzzahlige Zeiteinheit, gemessen in Jahren, die eine genaue Vorhersage von Mondfinsternissen am gleichen Ort erlaubt, gleich neunzehn plus neunzehn plus achtzehn Jahre, also insgesamt sechsundfünfzig. Diese Tatsache hat eine wichtige Rolle bei der Konstruktion und Erbauung von Stonehenge gespielt, wie wir unten sehen werden.[16]

Ihre Bedeutung haben Sonnen- und Mondfinsternis vortrefflich in allen Formen des Aberglaubens bewiesen, aber sie geht doch weit darüber hinaus. Effekte auf biologische Systeme, zum Beispiel abnormes Tierverhalten während Verfinsterungen, wurden beobachtet. Allein die Tatsache, daß die drei Himmelskörper auf einer Geraden liegen, ruft extreme Gezeiten hervor. Auch bei der Vorhersage der Gezeiten findet man die Periode der sechsundfünfzig Jahre wieder.[17] Aber diese Periode betrifft nicht nur Verfinsterungen und die Aufreihung von Sonne, Mond und Erde auf einer Geraden. *Jede* Konfiguration dieser drei Himmelskörper kehrt alle sechsundfünfzig Jahre identisch wieder. Mögliche Effekte auf die Erde, die mit einer bestimmten geometrischen Konfiguration zusammenhängen, unterliegen ebenfalls der Sechsundfünfzig-Jahres-Periode.

Es gibt aber noch ein weiteres astrales Phänomen, das von den erwähnten völlig unabhängig eine ähnliche Periode aufweist: die Aktivität der Sonnenflecken. Schon seit Jahrhunderten untersuchen die Astronomen Flecken auf der Sonnenoberfläche. Sie sind kälter als die übrige Oberfläche und ihre Lebensdauer kann ein paar Tage oder mehrere Monate betragen. In dieser Zeit werfen sie riesige Protuberanzen von Energie und Ströme geladener Teilchen in den Weltraum. Die Auswirkungen der Sonnenfleckenaktivitäten sind unterschiedlicher Art und bleiben Gegenstand wissenschaftlicher Untersuchungen. Es ist aber bekannt, daß sie elektromagnetischer Natur sind und daß sie das Erdmagnetfeld und die Ionosphäre stören und die Intensität der kosmischen Strahlung verändern, die aus dem Weltall auf unsere Erde trifft.

Wir wissen auch, daß es eine regelmäßige Schwankung mit einer Periode von elf Jahren in der Intensität der Sonnenflecken gibt. Die Sonnenfleckenaktivität erreicht wieder ein Maximum im Jahre 1991, wie sie es davor 1980, 1969 und 1957 tat. Während eines Aktivitätsmaximums erhöht sich die gesamte Solarstrahlung um einige Zehntel Prozent. Der dadurch ausgelöste Temperaturanstieg auf der Erde mag zu gering sein, um überhaupt bemerkt zu werden, aber die Meteorologen des National Climate Analysis Center haben diesen Sonnenzyklus in ihren Computerprogrammen berücksichtigt, die für die monatlichen und vierteljährlichen Klimavorhersagen eingesetzt werden. In jeder fünften Periode steht der Zeitpunkt der zyklischen Aktivität der Sonnenflecken wieder in Resonanznähe zum sechsundfünfzigjährigen Zyklus (fünf mal elf Jahre ergibt fünfundfünfzig Jahre). Ja, mehr noch, in der dreihundert Jahre langen Geschichte der Dokumentation der Sonnenfleckaktivität erkennt man relative Spitzenwerte in der Anzahl der Sonnenflecken in jeder fünften Periode (Anhang C, Abbildung 8.2).

All diese kosmischen Einflüsse sind wahrscheinlich zu schwach, um direkt einen meßbaren Effekt auf den Menschen zu haben. Sie können jedoch das Klima oder die Umwelt beeinflussen. Auf dem Kontinentalschelf gibt es regelmäßig verteilte Stufen, und in hundert Jahre alten Baumscheiben hat man dunklere Ringe bemerkt, die eine vergleichbare Periodizität aufweisen.[18] Beides weist auf Veränderungen in der Umwelt hin, und wenn die Umwelt im Takt eines solchen Pulses moduliert wird, so scheint es nicht abwegig anzunehmen, daß auch der Mensch in seinen Aktivitäten dem folgt. Tatsächlich haben Untersuchungen einen Zusammenhang zwischen Klimaänderungen und menschlichem Verhalten ergeben.[19]

Männer und Frauen jeden Alters waren schon immer fasziniert von zyklischen Vorgängen und haben in allen Disziplinen danach gesucht, von der Astrologie bis zur Wissenschaft und von der Ökologie bis zur Ökonomie. In jüngerer Zeit ist ihre Existenz angezweifelt oder gar geleugnet worden, nicht etwa wegen mangelnder Beweise, sondern aufgrund einer Weigerung, den mit diesem Gedanken verbundenen Grad an Vorbestimmtheit zu akzeptieren.

Pulsiert nun unser Planet im Sechsundfünfzig-Jahres-Takt? Es scheint in diesem Zusammenhang interessant, daß weit in grauer Vorzeit, um 2698 vor unserer Zeit, auf der anderen Seite der Erde der chinesische Kaiser Huang Ti den chinesischen Kalender auf einen sechzigjährigen Zyklus einstellte. Er schwor die Gangart seiner Gesellschaft auf diesen Rhythmus ein und widersetzte sich den offensichtlichen kürzeren Mond- und Sonnenzyklen, die oft die Grundlage zur Erstellung von Kalendern boten. Damit zeigte er eine gewisse Weisheit. Ob sein Volk mit einem anderen Kalender besser bedient gewesen wäre oder nicht, ist eine offene Frage. Es spricht aber für den Kalender, daß er derjenige ist, der am längsten in Gebrauch war. Er ist es heute noch.

Neulich gab mir ein Kollege das Buch *Stonehenge Decoded* (*Stonehenge entschlüsselt*) von Gerald Hawkins, in dem die Behauptung aufgestellt wird, daß die Architekten von Stonehenge ein verblüffend umfassendes Wissen über die periodischen Bewegungen des Mondes, der Erde und der Sonne gehabt haben mußten. Sechsundfünfzig Löcher, die sogenannten Aubray-Löcher, sind in einem Kreis um Stonehenge alle im gleichen Abstand angeordnet. Dies erklärt Hawkins in seinem Buch so:

> *Es war von Anfang an klar, daß den Aubray-Löchern eine besondere Bedeutung zukam: Sie waren räumlich sehr sorgfältig angeordnet und tief gegraben; sie dienten vereinzelt als Gräber; mit weißem Kalk gefüllt müssen sie einen eindrucksvollen Anblick geboten haben. Aber sie dienten nie zur Aufstellung von Steinen oder Pfosten. Da sie so zahlreich und in gleichem Abstand angeordnet waren, konnten sie auch kaum der Orientierung gedient haben. Was also war ihre Bestimmung?*
>
> *Ich glaube die Antwort gefunden zu haben.*
>
> *Ich glaube, daß die sechsundfünfzig Aubray-Löcher als Computer dienten. Indem die Priester von Stonehenge sie zur Zählung der Jahre benutzten, konnten sie die Bahn des Mondes genau im Auge behalten und so die gefährlichen Perioden für die spektakulärsten Verfinsterungen von Sonne und Mond voraussagen. Tatsächlich hätte man mit Hilfe des Aubray-Kreises eine Menge kosmischer Ereignisse vorhersagen können.*[20]

Die Zahl sechsundfünfzig ist die einzige ganze Zahl, die eine Angabe der exakten Wiederholung der Mondphasen über Stonehenge für mehrere Jahrhunderte erlaubt.

Wenn das Postulat von Hawkins richtig ist, so haben die Leute von Stonehenge, das irgendwann zwischen 2000 und 1600 vor Christus erbaut wurde, durch die Beobachtung kosmischer Vorgänge eine natürliche Uhr entdeckt, deren Zeiger alle sechsundfünfzig Jahre einen Umlauf vollenden und das Leben auf der Erde periodisch beeinflussen.

Lange bevor ich von dem sechsundfünfzigjährigen Zyklus Kenntnis hatte, war ich von dem Gedanken gefesselt, daß Stonehenge einige Geheimnisse birgt. Aber die Mystik um dieses Monument verflog, als ich mit Hawkins' Erklärung der Aubray-Löcher konfrontiert wurde und erkannte, daß ich mit jenen prähistorischen Gestalten etwas gemeinsam hatte. Natürlich erhellen Kalender und Steinmonumente nicht die Ursachen für die zyklische Natur des menschlichen Verhaltens, wie sie in diesem Kapitel dargestellt wurde, aber all diese Beobachtungen haben meinen Blick geschärft, so daß ich nun mit Leichtigkeit Ereignisse erkennen kann, die sich zugetragen haben und in Intervallen von fünfzig oder sechzig Jahren wahrscheinlich wieder zutragen werden.

9 Sättigungserscheinungen allerorten

Wenn Physiker neue Daten aufgenommen haben, sehen sie sich diese zunächst einmal genau an, noch bevor sie einen Versuch unternehmen, sie zu analysieren oder gar zu verstehen. Viele verborgene Zusammenhänge können nach einem Blick auf die erste einfache Darstellung der gesammelten Daten abgeleitet, erraten oder einfach nur erahnt werden. Die Nützlichkeit eines solchen Vorgehens auch im täglichen Leben wird vielfach unterschätzt. Erfolg bei der Reparatur einer Maschine oder eines anderen Gegenstandes, der nicht mehr funktioniert, beruht häufig auf nur wenig mehr als einer genauen Inspektion.

So wollen wir denn die Daten, die wir in diesem Buch bisher vorgestellt haben, genauer betrachten. Wir haben gesehen, daß von Menschenhand hergestellte Dinge in Größe, Anzahl oder Marktanteil nach S-Kurven wachsen und schließlich einen Sättigungswert erreichen. Diese Kurven stehen für natürliche Wachstumsprozesse und können daher in Zeitbereiche hinein extrapoliert werden, für die keine Daten verfügbar sind. Darüber hinaus haben wir einen sechsundfünfzig Jahre währenden Zyklus entdeckt, der viele menschliche Aktivitäten moduliert, insbesondere die wirtschaftliche Entwicklung. Was also können wir aus einer genauen Inspektion all dieser Daten noch lernen? Kann es irgendeinen praktischen Nutzen für die Bewertung vergangener und die Vorhersage zukünftiger Trends bringen, wenn wir sie besser zu verstehen und zu interpretieren lernen? Ich glaube schon. Das Wissen um natürliche Wachstumsprozesse, wie sie beim Bau von Straßen und der Verbreitung von Automobilen auftreten, ist geeignet, im Verein mit ihrer Beziehung zum Sechsundfünfzig-Jahres-Zyklus das Geschehen um die gegenwärtig anhaltende wirtschaftliche Rezession zu entmystifizieren.

Es wurde bereits bemerkt, daß die Autopopulationen in den meisten europäischen Ländern, in Japan und zu einem großen Teil auch in den USA den Sättigungswert ihrer Nische um 1995 erreichen werden. Was den Bau von befestigten Straßen betrifft, werden sich die wesentlichen Bemühungen in der Zukunft auf Erhalt und Verbesserung des existierenden Straßennetzes und weniger auf Neubauten erstrecken. Der Straßenneubau in den Vereinigten Staaten erlebte in den frühen achtziger Jahren ein erstaunliches Comeback, aber das sollte nun vorbei sein. Entgegen allgemeinem Dafürhalten sind die Straßen *vor* den Autos in die Gesellschaft «diffundiert»; sie erreichten das 90-Prozent-Niveau etwa ein Jahrzehnt früher, abgesehen von der Tatsache, daß sich die verschiedenen Prozesse in ihrer Saturationsphase alle wieder treffen.

Ganz allgemein könnte man sagen, daß diese Art Transportmittel ihre von der Gesellschaft als notwendig erachtete Kapazität ausgeschöpft hat und man nicht mehr bereit ist, weiter zu investieren. Seit im Jahre 1960 der Straßenverkehr den Löwenanteil am Transportmarkt hatte (siehe Kapitel 7), hat der Flugverkehr an relativer Bedeutung immer mehr gewonnen.

1960 hatte die Bedeutung des Automobils ihren Zenit erreicht. Unterteilt man den Personenverkehr zwischen den Städten in den USA nach Eisenbahn-,

AUF TOUREN WIE DER TEUFEL

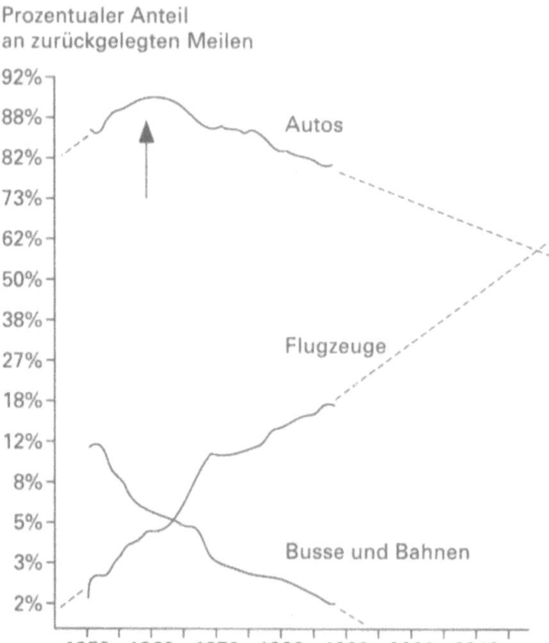

Abb. 9.1 Unterteilung des Personenverkehrs zwischen den Städten in den USA nach Transportmitteln (oben) mit logistischem vertikalem Maßstab. Die unterbrochenen Linien stellen
Extrapolationen von Ausgleichskurven zu den Datenpunkten dar. Der 1959er Cadillac Cy-
clone (unten) steht repräsentativ für das «Verhalten» der Automobile von dem Moment an,
als ihre vorherrschende Stellung von Flugzeugen angegriffen wurde. Nach Arbeiten aus
dem Institute of Advanced Systems Analysis; Foto von General Motors.

Auto- und Flugverkehr, wie in Abbildung 9.1 dargestellt, so ging der prozentuale Anteil des Zugverkehrs (Busse eingeschlossen) systematisch zurück, während der Anteil des Flugverkehrs anstieg. Der Anteil der Autos stieg bis 1960 an, als er fast 90 Prozent erreichte und ging dann allmählich zurück. Cesare Marchetti glaubt, daß das Automobil trotz seiner beherrschenden Position in der damaligen Zeit die immer stärkere Bedrohung durch das Flugzeug «gespürt» hat.[1] In seiner schrulligen Art fügt er hinzu, daß sich die Autos in dem Moment, als ihr Marktanteil zu bröckeln begann, «als Flugzeuge mit einer 0,8-Mach-Aerodynamik, Querrudern, Heckflossen und Instrumentierungen wie in einem Cockpit maskierten. Der Konkurrent ist der Teufel – in diesem Fall das Flugzeug –, und man erschreckt den Teufel, indem man sich anzieht wie der Teufel – wie es die Bergbauern in den österreichischen Alpen noch heute tun.»

Obwohl die Flugzeuge die Autos prozentual ersetzen, scheint sich das absolute Wachstum des Flugverkehrs zu verlangsamen. Eine graphische Darstellung der Kilometertonnage, die weltweit jährlich anfällt, zeigt, daß der Luftverkehr Ende des Jahrhunderts einem Sättigungspunkt zustrebt. Die S-förmige Ausgleichskurve zu den Daten hat einen Maximalwert von 360 Milliarden Tonnenkilometern pro Jahr, und diese Nische wird um das Jahr 2000 zu 90 Prozent ausgefüllt sein (Anhang C, Abbildung 9.1).

Daten und Kurve zeigen eine bemerkenswerte Übereinstimmung, die um so erstaunlicher ist, wenn man bedenkt, daß es in der Zwischenzeit mindestens zwei extreme Ölpreiserhöhungen gegeben hat, eine 1974 und eine weitere 1981. Man würde eigentlich erwarten, daß die Entwicklung des Luftverkehrs vom Treibstoffpreis beeinflußt würde, von dem sie ja direkt abhängig ist. Mitnichten! Das *System* scheint derartige Effekte intern zu kompensieren, als ob es keinen Fingerbreit von seinem natürlichen Kurs abweichen wolle.

Während wir nun auf die Mitte der neunziger Jahre zusteuern, geht eine Vielzahl von Wachstumskurven ihren Sättigungswerten entgegen und flacht sich ab. Bei den Automobilpopulationen und dem Straßenbau ist diese Entwicklung verständlich. Es besteht keine Notwendigkeit für weiteres Wachstum. In anderen Fällen, wie dem Luftverkehr, muß man die Verlangsamung nur als Ende einer Phase ansehen, denn die Infrastruktur der Luftverkehrswege ist noch jung, und weitere Wachstumsphasen müssen folgen.

Die Forschergruppe am IIASA (Cesare Marchetti, Nebojsa Nakicenovic und Arnulf Grubler) hat mehr als ein Jahrzehnt lang ihrem Vergnügen gefrönt, logistische Funktionen an Hunderte von Wachstumsprozessen anzupassen. Die Fallbeispiele überspannen die letzten dreihundert Jahre und betreffen vornehmlich den Ausbau von Infrastrukturen und die Substitution und Verbreitung von Technologien. Nachdem Alain Debecker und ich Arnulf Grublers Buch *The Rise and Fall of Infrastructures*, das viele Resultate aus dem IIASA enthält, in die Hand bekommen hatten, beschlossen wir, alle die dort veröffentlichten Kurven in einer einzigen Darstellung zusammenzufassen. Die originalen Ausgleichskurven waren als Geraden in logistischem Maßstab dargestellt. Wir transformierten sie wieder

Wenn mehrere technologische Entwicklungen gleichzeitig ihren Sättigungsgrad erreichen, führt dies zur Rezession

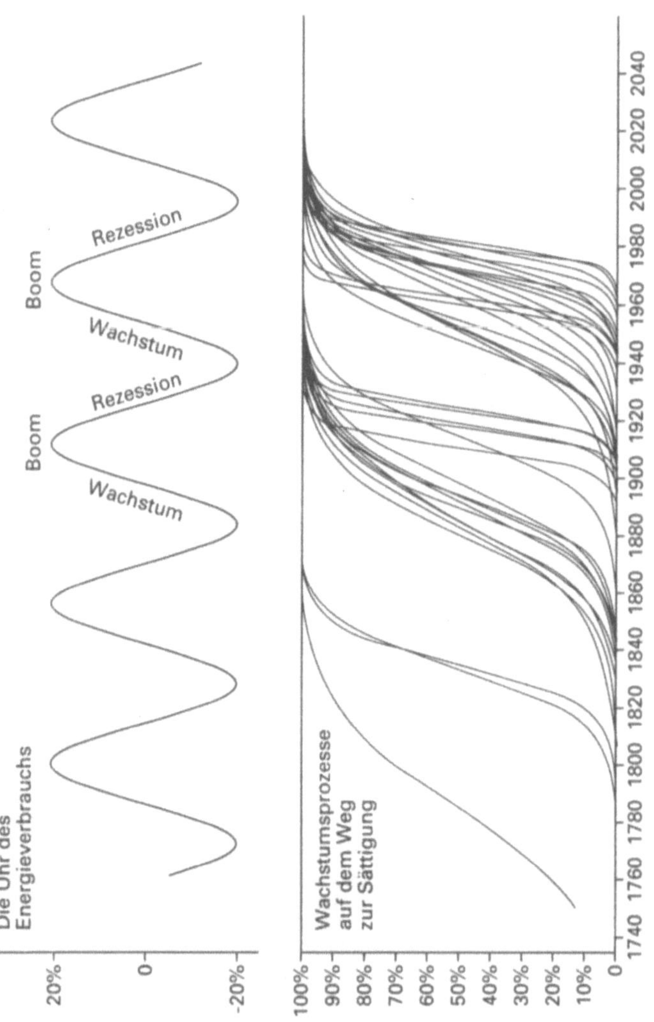

Abb. 9.2   Oben: Der idealisierte Zyklus des Energieverbrauchs, wie in Kapitel 8.
Unten: S-Kurven für verschiedene technologische Wachstums- und Substitutionsprozesse,
normalisiert auf einen Sättigungswert von 100%. Der ansteigende Teil der meisten Kurven
fällt mit der Aufschwungphase des Zyklus zusammen, die Wachstum zum Wohlstand
anzeigt, während die «koordinierte» Saturation mit ökonomischer Rezession einhergeht.

auf S-Kurven-Gestalt. In Abbildung 9.2 fügten wir außerdem noch einige Kurven über Innovationen im Computerwesen, Gründungen neuer U-Bahnlinien und Fluglinien hinzu, die wir selbst bestimmt hatten.

Es sind insgesamt mehr als fünfzig Wachstumsprozesse dargestellt, alle mit einem auf 100 Prozent normalisierten Sättigungswert. In der Tabelle mit dem Titel «Der Zeitverlauf technologischer Wachstumskurven» ist der Name einer jeden Technologie in chronologischer Abfolge (bezogen auf ihren 50-Prozent-Wert) aufgeführt. Ganz wie wir erwartet hatten, finden sich die Kurven zu Bündeln zusammen, die wieder zusammenlaufen, sobald sie den Sättigungswert erreichen. Die drei Kurven links außen im späten achtzehnten und frühen neunzehnten Jahrhundert repräsentieren Kanalkonstruktionen. Die nächste Gruppe schließt im wesentlichen die Verbreitung von Dampfern und Eisenbahnnetzen ein; die schnell ansteigenden Kurven auf ihrer rechten Seite stehen für die Substitution von Pferden durch Autos. In dem Bündel vom zwanzigsten Jahrhundert ganz rechts erkennt man die Erweiterung des Straßennetzes und die Substitution von Dampflokomotiven an ihrem langsamen Wachstum, gefolgt von den Kurven der Automobilpopulationen, die etwas schneller ansteigen. Unter den jüngsten Kurven sind einige, die mit Innovationen in der Computerindustrie zu tun haben.

Wir verglichen dann diese natürlichen Wachstumskurven mit dem sechsundfünfzigjährigen Zyklus des Energieverbrauchs, der mit dem ökonomischen Zyklus zusammenfällt. Dabei stellten wir eine bemerkenswerte Korrelation zwischen den Zeitpunkten, zu denen die Wachstumskurven ihre Maximalwerte erreichen, und den Tälern des ökonomischen Zyklus fest. Damit war nun offensichtlich, daß Hochkonjunktur und Wohlstand, die in den Spitzen des Zyklus auftreten, mit technologischem Wachstum zusammenfallen, während die Rezession mit der Sättigung dieser Technologien einhergeht. Die Industrien, die um diese Technologien aufgebaut werden, folgen denselben Zeitkurven und sind zu denselben Zeitpunkten abgesättigt.

Drei Wellen industriellen Wachstums werden durch die Bündelung der Kurven angedeutet. Die Zeiten, wenn sich die Kurven wieder vereinen, bilden gleichsam Barrieren gegen wirtschaftliche Weiterentwicklung. Wachstumsprozesse setzen sich nicht über sie hinweg fort. Es ist eine Ausnahme, wenn ein Prozeß durch die wirtschaftliche Rezession «durchtunnelt» und im nächsten Zyklus weiterwächst. Einige wenige Beispiele hierfür sind in der Tabelle erwähnt. Die zugehörigen S-Kurven erstrecken sich über die weißen Flächen zwischen den drei Kurvenbündeln in Abbildung 9.2 (siehe dazu Anhang C, Abbildung 9.2). Zwischen der ersten Welle (die eher schlecht definiert ist mangels ausreichender Fallbeispiele) und der zweiten war es die Erweiterung des Kanalnetzes in Rußland, die sich weiterentwickelte. Zwischen der zweiten und der dritten Welle war der verbindende Prozeß die Konstruktion von Ölpipelines in den Vereinigten Staaten. Die Technologie ums Öl entwickelte sich weiter, unbeeinflußt von der Rezession der dreißiger Jahre, einer Periode, in der noch die Dampf- und Kohletechnologien

Der Zeitverlauf technologischer Wachstumskurven

	Sättigungsgrad		
	10%	50%	90%
Erste Industrialisierungswelle			
Kanalbau – England	1745	1785	1824
Kanalbau – Frankreich	1813	1833	1853
Kanalbau – USA	1819	1835	1851
Tunnelprozesse:			
Kanalbau – Rußland (erste Phase)	1781	1837	1892
Zweite Industrialisierungswelle			
Schienennetz-Ausbau – Deutschland	1853	1881	1909
Schienennetz-Ausbau – Österreich	1858	1884	1909
Substitution Dampfer für Segler – Großbritannien	1857	1885	1912
Substitution Dampfer für Segler – USA	1849	1885	1921
Substitution Dampfer für Segler – Österreich-Ungarn	1867	1890	1914
Schienennetz-Ausbau – USA	1865	1892	1919
Schienennetz-Ausbau – weltweit	1866	1893	1921
Substitution Dampfer für Segler – weltweit	1868	1894	1921
Substitution Dampfer für Segler – Deutschland	1874	1895	1915
Substitution Dampfer für Segler – Frankreich	1868	1898	1928
Substitution Dampfer für Segler – Rußland	1872	1899	1926
Substitution Autos für Pferde – Frankreich	1903	1911	1919
Baubeginn bei Untergrundbahnen (erste Welle) – weltweit[2]	1892	1915	1938
Substitution Autos für Pferde – USA	1911	1918	1925
Substitution Autos für Pferde – Großbritannien	1910	1919	1929
Substitution Autos für Pferde – weltweit	1916	1924	1932
Substitution Autos für Pferde (Transport) – Frankreich	1916	1925	1934
Tunnelprozesse:			
Bau von Ölpipelines – USA	1907	1937	1967

Tabelle zu den Kurven in Abbildung 9.2. Wenn nicht anderweitig angegeben (wie z.B. bei Untergrundbahnen und Computerherstellern und Modellen), sind die Daten verschiedenen Abbildungen in Grublers

	Sättigungsgrad		
	10%	50%	90%

Dritte Industrialisierungswelle

	10%	50%	90%
Schienennetz-Ausbau – UdSSR	1928	1949	1970
Straßenbau – USA	1921	1952	1984
Substitution Motor- für Dampfschiffe – Großbritannien	1928	1953	1978
Kanalbau – UdSSR (zweite Phase)	1936	1956	1975
Abschaffung von Dampfloks – Deutschland	1950	1961	1971
Abschaffung von Dampfloks – Österreich	1952	1961	1970
Abschaffung von Dampfloks – UdSSR	1956	1962	1968
Bau von Gaspipelines – USA	1936	1963	1990
Abschaffung von Dampfloks – Frankreich	1954	1963	1973
Abschaffung von Dampfloks – Großbritannien	1958	1965	1971
Automobilflotte – USA	1942	1967	1995
Umstellung auf Düsenantrieb – weltweit	1952	1967	1982
Automobilflotte – Großbritannien	1946	1967	1989
Bau von Gaspipelines – weltweit	1948	1969	1990
Einsatz von Passagierflugzeugen – weltweit	1953	1970	1988
Automobilflotte – Australien	1954	1970	1987
Automobilflotte – Italien	1960	1971	1982
Automobilflotte – weltweit	1957	1972	1988
Automobilflotte – Österreich	1960	1973	1986
Automobilflotte – Spanien	1964	1974	1983
Baubeginn bei Untergrundbahnen (zweite Welle) – weltweit[2]	1955	1975	1995
Passagierflugaufkommen – weltweit	1962	1967	1991
Automobilflotte – Japan	1969	1977	1986
Flugverkehr gesamt – weltweit	1962	1980	1997
Anteil der Autos mit Katalysatoren – USA	1975	1980	1985
PC-Hersteller – weltweit[3]	1972	1981	1991
PC-Modelle – weltweit	1975	1983	1991

Tunnelprozesse:

	10%	50%	90%
Flugverkehrsstrecken – USA[4]	1963	2001	2039
Straßenbau – UdSSR	1949	1980	2012
Computer-Modelle (ohne PCs) – weltweit	1973	1988	2002
Computer-Hersteller (ohne PCs) – weltweit	1976	1991	2006

The Rise and Fall of Infrastructures entnommen. Hier erwähnte Tunnelprozesse sind in Abbildung 9.2 nicht dargestellt (einige ausgewählte finden sich in Anhang C, Abbildung 9.2).

bestimmend waren. Die Pipelineprojekte trugen wesentlich zur wirtschaftlichen Erholung nach dieser großen Rezession bei.

Während der gegenwärtigen Rezession sind die wesentlichen Prozesse, die weiter wachsen und so zur wirtschaftlichen Erholung beitragen werden, der Ausbau der Luftverkehrsverbindungen zwischen amerikanischen Städten und der Kampf gegen die Umweltverschmutzung (der später in diesem Kapitel diskutiert werden soll). Zu einem geringeren Grade werden auch der Bau von Gaspipelines und Kernkraftwerken und die Computerindustrie ihren Beitrag zur Erholung der Wirtschaft leisten. Weltweit gesehen gehören zu den Industrialisierungsprozessen, die am Ende des Jahrhunderts noch nicht abgeschlossen sein werden, der Straßenbau in der GUS und die Automobilpopulationen in Kanada und Neuseeland.

Es sollte auch bemerkt werden, daß die Bündelung der Saturationszeitpunkte der verschiedenen Industriezweige und der zugehörigen Technologien letztlich mit der Clusterbildung bei den grundlegenden Innovationen verbunden ist, wie sie im letzten Kapitel besprochen wurde. Während das Auftauchen grundlegender Innovationen zu Wachstum und Wohlstand führt, erschöpfen sich die Innovationen, die zusammen entstanden sind, auch zum gleichen Zeitpunkt, was eine Verlangsamung des Wachstums, Beschäftigungsrückgang und verstärkten Konkurrenzkampf bewirkt.

In der heutigen Rezession wirft das Veralten der in die Jahre gekommenen Innovationen einen Schleier der Zeitweiligkeit auf unternehmerische Bemühungen. Die Lebenszyklen der Produkte, die auf der verzweifelten Suche nach Unterscheidung vom Konkurrenten sind, werden immer kürzer, wenn ihnen die vorhandenen Technologien keine Rechtfertigung mehr geben. Auch die Lebenszeiten der Firmen selbst werden immer kürzer, und die Zahl der Fusionen und Aufkäufe mehrt sich. (Selbst die Zyklen persönlicher Beziehungen werden kürzer; die durchschnittliche Dauer einer Beziehung in den Vereinigten Staaten, Ehen eingeschlossen, liegt inzwischen angeblich unter 2,5 Jahren.) Das gesellschaftliche Leben, unter welchem Winkel man es auch betrachtet, wird immer mehr konkurrenzbetont und herausfordernd. Erfolg zu haben oder auch nur einfach zu überleben wird in der heutigen Gesellschaft immer schwerer. Damit stellt sich natürlich jeder die Frage, «Wie lange soll das noch so weitergehen?» Um diese Frage zu beantworten, werden wir einen Blick auf die natürlichen Wachstumskurven werfen und den periodischen ökonomischen Zyklus, mit dem sie liiert sind.

Vor nicht allzu langer Zeit zeigte ich meine Beobachtungen über die Zyklizität des menschlichen Verhaltens Michael Royston, einem Freund, der seit einigen Jahren am Internationalen Management Institut in Genf Umweltwissenschaft lehrt. Royston wurde ganz aufgeregt und holte sofort einen unveröffentlichten Artikel hervor, den er 1982 geschrieben hatte und in dem er den Sechsundfünfzig-Jahres-Zyklus unter einem ganz anderen Gesichtspunkt betrachtete.[5]

Royston hatte die These aufgestellt, daß das Leben in Spiralen voranschreitet und daß langfristiges Wachstum eine Spirale durchläuft mit vier aufeinanderfol-

Das Leben als Spirale

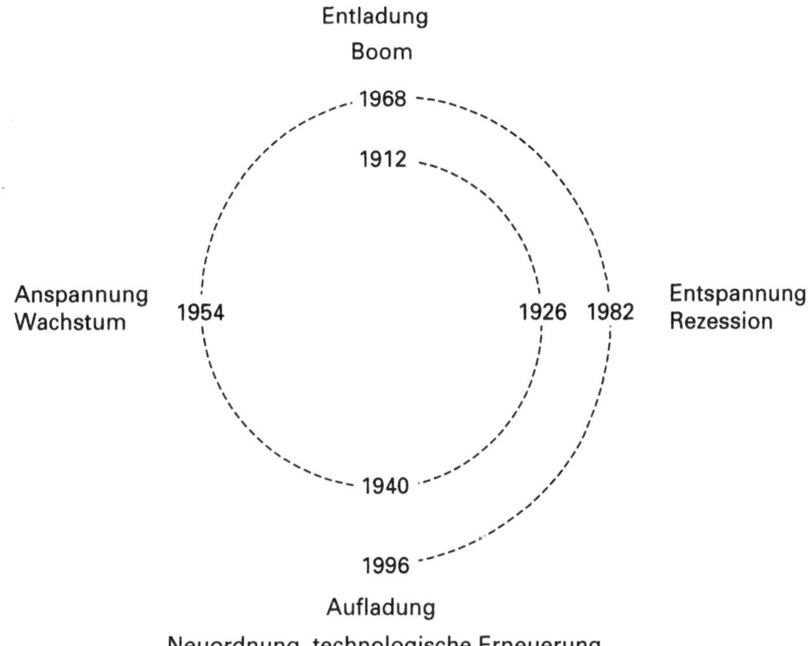

Abb. 9.3   Die Royston Spirale.

genden Phasen: Entladung, Entspannung, Aufladung und Anspannung, wonach sie wieder zum Ausgangspunkt zurückkehrt, aber nun bereichert mit neuen Erkenntnissen, Erfahrungen und neuer Stärke. Die Periode der Entladung ist durch ökonomischen Wohlstand oder eine Hochkonjunktur charakterisiert; die Entspannung wird durch Rezession charakterisiert; Aufladung ist eine Periode der Neuordnung und neuer technologischer Entwicklungen; und die Anspannung ist eine Zeit des Wachstums, die schließlich wieder zu Entladung und Hochkonjunktur führt. Der gesamte Zyklus wird in sechsundfünfzig Jahren abgeschlossen und dann wiederholt. In dem jüngsten vollendeten Zyklus, schematisch dargestellt in Abbildung 9.3, betrachtet Royston die Jahre 1912 und 1968 als die Höhepunkte des Überflusses, gefolgt von Perioden, in denen die Welt in Krieg und ökonomischem Tumult versank. In der Spirale, die mit dem Jahre 1968 beginnt, würde man 1996 ein unheilvolles Echo des Jahres 1940 erwarten.

Royston unternahm den Versuch, seinen Sechsundfünfzig-Jahres-Zyklus sowohl mit umweltpolitischen Fragen als auch mit dem menschlichen Verhalten in Verbindung zu bringen:

Der Mensch verbringt die ersten achtundzwanzig Jahre seines Lebens damit, sich etwas anzueignen beziehungsweise sich «aufzuladen», zunächst affektive, dann physische, dann intellektuelle und schließlich spirituelle Fähigkeiten, alle auf der Grundlage je eines Sieben-Jahre-Zyklus. Die zweiten achtundzwanzig Jahre befindet sich der Mensch in einem Zustand der «Spannung» als Elternteil, aktives Mitglied der Gesellschaft, Denker. Die letzten achtundzwanzig Jahre über wird das Individuum schließlich affektiv und spirituell «entladen» und erreicht das Alter von drei mal achtundzwanzig Jahren, um sich in der Ewigkeit auszuruhen.

Royston rollte auch die Geschichte auf und wies auf mehrere Ereignisse hin, die historische Wendepunkte darstellten und alle fast genau sechsundfünfzig Jahre auseinanderlagen. In seiner Liste finden sich Ereignisse wie die Erfindung des Schwimmkompasses (1324), die Erfindung des Schießpulvers und der Büchsenmacherei (1380), die Erfindung der Druckpresse (1436), die Entdeckung Amerikas (1492), der Beginn der Reformation (Luther und Calvin, 1548), die Niederwerfung der Spanier und der Aufstieg der Niederländer (1604), die Übernahme des französischen Throns durch Ludwig XIV. (1660), der Aufstieg des englischen Empires (1716) und der amerikanische Unabhängigkeitskrieg (1772).

Die Sechsundfünfzig-Jahres-Perioden, die diesen Ereignissen folgten, erlebten aufeinanderfolgende Machtübergaben, von den Franzosen an die Briten mit dem Ende des Napoleonischen Zeitalters (1828–1884), von den Briten an die Deutschen mit dem Einzug der neuen Technologien in der Chemie, dem Automobilbau, dem Flugzeugbau und der Elektrizität (1884–1940) und von den Deutschen an die Amerikaner mit ihren neuen technischen Errungenschaften wie Plastik, Transistor, Antibiotika, organische Pestizide, Düsentriebwerke und Kernenergie (1940–1996). Es ist durchaus denkbar, daß das Europa der Zeit nach 1992, unterstützt durch den Zusammenbruch des Kommunismus, in der Zeit von 1996–2052 den Amerikanern einen Teil ihrer Macht abringen kann. Während dieser Periode wird auch die derzeitige Rezession ihre Talsohle durchschreiten, und neue Technologien und neues Wachstum werden zu glücklicheren Zeiten führen.

Auf dem Weg in die Zukunft

Man könnte argumentieren, daß Roystons Auswahl subjektiv ist; daß er nur die historischen Ereignisse betrachtet, die in seine Theorie passen. Schließlich ist die Geschichte so reich, daß man um ein bestimmtes Datum herum immer ein interessantes Ereignis finden kann. Man kann aber nicht auf diese Weise gegen die Beobachtungen von Nakicenovic über den Preisindex auf dem englischen Großhandelsmarkt, der seit dem sechzehnten Jahrhundert aufgezeichnet wird, argumentieren. In Abbildung 9.4 sind die Schwankungen dieses Index aufgetragen, nachdem die Daten durch Mittelwertbildung über eine bestimmte Periode geglättet wurden. Sie belegen das Vorhandensein einer langen ökonomischen Schwingung mit einer mittleren Periode von 55,5 Jahren.

EINE PERIODISCHE OSZILLATION ÜBER FÜNF JAHRHUNDERTE

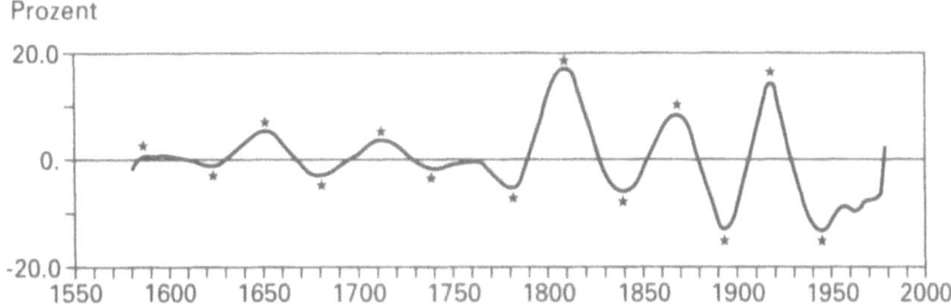

Abb. 9.4 Abweichungen des Großhandelspreisindex in Großbritannien von einem gleitenden 50-Jahres-Durchschnitt. Die Daten wurden durch Mittelung über eine gleitende 25-Jahres-Periode geglättet. Dadurch werden kleinere Fluktuationen unterdrückt und die Schwingung verdeutlicht. Die Periode beträgt 55,5 Jahre.*

* Nach einem Graphen aus: Nebojsa Nakicenovic «Dynamics of Change and Long Waves», report WP-88-074, June 1988, International Institute of Advanced Systems Analysis, Laxenburg, Österreich. Nach dem Artikel von R. Ayres, «Technological Transformations and Long Waves», parts I and II, *Technological Forecasting and Social Change*, vol. 37, nos. 1 and 2 (1990). Copyright 1990 by Elsevier Science Publishing. Nachdruck mit freundlicher Genehmigung des Verlags.

Sowohl Royston als auch Nakicenovic bestätigen die mehr quantitativen Resultate aus Kapitel 8 über den Sechsundfünfzig-Jahres-Zyklus. Alle diese Beobachtungen unterstreichen die Tatsache, daß das Erreichen der Sättigungswerte auf fast allen Gebieten heute keineswegs bedeutet, daß wir auf das Ende zugehen. Wir erreichen einfach nur gerade die Talsohle zwischen zwei Wellenkämmen. Der lange ökonomische Zyklus, der oft nach N.D. Kondratieff benannt wird, jenem russischen Wirtschaftswissenschaftler, der ihn zuerst beschrieb, kann als eine Kette glockenförmiger Lebenszyklen aufgefaßt werden. Jeder Lebenszyklus gehört zu einer S-Kurve, die sich über ein halbes Jahrhundert erstreckt und als Unterkunft vieler anderer Prozesse dient. Das Wachstum kommt schließlich zu einem Stillstand – zu einem Sättigungspunkt –, wenn seine Rate den Tiefpunkt auf halbem Wege zwischen zwei Wellenbergen erreicht.

Gegenwärtig befinden wir uns gerade in einer solchen Periode geringen Wachstums zwischen zwei Hochphasen, aber Saturation, Konkurrenzkampf und Rezession werden ihre Schlinge nicht ewig enger ziehen. In der Mitte der neunziger Jahre wird es eine Periode der Unstetigkeit geben, gekennzeichnet von der Erschöpfung alter Entwicklungsrichtungen und Übergang zu neuen. Um neue Wege definieren zu können, sind Innovation und grundsätzliche Restrukturierung notwendig. Tiefgreifender sozialer und institutioneller Wandel könnte unumgänglich werden. Die allgemeine Sättigung, die alle sechsundfünfzig Jahre erreicht wird, stellt die Kondratieff-«Barriere» dar, die alte Entwicklungen abstoppt und den Weg freimacht für neue. Wenn dieser Prozeß erst einmal begonnen hat, werden wir einer Periode des Wachstums und des steigenden Wohlstandes entgegensehen.

DIE INFRASTRUKTUR IM AMERIKANISCHEN TRANSPORTWESEN
ALS WOHLGEORDNETE PARADE

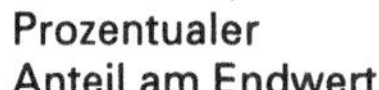

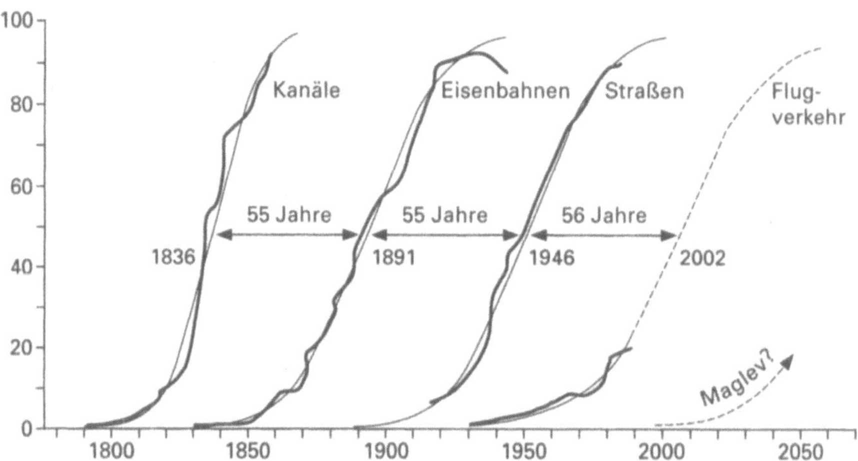

Abb. 9.5   Das Anwachsen der Gesamtlänge der Verkehrssysteme, angegeben als Prozentsatz des
Endwertes. Die Absolutlängen in Meilen sind dabei sehr verschieden (siehe Tabelle). Für
Luftverkehrsstraßen wurde der Sättigungswert geschätzt. Die 50-Prozent-Marken dieser
Wachstumsprozesse liegen in regelmäßigen Abständen von 55 bis 56 Jahren. Das futuristische Verkehrssystem «Maglev» könnte irgendwann um die Jahrhundertwende eingeführt
werden, aber der Zeitpunkt, zu dem es die Hälfte seiner Verbreitungskapazität erreicht hat,
dürfte ziemlich genau auf das Jahr 2058 fallen.*

* Nach einem Graphen aus: Arnulf Grubler, *The Rise and Fall of Infrastructures* (Heidelberg: Physica-
Verlag, 1990), jedoch nicht die Kurven für «Luftverkehr» und «Maglev?». Nachdruck mit freundlicher
Genehmigung des Verlags.

Wir können uns noch einmal die Geschichte des Transportwesens in den USA
ansehen und damit schon den Prozeß in seiner Entwicklung betrachten. Die Diskussion der Substitution der Transportinfrastrukturen in Kapitel 7 zeigte, daß Kanäle
der Eisenbahn wichen, die wiederum durch Straßen ersetzt wurde, die nunmehr
durch Luftverkehrswege ersetzt werden. Die Daten, die die Entwicklung einer
jeden dieser Infrastrukturen beschreiben, lassen sich zu einer Abfolge von normalisierten S-Kurven zusammenfassen, von denen jede einen Sättigungswert von 100
Prozent als Endwert der Gesamtlänge erreicht. In Abildung 9.5, die ursprünglich
von Nakicenovic stammt, habe ich noch die Verbreitung von Luftverkehrswegen
und ein Transportmittel der Zukunft hinzugefügt, das Maglev (eine Art Magnet-
schwebebahn). Bei den Luftverkehrswegen ging ich für den Sättigungswert von
einer Schätzung von 3,2 Millionen Meilen aus.[6] Die Extrapolation besagt, daß
mit einer Vervollständigung des Luftverkehrsnetzes nicht vor Mitte des einundzwanzigsten Jahrhunderts, weit jenseits der Kondratieff-Barriere 1995, zu rechnen

ist. Um das Jahr 2000 wird die Gesamtlänge der Luftverkehrsstraßen zwischen den Städten der Vereinigten Staaten das Zweieinhalbfache der Länge von 1980 übersteigen.

Der Lufttransport erscheint als Ausnahme zu der Liste der sich erschöpfenden Technologien, wie sie so typisch für Perioden der Rezession sind, und ganz im Gegensatz zu den früher erwähnten Hinweisen, daß der Flugverkehr weltweit gerade im Begriff sei, sein Saturationsniveau zu erreichen. Hier sieht man, daß die Erweiterung des Luftverkehrs noch nicht demnächst beendet sein kann. Man muß eine weitere Wachstumskurve um die Jahrhundertwende erwarten. Ein weiterer Grund dafür ist die Entwicklung einer *neuen* Technologie. Diese zweite Wachstumswelle im Luftverkehrswesen wird sehr wahrscheinlich die Entwicklung von Überschallflugzeugen einschließen, die möglicherweise mit flüssigem Wasserstoff angetrieben werden, der seinerseits mit Hilfe von Nuklearreaktoren erzeugt wird. Solch eine Verbindung zwischen einem Transportsystem und einer Primärenergiequelle hat es schon vorher gegeben (zum Beispiel Dampfenergie durch Kohle, Autoantrieb durch Benzin aus Öl) und sollte ihrerseits einen Einfluß auf die Entwicklung der Kernenergie haben.[7]

Es gibt noch zwei weitere bemerkenswerte Beobachtungen zu Abbildung 9.5. Zum einen folgen alle Transportsysteme sehr ähnlichen Trajektorien, bis sie ihre Sättigungswerte erreichen, selbst wenn diese sehr unterschiedlich sind:

Verkehrssystem	*Sättigungswert (Gesamtlänge)*	
Kanäle	4000 Meilen	
Schienenwege	300'000 Meilen	
Straßen	3,4 Millionen Meilen	
Luftverkehrswege	3,2 Millionen Meilen	(geschätzt)

Die zweite Beobachtung betrifft die Abstände der 50-Prozent-Marken der Wachstumskurven der jeweiligen Transportinfrastrukturen, die alle etwa sechsundfünfzig Jahre betragen, in Übereinstimmung mit der Periode des Zyklus, der zum ersten Mal in Kapitel 8 erwähnt wurde. Jedes der Transportsysteme hängt sehr stark mit einer bestimmten Primärenergiequelle zusammen: Kanäle mit Zugtieren (und damit Tierfutter), Eisenbahnen mit Kohle und Autos mit Öl. Das Auftauchen einer neuen Energiequelle geht der Sättigungsphase des gerade in Gebrauch befindlichen Transportsystems voraus. Nach diesem Denkmodell wird der Flugzeugtreibstoff der Zukunft jedenfalls nicht auf Öl beruhen! Der Gebrauch von Kerosin bei Flugzeugen ist direkt vergleichbar mit dem Gebrauch von Holz in Lokomotiven in den Frühzeiten der Eisenbahn (zumindest bis in die 1870er Jahre), obwohl schon die Kohle als Primärenergiequelle stark an Bedeutung gewonnen hatte. Die modernste Primärenergiequelle heute ist die Kernenergie, und das spricht für die Entwicklung eines Antriebssystems mit Wasserstoff aus Kernenergie, das den Luftverkehrszyklus zum großen Teil antreiben könnte.

Hier sehen wir also, daß neue Transportinfrastrukturen während der Rezessionszeiten in Zusammenhang mit dem Aufkommen von Innovationen und neuen Technologien ausgedacht werden, aber noch sehr langsam wachsen. Ihre maximale Wachstumsrate – am Wendepunkt der S-Kurve – erreichen sie während des folgenden Zyklus, zu dessen wirtschaftlichem Wachstum sie selbst beitragen. Eisenbahnen kamen in den späten 1820er Jahren zum Zuge, und die Spitzenzeiten des Eisenbahnbaus leisteten ihren Beitrag zur wirtschaftlichen Erholung von der großen Rezession der 1880er Jahre. Der Straßenbau begann in den 1880er Jahren und trug wesentlich zur ökonomischen Wiederbelebung nach 1930 bei in einer Zeit, als der Luftverkehr seinen ersten Aufwind verspürte. Die Maximalrate beim Aufbau dieses Transportsystems wird uns aus dem ökonomischen Tief der neunziger Jahre heraushelfen.

Setzt man dasselbe Muster der Entwicklung fort, so kann man abschätzen, daß ein zukünftiges Transportmittel, in Abbildung 9.5 als Maglev bezeichnet, ab 1995 zur Verfügung stehen sollte, ab 2025 mit einem bedeutenderen Anteil von etwa 1 Prozent der Gesamtlänge aller Transportsysteme am Markt vertreten sein wird und um 2058 seine maximale Wachstumsrate erreicht und damit zur Überwindung einer weiteren Depression um 2050 beiträgt. Nach dem bisherigen Muster muß dieses neue Transportsystem einen Faktor zehn an Verbesserung der Geschwindigkeit bringen, oder genauer der Produktivität (transportierte Fracht mal Geschwindigkeit). Ein Überschallflugzeug mit einer neuen Technologie – möglicherweise flüssiger Wasserstoff – könnte es zu achtfacher Überschallgeschwindigkeit bringen, wäre aber nur für Langstreckenflüge zu gebrauchen. Der Überschallflug ist sicherlich nicht die richtige Methode, Städte innerhalb eines Kontinents miteinander zu verbinden. Da die Geschwindigkeit der heute vorhandenen Flugzeuge völlig ausreichend ist, um Kurzstreckenflüge wie zwischen New York und Boston zu bewerkstelligen, muß das zukünftige Flugzeug die zehnfache Anzahl von Passagieren befördern. Es wäre dann das Äquivalent der Boeing 757 oder des europäischen Airbus, aber mit einer Kapazität von nahezu 2500 Passagieren! Die Probleme, die bei einer so großen Zahl von Fluggästen in einer einzigen Flugmaschine entstünden, wären ungeheuer.

Eine Alternative könnte der Maglev darstellen. Derartige Züge wurden eine zeitlang von den Japanern erforscht; sie fahren mit einer Geschwindigkeit von bis zu sechshundert Meilen pro Stunde, und hinsichtlich der Geschwindigkeit und der Kosten sind sie mit Flugzeugen vergleichbar. Maglevs sollten nur spezielle Stadtzentren miteinander verbinden, denn nur dann lassen sich ihre große Kapazität und die hohen Investitionskosten rechtfertigen. Billigt man den Japanern den Startschuß zu, so könnte der erste Maglev zwischen Tokio und Osaka verkehren und damit um die Jahrhundertwende eine Überstadt von 100 Millionen Menschen schaffen. Maglevs könnten schließlich andere Großstadtkomplexe *funktionell* verschmelzen, so daß «aus alten Städten perlenschnurähnliche lineare Superstädte entstehen».[8]

Maglevs könnten als Verbindungen zwischen Überschallflugrouten dienen, so daß ihre Bahnhöfe am besten an den Flughäfen untergebracht wären. Flughäfen sind gerade dabei, zu Informationsknotenpunkten zu werden, wie es die Zugbahnhöfe Ende des letzten Jahrhunderts waren. Um das Bild gänzlich zu vervollständigen, werden auch noch schnelle Untergrundbahnverbindungen zu den Flughäfen benötigt. Das Untergrundbahnsystem, heute weit von einem befriedigenden Zustand entfernt, wird wohl das schwächste Glied im Verkehrssystem der Zukunft sein. Glücklicherweise wird, wie im letzten Kapitel vorhergesagt, um die Jahrhundertwende in vielen Städten der Startschuß für eine neue Welle ehrgeiziger Untergrundbahnprojekte fallen, zu einer Zeit, wenn die gegenwärtige Rezession hinter uns liegt und wir uns auf dem Weg zu einer Periode neuen Wachstums befinden.

Futurologie

Die bisher in diesem Buch erwähnten natürlichen Vorgänge können als Werkzeuge zur Vorhersage dienen: *Invarianten* bezeichnen Gleichgewichtszustände, *S-Kurven* beschreiben kompetitives Wachstum und Substitutionsprozesse, der *sechsundfünfzigjährige Zyklus* schließlich gibt den Takt zyklischer Schwankungen an. Ich bin nun versucht, unter Anwendung dieser Begriffsbildungen weiter in die Zukunft zu sehen und einen Teil eines Bildes der Generation unserer Kinder zu entwerfen.

Dem Kondratieff-Zyklus zufolge werden wir in eine noch tiefere allgemeine wirtschaftliche Rezession geraten, aber gleichzeitig werden wir eine Periode durchlaufen, in der neue Innovationen mit einer verstärkten Frequenz erscheinen. Die meisten fundamentalen Entdeckungen, die zu Beginn des nächsten Jahrhunderts zu neuen Industrien führen werden, sind schon gemacht. Es hat in den letzten paar Jahrzehnten viele Erfindungen gegeben, aber wir müssen noch abwarten, welche zu einem industriellen Erfolg werden, bevor wir sie zu grundlegenden Innovationen erklären dürfen.

Wiederum aufgrund des sechsundfünfzigjährigen Zyklus sollte der Zeitraum von 1996 bis 2024 eine Zeit des Wachstums werden und zu Wohlstand führen, ähnlich wie es in der Zeit zwischen 1940 und 1968 geschah. Reales Wachstum wird Gelegenheiten für unternehmerische Wagnisse geben, die der Ära der Bürokratie folgen sollten, aus der wir gerade herausgetreten sind. Gute Gelegenheiten sollten sich in vielen Bereichen zeigen. Die für dieses neue Zeitalter des Wachstums am besten geeigneten Leute sind vielseitig talentierte Männer und Frauen, die eine breitgefächerte und nicht so tiefgehende Ausbildung genossen haben, also eher Generalisten und weniger Spezialisten. Sie werden es leichter haben, eine Nische für sich zu finden, als die Unternehmungslustigen um die Jahrhundertwende. Erst die Generation nach ihnen wird wieder die Bürokraten der 2020er Jahre stellen.

Nach dem Zweiten Weltkrieg wurde das industrielle und ökonomische Wachstum sehr stark durch den notwendigen Wiederaufbau angeregt. Heute würgt eine durch die gesamte Industrie gehende Sättigungsphase wieder einmal die ökonomische Entwicklung ab, sechsundfünfzig Jahre nach einer ganz ähnlichen Krise in den dreißiger Jahren. Sollte ihr etwa um 1995 wieder ein weltweiter gewalttätiger Konflikt folgen wie der Zweite Weltkrieg? Im Hinblick auf das Ende des Kalten Krieges und den Zusammenbruch des Kommunismus in Europa schiene dies in unseren Tagen eine zum Scheitern verurteilte Vorhersage. Dennoch geht einer Periode schnellen Wachstums, wie der, die für die Jahrhundertwende vorhergesagt wird, gewöhnlich eine größere Zerstörung voraus.

Diese einer Wachstumsstimulation zugrundeliegende Logik war wahrscheinlich einer der Gründe für die früheren Kulturen wie die der Azteken, Erneuerungsrituale abzuhalten. Alle mittelamerikanischen Zivilisationen, darunter die Mayas mit ihren außerordentlich ausgefeilten mathematischen und astrologischen Kenntnissen, benutzten zwei Kalender. Ein rituelles Jahr mit 260 Tagen lief parallel zum Sonnenjahr mit 365 Tagen. Das kleinste gemeinsame Vielfache von 260 und 365 sind 18.980 Tage, das sind 52 Jahre. Am Ende eines jeden Zyklus von 52 Jahren begingen die Azteken ein rituelles Fest, bei dem Tonwaren, Kleider und anderes Hab und Gut freiwillig zerstört und Schulden erlassen wurden. Eine Zeremonie mit dem Namen *Verbindung der Jahre* hatte ihren Höhepunkt in dem Feuererneuerungsritual, das sicherstellen sollte, daß die Sonne wieder aufgehen werde.

Solch eine freiwillige Vernichtung von Besitztümern erschiene uns heute unannehmbar. Schließt man also einen größeren Krieg aus, so fällt es schwer, sich für das westliche Gesellschaftssystem der mittleren neunziger Jahre eine Quelle der Zerstörung vorzustellen, die durch riesige materielle Schäden die nächste Wachstumsphase des Kondratieff-Zyklus einleiten könnte. Dennoch sagt der Zyklus voraus, daß später in diesem Jahrzehnt wichtige wirtschaftliche Entwicklungen und Wiederaufbauprozesse beginnen und den größeren Teil des folgenden einundzwanzigsten Jahrhunderts andauern sollten. Was, um alles in der Welt, sollte einen solchen Prozeß in Gang setzen?

Ich war mit meiner Vorhersage einer bevorstehenden weltweiten Katastrophe in eine Sackgasse geraten, bis mir die Februar-Ausgabe 1990 des *Insider Report* von Larry Abraham in die Hände fiel, die mich auf ein ungewöhnliches Buch aufmerksam machte, in dem ich eine Lösung meines Problems fand.[9]

Der Wunsch nach Frieden und seine Erfüllbarkeit

1970 veröffentlichte Dial Press ein kleines Büchlein mit dem Titel *Report from Iron Mountain on the Possibility and Desirability of Peace* (*Report von Iron Mountain über die Möglichkeit und die Sinnhaftigkeit dauerhaften Friedens*) In der Einleitung, die von Leonard C. Lewin geschrieben war, erfahren wir, daß «John Doe», ein Professor an einer großen Universität im mittleren Westen, von einer Regierungskommission im August 1963 ausgewählt worden war, «in einer Kommission ‹höchster Dringlichkeitsstufe› mitzuarbeiten. Ihr Ziel war es, *die Natur des Problems detailliert und realitätsbezogen zu erforschen, mit dem die Vereinigten Staaten konfrontiert würden, falls und wenn der Umstand eines ‹dauerhaften*

Friedens› eintreten sollte, und ein Programm zu entwerfen, mit dieser Eventualität umzugehen.»[10]

Die wahre Identität von John Doe und seinen Mitarbeitern wurde nicht enthüllt, aber es wird berichtet, daß sich diese Gruppe regelmäßig über zweieinhalb Jahre lang traf und zusammen arbeitete und anschließend diesen Bericht verfaßte. Der Bericht wurde jedoch sowohl von der Regierung als auch von der Forschergruppe selbst letztlich zurückgehalten. Doe jedoch beschloß, nachdem er mehrere Monate mit sich gerungen hatte, das Geheimnis nicht länger für sich zu behalten, und wandte sich an seinen alten Freund Lewin, ihm bei der Publikation zu helfen.

In seiner Einleitung erklärt Lewin, warum Doe und seine Mitarbeiter es vorzogen, anonym zu bleiben und ihre Arbeit ursprünglich nicht publizieren wollten. Dies hing mit den Schlußfolgerungen ihrer Studie zusammen:

Andauernder Friede ist, obwohl theoretisch nicht unmöglich, wahrscheinlich nicht zu verwirklichen; selbst wenn er erreichbar wäre, läge es mit ziemlicher Sicherheit nicht im Interesse einer stabilen Gesellschaft, ihn anzustreben.

Dies ist der Kernpunkt ihrer Ergebnisse. Hinter ihrer geschliffenen akademischen Ausdrucksweise steht dieses allgemeine Argument: Der Krieg erfüllt wichtige Funktionen für die Stabilität unserer Gesellschaft; bis andere Wege gefunden sind, diese Aufgaben zu erfüllen, muß das System des Krieges weiterhin aufrechterhalten werden – und seine Effektivität verbessert werden.

In dem Bericht selbst wird zuerst erklärt, daß der Krieg eine vitale Funktion hat, indem er für ein hohes Ausgabenpensum, nationale Solidarität und eine stabile innenpolitische Struktur verantwortlich ist. Dann fährt Doe fort mit der Erforschung der Möglichkeiten eines Ersatzes für den Krieg, jedenfalls was die positiven Aspekte betrifft. Er schreibt: «Was auch immer der Ersatz für den Krieg sein mag, ob ritueller Natur oder funktional real, wenn er keine glaubhafte Bedrohung des Lebens darstellt, wird er die soziale Organisationsfunktion des Krieges nicht übernehmen können.»

In Abschnitt 6 mit dem Titel «Ersatz für die Funktionen des Krieges» quantifiziert Doe die ökonomischen Bedingungen, die erfüllt werden müssen:

Ökonomische Ersatzprozesse für den Krieg müssen zwei grundsätzliche Kriterien erfüllen. Sie müssen im wahrsten Sinne des Wortes «unwirtschaftlich» sein, und sie müssen außerhalb des normalen Angebot-und-Nachfrage-Systems ablaufen. Als offensichtliche sofortige Folgerung ergibt sich, daß die Größenordnung der Verschwendung ausreichend sein muß, um die Bedürfnisse einer bestimmten Gesellschaft zu decken. Eine so fortschrittliche und komplexe Ökonomie wie die unsere erfordert die geplante jährliche Vernichtung von nicht weniger als durchschnittlich 10 Prozent des Bruttosozialproduktes, wenn sie ihre stabilisierende Funktion ordnungsgemäß ausführen soll. Wenn die Masse eines Hemmungsrades nicht auf die Kraft, die es kontrollieren soll, abgestimmt ist, so kann es selbstzerstörerisch wirken wie eine außer Kontrolle geratene Lokomotive. Diese Analogie, obwohl recht grob, trifft doch gerade auf die amerikanische Wirtschaft zu, wie die Folge der zyklisch wiederkehrenden Depressionen lehrt. Alle fielen in Perioden, in denen die Militärausgaben viel zu gering waren.

Unter den Alternativen, die die Gruppe bei ihrer Studie in Betracht zog, waren der Kampf gegen die Armut, ein Weltraumforschungsprogramm, ja sogar die «Glaubwürdigkeit einer Bedrohung durch eine außerirdische Invasion». Am ehesten als realistisch einzuschätzen könnte jedoch der Kampf gegen die Umweltzerstörung sein. In Does Worten:

Es kann sein, daß zum Beispiel eine massive Umweltverschmutzung eine mögliche großflächige Zerstörung durch einen Atomkrieg in ihrer Rolle als offenbare Bedrohung für das Überleben der Menschheit wird ersetzen können. Die Vergiftung der Luft und der Hauptnahrungsquellen und des Wassers ist schon recht weit fortgeschritten und sieht in dieser Beziehung auf den ersten Blick recht vielversprechend aus. Sie stellt eine Bedrohung dar, der nur mit vereinten Kräften und politischer Macht entgegengetreten werden kann. Geht man allerdings von dem derzeitigen Umgang mit dem Problem aus, so wird es wohl noch eine bis anderthalb Generationen in Anspruch nehmen, bis die Umweltverschmutzung, trotz ihres hohen Grades, in einem globalen Maßstab eine ausreichende Bedrohung darstellt, um eine mögliche Basis für die Lösung des Ersatzproblems zu bieten.

Nach der Veröffentlichung des Berichts machten Ratespiele wie «Wer ist Doe?» und «Ist der Bericht überhaupt authentisch?» in akademischen Kreisen und bei der Regierung die Runde. Das Weiße Haus führte schließlich eine Untersuchung durch und kam zu dem Schluß, daß es sich um eine Fälschung handelte. 1972 gestand schließlich Lewin die Autorenschaft für das gesamte Dokument ein. Sein Kommentar:

Ich beabsichtigte eigentlich nur, den Problemkreis um Krieg und Frieden in einen provokativen Rahmen zu stellen. Um auf die absurde Situation hinzuweisen, daß der Krieg zwar im wesentlichen mißbilligt, aber nichtsdestoweniger als Teil der notwendigen Ordnung der Dinge akzeptiert wird. Um die Bankrotterklärung der kleinbürgerlichen Denkungsart zu karikieren, indem ich ihren pseudowissenschaftlichen Gedankengang bis zu seinem logischen Ende verfolgt habe. Und vielleicht, mit viel Glück, um der öffentlichen Diskussion um die «Friedensplanung» einen Bereich hinter den üblichen schwammigen Grenzen zu erschließen.

Als ich Lewins fiktiven Bericht las, wurde mir bewußt, daß sich derzeit seine Voraussage über die Umweltverschmutzung auf ominöse Weise als realistisch erweist. Eine bis anderthalb Generationen von den Mittsechzigern aus gerechnet, das sind die neunziger Jahre und die folgende Dekade. Der Schaden, den wir in dieser Periode der Umwelt zugefügt haben, ist der Zerstörung durch einen größeren Krieg durchaus gleichzusetzen. Die Milliarden, die im Verein mit den neuen Technologien, die die alten ersetzen müssen, zur Rettung der Umwelt benötigt werden, sind vergleichbar mit den enormen ökonomischen und technologischen Anstrengungen, die nötig sind, um die Zerstörungen nach einem größeren Krieg zu reparieren. In diesem Sinne stellt sich also die Umweltverschmutzung als ein brauchbarer Ersatz für den Krieg heraus, aber es gibt zur gleichen Zeit auch einige gute Neuigkeiten. Die Beseitigung der Umweltschäden in den USA verschlingt derzeit 2 Prozent des Bruttosozialprodukts. Wenn sie, als Ersatzprozeß für den Krieg, die Kosten auf 10 Prozent hochtreiben muß, werden die Ausgaben für die Umwelt nach einer natürlichen Wachstumskurve ansteigen und durch die derzeitige wirtschaftliche Rezession «durchtunneln» und damit wesentlich zur Erholung der Wirtschaft beitragen, die uns in den für das erste Viertel des nächsten Jahrhunderts vorausgesagten Wohlstand führen wird.

Der vom Westen favorisierte Gegner in einem größeren Krieg in den neunziger Jahren wurde immer aus dem Osten erwartet, aber dieser Gedanke muß nun aufgegeben werden, da der Kommunismus in seinen letzten Zügen liegt. Was als glaubwürdige Alternative bleibt, ist ein totaler Krieg gegen die Umweltverschmutzung. Man könnte argumentieren, daß wir noch gar nicht über das Arsenal an Ressourcen verfügen, um diesen Krieg gewinnen zu können, aber es sollte darauf hingewiesen werden, daß der «Earth Day» auf Lenins Geburtstag fällt!

2025 – Die Welt ein Dorf

Angenommen, der Menschheit ergeht es gut in ihrem Krieg gegen die Umweltverschmutzung, dann können wir auch einen Blick über das nächste Jahrzehnt hinaus tun mit Hilfe der Ideen und Konzepte aus Kapitel 1 – speziell, indem wir die Invarianten betrachten. Wir wollen also versuchen, ein Bild des städtischen Lebens im nächsten Jahrhundert zu entwerfen.

Invarianten sind Größen, die sich im Verlauf der Zeit und in Abhängigkeit vom geographischen Ort nicht ändern, weil sie ein natürliches Gleichgewicht repräsentieren. Solche universellen Konstanten kann man ausnutzen, um die zukünftige Gestalt der Gesellschaft zu ergründen. Autos zum Beispiel legen ein kurioses Charakteristikum an den Tag, wenn man sich die Durchschnittsgeschwindigkeit ansieht, die sie erreichen. Diese beträgt heutzutage in den Vereinigten Staaten etwa 50 Kilometer pro Stunde und hat sich damit seit den Zeiten Henry Fords kaum geändert.[11] Der Autofahrer scheint mit einer Durchschnittsgeschwindigkeit von 50 Stundenkilometern zufrieden zu sein, und alle Leistungssteigerungen dienen nur dazu, die Zeitverluste in Staus und an Ampeln wieder wettzumachen.

Diese Invariante kann man zu einer anderen universellen Konstanten in Beziehung setzen, nämlich der Zeit, die man sich zum Reisen nimmt. Yacov Zahavi untersuchte das Gleichgewicht zwischen Nachfrage und Angebot an Beförderung, und der Stadtstruktur.[12] Er und seine Mitarbeiter zeigten das folgende: a) Einwohner der Städte auf der ganzen Welt widmen der Beförderung innerhalb der Stadt pro Tag etwa eine Stunde und zehn Minuten, sei es im Auto, im Bus oder in der U-Bahn. b) Für diesen Transport verbrauchen sie einen relativ konstanten Anteil ihres Einkommens: 13,2 Prozent in den USA, 13,1 Prozent in Kanada, 11,7 Prozent in England und 11,3 Prozent in Deutschland. c) Was sich bei den einzelnen Personen unterscheidet, ist die Entfernung, die sie zurücklegen; je reicher sie sind, desto weitere Wege legen sie zur Arbeit zurück. Zahavi schließt nun, daß die natürliche Balance gestört wird mit der möglichen Folge von Ärger und Streß, wenn es zu einer größeren Diskrepanz zwischen diesen Konstanten und dem Verhalten der betreffenden Person kommt.

Um nun auf das Auto zurückzukommen, das mit seinen 50 Stundenkilometern so für sich dahinfährt, so bedeutet eine Fahrzeit von einer Stunde und zehn Minuten eine Strecke von etwa 58 Kilometern (35 Meilen) pro Tag. Diese tägliche «Quote» der Kilometerleistung wird tatsächlich von den Statistiken über Autodaten bestätigt.[13] Während der letzten fünfzig Jahre war die jährliche Meilenleistung in den USA auf ein enges Intervall um 9500 Meilen beschränkt, trotz der enormen Verbesserungen bei Höchstgeschwindigkeit und Beschleunigung der Fahrzeuge in dieser Periode. Man kommt so auf eine Entfernung von 36,4 Meilen pro Arbeitstag, und das steht in guter Übereinstimmung mit dem zuvor erwähnten Ergebnis.

Die langfristige Stabiliät der obigen Invarianten beweist, daß es ein Gleichgewicht zwischen verfügbarer Zeit, zu verwendendem Einkommen und dem Straßennetz gibt. Die täglich zurückzulegende Entfernung wird zu einem natürlichen begrenzenden Faktor für die mögliche Größe von Stadtgebieten. Gemeinden wachsen um ihre Verkehrssysteme herum. Wenn man mehr als siebzig Minuten benötigt, um von einem Punkt zum anderen zu gelangen, dann sollten diese beiden Punkte vernünftigerweise nicht zum selben «Stadtgebiet» gehören. Das Auto erlaubte es den Städten, sich weiter auszudehnen. Zu Zeiten, als die Leute sich nur zu Fuß fortbewegten, mit einer Geschwindigkeit von vier bis fünf Kilometern pro Stunde, waren die Städte auch noch Dörfer, die nicht mehr als fünf Kilometer im Durchmesser maßen.

Schließlich gab es einen Schub in der Geschwindigkeit um einen Faktor zehn, als der Verkehr vom Fußgang auf das Auto verlagert wurde, und wieder einen beim Übergang vom Auto auf das Flugzeug, wenn man eine durchschnittliche Fluggeschwindigkeit von 500 Kilometern pro Stunde annimmt. Flugzeuge haben die Grenzen urbaner Gebiete weiter vergrößert, und so ist es heute möglich, in einer Stadt zu arbeiten und in einer anderen zu leben. Kurzstreckenverbindungen haben Paare oder ganze Gruppen von Stadtgebieten in den USA, in Europa und in Japan in große «Metropolen» verwandelt.

Wenn wir uns nun vorstellen, daß die Geschwindigkeit des Überschallflugzeugs der Zukunft um einen weiteren Faktor höher liegt, also durchschnittlich bei 5000 Kilometern pro Stunde, so können wir die gesamte westliche Welt als eine

einzige Stadt ansehen. In seinem Buch *Megatrends* behauptet John Naisbitt, daß
Marshall McLuhans «world village» (Weltdorf) heutzutage Realität geworden ist
durch die Kommunikationssatelliten, die die gesamte Welt informationstechnisch
miteinander verbinden.[14] Dies ist jedoch nicht ganz richtig. Der Informationsaus-
tausch ist eine notwendige, aber keine hinreichende Bedingung. Es ist schon wahr,
daß die Weltreiche in der Antike zusammenbrachen, nachdem sie so groß geworden waren, daß es mehr als zwei Wochen dauerte, eine Nachricht von einem Ende
zum anderen zu schicken. Aber es ist eben auch wahr, daß Kommunikationsmedien
nur einen schwachen Ersatz für persönlichen Kontakt darstellen (vergleiche Kapitel 6). Die Bedingung für ein «world village» ist also, daß man jeden beliebigen
Ort persönlich in nicht wesentlich mehr als einer Stunde erreichen kann.

Ein Weg, dies zu erreichen, liegt in einer Kombination aus Flugverbindun-
gen im Überschallbereich zwischen weit entfernten Städten, Maglevs als Hoch-
geschwindigkeitszügen mit großer Transportkapazität zwischen näher gelegenen
Zentralstädten und entsprechend zweckdienlichen U-Bahn-Verbindungen zu den
Flughäfen. In diesem Szenario gibt es nicht mehr viel Raum für die konventionellen Eisenbahnen. Sie haben offenbar keine Zukunft als Verkehrsnetz und werden
unabwendbar ihre Bedeutung während des ökonomischen Zyklus ab 1995 weltweit verlieren. Auf einigen Hochgeschwindigkeitstrassen wie der französischen
TGV-Verbindung zwischen Paris und Lyon werden die Züge noch eine Zeitlang
vor sich hin siechen, während sie langsam Boden gegenüber verbesserten Jumbo-
verbindungen im Unterschallbereich auf denselben Strecken verlieren.

Wie aber wird es dem Auto ergehen, das lange Zeit das favorisierte Transportmittel war, Spielzeug und Symbol unserer individuellen Freiheit und Mobilität?
Autos sind überhaupt nicht geeignet für die dichtbesiedelten Städte, die überall
im Entstehen sind. Großstadtgebiete mit einer hohen Bevölkerungsdichte bieten
verstärkt öffentliche Verkehrsmittel an, die individuellen Autoverkehr überflüs-
sig machen. Dies tritt angesichts der immer größeren vom Autoverkehr befreiten
Stadtzentren offen zutage. Andererseits ist der Trend zur Verstädterung in vollem
Gange. Die Weltbevölkerung implodiert geradezu exponentiell (obwohl sich dieser
Trend abschwächen wird) in immer zahlreichere und größere Metropolen hinein.[15]
All diese Argumente lassen darauf schließen, daß die Mehrheit der Bevölkerung in
einer gewissen Zeit keine Privatwagen mehr im inner- oder interstädtischen Verkehr benutzen wird. Was möglicherweise bleibt, ist der Gebrauch für Hobby und
Freizeit. Cesare Marchettis Ansicht über den langfristig zu erwartenden Gebrauch
von Autos wird von den Trends inspiriert, die man bereits jetzt bei der amerikanischen Gesellschaft ablesen kann: «*Autos...* könnten sich in *kleine Laster*
verwandeln, die voluminöse Spielzeuge für Erwachsene durchs Land karren.»

Der Tag, an dem die Zahl der Autos zu sinken beginnt, liegt noch in weiter
Zukunft. Zur Zeit jedenfalls hält das Wachstum der Autopopulationen in den meisten westlichen Ländern an und ruft damit eine Sättigung der Automobilindustrie
hervor. Ähnliche und gleichzeitig auftretende Saturationen in vielen anderen Indu-
striezweigen sind schuld an der gegenwärtigen Rezession. Aber die in Kapitel 8

beschriebenen zyklischen Vorgänge geben uns die Sicherheit, daß sich bald ein Wandel vollziehen wird – insbesondere wird in den neunziger Jahren ein neuer Schub von Innovationen für den Aufschwung neuer Industrien sorgen. Darüber hinaus gibt es noch einige alte Industriezweige, die noch nicht ihr Sättigungsniveau erreicht haben, zum Beispiel die Elektronik- und Computerindustrie, der Bau von Gaspipelines, die Kernkraftwerke und die U-Bahn-Verkehrssysteme. Schließlich kann man von zwei noch ziemlich jungen Wachstumsprozessen erwarten, daß sie als Zugpferde bei der wirtschaftlichen Entwicklung während der nächsten zwei Jahrzehnte in Erscheinung treten, das sind der Ausbau der Luftverkehrswege und die Beseitigung der Umweltschäden. Global betrachtet, gibt es noch viele Gebiete auf der Erde, in denen das Wachstum der alten Industrien noch nicht abgeschlossen ist; dazu gehört der Straßenbau in der GUS. All diese Faktoren zusammen deuten auf eine Periode in der näheren Zukunft hin, in der das wirtschaftliche Wachstum wieder angekurbelt werden wird.

10 Wenn ich kann, will ich auch

Logistische Funktionen sind hervorragend geeignet, natürliches Wachstum zu beschreiben. Wenn also alle Wachstumsprozesse in diese Kategorie fielen, wären weitere mathematische Kenntnisse nicht erforderlich. Aber leider gibt es Vorgänge, die so völlig andersartig ablaufen, daß man sie als das *Gegenteil* von dem ansehen kann, was wir bisher kennengelernt haben. Das Gegenteil von einem geordneten Wachstumsprozeß wäre ein Prozeß, der entweder nicht wächst oder nicht geordnet abläuft oder beides.

In der mathematischen Sprache wird das Adjektiv «ergodisch» benutzt, um eine von null verschiedene Wahrscheinlichkeit zu bezeichnen. In der Physik wurde, ganz in ihrer Tradition, die Mathematik auf das wirkliche Leben anzuwenden, das Ergodentheorem formuliert, welches in einfachen Worten besagt, daß Situationen, die theoretisch möglich sind, auch tatsächlich eintreten, wenn man nur lange genug wartet. Unter *möglich* kann man hier buchstäblich alle vorstellbaren Situationen verstehen, die nicht einem physikalischen Grundgesetz widersprechen. *Lange genug* kann allerdings bedeuten, daß einige Situationen erst nach praktisch unendlicher Zeit eintreten. Nichtsdestoweniger läßt sich das Theorem nicht nur mathematisch, sondern auch praktisch in der alltäglichen Erfahrung beweisen.

Betrachten wir als Beispiel filigrane Gegenstände aus Glas; ihr schwacher Punkt ist ihre Zerbrechlichkeit. Besitzer solcher Kostbarkeiten treffen in der Regel besondere Sicherheitsvorkehrungen, die das Leben der geschätzten Objekte substantiell verlängern können, aber etwas, das zerbrechen kann, wird mit Sicherheit früher oder später wirklich zerbrechen. Es ist nur eine Frage der Zeit. Dies klingt verdächtig nach Murphys Gesetz, nach dem alles, was schiefgehen kann, auch schiefgeht. Aber Murphy hat sein Gesetz wohl nur in einer zynischen Anwandlung formuliert, denn ihm fehlt jegliche wissenschaftliche Strenge. Das wirkliche Ergodentheorem ist amoralisch, denn es unterscheidet nicht zwischen gut und böse, zwischen Wünschenswertem und Unerwünschtem.

Je unwahrscheinlicher ein Ereignis ist, desto länger wird es offenbar dauern, bis es eintritt. Stellen Sie sich vor, daß ein farbenprächtiger Falter nachts durch ein offenes Fenster hereinfliegt und sich auf Ihrem Arm niederläßt. Auf ein solches Ereignis müssen Sie unter Umständen länger warten, als Ihr Leben währt. In diesem Sinne kann es also sein, daß es niemals eintritt, aber hätten sie Tausende von Jahren am Fenster sitzen und warten können, wäre Ihnen unter Garantie ein solches Erlebnis vergönnt gewesen.

In letzter Konsequenz kann man sogar «Wunder» erwarten. Als Physikstudent mußte ich einmal ausrechnen, wie lange man warten müßte, um einen Bleistift fliegen zu sehen! Da die Atome in einem Festkörper in zufällig verteilten Richtungen schwingen, ist es denkbar, daß zu einem bestimmten Zeitpunkt alle Atome in einem bestimmten Bleistift nach oben schwingen, in welchem Falle sich der Bleistift von allein erhebt. Meine Rechnung ergab, daß jemand, der einen Bleistift seit Beginn des Universums ohne Unterbrechung beobachtet hätte, mit größter

Sicherheit nicht Zeuge eines solchen Flugvorgangs geworden wäre. Es ist sogar noch viel schlimmer; um eine einigermaßen annehmbare Chance für eine solche Beobachtung zu haben, müßte man noch einmal eine Periode dieser Länge abwarten, allerdings müßte hierbei jede Sekunde selbst so lange dauern wie das Alter des Universums! Und doch gibt es die Möglichkeit, und alles ist nur eine Frage der Zeit.

Abgesehen von solchen akademischen Spielereien hat das Ergodentheorem auch reale Anwendungen auf häufiger beobachtete menschliche Verhaltensweisen. Es kann in ein Gesetz über das Sozialverhalten umformuliert werden, und dann besagt es, daß man, wenn man etwas tun *kann*, es schließlich auch tun wird. Dazu ist es notwendig, daß mit der Zeit ein Wille wächst, der die betreffende Person zur Tat antreibt. Mit anderen Worten, die Fähigkeit gebiert den Wunsch: *Wenn ich kann, will ich auch.*

Beispiele für die Gültigkeit dieses Gesetzes in der Gesellschaft sind reichlich vorhanden. Die berühmte Antwort auf die Frage, warum man einen Berg besteige, «Weil er da ist», ist nicht ganz vollständig. Die richtige Antwort ist: «Weil er da ist und ich es kann.» Schließlich ist der Berg seit Menschengedenken immer schon dagewesen. Das gleiche Gesetz kann man auch auf Paare anwenden, die gefragt wurden, warum sie Kinder haben. Die Antworten reichen von «Wir wollten die Erfahrung machen» bis zu «Es ist halt passiert». Tatsächlich ist aber nach unserem Gesetz die Antwort in allen Fällen die gleiche: «Weil wir es konnten.» Aber Leute, die nicht realisieren, daß es ihre Fähigkeit ist, die zur Ursache wird, erklären meist ihre Handlungsweisen im Rahmen des konventionellen sozialen Verhaltens.

Eine andere Anwendung des Ergodensatzes betrifft die unter Geschäftsführern wohlbekannte Tatsache, daß die Leute an ihrem Arbeitsplatz eher dazu tendieren, das zu tun, was sie können, als das, wofür sie eingestellt wurden. Es hört sich vielleicht nach Anarchie an, aber einige Firmen hatten Erfolg damit, ihren Angestellten die Freiheit einzuräumen, ihre Arbeit selbst auszugestalten. Die Angestellten sind auf diese Weise glücklicher. Das Gesetz besagt, daß sie schließlich auch das tun werden, was sie können, das heißt, es gibt eine Kraft – einen Drang –, die sie in diese Richtung treibt. Verhindert man die Umsetzung dieses Dranges, so kann dies zu Frustrationen führen, die offen oder nicht offen zum Ausdruck kommen können.

Die eigenen Fähigkeiten ändern sich allerdings mit dem Alter, ebenso wie der damit verbundene Wunsch. Ich war einmal Vorgesetzter eines Mannes, der zweieinhalb Päckchen Zigaretten am Tag rauchte. Da ich selbst mit dem Rauchen aufgehört hatte, schlug ich ihm vor, er solle es auch tun. «Ich bin noch jung», war seine Antwort. Es wird immer leichter, das Rauchen aufzugeben, je älter man wird. Aber nicht, weil die Willenskraft im Alter anwächst, sondern weil der immer schwächer werdende Organismus die körperlich schädlichen Einflüsse des Tabaks immer weniger verträgt. Mit anderen Worten, ältere Menschen können schlechter rauchen. Zur gleichen Zeit tun sie aber mehr von den Dingen, die sie tun können.

Wir werden andauernd mit einer Vielzahl von Dingen konfrontiert, die wir tun können. Unser Verlangen, sie wirklich zu tun, ist gewöhnlich umgekehrt proportional zu den zu erwartenden Schwierigkeiten. Wozu führt letztlich eine solche Argumentation?

* * *

Schon seit er ein kleiner Junge war, fühlte sich Tim Rosehooded von der Mathematik angezogen. Als junger Mann war er so vom Ergodensatz beeindruckt, daß er beschloß, dem zugrundeliegenden Gesetz den Namen zu geben, den es verdient: Dum possum volo (Wenn ich kann, will ich auch). Aber Tim war auch auf der Suche nach interdisziplinärer Erkenntnis, philosophischer Schulung des Geistes und spirituellen Erfahrungen. Er suchte jenseits der Wissenschaft, in der Metaphysik, der Esoterik und dem Unerklärbaren. Als er eine Gruppe von Leuten gefunden hatte, die sich mit Teilen dessen beschäftigt hatten, was er für das wahre Wissen hielt, schloß er sich ihnen an und zweigte einen Teil seiner Zeit und seiner Energie ab, um sich dieser Entwicklung seines inneren Selbst zu widmen. Eine der Aktivitäten der Gruppe bestand darin, hin und wieder einen Sonntag bei spiritueller Arbeit unter der Anleitung eines Meisters zu verbringen.

Und an einem solchen Morgen war es denn auch, daß sich Tim mit einem Konflikt konfrontiert sah. Es war ein klarer, sonniger Tag mitten im Winter, und frischer Schnee lag auf den umliegenden Bergen. Tim sah aus seinem Fenster. Ideale Bedingungen zum Skifahren, dachte er. Es gab nur wenige solch herrlicher Tage in der Saison. Er war ein begeisterter Skifahrer. Er hatte sich gerade eine Skiausrüstung nach den neuesten technischen Erkenntnissen gekauft. Er hielt eine Minute lang inne vor dem Fenster. Er fühlte in sich den Drang, Skifahren zu gehen. Aber gleichzeitig fühlte er sich an seinen Entschluß gebunden, diesen Tag der spirituellen Arbeit zu widmen. In diesem Moment hörte er die Worte Dum possum volo in seinem Kopf, wie es ihm immer erging, wenn er auf ein Musterbeispiel für das Ergodentheorem stieß.

Die Argumente kamen nun ganz spontan. Es würde wohl nicht mehr viele Tage wie diesen geben. Er würde auch nicht ewig jung bleiben und Skifahren können. Er sollte die Möglichkeit ergreifen, die sich ihm bot. Er könnte ja immer zur spirituellen Arbeit zurückkehren, wenn er alt wäre und die Dinge nicht mehr tun könnte, die er jetzt noch tun konnte.

Tim zögerte nicht länger. Er ging an diesem Sonntag zum Skifahren. Er stand in den Warteschlangen, zahlte seine Liftkarten, stieg in die Sessellifte, bewunderte die atemberaubende Aussicht und machte Fotos. Er fühlte sich wie ein richtiger Tourist.

* * *

Was macht den Touristen aus?

Die Ursache, warum sich Tim als Tourist fühlte, liegt darin, daß sich der Tourismus aus dem Ich-kann-also-will-ich-Gesetz ableitet. Leute besuchen einen Ort einfach deshalb, weil sie es können. Millionen überqueren jährlich den Ozean, um die entferntesten Winkel unseres Planeten zu besuchen. Da die Zahl derer, die sich derlei leisten können, wegen der sinkenden Flugtarife und des steigenden Lebensstandards immer größer wird, steigt auch die Zahl der Reisenden.

Auch Christoph Columbus überquerte 1492 den Ozean. Er tat es, weil er es konnte. Aber zusätzlich, und ohne sich dessen bewußt zu sein, unterwarf er sich einer Notwendigkeit, die dem in Europa tief verwurzelten Drang entsprang, alles zu erforschen, was westlich der bekannten Grenzen lag. Als er die Segel setzte, wußte er nichts von seinem künftigen Beitrag zu dem 150 Jahre währenden Entdeckungsprozeß, der 50 Jahre früher mit einigen erfolglosen Versuchen begonnen hatte. Wie wir in Kapitel 2 gesehen haben, war der gesamte Lernprozeß gegen Ende des sechzehnten Jahrhunderts abgeschlossen, und weil Columbus an diesem Prozeß teilhatte, war er ein Entdecker und kein Tourist – ein Unterschied, den ich klarzumachen versuchen werde.

Die Entwicklung bei einem Erforschungsprozeß vollzieht sich wie bei einer Lernkurve. Ihre Rate durchläuft einen Lebenszyklus. Ein wesentlicher Bestandteil bei Entdeckungsvorgängen ist das Element der Konkurrenz. *Der Erste zu sein*, das zählt, ähnlich wie bei der Verbesserung eines Rekordes. Wenn ein bestimmter Ort erst einmal entdeckt ist, kann er fürderhin nicht mehr als das Ziel einer Erkundungsreise dienen. Da sich aber nach und nach die Gelegenheiten für neue Entdeckungsreisen erschöpfen, geht der damit verbundene Wettbewerb seiner Sättigung entgegen.

Ganz im Gegensatz dazu gibt es beim Tourismus keinerlei Konkurrenz und praktisch keine Sättigung. Dieselben Orte werden wieder und wieder besucht. In diesem Falle wächst die Rate sehr schnell, bis sie die Grenzen der Transportkapazitäten, der Bettenbelegung oder anderer Faktoren erreicht hat. Von da an sind die Fluktuationen in den Zahlen der Besucher rein statistischer Natur. Es gibt eben keinen Lernprozeß, der hinter dem Touristsein steckt. Es wird einzig und allein vom Ergodentheorem gelenkt. Die Fähigkeit, ein Tourist werden zu können, ist der Hauptgrund, auch wirklich einer zu werden.

Der Nährwert neuer Impressionen

Entdecker und Touristen teilen aber immerhin eine Leidenschaft: den Durst nach neuen Eindrücken. Auf den ersten Blick mag die Suche nach neuen Impressionen als Teil des Erholungsprozesses erscheinen. Ein Umgebungswechsel wird allgemein als angenehm empfunden und wirkt erfrischend. Peter Ouspensky dagegen argumentiert, daß neue Eindrücke von höchstem Nährwert sind und einen unverzichtbaren Bestandteil unseres Lebens darstellen.[1] Er klassifiziert unsere Grundbedürfnisse nach dem Maße unserer Abhängigkeit von ihnen. So sieht er das gewöhnliche Essen als das am wenigsten bedeutende Bedürfnis an, da wir bis zu einem Monat ohne seine Befriedigung überleben können. Wasser ist schon ein wichtigeres Grundbedürfnis, da wir ohne Wasser nur eine Woche auskommen können. Noch essentieller ist Luft (Sauerstoff), ohne die wir innerhalb weniger Minuten sterben. Schließlich und endlich aber stellen die sensibelste und wichtigste «Nahrung» die Eindrücke dar, die sich aus den verschiedensten externen Stimuli zusammensetzen. Ouspensky behauptet, daß man innerhalb weniger Sekunden sterben kann, wenn man vollständig von allen sensorischen Eindrücken abgeschnitten wird.

In der Praxis ist es natürlich schwierig, eine solche Hypothese zu verifizieren. Es gibt einige Hinweise, die in diese Richtung deuten. Es gibt zum Beispiel Experimente zur Wahrnehmungsunterdrückung, in denen die Versuchspersonen Handschuhe tragen und sich selbst überlassen in einer dunklen, schallisolierten Zelle auf dem Wasser treiben. Es ist dann nur eine Angelegenheit von Stunden, bis sie in einen vorübergehenden katatonischen Zustand verfallen, der dem einer Ohnmacht oder des Halbtotseins sehr ähnelt.

Einen anderen Hinweis findet man in der Tatsache, daß wiederholte gleichartige Stimulation (das Fehlen von Varietät) die Empfindlichkeit herabsetzt. Taschendiebe nutzen dies in der Praxis aus, wenn sie die Brieftaschenregion ihres Opfers zuerst in bestimmter Weise stimulieren, bevor sie die Brieftasche ziehen. Sehr bald schon, nachdem Sie neues Parfüm aufgelegt haben, riechen Sie es nicht mehr, weil Sie sich bereits daran gewöhnt haben. Die Regenbogenhaut des Auges oszilliert schnell und kontinuierlich, so daß nicht andauernd dieselben Zellen der Retina stimuliert werden. Wenn man längere Zeit in einen gleichförmig blauen Himmel blickt, so kann dies das Gefühl von Blindheit hervorrufen. Denselben Effekt kann man erreichen, wenn man einen Tischtennisball in zwei Hälften teilt und sich damit die Augen abdeckt, so daß die visuellen Stimuli völlig undifferenziert erscheinen.

Schließlich ist es allgemein bekannt, wie schnell kleine Kinder das Interesse verlieren. In ihrer dringenden Notwendigkeit, genährt zu werden und zu wachsen, suchen Kinder heißhungrig nach neuen Eindrücken. Je mehr Möglichkeiten ein Spielzeug eröffnet, desto längere Zeit werden sie mit ihm verbringen, aber schon bald werden sie sich anderen Dingen zuwenden, um weitere Eindrücke zu sammeln. Ältere Leute auf der anderen Seite suchen nicht mehr ganz so unersättlich nach neuen Impressionen. Viele ziehen eher meditative Aktivitäten und einen ruhigeren mentalen Zustand der kontinuierlichen sensorischen Stimulation vor. Für ältere Personen sind viele Eindrücke auch nicht mehr neu. Nichtsdestoweniger müssen auch solche Leute noch genährt werden, um am Leben und bei guter Gesundheit zu bleiben, so daß die Notwendigkeit für eine gewisse sensorische Stimulation und neue Impressionen das ganze Leben über erhalten bleibt.

Die Suche nach neuen Impressionen ist also das aktive Agens, das hinter dem Tourismus steckt, aber auch hinter Kino-, Museums- und Ausstellungsbesuchen. Die Nahrhaftigkeit, die in einer Erfahrung steckt, die man zum ersten Mal macht, erzeugt Wohlbefinden. So hat man zum Beispiel das größte Vergnügen an Fotografien, wenn man sie zum ersten Mal sieht, oder aber nach Jahren, wenn man alles schon wieder vergessen hat und der Eindruck aufkommt, als sehe man sie zum ersten Mal. Es sind die neuen Eindrücke, um derentwillen die Leute reisen, manchmal, um auf den Rat ihres Arztes hin ihren Gesundheitszustand zu verbessern. Weise Schulen des Geistes, oft aus östlichen Kulturen, lehren Techniken, wie man allzu bekannte Dinge auf «neue» Art betrachten kann. In beiden Fällen ist der individuelle Betrachter der einzige Nutznießer der neuen Impressionen.

Bei den großen Entdeckungen jedoch, wie der von Columbus, dienten die neuen Eindrücke nicht nur dem Nutzen des Erforschers. Die gesamte bekannte Welt behielt ihn im Blick. (Das war übrigens im wahrsten Sinne des Wortes der Fall, als Neil A. Armstrong als erster den Mond betrat und die ganze Welt einige seiner ersten Eindrücke mit ihm auf dem Bildschirm teilte.) Die ganze Welt zog ihren Nutzen aus den Entdeckungsreisen des Columbus, indem sie etwas über eine neue Welt lernte. Aber wenn der zehnmillionste Tourist Notre Dame in Paris besucht, dann ist es nur dieser individuelle Tourist, der von neuen Eindrücken profitiert, und durch das Auge seiner Kamera kann die Welt keinerlei neue Erkenntnisse gewinnen. Solch ein Individuum ist ein Tourist, während Columbus, ein Entdecker, entsprechend einer Bestimmung handelte, nämlich dem Lernprozeß, in dem Europa die neue Welt entdeckte.

Vom Tourismus zu den S-Kurven

Der Tourismus kann in einer phantastischen Maskierung auftreten. Ich kannte einmal einen begnadeten Pianisten, der Stücke von Bach spielen konnte, die ich nie zuvor gehört hatte. Zu meiner Überraschung stellte sich heraus, daß einige dieser Stücke nicht nur seine eigenen Kompositionen, sondern momentane Improvisationen waren. Er hatte sich ausgiebig mit Bach beschäftigt und konnte dessen Musikstil perfekt imitieren. Es gibt auch Maler, die exzellente Reproduktionen großer Meisterwerke herstellen können. Solche Werke haben nur einen geringen Wert, aber nicht notwendigerweise, weil sie von einem geringeren künstlerischen Niveau als die Originale sind, wie Experten einhellig versichern. Es *sind einfach nicht* die Originale. Beethoven wurde nicht einfach deshalb berühmt, weil seine Musik gut war. Daneben war seine Musik eben auch verschieden von dem, was der Welt bekannt und vertraut war. Wert und Anerkennung hängen sehr eng mit dem Attribut der *Neuartigkeit* zusammen.

Im Ganzen gesehen ist der Tourismus ein Verhalten der Wiederholung. Touristen tun alle daselbe, sie kopieren einander. Eine Tätigkeit wie das Kopieren zieht kein kreatives Potential an. Hierbei gibt es nicht die Gefahr, daß einem die Ideen ausgehen. Man kann das Kopieren bis in alle Ewigkeit betreiben und Kopien kopieren. Kreative Prozesse jedoch erschöpfen schließlich das innovative Potential des Betreffenden, sie unterliegen dem Wettbewerb und folgen der Dynamik natürlicher Wachstumsprozesse, die gegen ihr Ende hin abflachen.

Die Entdeckungstätigkeit kann man mit Kreativität und «Neuartigkeit» in Beziehung bringen, während Tourismus mit Kopieren und «Wiederholung des Althergebrachten» korreliert ist. Wenn wir die gesamte westeuropäische Gesellschaft als einen einzigen Organismus im Verlauf der Zeit ansehen, können wir die Entdeckungsgeschichte auch als eine Aktivität im Sinne des Tourismus interpretieren. Die Erforschung der westlichen Hemisphäre (Abbildung 2.2) kann auf diesem Abstraktionsniveau als eine einzige Aktion des «Organismus» Europa angesehen werden. Der Organismus unternimmt eine solche Aktion, weil er es kann – entsprechende Schiffe, Navigationshilfsmittel und andere Umstände erlauben es ihm zu einem gewissen Zeitpunkt – und aus Gründen der «Nahrungsaufnahme», gar nicht wesentlich verschieden von jenem Touristen in Notre Dame. Umgekehrt ließe sich der amerikanische Tourist als Entdecker ansehen, der beispielsweise seiner Bestimmung innerhalb der amerikanischen Lernkurve über ein bestimmtes europäisches Monument folgt. Ein möglicher Sättigungspunkt wäre demnach erreicht, wenn alle Amerikaner das Monument besucht hätten.

Man kann auf diese Weise versuchen, natürliches Wachstum mit Tourismus in Beziehung zu setzen, aber nur auf einem abstrakten Begriffsniveau. Aufgrund der Unterschiede in den Zeitskalen und den relativen Größen ermöglicht die Anwendung der Lernkurven auf der Grundlage des natürlichen Wachstums eine gute Beschreibung der Entdeckungsgeschichte, aber nur eine recht kümmerliche bei Anwendung auf den Tourismus. Die Anzahl der Touristen vor einem Monument pro Jahr ist viel kleiner als die Rate der Bevölkerungszunahme, so daß eine Sättigung nie erreicht werden wird. Die kumulative Zahl von Touristen wird in keinem Zeitmaßstab eine S-Kurve, sondern immer eher eine Gerade mit einigen unvermeidbaren Schwankungen ergeben.

Statistische Fluktuationen zufälliger Natur findet man sowohl bei den Raten der Tourismusentwicklung als auch bei natürlichen Wachstumsprozessen. Bei der ersteren ist die Zufälligkeit der Verteilung reiner als bei den letzteren, wo sich die Fluktuationen so «arrangieren» müssen, daß sie im Mittel den globalen S-förmigen Trend widerspiegeln. Einzelne Ereignisse können durchaus zufällig erscheinen, aber Gruppen von Ereignissen müssen das Grundgesetz des natürlichen Wachstums respektieren.

Aber es gibt noch ein anderes Phänomen, das eine Brücke bildet zwischen der Zufälligkeit, die den Tourismus charakterisiert, und den S-Kurven der natürlichen Wachstumsprozesse: das Phänomen des Chaos.

Von den S-Kurven zum Chaos

Zeitliche Oszillationen treten als Lösung der Lotka-Volterra-Gleichungen für das Räuber-Beute-System auf.[2] Ein solches System kann am Beispiel des Luchses als Räuber und des Hasen als Beute beschrieben werden. Die Hasenpopulation wächst in Abwesenheit von Luchsen mit einer konstanten Rate (exponentiell), während die Luchspopulation bei Abwesenheit von Hasen mit einer konstanten

Rate abnimmt – aufgrund mangelnder Nahrung. Wenn sie jedoch in Koexistenz leben, so ist die Zahl der gefressenen Hasen proportional zur Anzahl der Luchse, und das Wachstum der Luchspopulation ist proportional zur Anzahl der Hasen. Dies ist eine verbale Beschreibung der Differentialgleichungen des Lotka-Volterra-Systems.

Ohne nun auf die mathematische Lösung genauer einzugehen, kann man sehen, daß unter einer Anfangsbedingung, bei der beide Arten nur spärlich vertreten sind, die Population der Hasen durch ihre Reproduktionsfreudigkeit rasch anwächst. Dann kann aber auch die Luchspopulation wachsen, bis es so viele Luchse gibt, daß die Hasenpopulation wieder abnimmt. Dies wiederum führt zu einem Rückgang der Luchspopulation, und wenn beide Populationen einen zahlenmäßigen Tiefstand erreicht haben, fängt der Zyklus wieder von vorne an.

Das beschriebene Beispiel ist durchaus realistisch. Man hat in den nördlichen Wäldern Kanadas bei der Beobachtung dieser beiden Arten festgestellt, daß die Populationen in einem Zyklus von zehn Jahren oszillieren, und die Kurve für die Luchspopulation läuft der für die Hasenpopulation hinterher.[3] Unterschiede zum idealen mathematischen Verlauf sind darauf zurückzuführen, daß noch andere Arten an den Wechselwirkungen beteiligt sind, wodurch die Schwingungen weniger regelmäßig erscheinen, andererseits jedoch das ökologische System insgesamt stabilisiert wird.

Oszillationen kann man auch bei Abwesenheit eines formalen Räubers beobachten – zum Beispiel in einer Rattenkolonie, die täglich die gleiche feste Futtermenge erhält.[4] Die größeren, aggressiven Ratten könnten anfangen, Futter zu horten, um auch in Mangelzeiten noch Weibchen anlocken zu können. Die furchtsameren Ratten drängen sich zusammen, pflanzen sich nicht mehr fort und sterben schließlich aus. Die Gesamtpopulation nimmt ab, und am Ende bleiben nur aggressive Ratten übrig. Diese vermehren sich dann sehr stark, bis sie die Bedingungen einer Überbevölkerung durch Ratten mit «vermehrter» Aggressivität erreicht haben. Ein neuer Nahrungshamsterzyklus kann beginnen, und schließlich kommt es eventuell wieder zur Auslöschung durch degenerative Kriegführung.

Man findet aber auch Oszillationen bei Populationen viel weniger aggressiver Arten. Schafe, die im frühen neunzehnten Jahrhundert in Tasmanien eingeführt wurden, wuchsen zahlenmäßig an, bis sie in den 1840er Jahren ihre ökologische Nische von etwa 1,5 Millionen Schafen ausgefüllt hatten.[5] Während der nächsten hundert Jahre oszillierte ihre Populationsgröße mit abnehmender Amplitude regellos um diesen Grenzwert. Diese Fluktuationen reflektieren Änderungen in Geburts- und Todesrate, die wiederum ökonomische, epidemische und klimatische Wechselfälle und andere Phänomene chaotischer Natur widerspiegeln.

In der wissenschaftlichen Terminologie ist Chaos die Bezeichnung für eine Serie fortgesetzter Variationen, die sich jedoch nie identisch wiederholen. Sie wurden zum ersten Mal beobachtet, als mathematische Funktionen in diskreter Form dargestellt wurden. Da Populationen aus diskret zu zählenden Objekten zusammengesetzt sind, stellt eine stetige Funktion nur ein approximatives Modell für die wirklichen Verhältnisse dar. Diskretisierung ist auch eine notwendige Voraussetzung für den Einsatz eines Computers, der Informationen in Bits und damit stückweise repräsentiert und nicht als stetige Größe.

Es gibt nun viele Wege, natürliches Wachstum in eine diskrete Form umzuwandeln. In ihrem Buch *The Beauty of Fractals*[6] (*Die Schönheit der Fraktale*) widmen H.O. Peitgen und P.H. Richter dem Chaos einen großen Abschnitt, der drei Viertel des Buches einnimmt. Er beginnt mit der Verhulst-Dynamik[7] und endet mit einem diskreten Lotka-Volterra-System. Sie produzieren Chaos auf mathematische Weise, indem sie das Gesetz des natürlichen Wachstums aus Kapitel 1 diskretisieren. Sie setzen das Verhulstsche Gesetz in eine *Differenzengleichung* und nicht in eine *Differentialgleichung* um. Dadurch wird die Lösung zu einer Folge kleiner Geradenstücke. Die Gesamtpopulation wächst ähnlich wie im stetigen Fall an, aber diesmal erreicht sie den Maximalwert nicht in einer glatten Kurve. Sie überschießt zunächst, fällt dann wieder unter den Sollwert und beginnt zu oszillieren. Für einige Parameterwerte klingen diese Schwingungen nicht ab; entweder setzen sie sich in einem – einfacheren oder komplizierteren – regelmäßigen Muster kontinuierlich fort, oder sie brechen in zufällige Fluktuationen aus und produzieren Chaos. Abbildung 10.1 ist ihrem Buch entnommen. Sie zeigt drei mögliche Wege zum endgültigen Grenzwert. Im einfachsten Fall klingt die Amplitude der Schwingungen ab, die einem Gleichgewichtswert zustreben. Im zweiten Fall sieht man regelmäßige Oszillationen, die nicht mit der Zeit abflachen. Der dritte Fall ist das Chaos – Schwingungen ohne jede Regelmäßigkeit.

Schon lange, bevor die Studien zum Chaos Mode wurden, waren den Ökologen einige Unregelmäßigkeiten in Populationsentwicklungen aufgefallen. James Gleick argumentiert, daß sie die Möglichkeit einfach nicht wahrhaben wollten, daß die Schwingungen nicht schließlich zu einem Gleichgewichtszustand finden würden. Das Gleichgewicht war für sie der wesentliche Punkt:

J. Maynard Smith gab 1968 in seinem Klassiker Mathematical Ideas in Biology (Mathematische Ideen in der Biologie) das gängige Verständnis für die möglichen Entwicklungen wieder: Populationsgrößen bleiben oft im wesentlichen konstant oder aber schwanken «mit einer ziemlich regelmäßigen Periode» um einen angenommenen Gleichgewichtswert. Er war natürlich nicht so naiv anzunehmen, daß sich reale Populationen niemals regellos verhalten könnten. Er nahm einfach an, daß regelloses Verhalten nichts mit der Art von Modell zu tun haben könnte, das er benutzte.[8]

Außerhalb der Biologie wurden vielfach Datensätze gefunden, die vom idealen Wachstumsverhalten abwichen, wenn erst einmal 90 Prozent des Grenzwertes erreicht waren. Elliott Montroll gibt Beispiele aus dem Bergbau in den Vereinigten Staaten an, nach denen der jährliche Abbau von Kupfer und Zink im Laufe der Jahre sehr stark schwankt. Diese Instabilitäten kann man als die zufällige Suche nach dem Gleichgewichtspunkt interpretieren. Das *System* erforscht größere und

DER WEG ZUM MAXIMALWERT IN EINEM DISKRETEN SYSTEM KANN INS CHAOS FÜHREN

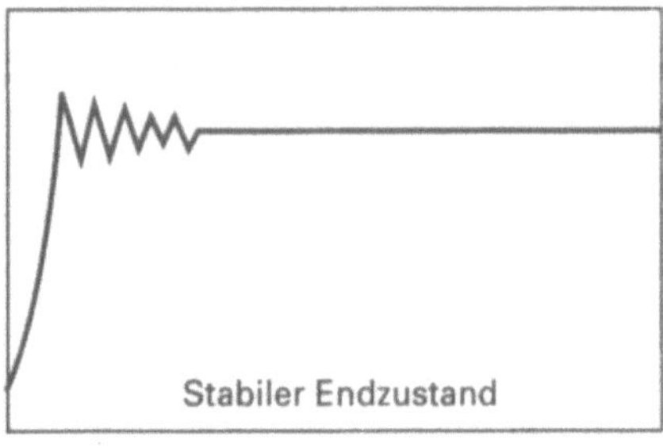

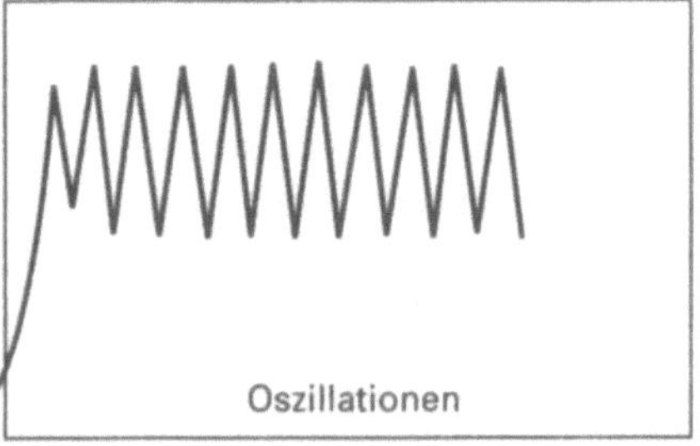

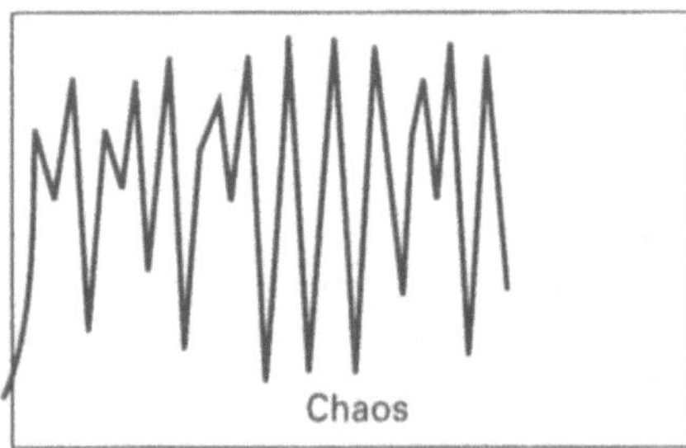

Abb. 10.1 Drei verschiedene Arten von Lösungen der diskretisierten Gleichung des natürlichen Wachstums. Das anfängliche Ansteigen entspricht der bekannten S-Kurve im stetigen Fall. Nach dem ersten Erreichen des Grenzwertes können stabile Konvergenz, Schwingungen oder Chaos eintreten.*

* Nach einer graphischen Darstellung aus: H.O. Peitgen and P.H. Richter, *The Beauty of Fractals* (Berlin und Heidelberg: Springer-Verlag, 1986). Nachdruck mit freundlicher Genehmigung des Verlags.

Unvorhersagbare Fluktuationen bei Autozulassungen, wenn der Markt gesättigt ist

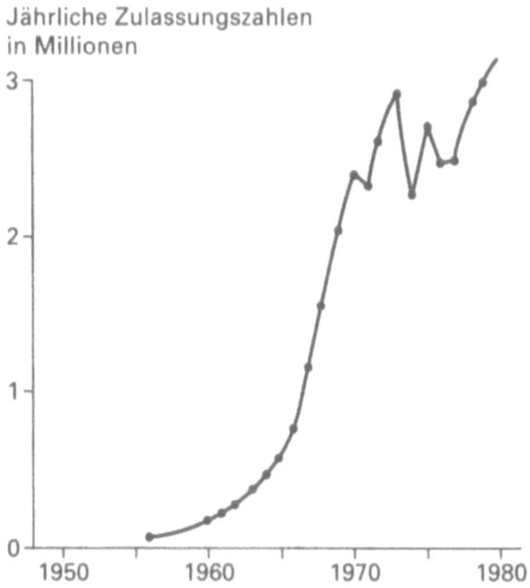

Abb. 10.2 Rohdaten (keine Ausgleichskurve) der Zahl der Automobilneuzulassungen in Japan, übernommen nach Cesare Marchetti.*

* Quelle: Cesare Marchetti, «The Automobile in a System Context: The Past 80 Years and the Next 20 Years», *Technological Forecasting and Social Change*, vol. 23 (1983): 3–23. Copyright 1983 by Elsevier Science Publishing Co., Inc. Nachdruck mit freundlicher Genehmigung des Verlags.

kleinere Werte und versucht dabei, den Grenzwert abzustecken. Wenn der optimale Wert gefunden ist, kann sich die Oszillation doch noch fortsetzen als Kennzeichen des Regulationsmechanismus. Wenn ein solcher Optimalwert nicht gefunden wird, können regellose Fluktuationen wie beim Chaos die Folge sein.

Abbildung 10.2 zeigt ein Beispiel aus der Automobilindustrie. Die jährliche Zahl von Neuzulassungen in Japan folgt in ihrem Wachstum bis zum Gipfel der zweiten Anstiegsstrecke recht genau einer S-Kurve, von wo an sie zu schwanken beginnt.

Diese Fluktuationen haben nicht unbedingt einen Einfluß auf die Gesamtzahl der Autos auf den Straßen. Wie bereits vermerkt, ist die Autonische in Japan wie in den meisten westlichen Ländern gesättigt. Neuzulassungen haben in der Hauptsache den Charakter von Ersatzbeschaffungen. Sind die Zeiten schlecht, behalten die Leute ihre alten Fahrzeuge länger. Die Zahl der Neuzulassungen in den USA sank während des Zweiten Weltkriegs signifikant, aber die Zahl der Autos auf den Straßen – also das Grundbedürfnis – wich nicht von der S-Kurve ab, die sich bis dahin herausgebildet hatte.

Trotz der Fluktuationen bei den Neuzulassungen ist die Lebensdauer eines Wagens unter normalen Bedingungen relativ stabil und stellt daher eine feste Verbindung der Zahl der Ersatzbeschaffungen zur ursprünglichen S-Kurve her, die das Anfüllen der Automobilnische von Anfang an repräsentiert. Dies bietet die Möglichkeit, die Nachfrage nach Autos *unabhängig* von wirtschaftlichen Erwägungen zu berechnen. Nimmt man die Lebensdauer der Autos als konstant an, so kann man eine Kurve für Neuzulassungen berechnen aus dem Ersatzbedarf für verschrottete Autos in der Originalkurve. Für Japan wurde eine derartige Simulation durchgeführt; dabei wurde das Muster der Daten aus Abbildung 10.2 erfolgreich reproduziert bis auf die chaotischen Fluktuationen um den Grenzwert.[10]

Instabilitäten am oberen Ende der Wachstumskurve sollte man nur bei der Kurve der *Wachstumsrate* erwarten. Wird das Wachstum aufsummiert, so sieht es ganz anders aus. Eine kumulierte Größe wächst entweder, oder sie bleibt gleich. Die Anzahl der vorhandenen Elemente – die Zahl der Werke eines Künstlers, die Zahl der bis zu einem gewissen Zeitpunkt verkauften Hamburger oder die Körpergröße eines Kindes – ist eine Größe, die keine Wendung nach unten nehmen kann.

Einen charakteristisch chaotischen Verlauf findet man auch bei der jährlichen Rate des Sperrholzverkaufs. In einem Artikel von Henry Montrey und James Utterback ist die Entwicklung des Sperrholzverkaufs in den USA graphisch dargestellt (Anhang C, Abbildung 10.1). Kommerziell zum ersten Mal in den dreißiger Jahren verfügbar, begann Sperrholz eine Nische im amerikanischen Markt zu füllen. Von 1970 an zeigte sich ein Muster signifikanter Instabilitäten (bis plus oder minus 20 Prozent), die Montrey und Utterback jede einzeln mit Hilfe sozioökonomischer Argumente zu erklären versuchten. Mit einem gegebenen Muster kann man immer andere Phänomene korrelieren. Diese Art von Muster allerdings hätte man schon a priori allein aufgrund der Chaostheorie voraussagen können.

Zusätzlich zum Auftreten chaotischer Elemente bei Annäherung an den oberen Grenzwert kann man auch in den frühen Phasen des Wachstums Abweichungen zwischen Daten und der S-Kurve sehen. In unserer anthropomorphen Interpretationsweise haben wir sie früher einer «Kindersterblichkeit» oder einem «Nacholeffekt» zugeschrieben. Beim Wachstum unter Konkurrenzbedingungen kann man die Zeit, bis 10 Prozent des Maximalwertes erreicht sind, als eine Versuchsperiode ansehen, während der das Überleben noch auf dem Spiele steht und noch größere Reorganisationen vorgenommen werden müssen. In der Industrie beispielsweise werden Produkte häufig kurz nach ihrer Markteinführung durch Preisänderungen neu positioniert. Weitere Abweichungen während der frühen Phasen des Wachstums gehen auf die Freisetzung angestauter Energie zurück nach Verzögerungen, die gewöhnlich «technischen Problemen» zugeschrieben werden. Viele der Lebenskurven der kreativen Karrieren aus Kapitel 4 zeigen solch eine Frühphase beschleunigten Wachstums, die wir als Versuch interpretierten, verlorene Zeit aufzuholen.

Dies ist eine behavioristische Erklärung für die unregelmäßigen Partien, denen man häufig in den Extrembereichen der S-Kurven begegnet. Chaotisches Verhalten, das von der diskreten Natur der Populationsgrößen herrührt, kann für die eine Hälfte der Irregularitäten verantwortlich gemacht werden, nämlich das regellose

Zeitweiliges Chaos bei der Kohleförderung (USA)

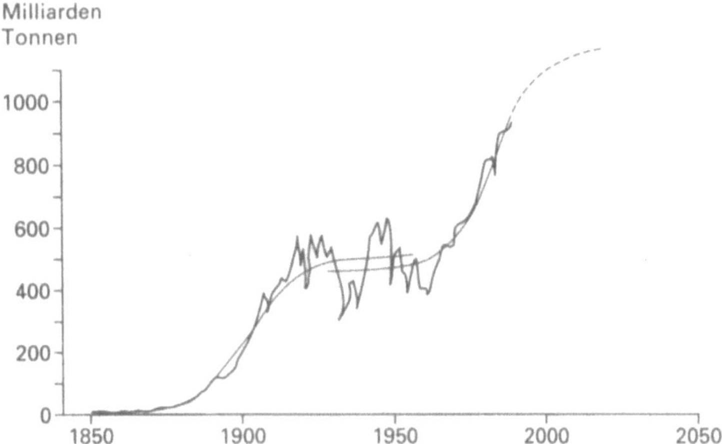

Abb. 10.3 Die jährliche Förderung von Steinkohle in den Vereinigten Staaten. Die beiden eingezeichneten S-Kurven sind angepaßt an die jeweiligen historischen Zeitabschnitte. Die Interimperiode zeigt starke Fluktuationen chaotischer Natur.*

* Quelle: *Historical Statistics of the United States, Colonial Times to 1970*, vols. 1 and 2, Bureau of the Census, Washington, D.C., 1976; und: *Statistical Abstract of the United States*, U.S. Department of Commerce, Bureau of the Census, 1986–91.

Verhalten in der Nähe des oberen Grenzwertes. Es erklärt nicht die frühen Abweichungen. Alain Debecker und ich konnten uns ein mathematisches Verständnis für dieses Phänomen erarbeiten, indem wir S-Kurven auf eine ganz andere Weise als in dem oben beschriebenen klassischen Ansatz mit Chaos in Beziehung brachten. Wir verfuhren so, als wir uns das chaotische Muster in der jährlichen Kohleproduktion in den Vereinigten Staaten näher ansahen (Abbildung 10.3).

Die Gewinnung von Steinkohle steigerte sich gemäß natürlichem Wachstum über den größeren Teil von hundert Jahren hin. Nach 1920 erreichte die Förderung ein Plateau, und es kam zu den bekannten unregelmäßigen Oszillationen, aber der letzte Teil des Graphen zeigt einen «störend» systematischen Anstieg seit 1950. Handelt es sich dabei nun um eine außergewöhnlich große chaotische Fluktuation, oder öffnet sich da eine neue Nische?

Vor und nach dem Chaos

Das Studium des Chaos, wie es heutzutage betrieben wird, konzentriert sich vor allem auf die Frage, was geschieht, *nachdem* eine Nische gefüllt ist. Die Anstiegsphase wird von den Chaoswissenschaftlern, die sich nur für Phänomene mit regellosen Schwankungen interessieren, weitgehend ignoriert. Viele praktische Anwendungen jedoch, wie die oben erwähnte Kohleförderung, haben mehrere Wachstumsperioden. Neue Märkte eröffnen ihnen neue Nischen, und so sieht das historische Bild der Kohlegewinnung wie eine Abfolge von S-Kurven aus. Zwischen zwei solchen aufeinanderfolgenden Kurven kann es Perioden der Instabilität geben, die durch chaotische Fluktuationen charakterisiert sind.

Debecker und ich haben versucht, das bei den Daten der Kohleförderung gefundene chaotische Muster mathematisch zu reproduzieren. Wir wußten, daß wir zu einer diskreten Formulierung übergehen mußten, um Chaos beobachten zu können, aber anstatt an der Verhulstschen Differentialgleichung herumzubasteln, setzten wir nur ihre Lösung, die S-Kurve, in eine diskrete mathematische Form um. Durch dieses Vorgehen konnten wir an beiden Enden des Wachstumsprozesses Instabilitäten beobachten (vergleiche Abbildung 10.4).

Bei praktischen Beispielen kann man die frühzeitigen Schwingungen nicht vollständig sehen, da negative Werte keine physikalische Bedeutung haben. Man kann jedoch oft einen Vorläufer sehen, gefolgt von einer beschleunigten Wachstumsphase, danach ein Überschießen über den Maximalwert und schließlich regellose Fluktuationen. Diese Phänomene hängen alle miteinander zusammen. Vorläufer sind nicht nur einfache Beispiele von «Kindersterblichkeit». Ihre Größe und Frequenz kann Aufschluß über die Steigung der Nachholtrajektorie geben, die ihrerseits etwas aussagt über die Größenordnung des Überschießens bei Annäherung an den Grenzwert.

Der Zustand im unteren Teilbild stellt nur *approximatives* Chaos dar, weil sich das unregelmäßige Verhalten mit der Zeit verflacht; die Fluktuationen sterben früher oder später ab. Des weiteren ist diese unsere Beschreibung reversibel; aus dem Zeitverlauf am Ende kann man im Prinzip das Anfangsmuster rekonstruieren, was bei wirklichem Chaos nicht möglich wäre. Dennoch gibt es einen entscheidenden Vorteil bei unserer Methode, denn wir können regelloses Verhalten sowohl vor als auch nach der Hauptwachstumsphase produzieren. Unser Ansatz stellt somit ein Modell für *alle* Instabilitäten in Zusammenhang mit einem Wachstumsprozeß dar.

Im Lichte von Abbildung 10.4 kann man nun die starken Schwankungen bei der Steinkohleförderung als der oberen Grenze der ersten S-Kurve *oder* der Anfangsphase der zweiten zugehörig ansehen. Tatsächlich würde man ohne Kenntnis der Geschichte vor 1940 die frühen Fluktuationen der jüngeren S-Kurve als «Kindersterblichkeit» mit nachfolgendem frühem «Nachholeffekt» charakterisiert haben.

Ein noch typischeres Beispiel für einen Wachstumsprozeß, bei dem Ordnung und Chaos einander abwechseln, findet man in der graphischen Auftragung des weltweiten jährlichen Pro-Kopf-Energieverbrauchs, wie er in einem Artikel von J. Ausubel, A. Grubler und N. Nakicenovic dargestellt ist (Anhang C, Abbildung 10.2). Der Graph zeigt einen Prozeß der Nischenfüllung von 1850 bis 1910, gefolgt von einer Periode des Chaos von 1910 bis 1945, einem zweiten Prozeß zur Füllung einer Nische von 1940 bis 1970 und einem zweiten chaotischen Zustand mit Beginn im Jahre 1970, dessen Fortsetzung bis über das Jahr 2000 hinaus prognostiziert wird. Die Autoren sind sich dieses Wechselspiels hinreichend bewußt, um mit der Vorhersage des Endes des zweiten chaotischen Zeitabschnitts, der Eröff-

Diskretisierung einer S-Kurve

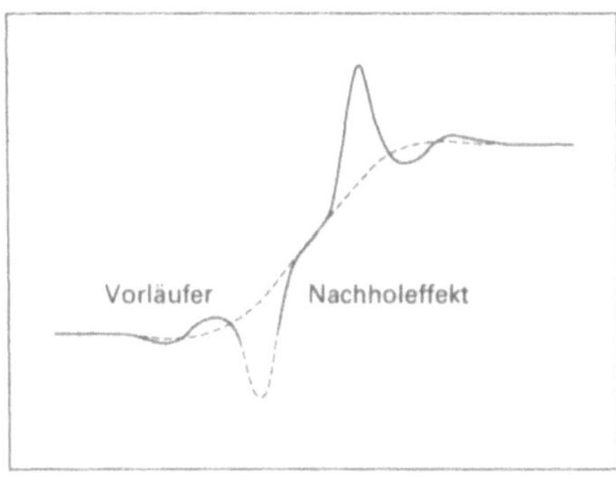

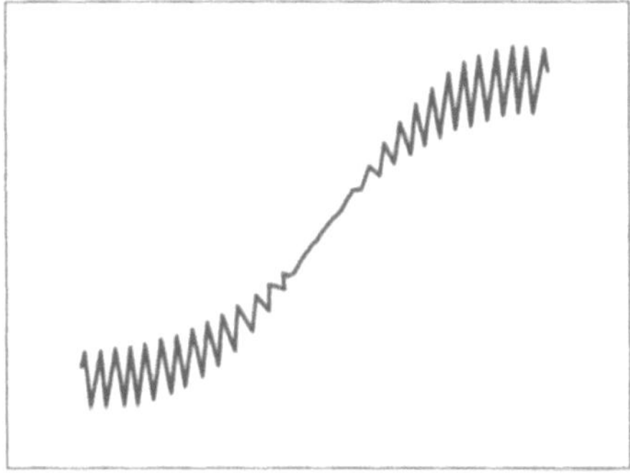

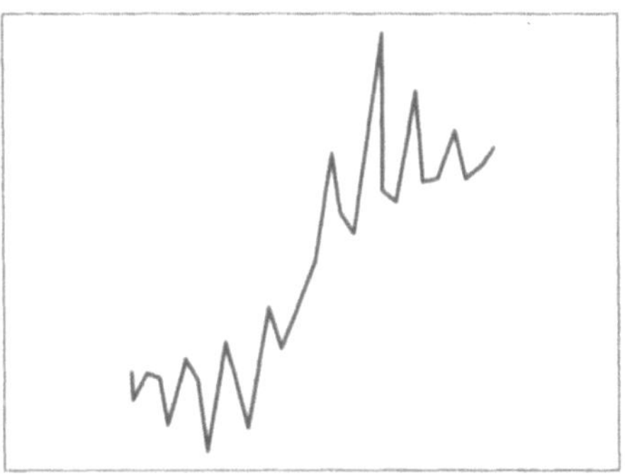

Abb. 10.4 Einige Beispiele von Zeitverläufen, die wir erhielten, nachdem wir eine natürliche Wachstumskurve in eine diskrete mathematische Form gebracht hatten. Die obere Abbildung zeigt den sogenannten frühen Nachholeffekt und die Möglichkeit eines Vorläufers und eines Überschießers. In der Mitte regelmäßige Schwingungen, und im unteren Bild Zustände, die an Chaos erinnern. In allen Fällen wird am Anfang sowie am Ende des Wachstumsprozesses ähnliches Verhalten beobachtet.*

* Nach: Theodore Modis and Alain Debecker, «Chaoslike States Can Be Expected Before and After Logistic Growth», *Technological Forecasting and Social Change*, vol. 41, no. 2 (1992).

nung einer dritten Nische und eines dritten chaotischen Stadiums fortzufahren, zu
dem es in der zweiten Hälfte des einundzwanzigsten Jahrhunderts kommen wird.

Das Kapitel über die Verbindungen zwischen Ordnung und Chaos ist noch
weit davon entfernt, seinen Abschluß zu finden. Weitere Untersuchungen sind
nötig, sowohl in der Praxis wie in der Theorie. Die hier aufgezeigten Hinweise
legen die Vermutung nahe, daß natürliches Wachstum mit Stadien regelloser Fluktuationen abwechselt. Eine fest etablierte S-Kurve weist schon auf den Zeitpunkt
hin, zu dem chaotische Oszillationen zu erwarten sind – nämlich wenn sie sich der
oberen Grenze annähert. Im Gegensatz dazu enthüllt einmal eingerissenes Chaos
keinerlei Informationen darüber, wann die nächste Phase des Wachstums beginnen
könnte. Diesen Moment kann man nur durch besondere Überlegungen ausfindig
machen, die auf den Einzelfall abgestimmt sein müssen. Der Wirtschaftszyklus
von sechsundfünfzig Jahren bietet eine Möglichkeit, Wachstumsperioden vorherzusagen. Sowohl bei der Kohleförderung als auch dem Energieverbrauch sieht
man einen Anstieg zwischen 1884 und 1912 und ebenso von 1940 bis 1968, in
Perioden rasanter wirtschaftlicher Entwicklung weltweit.

Ganz allgemein gesprochen, sind S-Kurven wichtige Werkzeuge bei der Mo-
dellierung von Wachstumsphasen, während Beschreibungen für chaotische Zustände eher approbat sind bei unregelmäßigen Fluktuationen, wie man sie beim
Fehlen von Wachstumsprozessen sieht. Es gibt Vorgänge, bei denen der Anfangs-
anstieg in der Wachstumsphase schon bald irrelevant wird – zum Beispiel, wenn
man sich das Rauchen angewöhnt. Jeder Raucher fängt bei Null an, aber die meisten Leute interessieren sich eher dafür, wieviel sie am Tag rauchen, und weniger
dafür, wie sich im Laufe der Zeit ihre Gewohnheit im einzelnen herausgebildet
hat. Die Anzahl der pro Tag gerauchten Zigaretten unterliegt chaotischen Fluktuationen. Wenn man andererseits das Wachstum eines Kindes betrachtet, so fallen
nach Beendigung dieses Prozesses die kleinen Unregelmäßigkeiten während des
Heranwachsens nicht mehr ins Gewicht.

Es gibt also auch Aspekte im menschlichen Verhalten, die nicht dem für
natürliche Wachstumsprozesse charakteristischen S-förmigen Verlauf folgen. Verhaltensweisen wie der Tourismus haben ihren Ursprung in dem Grundsatz, der
besagt, daß etwas getan wird, wenn man es tun kann. Die Tourismusrate folgt
keinem Lebenszyklus; ihre Schwankungen sind rein statistischer Natur. Statistische Fluktuationen sind untrennbar mit wiederholten Messungen derselben Größe
verbunden. Man sollte auch bei natürlichen Wachstumsprozessen chaotische Fluktuationen erwarten, allerdings nur in der Anfangs- und der Endphase, wenn die
Wachstumsrate gering ist. Während der Phase des steilen Anstiegs spielen Fluktuationen nur eine untergeordnete Rolle. In dieser Periode steht nur der stetige
Anstieg im Muster des Wachstums im Rampenlicht, denn der *ist*, im Gegensatz
zu den Fluktuationen, vorhersagbar.

11 Die Vorhersage des Schicksals

Es war auf der üblichen Versammlung der Angestellten der Kundendienstabteilung unserer Firma. Die Belegschaft des kleinen Gebäudes hatte sich in dem großen Konferenzraum zusammengefunden, um Ankündigungen zur Unternehmenspolitik, neuen Beförderungen, der Unternehmensentwicklung, Begrüßungen und Verabschiedungen zu lauschen. Diesmal gab es eine größere Besprechung über Schreibtische und Büroausrüstungen, die in der folgenden Ankündigung kulminierte:

«Wir alle wissen, wie mühsam es war, sich den Kaffee aus einer Maschine zu holen, die nur den exakten Geldbetrag annimmt. Wie oft ist jeder einzelne von uns wohl schon herumgelaufen, um die Kollegen um Kleingeld zu bitten? Nun, das gehört der Vergangenheit an. Nächste Woche werden neue Kaffeemaschinen aufgestellt, die beliebige Münzen annehmen und außerdem Wechselgeld herausgeben. Wir hoffen, daß dies zur Erhöhung der Zufriedenheit und Produktivität der Angestellten beiträgt.»

Trotz ihrer Banalität ließ mich diese Ankündigung aufhorchen, denn ich war in der Tat mehr als einmal frustriert abgezogen, weil ich nicht das nötige Kleingeld für meine morgendliche Tasse Kaffee hatte. Die angekündigte Verbesserung war schon lange überfällig. In der folgenden Woche wurden die neuen Maschinen angeschlossen, und in den Tagen darauf machten die Angestellten ihre Witze über die mechanische Intelligenz und den technischen Komfort.

Es geschah nun einige Wochen später, daß ich vor dem Automaten stand und nicht genug Kleingeld für meinen mittmorgendlichen Kaffee hatte. Ich suchte in den Schreibtischschubladen nach Münzen – früher hätte da «Notgeld» herumgelegen –, aber bei den neuen Maschinen gab es keinen Grund mehr, Kleingeld zu horten. Meine Kollegen waren bei einer Besprechung, aber ich wollte sie nicht wegen meines unbedeutenden Problems unterbrechen. Ich ging hinüber zum Schreibtisch meiner Sekretärin; sie war nicht da. Instinktiv sah ich in der Schachtel nach, in der sie früher stapelweise Münzen für den Kaffeeautomaten bereithielt; sie war leer.

Ich rannte aus dem Gebäude, um mir in einem nahegelegenen Restaurant Wechselgeld zu besorgen. Dabei dachte ich darüber nach, warum diese Kaffeemaschinen wohl keine Geldscheine annahmen, und da fiel mir auf, daß der alte Automat eigentlich doch nicht so unbequem war. Es war ein ewiges Ärgernis gewesen, dauernd für einen Vorrat geeigneter Münzbeträge sorgen zu müssen, aber da das die Realität war, hatte jeder auf die eine oder andere Weise seine Vorkehrungen getroffen. Es bedurfte einigen Vorausdenkens, aber man konnte wirklich nicht sagen, daß es der reine Streß war (an der Einnahme einer Tasse Kaffee gehindert zu werden, hat noch keinen umgebracht). Mit der Inbetriebnahme der neuen Maschinen waren wir jedoch nachlässiger geworden. Vielleicht war ich zu nachlässig gewesen. Ich beschloß sicherzustellen, in Zukunft immer etwas Klein-

*geld in meinem Schreibtisch liegen zu lassen, um nie mehr in eine solche Situation
zu geraten.*

*Gleichzeitig merkte ich, daß ein gewisses Maß an Unbequemlichkeit damit
verbunden war, sich eine Tasse Kaffee zu holen. Sobald die Größenordnung dieser
Unbequemlichkeit eine gewisse Toleranzschwelle überstieg, wurden Maßnahmen
ergriffen, um die Situation zu verbessern. Wenn es andererseits technisch zu leicht
wurde, die Tasse Kaffee zu bekommen, so wurde man immer nachlässiger, bis sich
wieder Probleme einschlichen, die den «notwendigen» Grad an Unannehmlichkeit
erzeugten. Man stelle sich vor, Kaffee wäre kostenlos und immer verfügbar. Eine
vielbeschäftigte Person könnte in ihrem Bemühen um effiziente Arbeitseinteilung
und unter Beachtung der Tatsache, daß man sich nun um den Kaffee überhaupt
nicht mehr zu «kümmern» braucht, schließlich einfach aufhören, die notwendige
Zeit für eine Kaffeepause einzuplanen! Vielleicht sind die Leute gar nicht so zufrieden mit zu wenig Unbequemlichkeit.*

* * *

Viele Leute behaupten, daß sie all ihr verdientes Geld wieder ausgeben müßten,
um ihre nötigsten Bedürfnisse zu befriedigen. Selbst nach einer beträchtlichen
Gehaltserhöhung wird dies kurze Zeit später wiederum der Fall sein. Rational
erklärt wird dies gewöhnlich damit, daß auch ihre Ansprüche steigen, so daß sie
wieder ihr gesamtes Einkommen verbrauchen. Die Tatsache allerdings, daß sie
immer gerade das ausgeben, was sie verdienen, und nicht mehr oder weniger,
weist auf die Existenz eines Gleichgewichtes hin, indem die Bedürfnisse nur in
dem Maße wachsen, als Geld da ist, sie zu befriedigen. Dasselbe gilt wohl auch
für die Arbeit, die immer so stark zunimmt, daß die zur Verfügung stehende Zeit
ausgefüllt wird. So finden einige Leute andauernd etwas, das im Haus oder in der
Wohnung getan werden muß, ganz unabhängig davon, ob sie an dem betreffenden
Tag bei der Arbeit oder die ganze Zeit zu Hause waren.

Der Begriff der Invarianten war am Anfang dieses Buches eingeführt worden, um einen Gleichgewichtspunkt entgegengesetzt wirkender Kräfte, eine Art
Toleranzschwelle, zu beschreiben. Man kann eine Invariante aber auch als die
Kapazität einer Nische ansehen, die vollständig gefüllt ist. Wenn es sich um natürliches Wachstum handelt, sollte der Prozeß vollständig bis zum Ende ablaufen,
denn Nischen bleiben in der Natur normalerweise nicht nur *teilweise* gefüllt. Man
muß allerdings seinen Gedanken alle Freiheiten erlauben, wenn es um die Definition einer Nische geht. Im oben erwähnten Beispiel bestand die «Nische» im Büro
aus der Unannehmlichkeit, die damit verbunden ist, sich eine Tasse Kaffee zu
holen. Diese Nische blieb völlig intakt. Als die Firma etwas unternahm, um ihren
Maximalwert zu senken, wurden die Angestellten nachlässiger, so daß sich das
Unbequemlichkeitsniveau wieder hob, als ob das alte Niveau nicht nur akzeptabel, sondern in gewisser Weise sogar «erstrebenswert» wäre. Immerhin führte die
durch die Firma geänderte Situation zur Abschaffung einer alten Handlungsweise:
des Stapelns genau abgezählter Münzbeträge.

Gleichgewichtszustände wie jene, die durch den Kapazitätswert einer gefüllten Nische definiert werden, werden durch bestimmte Mechanismen geregelt.
Daher findet man bei genauer Analyse immer Oszillationen. So schwingt die aller-
erste Invariante aus Kapitel 1, die jährliche Zahl der Verkehrstoten, in den meisten
westlichen Ländern um den Wert von vierundzwanzig Toten pro einhunderttausend Einwohner. Wenn die Zahl auf achtundzwanzig steigt, treten gesellschaftliche
Mechanismen in Kraft, die sie wieder vermindern; wenn sie schließlich klein genug geworden ist, wendet sich die öffentliche Aufmerksamkeit anderen Dingen
zu, und so kann sie wieder steigen.

Die «Natürlichkeit» eines Prozesses kann somit an zwei Charakteristika ab-
gelesen werden: an dem unzweideutigen S-förmigen Verlauf der Wachstumskurve,
aber auch an anhaltenden Oszillationen um einen konstanten Wert. Tatsächlich ist
das letztere eine partielle Erscheinung des ersteren, da es am Anfang und am Ende
von natürlichen Wachstumskurven auftritt. Im einen und im anderen Fall gibt es
zu jedem Zeitpunkt des Prozesses klare Anhaltspunkte, welche Extrapolationen in
die Zukunft möglich sind.

Entlang der gesamten Trajektorie findet man überlagerte Fluktuationen, die
chaotischen Verläufen ähneln und für sich selbst das Recht der Natürlichkeit in
Anspruch nehmen können. Man könnte endlos darüber debattieren, was eigentlich natürlicher ist, der S-förmige Verlauf der Wachstumskurve oder die zufälligen
Fluktuationen. Aber vom Standpunkt des Praktikers muß klar darauf hingewiesen
werden, daß Chaosstudien bisher noch keine Verbesserungen für die Erstellung
von Vorhersagen gebracht haben. Schließlich können auch Kriege, Eingriffe durch
Regierungen und irgendwelche Marotten zu Abweichungen vom natürlichen Muster des Wachstums führen. Solche Abweichungen kann man aber als unnatürlich
charakterisieren; sie sind relativ kurzlebig, und der Wachstumsprozeß nimmt bald
wieder seinen früheren Verlauf an. Es kann recht lehrreich sein, einige Fälle dieser
unnatürlichen Störungen, die dafür verantwortlichen Individuen und die Konse-
quenzen ihres Handelns näher zu untersuchen.[1]

Pseudo-Entscheidungen

Bei der Regierung eines Landes handelt es sich um eine typische Körperschaft
der Entscheidungsfindung, die Richtlinien des Handelns für eine ganze Nation auf
den Weg bringt. Die Durchsetzung einer bestimmten neuen Politik mag in den
Augen der Führer eines Landes vernünftig und ausführbar erscheinen, aber wenn
die politischen Entscheidungen ohne Rücksicht auf die bereits ablaufenden natürlichen Prozesse getroffen wurden, kann sie sich negativ auswirken und Verwirrung,
wenn nicht gar gewaltsame Opposition hervorrufen. Ich werde zwei derartige Beispiele angeben, beide die wichtige Planung im Bereich der Primärenergieträger
betreffend.[2]

Das erste Beispiel führt uns in das Vereinigte Königreich, einen der Haupt-
kohleproduzenten dieser Welt. Im Rahmen des Substitutionsprozesses der Primär-

RÜCKGANG DER KOHLEFÖRDERUNG IN GROSSBRITANNIEN

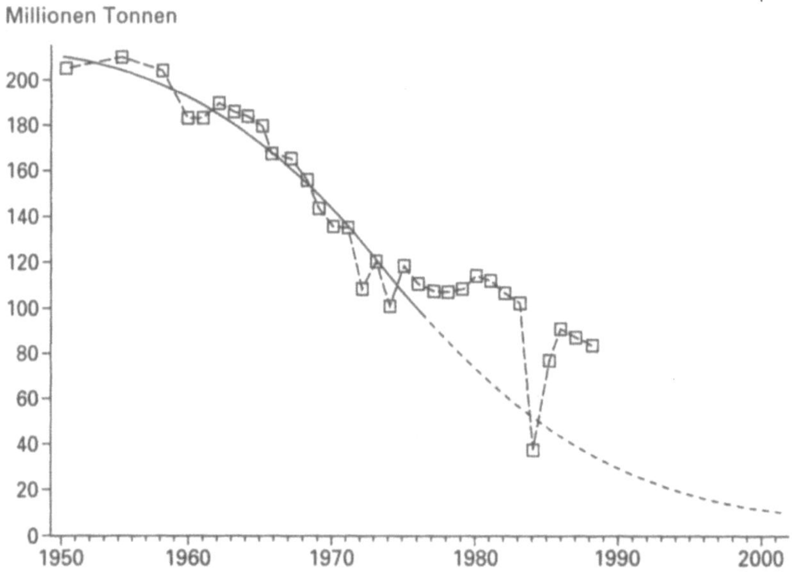

Abb. 11.1 Die jährliche Kohleförderung in Großbritannien. Die eingezeichnete S-Kurve wurde an die Daten des historischen Bereichs 1950–1975 angepaßt. Die Aktionen der Kumpel 1984 führten zurück zum Niveau des natürlichen Abstiegs, den die Gesetzgebung von 1975 künstlich angehalten hatte.*

Die Daten zur Kohleförderung in Großbritannien stammen aus: *The Annual Abstract of Statistics*, einer Veröffentlichung des U.K. Government Statistical Service.

energieträger haben wir in Kapitel 7 gesehen, daß die relative Bedeutung der Kohle seit dem frühen zwanzigsten Jahrhundert zugunsten von Mineralöl (und zu einem geringeren Grad auch zugunsten von Erdgas) zurückging. Dies ist eine natürliche Substitution und von allgemeiner Gültigkeit, selbst wenn der Energiebeitrag der Kohle heute keineswegs vernachlässigt werden darf. Der Anteil der Kohle auf dem gesamten Primärenergiemarkt ist in den letzten fünfzig Jahren weltweit immer mehr zurückgegangen. Die Kohleförderung in Großbritannien ist seit 1950 rückläufig und folgte seitdem der üblichen «Auslaufphase» (siehe Abbildung 11.1). Die Extrapolation deutet darauf hin, daß die Förderung bis zum Ende des Jahrhunderts auf 20 Millionen Tonnen pro Jahr absinken sollte. Für die britische Regierung mag eine solche Vision völlig inakzeptabel erscheinen.

Um die Ölkrise abzufangen, verabschiedete die Regierung 1975 ein Gesetz, das die Kohleförderung auf 125 Millionen Tonnen pro Jahr festschrieb, und hielt damit den Rückgang im Kohlebergbau an. Dieses Gesetz bewirkte eine deutliche Abweichung vom Abstiegskurs, die neun Jahre lang anhielt. Dann veranstalteten die Kohlekumpel den längsten Streik der Geschichte und brachten damit die Kohleförderung auf einen Tiefststand. Die Tatsache, daß die Fördermenge dadurch auf

VON DER SCHWIERIGKEIT DER REGIERUNG,
IHREN WILLEN DURCHZUSETZEN

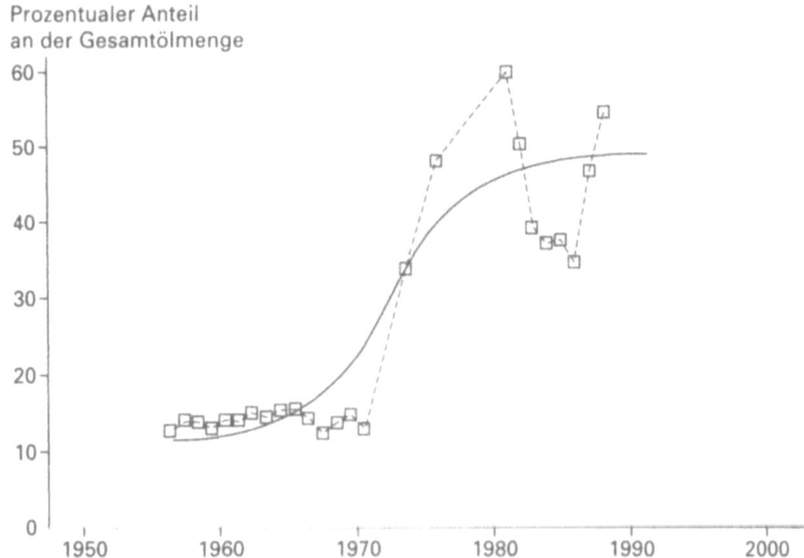

Abb. 11.2 Mineralölimport in die USA in Prozent des gesamten Ölverbrauchs – importiertes Öl plus heimische Förderung. 1970 mußte die zuvor gültige Importquote gelockert werden. Das zur gleichen Zeit begonnene ehrgeizige Projekt zur Erlangung der Energieunabhängigkeit erwies sich als unwirksam. Die eingezeichnete S-Kurve ist keine Ausgleichskurve zu den Daten, sondern ein idealisierter Verlauf natürlichen Wachstums.*

* Quelle: *Statistical Abstract of the United States*, U.S. Department of Commerce, Bureau of the Census; und: *Historical Statistics of the United States, Colonial Times to 1970*, Bureau of the Census, Washington, D.C.

den Wert fiel, den sie zu diesem Zeitpunkt auf der vorschriftsmäßigen Trajektorie gehabt hätte, wirft die Frage auf, ob die neuerlichen hohen Förderleistungen nicht schon eine weitere große Aktion der Kumpel vorankündigen.[1])

Das zweite Beispiel betrifft die Ölimporte der Vereinigten Staaten. Abbildung 11.2 zeigt das Verhältnis zwischen Importen und heimischer Förderung.[3] Vor der Ölkrise von 1969 gab es ein Gesetz, das Importe auf einen festen Prozentsatz der Gesamtölmenge beschränkte. Als Konsequenz ergibt sich der flache Anteil der Kurve bis 1969.

Die Tatsache, daß die erlaubte Quote immer ausgeschöpft wurde, weist auf einen gewissen Druck gegen die gesetzliche Beschränkung hin. Dieser Druck war

---

1) Es scheint in diesem Zusammenhang bemerkenswert, daß die britische Regierung einen Monat nach Erscheinen der ersten Auflage dieses Buches (in englisch) den Versuch unternahm, 60% der Kohlengruben des Landes stillzulegen. Dies hätte die Kohleförderung auf nahezu den Wert reduziert, der sich aus der Extrapolation der S-Kurve in Abbildung 11.1 ergibt.

wahrscheinlich der Grund dafür, daß die Quote 1970 erhöht wurde. Zur gleichen Zeit wurde ein ehrgeiziges Projekt in die Wege geleitet, um die Abhängigkeit der amerikanischen Energiewirtschaft von importiertem Mineralöl zu vermindern. Was jedoch folgte, war ein starkes Ansteigen des Anteils von Importöl, was die Planer des Energieprojektes frustrierte und verwirrte. Der Anstieg setzte sich zehn Jahre lang fort, erreichte schließlich einen Wert von 60 Prozent und begann dann wieder abzusinken, was darauf hindeutet, daß er den Maximalwert der Nische überschritten hatte. Die große Amplitude der anschließenden Oszillation könnte die Folge der langewährenden Unterdrückung entsprechender Importmengen sein.

Die Führer der Nation versagten bei ihrem Versuch, den Anteil von Importöl durchzusetzen, den sie für «angemessen» hielten. Als der Bedarf stieg und nicht mehr kostengünstig durch die heimische Förderung gedeckt werden konnte, mußte die Quotenregelung liberalisiert werden, und das Unabhängigkeitsstreben in der Energiepolitik erwies sich als absolut unwirksam. Die einzige Leistung der Führungselite bestand in der Erzeugung kurzfristiger Abweichungen vom ansonsten natürlichen Lauf der Dinge.

An diesem Beispiel sieht man letztlich die Nichtigkeit des Versuchs, die Richtung des natürlichen Ablaufs ändern zu wollen, und in seiner diesbezüglichen Diskussion zeichnet Marchetti das satirische Bild des mächtigsten Mannes der Welt, des amerikanischen Präsidenten, als wäre er «wie Napoleon in Rußland auf einem weißen Pferd, der nach Osten zeigt, während seine Armee nach Westen wandert; und das ist nicht gerade die beste Darstellung erfolgreich durchgesetzter Entscheidungen».

Man schreibt des öfteren dem Krieg die Fähigkeit zu, neue Trends zu setzen und neue Prozesse einzuleiten; er stellt allerdings Bedingungen bereit, die kaum als natürlich zu bezeichnen sind. Wir haben schon früher gesehen, daß während des Zweiten Weltkriegs der Vorrat an natürlichem Gummi knapp wurde und sich daher die Anstrengungen mehrten, künstliches Gummi herzustellen. Das Kunststück wurde vollbracht, und der natürliche Kautschuk wurde relativ schnell durch synthetischen ersetzt. Aber sobald der Krieg vorüber war, ging die Herstellung des Kunstprodukts trotz des inzwischen erworbenen Fachwissens und der Möglichkeiten einer Massenproduktion wieder zurück. Der natürliche Kautschuk erschien wieder auf dem Markt, und der Substitutionsprozeß setzte sich mit einer niedrigeren, «natürlicheren» Rate fort. Erst zwanzig Jahre später, in den späten sechziger Jahren, erreichte das Verhältnis von synthetischem zu natürlichem Kautschuk wieder das gleiche Niveau wie im Zweiten Weltkrieg.

Abweichungen vom natürlichen Verlauf kommen auch in Friedenszeiten vor und betreffen mehr als nur eine Regierung. Die weltweite Verbreitung der Kernenergie in den siebziger Jahren geschah mit einer Rate, die man im Vergleich mit den Entwicklungen früherer Energieträger als unangemessen groß ansehen könnte. In Abbildung 7.6 konnte man sehen, daß der Marktanteil der Nuklearenergie eine viel steilere Wachstumstrajektorie aufweist als Mineralöl, Erdgas oder Kohle. Dieses abnormal schnelle Wachstum könnte der Auslöser für die heftigen Reaktionen der Umweltschützer gewesen sein, die schließlich eine Abbremsung der Entwicklung erreichten. Sie konnten sie jedoch keineswegs stoppen. Die Extrapolationen in Abbildung 7.6 zeigen, daß die Kernenergie ihre eigene Nische hat, in der sie das Stadium der «Kindersterblichkeit» überwunden hat und irgendwann im einundzwanzigsten Jahrhundert ihr maximales Wachstum erreichen wird.

Die Kontroverse um die Kernenergie enthüllt noch andere vertrackte Facetten. In einer ausgedehnten Studie mit dem Titel «On Society and Nuclear Energy»[4] («Die Gesellschaft und die Atomenergie») schickt uns Cesare Marchetti in eine Art Niemandsland mit Entscheidungen ohne verantwortlichen Entscheidungsträger, Auswirkungen mit dem Anschein von Ursächlichkeit, Jokerkarten für die Rolle des Entscheidungsträgers und Unfällen, die passieren werden weil sie passieren *können*, wenn man ihnen nur ausreichend Zeit gibt.

Die Entwicklung des Baus von Kernreaktoren in den Vereinigten Staaten hat sich in Wellen vollzogen. In der ersten Phase wurden fünfundsiebzig Kernkraftwerke in Betrieb genommen, alle um das Jahr 1974 herum. Die zweite Phase umfaßte den Bau von fünfundvierzig Reaktoren, die aber noch nicht alle in Betrieb sind. Weitere Bauwellen sind zu erwarten, wenn die Atomenergie in der Zukunft dieselbe Bedeutung erlangen wird wie Kohle und Öl in der Vergangenheit. Durch diese charakteristischen Schübe bei der Anstrengung um die Fortführung des Atomenergieprogramms ist es möglich, die Beobachtungen auf das Netz der wechselseitigen Beziehungen zwischen der Zahl der Kernkraftwerke, der Atomunfälle, der Presse und dem gewöhnlichen Bürger zu konzentrieren.

Neben technischen Fehlern kann die Ursache eines Kernkraftwerksunfalls auch menschliches Versagen sein. In diesem Zusammenhang spielen der psychische, emotionale und geistige Zustand des Bedienungspersonals eine wichtige Rolle. Reaktorbedienstete sind Männer oder Frauen, die zufällig in einem Kernkraftwerk arbeiten, ansonsten aber ganz normale Leute sind. Sie haben Familie, gehen nach der Arbeit nach Hause, lesen die Zeitung und sehen fern. Sie sind Teil der Bevölkerung. Wenn wir uns also mit Kernkraftwerksunfällen befassen, müssen wir die Medien in unsere Betrachtung miteinbeziehen. Die Medien stehen über eine Rückkopplungsschleife mit der Bevölkerung in Beziehung. Auf der einen Seite helfen die Medien, die öffentliche Meinung zu formen und zu definieren, auf der anderen Seite reflektieren sie die Wünsche und Erwartungen der Öffentlichkeit. Dieser Rückkopplungsmechanismus macht die Medien zu einem mit der öffentlichen Meinung und ihren Interessen mitschwingenden Resonanzraum. In Rückkopplungssystemen hat die Kausalität *zwei* Richtungen: Unfälle sorgen für Artikel, aber Artikel können auch zu Unfällen führen.

Es gibt durchaus Hinweise, die diese Hypothese unterstützen. In Abbildung 11.3 sind zwei Wachstumskurven dargestellt: eine mit den Zeitpunkten größerer Kernkraftwerksunfälle und die andere mit einem Maß für die Pressedarstellungen über das Thema Kernenergie im allgemeinen. Die Artikel für und gegen die Kernenergie reflektieren das Interesse, das dieser Materie entgegengebracht wird. Die beiden Kurven betreffen die Vereinigten Staaten, also das Land, das für sich in

Voreingenommenheit ging Kernkraftwerksunfällen voraus

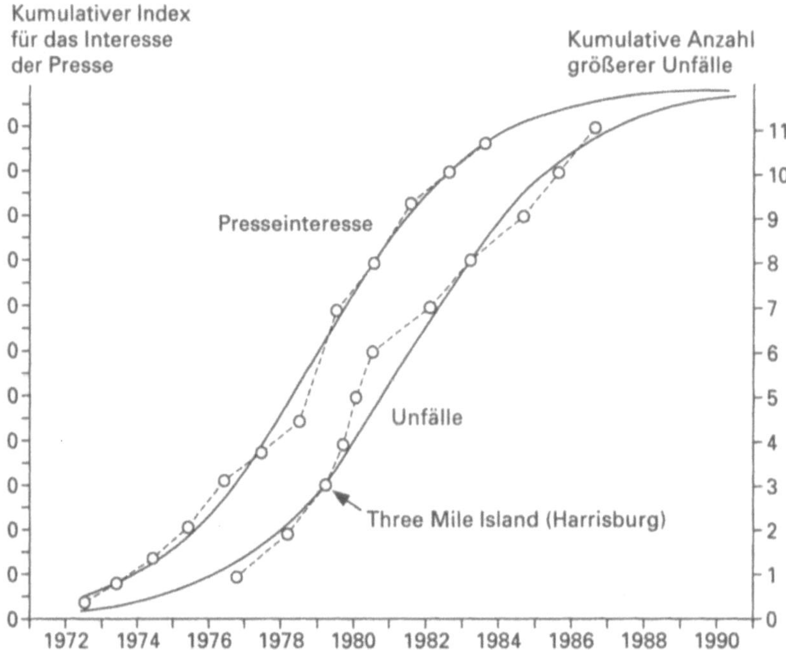

Abb. 11.3 Zwei Datensätze mit entsprechenden Ausgleichskurven. Links der kumulative jährliche Presseberichterstattungsindex, der sich an der prozentualen Platzmenge mißt, die dem Thema Kernkraft in amerikanischen Zeitungen eingeräumt wird. Auf der linken vertikalen Skala sind willkürliche Einheiten eingetragen, die für das Jahr 1979 auf 100 genormt wurden, da in diesem Jahr der Rummel um die Kernenergie das meiste Aufsehen erregte. Rechts die kumulative Anzahl der größeren Nuklearunfälle in dieser Periode.*

* Quelle: Cesare Marchetti, «On Society and Nuclear Energy», Report EUR 12675 EN, 1990, Kommission der europäischen Gemeinschaft, Luxemburg.

Anspruch nehmen kann, die meisten in Betrieb befindlichen Reaktoren und die längste Erfahrung zu besitzen. Gleichzeitig handelt es sich um ein Land, in dem die Presse besonders dynamisch und einflußreich ist. Die kumulativen Unfalldaten betreffen die Kernreaktoren, die in der ersten Phase gebaut wurden (um 1974). Die Anlagen aus der zweiten Phase sind noch nicht lange genug in Betrieb, als daß es schon zu größeren Störungen hätte kommen können. Das Interesse der Presse ist in Form eines Index quantifiziert, der angibt, wieviel Platz in einer Zeitung den Informationen über Kernkraftwerke prozentual gewidmet wird.[5] In der Abbildung ist der kumulative Index dargestellt. Die an die Daten angepaßten Kurven geben eine recht gute Beschreibung sowohl der Unfalldaten als auch des Presseinteresseindex und deuten daher darauf hin, daß wir es in der Tat mit einem Phänomen zu tun haben, das einen wohldefinierten Anfang und ein ebensolches Ende hat. All dies bezieht sich natürlich nur auf die erste Reaktorbauwelle.

Die Kurve der Presseberichterstattung verläuft parallel zur Unfallkurve, geht dieser aber zwei Jahre *voraus*. Die Intensität der Meinungsbildung scheint der Wahrscheinlichkeitsentwicklung in der Unfallstatistik um einige Jahre vorausgeeilt zu sein. Dies beweist zwar nicht, daß die Presseberichterstattung die Unfälle verursachte (die chronologische Reihenfolge verweist nicht unbedingt auf eine Kausalitätsbeziehung), aber es widerlegt wahrscheinlich das Gegenteil, nämlich daß die Welle der Unfälle das Interesse der Presse wachrief.

Es könnte sein, daß eine Art *kultureller Epidemie* die Betreiber von Kernkraftwerken in die Unfallträchtigkeit geradezu hineintreibt. David E. Phillips kann mit Hinweisen aufwarten, die den von ihm so genannten «Echoeffekt» belegen könnten, nach dem in der Folge der Bekanntgabe des Selbstmordes oder der Ermordung einer bekannten Persönlichkeit die Anzahl der Autounfälle – besonders die, an denen nur ein Fahrzeug beteiligt ist – signifikant gegenüber dem üblichen Durchschnitt ansteigt. Man erkennt einen klaren Spitzenwert in der Anzahl drei Tage nach der Bekanntgabe und einen etwas kleineren acht Tage danach. Desgleichen gibt es einen starken Echoeffekt nach drei Tagen (und einen schwächeren nach sieben Tagen) bei Flugunfällen – dabei viele mit kommerziellen Kleinflugzeugen (Anhang C, Abbildung 11.1). Die meisten sind verschleierte Selbstmorde.

Im Zusammenhang mit Kernkraftwerksunfällen findet man einige interessante Beziehungen.[6] In dem Film *Das Chinasyndrom* werden ähnliche Vorfälle beschrieben, wie sie sich bei dem Unglück in Harrisburg im Three-Mile-Island-Reaktor ereignet haben; der Film lief nur wenige Wochen zuvor an. Der Unfall selbst ereignete sich während des höchsten Wertes der über zwölf Jahre verfolgten Rate der Presseberichte (also in der Mitte der S-Kurve). Dieser Unfall, der sich als der bisher schlimmste in den Vereinigten Staaten herausstellte, erreichte die größte öffentliche Aufmerksamkeit und rief die meisten Emotionen wach. Könnte es nicht sein, daß die ganze damit verbundene Publizität dazu beigetragen hat, das Reaktorpersonal im ganzen Land in einen psychischen Zustand der Unsicherheit zu versetzen? Die nächsten drei Unfälle kamen in so kurzer Folge, daß sie erheblich von der Kurve der natürlichen Entwicklung abweichen (siehe Abbildung 11.3). Seit den späten achtziger Jahren flacht sich die linke Kurve (des Interesses der Presse) ab. Anders als in den frühen achtziger Jahren, als es fünf größere Zwischenfälle in drei Jahren gab, ist nunmehr nur noch einer inerhalb von fünf Jahren zu erwarten.

Wir haben, um es kurz zusammenzufassen, in diesem Abschnitt eine Vielfalt von Situationen betrachtet, von Bergarbeiterstreiks und Energieprogrammen bis zu den Notwendigkeiten des Krieges und nuklearen Unfällen, in denen der tatsächliche Verlauf der Ereignisse vom geplanten erheblich abwich, ob nun die Entscheidungsträger in der Regierung, beim Militär, in der Technologieentwicklung oder in der Wissenschaft zu finden waren. Nach der landläufigen Auffassung haben die Führerpersönlichkeiten nur unter den vielen Alternativen, mit denen sie konfrontiert werden, auszuwählen. Wenn sie aber tatsächlich die Wahl haben, so bedeutet dies, daß es viele Wege geben muß, auf denen sich die Dinge weiterentwickeln können. Aber wie viele derartiger Wege kann es überhaupt geben? Welche davon werden nur zu einer kurzzeitigen Abweichung von der Entwicklung führen, die sich später als die natürliche herausstellt? Vor einiger Zeit stellten J. Weingart und Nebojsa Nakicenovic Vorhersagen über die Entwicklung der Sonnenenergie und des Gesamtenergiebedarfs aufgrund verschiedenartiger Modelle zusammen.[7] Sie stellten die Trajektorien für sieben verschiedene Modelle auf und deckten damit einen großen Bereich möglicher zukünftiger Entwicklungen ab. Die Entwicklungen laufen auseinander, bis sich schließlich um das Jahr 2200 die optimistischste und die pessimistischste Schätzung um einen Faktor fünf unterscheiden. Wie kann es aber *mehrere* Zukünfte geben, wo es doch nur *eine* Vergangenheit gibt?

Theoretische Physiker sind auf die Konstruktion abstrakter Modelle spezialisiert. Eines dieser Modelle beruht auf der Idee der Entwicklung paralleler Welten und besagt, daß der Vielzahl verschiedener Möglichkeiten, die heutige Welt in die Zukunft fortzuentwickeln, in jeder Sekunde auch Existenz verliehen wird. All diese Welten entwickeln sich nun weiter und vervielfachen sich wieder jede Sekunde in unendlich vielen Richtungen. Solch eine Zukunftsfiktion der Realität hat natürlich ihren Unterhaltungswert. Darüber hinaus bekräftigt sie die vielzitierte Moralität, die in der unbeschränkten Zahl der Möglichkeiten liegt, die die Zukunft für uns bereithält. Aber wir leben nun mal in dieser einen Welt, und es gibt keine Möglichkeit für uns, mit anderen zu kommunizieren oder auch nur einen Hinweis auf deren Existenz zu erhalten.

In unserer Welt haben sich die Substitutionen der Energieträger in der Regel in Form wohldefinierter natürlicher Verläufe vollzogen. Abweichungen von diesen Trajektorien sollte man als eine «Jagd» nach dem richtigen Weg verstehen. Aber eine Jagd bedingt einen Jäger. Die Zukunftsszenarien der verschiedenen Modelle mögen alle möglich sein. Sie sind alle Mutanten und existieren, weil sie es können. (Man sollte davon ausgehen, daß die Modelle nicht auf unmöglichen Annahmen beruhen.) Unsere Zukunft wird jedoch eindeutig bestimmt sein, und sie wird auf dem Mutanten aufbauen, der die besten Überlebenschancen hat. Der wirkliche Verlauf wird nach der Methode von Versuch und Irrtum aufgebaut werden. Wenn die Wahl gut ist, wird das Gewählte beibehalten, weiterentwickelt und verbreitet; ist sie es nicht, wird sie verworfen zugunsten der Möglichkeit, eine andere Wahl zu treffen. Aber wer die Wahl trifft, ist nicht eine Regierung, ein führender Wissenschaftler oder ein anderer Entscheidungsträger. Es ist das System selbst: die vollständige Gesamtheit aller miteinander in Beziehung stehenden physikalischen Größen, die sich anhand natürlicher Wachstumskurven entwickelt haben.

Die Berechenbarkeit eines Systems

Das System unserer Energieversorgung hat soweit seine Aufgaben ganz gut erfüllt. Die Kohle war da, als sie gebraucht wurde, und Öl gibt es immer im Umkreis von ein paar Kilometern, wo immer man auch ist. Ölkrisen sind gekommen und gegangen, ohne nachhaltige Auswirkungen auf das tägliche Leben gehabt zu haben.

Als die heimische Produktion nicht mehr ausreichte, wuchs der Anteil der Importe «natürlich» an, und wann immer die ölproduzierenden Länder Mechanismen zur Preiserhöhung in Gang setzen wollten (Kriegführung eingeschlossen), erreichten sie höchstens kurzfristige Preisfluktuationen. Der Krieg gegen den Irak 1991 löste einen ominösen Preisanstieg beim Öl aus, aber der hielt nicht mehr als ein paar Wochen an. Ein mehrere Monate oder gar Jahre anhaltender Energiepreisanstieg wie der von 1981 ist ein periodisches Phänomen und ist wegen des sechsundfünfzigjährigen ökonomischen Zyklus erst wieder zu erwarten, wenn wir uns schon weit im einundzwanzigsten Jahrhundert befinden.

Das Energieversorgungssystem funktionierte sogar, als die Preise 1865, 1920 und 1981 in den Himmel schossen. Bei diesen Gelegenheiten gab es zwar tatsächlich einige ökonomische Auswirkungen, aber die Auswirkungen auf das Funktionieren der Gesellschaft waren minimal. Der Verlauf der Befriedigung des Energiebedarfs zeigt keine nennenswerten Abweichungen in Zeiten eines Preisanstiegs (siehe Abbildung 8.3); die Trajektorien sind stabil und daher vorhersagbar.

Oft hören wir, daß sich die Zukunft nicht vorhersagen läßt. Diese Aussage in ihrer uneingeschränkten Form widerspricht der Erfahrung, daß kein Mensch einen Schirm für einen Sommerurlaub in Griechenland einpackt, und noch mehr der Tatsache, daß man die Zeiten des Aufsetzens bei den Mondlandungen auf Sekunden genau vorausberechnen konnte. Die korrekte Aussage wäre also: «Die Zukunft ist nicht mit unendlich exakter Präzision vorhersagbar», und der Grund hierfür liegt in dem Umstand, daß eine Vorhersage auf einer Berechnung beruht, die die Verarbeitung von Information bedingt, und dies erfordert Energie. Eine Vorhersage mit immer größerer Genauigkeit erfordert immer mehr Energie und wird daher ab einer bestimmten Größenordnung unmöglich. Dies ist kein Verweis auf die berühmte Unschärferelation von Werner Heisenberg, die besagt, daß es unmöglich ist, den Ort und den Impuls (die Geschwindigkeit) eines Teilchens – oder Energie und Zeit – mit beliebiger Genauigkeit gleichzeitig zu messen. Der Versuch, den globalen Energiebedarf vorhersagen zu wollen, indem man bis auf den Energieverbrauch eines jeden einzelnen zurückgreift, kommt dem Versuch gleich, den Gasdruck in einem Behälter zu bestimmen, indem man jedes einzelne Molekül betrachtet. Beide Ansätze würden Berechnungen erfordern, die trotz der heutigen leistungsfähigen Computer auf erhebliche Energieprobleme stoßen würden. Computer sind trotz allem noch recht ineffizient, was ihren Energieverbrauch angeht.[8]

Computer und ihre Effizienz
Die Zentraleinheit (CPU) eines Rechners – sein Gehirn – benutzt Elektrizität, um Informationen zu bearbeiten. Die Menge an elektrischer Energie, die dabei verbraucht wird, ist vielleicht zu vernachlässigen, wenn man sie mit dem Verbrauch bei anderen Maschinen oder auch nur den peripheren Geräten des Computers vergleicht: den Druckern, Bildschirmen und so weiter. Die Arbeit, die der Rechner leistet, ist ebenfalls sehr gering. Er verarbeitet bitweise Information. Information und Energie sind theoretisch über den Begriff der negativen Entropie, das heißt den

Grad der Ordnung, miteinander gekoppelt. Wenn die Ordnung in einem System abnimmt, dann verringert sich auch sein Gehalt an bedeutsamer Information und ebenso sein Energiegehalt. In einfachen Worten kann man diesen Zusammenhang so beschreiben: Erkenntnisgewinn wird mit Energie bezahlt. Die kleinste Einheit der Information, das Bit, ist die Ja/Nein-Antwort, oder die Ein/Aus-Schaltung des Transistors. In Energieeinheiten gemessen ist ihr Energiegehalt zu 2×10^{-14} erg äquivalent.

Auch die Effizienz läßt sich thermodynamisch definieren als Verhältnis von Leistungsabgabe (nutzbarer Energie) zu zugeführter Leistung (Eingangsenergie). Die Effizienz einer Rechner-CPU kann daher als Quotient aus dem Energieäquivalent einer Informationseinheit und der elektrischen Energie definiert werden, die nötig ist, den Zustand eines Transistors umzuschalten. Dieser Quotient liegt im Bereich zwischen 10^{-11} und 10^{-10}. Relativ gesehen bedeutet dies, daß Computer eine enorme Wärmemenge freisetzen, wenn sie ihre Berechnungen durchführen. Dies kann sich zu einem ansehnlichen Hindernis entwickeln, wenn Anwendungen größere Anzahlen von Rechnungen erfordern.

Die Miniaturisierung macht Computer effizienter, denn je höher die Komponentendichte in einem integrierten Schaltkreis ist, desto niedriger ist der Stromverbrauch. Ökonomen pflegen die Miniaturisierung mit der pekuniären Ersparnis zu begründen und leiten daraus ab, daß der Energiepreis die Weiterentwicklung der Effizienz beeinflussen müsse. Damit liegen sie aber falsch, denn man kann leicht nachweisen, daß das Streben nach Effizienzsteigerung viel tiefere Wurzeln und langfristige kulturbedingte Tendenzen hat und nicht von der Verfügbarkeit der Energie oder Schwankungen in ihrem Preis betroffen wird.

Wenn man die Effizienzentwicklung als Funktion der Zeit bei drei ausgewählten Technologiezweigen anhand der belegten Daten untersucht, erhält man drei verschiedene Geradenstücke (in dem nichtlinearen Maßstab, der in Kapitel 6 eingeführt wurde). Die eine Gerade gilt für Kraftmaschinen (Dampfmaschinen), deren Entwicklung um 1700 begann. Eine andere für die verschiedenen Technologien der Lichterzeugung beginnt in den Zeiten des Kerzenlichts. Die dritte schließlich zeigt die Technologieentwicklung in der Ammoniakproduktion im zwanzigsten Jahrhundert. Selbst heute liegen alle bezüglich der inzwischen erreichten Effizienz immer noch unter der 50%-Marke (Anhang C, Abbildung 11.2).

Effizienzsteigerung unterliegt einem Lernprozeß; konsequenterweise sollte man für die Effizienzentwicklung den Verlauf einer S-Kurve des natürlichen Wachstums erwarten. Daß die Datenpunkte auf geraden Linien liegen, zeigt gerade den natürlichen Charakter dieses Wachstumsprozesses. Die Daten hielten sich auch dann noch an ihren natürlichen Wachstumsverlauf, als die Energiepreise während dieser Periode bei mindestens vier verschiedenen Gelegenheiten heftigen Schwankungen unterworfen waren. Es gibt einen internen Regulationsmechanismus in der Technologieentwicklung, der auf eine tiefsitzende stabile Organisationsstruktur hinweist, genau wie beim Energiesystem selbst. Tatsächlich kann man Technologieentwicklung und Energieversorgung als Untersysteme des größeren *Systems Menschheit* auffassen.

100prozentige Effizienz ist eine göttliche Größenordnung. In dieser Beziehung hat die Menschheit noch einen langen Weg vor sich. Trotz der besonderen Fortschritte bei der Energieausbeute in den letzten drei Jahrhunderten kommen wir, wenn wir alle Arten der Energienutzung in den Industrieländern zusammennehmen, heutzutage auf einen Gesamtwirkungsgrad im Energieverbrauch von gerade 5 Prozent. Dies bedeutet, daß wir bei der Produktion eines bestimmten Betrages an nutzbarer Arbeit die zwanzigfache Menge an Energie verbrauchen. Mit diesem Ergebnis steht zwar der Mensch immer noch besser als der Computer da, aber peinlich ist diese Verschwendung dennoch. Und sie weckt Bedenken in Anbetracht der Unmenge täglich anfallender nutzbarer Arbeit.

Um diese Zahlen etwas besser schätzen zu lernen, betrachten wir die folgende Frage: Um wieviel hat sich in Amerika der Pro-Kopf-Energieverbrauch innerhalb der letzten einhundert Jahre gesteigert? Die Antwort des wohlinformierten Zeitgenossen liegt in der Regel bei einem Faktor zwischen zehn und fünfzig. In Wirklichkeit ist es aber nur ein Faktor von zwei. Wie kann das sein? Nun, in der Zwischenzeit wurden alle Prozesse, die letztlich die *nutzbare* Arbeit liefern, in ihrem Wirkungsgrad verbessert. Die heutige durchschnittliche Effizienz von 5 Prozent ist wahrscheinlich gut fünfmal größer als die vor hundert Jahren und fängt damit einen Gutteil des gestiegenen Bedarfs an Primärenergie wieder ab.

Effizienzsteigerungen werden gemeinhin unterschätzt, wenn es um Energieprobleme geht. Der Faktor des Anstiegs im gesamten Primärenergieverbrauch in den Vereinigten Staaten von heute bis zur Mitte des einundzwanzigsten Jahrhunderts wird auf zwei bis zweieinhalb geschätzt. Die *nutzbare* Energie jedoch wird aller Wahrscheinlichkeit nach um einen Faktor zehn steigen, wenn man in Betracht zieht, daß wir erst am Anfang des Wachstumsprozesses für die Effizienz stehen, so daß er noch einem exponentiellen Wachstum gleichkommt.

Die Energieplaner sollten diese regelmäßige und vorhersagbare Evolution der Effizienz in ihre Rechnungen miteinbeziehen. Sie würden bei der Aufstellung ihrer Modelle einen Fehler machen, wenn sie die inhärente Weisheit des Systems unterschätzten. Nach dem Bild der weltweiten Substitutionsprozesse bei den Primärenergieträgern (Abbildung 7.6) sollte man erwarten, daß durch das «natürliche» Auslaufen der alten Primärenergiequellen und das Aufkommen der Kernenergie, unterstützt durch eine mögliche neuartige Energiequelle um das Jahr 2020, ein glatter Übergang ins einundzwanzigste Jahrhundert stattfindet. Die Probleme scheinen nicht bei den physikalischen Vorräten zu liegen, sondern eher bei der internationalen Zusammenarbeit, einem Gebiet, in dem die Entscheidungsträger wesentlich wirkungsvoller zu Werke gehen könnten.

Die meisten Zukunftsprognostiker konzentrieren sich heute bei Vorhersagen über die Energieproblematik auf die technologischen Aspekte. Sie suchen alle Ursachen, Wirkungen und Lösungen in der Technik. Marchetti war bemüht, das Gleichgewicht wieder etwas herzustellen, indem er die Bedeutung des Gesamten leicht überstrapazierte. Seinen Ratschlag formulierte er als Warnung: «Vergeßt nicht das System, denn das System wird euch nicht vergessen.»

Die Franzosen haben eine köstliche Fabel von La Fontaine über eine emsige Fliege, die um den Kopf eines Pferdes herumschwirrt, das einen schweren Karren den Berg hochzieht. Auf dem Gipfel angekommen, fühlt sich die Fliege völlig erschöpft, aber zufrieden mit der großen Leistung, die sie vollbracht hat. Diese Fabel beschreibt recht zutreffend ein Verhalten, wie es oft genug von Entscheidungsträgern an den Tag gelegt wird. Man kann sich schon wundern, wie viele «schwerwiegende Entscheidungen» in den letzten 150 Jahren gefällt werden mußten, um die Marktanteile der einzelnen Primärenergieträger so exakt auf den Geraden in Abbildung 7.6 zu halten.[9]

Wenig Auswahl für die Zukunft

Die Vorhersagbarkeit des Verhaltens eines Systems setzt einen gewissen Grad an Vorherbestimmtheit voraus, was in der westlichen Gesellschaft ein Tabu verletzt, besonders unter den durchsetzungskräftigen Individuen mit starkem Willen, wie man sie so oft in den Verkaufsabteilungen der Firmen mit dynamischem Image antrifft. Diese Leute lieben es geradezu, die Zukunft in langen, hitzigen Diskussionen zu verplanen, wobei die Prognosen von den stärksten der anwesenden Persönlichkeiten am nachhaltigsten beeinflußt werden. Verkaufsstrategen sind Leute mit Enthusiasmus; ihre Zukunftsvisionen haben die Tendenz, ihrem Ego zu schmeicheln durch den Glauben, die Macht des freien Willens auszuüben. Nach meiner Erfahrung sind die langfristigen Vorhersagen der Marktstrategen oft systematisch zugunsten der eigenen neuen Produkte und zuungunsten der alten verzerrt. Im allgemeinen versäumen sie es, dem *natürlichen* Ablauf wohleingeführter Prozesse wie Substitutionen, dem Auslaufen oder dem Aufkommen von Produkten die angemessene Aufmerksamkeit entgegenzubringen.

Meine erste frustrierende Erfahrung mit Marktplanern machte ich, als ich sie mit Ideen konfrontierte, die aus Beobachtungen über stabile Vorgänge in der Automobilindustrie stammten; zum Beispiel die Beobachtung, daß innovativ erscheinende Mätzchen und Preiskriege kaum einen Einfluß auf den Autokäufer zeigen, was man an dem sehr glatten Wachstumsverlauf der Automobilpopulationen sehen kann. (Während des Zweiten Weltkrieges ging die Zahl der in Nutzung befindlichen Autos in den Vereinigten Staaten nicht zurück, als die Verkäufe völlig zum Erliegen kamen.) Derartigen Wachstumskurven liegen fundamentale Bedürfnisse zugrunde, und sie werden nur wenig von der Gestalt neuer Stoßstangen beeinflußt.

Den Marktstrategen gefielen diese Ideen überhaupt nicht. «Sie erzählen uns, daß die Dinge ihren Lauf nehmen, egal was wir tun», entgegneten sie ärgerlich.

Nein, es gibt schon etwas zu tun, und jene, die die Produkte auf den Markt bringen, tun es auch meistens. Aber dabei glauben sie, die Zukunft zu bestimmen, während sie in Wirklichkeit nur die Änderungen in ihrer Umwelt kompensieren, um den eingefahrenen Entwicklungskurs aufrechtzuerhalten. Sie reagieren auf Veränderungen in der gleichen Weise, wie es ein biologisches System in der Natur tun würde. Wann immer auch die Gefahr entsteht, hinter dem etablierten Entwicklungsgang zurückzubleiben, bringen sie die guten Ideen für die Fabrikation, das Design und die Vermarktung aufs Tapet. Diese Ideen mögen vielleicht schon einige Zeit im verborgenen geschlummert haben; sie werden hervorgeholt, wenn man sie braucht. So geschieht es auch in biologischen Systemen. Mutanten werden in einem rezesssiven Stadium gehalten, bis eine Veränderung in der Umwelt sie in den Vordergrund schiebt.

Unter diesem Gesichtspunkt verlieren Innovation und Produktwerbung ihren aggressiven Charakter und erscheinen als reine Defensivtaktiken. Man kann sie als Versuche verstehen, das Gleichgewicht aufrechtzuerhalten, gerade so wie Schwitzen und Zittern die Körpertemperatur stabilisieren. Innovation und Werbung schaffen keine neuen Märkte. Sie sind Teil des Wettkampfes, der um so wichtiger wird, je mehr sich der Wachstumsprozeß sättigt und die einzige Möglichkeit, ein «gesundes» Wachstum aufrechtzuerhalten, darin besteht, dem Konkurrenten die Butter vom Brot zu nehmen.

Anders aber als biologische Organismen, die auch ohne Wachstum gesund sein können, ist die Industrie dann am gesündesten, wenn sie gewaltig expandiert. In einer solchen Phase hat die Arbeiterschaft ein althergebrachtes Interesse, die Produktivität zu erhöhen, was auf der einen Seite wieder höhere Löhne rechtfertigt. Andererseits sinkt während einer Phase geringen Wachstums – auf dem Weg zur Saturation – die Produktivität ab, weil die Arbeiterschaft «fühlt», daß eine Erhöhung zu diesem Zeitpunkt zu einer Verringerung der Zahl der Arbeitsplätze und konsequenterweise zu Arbeitslosigkeit führen würde.

Aber kommen wir zurück auf die Frage nach dem freien Willen. Es gibt ein weiteres Beispiel, das zeigt, daß weder der freie Wille eine wesentliche Rolle bei der Gestaltung der Zukunft spielt noch die Vorhersagbarkeit einen Einfluß auf den freien Willen hat. Im Großraum Athen leben derzeit etwa 4 Millionen Menschen, das sind mehr als 40 Prozent der Bevölkerung Griechenlands. Zu Beginn dieses Jahrhunderts bestand das Gebiet im wesentlichen aus zwei Großstädten, Athen und Piräus, und einer Anzahl kleinerer Dörfer. Das Wachstum begann, als die Bevölkerung aus allen Gegenden des Landes in Massen herbeiströmte und sich in Behelfsunterkünften am Rande des Stadtgebietes ansiedelte. Von Zeit zu Zeit wurden die Stadtgrenzen einfach erweitert, so daß die neuen Einwohner mit dazu zählten. Zu keinem Zeitpunkt wurde an eine Art Stadtplanung auch nur gedacht, was einem Beobachter aus der Vogelperspektive besonders deutlich wird. Nichtsdestoweniger erfüllt die Innenstadt ihre Funktion, bietet Horden von Touristen Unterkunft und ist immer noch ein bevorzugter Ort der Mehrheit der Athener. Dieser Umstand regte das Athener Institut für Ekistik (Studien über menschliche Siedlungsgemeinschaften) zu einer größeren Untersuchung über diese offensichtlich völlig chaotische Form der Entwicklung eines Gemeinwesens an.

Die Wissenschaftler klassifizierten und dokumentierten alle Dienstleistungen, die die Stadt anbot (Restaurants, Lichtspielhäuser, Kolonialwarenläden, Bahnhöfe, Opernhäuser und so weiter). Dabei entdeckten sie innerhalb der Stadt als Ganzem eine Struktur von kleineren Gemeinschaften, die sich durch die gemeinsame Nutzung der Dienstleistungsbetriebe für die meisten ihrer Grundbedürfnisse definierten. Sie fanden dabei auch heraus, daß die Gesamtzahl der zurückgelegten Personenkilometer innerhalb jeder dieser Gemeinschaften in etwa gleich war. Wenn sich die Bevölkerungsdichte in einer dieser Gemeinschaften vergrößerte – und damit auch die gesamte Personenkilometerleistung –, wurden neue Dienstleistungsbetriebe gegründet, und die Gemeinschaft teilte sich in zwei neue. Es gab zu jedem Zeitpunkt ein Gleichgewicht zwischen den «Reisekosten» und den Kosten für die Einrichtung einer neuen Infrastruktur. Alles war durch das Ziel bestimmt, die Ausgaben an Energie, dem biologischen Äquivalent des Geldes, zu optimieren.

Natürlich ist man in der Regel bereit, für weniger genutzte Dienstleistungen (wie Theater, Schwimmbad oder Stadtpark) auch größere Wege in Kauf zu nehmen. Derartige Dienstleistungsbetriebe gab es auch nur in einer von sieben Gemeinschaften, und sie wurden auch von den sechs benachbarten genutzt. Diese Hierarchie setzt sich nach oben fort, so daß man für noch seltener genutzte Dienste (wie Stadien, Konzerthallen oder Museen) noch weiter fahren muß, und eine größere Zahl von Gemeinwesen teilt sich solche Dienstleistungen. Interessanterweise fand man das Verhältnis von *sieben* auf allen Hierarchieebenen. Die Studie konnte weiterhin insgesamt fünf solcher Hierarchieebenen nachweisen, die wie russische Puppen ineinandergeschachtelt sind.

J. Virirakis[10] untersuchte die Frage, wie gut eine solche Struktur auf dem Großstadtniveau, also fünf Ebenen über der zuerst entdeckten Infrastruktur, die Energieausgaben optimieren konnte. Er schrieb ein Computerprogramm für die Berechnung dieser Energiekosten und wandte es auf verschiedene Konfigurationen von Verteilungen der Dienstleistungsbetriebe an. In der einfachsten Anordnung – die nur dem naiven Cityplaner in den Sinn gekommen wäre – waren alle Dienstleistungsunternehmen in der Stadtmitte untergebracht. In einer anderen waren sie nach einem Zufallsprinzip über die gesamte Stadtfläche verteilt. Gegenüber der tatsächlich entstandenen Anordnung wies die erste Konfiguration einen Faktor sechs bei den Energieausgaben auf, die zweite sogar einen Faktor fünfzehn.

Die Stadt Athen hat sich auf natürliche Weise nach einfachen Prizipien der Energieeinsparung optimiert. Ihre Gesamtstruktur ist hoch geordnet und kann wissenschaftlich beschrieben werden, aber sie liegt dennoch nicht im Konflikt mit dem freien Willen des Individuums. Jeder Athener kann sein Brot in jeder beliebigen Bäckerei der Stadt kaufen, meistens wird er jedoch seinen Einkauf in der nächstgelegenen tätigen. Und das ist das Rezept, nach dem das System funktioniert.

Der freie Wille erscheint in einem anderen Licht, wenn man seine Rolle in einem ganz anderen Fall von Optimierung betrachtet, dem Autorennen auf einer geschlossenen Rennbahn. Betrachten wir einmal ein Formel-Eins-Rennen. Ein wissenschaftlich denkender Mensch kann, ohne auf größere Schwierigkeiten zu stoßen, ein Computerprogramm schreiben, in dem die Entscheidungen des Fahrers im Verlauf des Rennens optimiert werden. Dazu werden unter anderem Daten benötigt über die Leistung des Wagens, das Übersetzungsverhältnis der Gänge, das Gesamtgewicht, den Reibungskoeffizienten zwischen Rädern und Asphalt und die genaue Beschreibung des Rennbahnkurses. Dann müssen einige physikalische Gesetze eingebaut werden: Zentrifugalkräfte, Beschleunigungen und so weiter. Hat man dies getan, so kann man sich eine Liste ausdrucken lassen, die genau diktiert, welche Handlungen der Fahrer vornehmen muß, um die einhundert Runden in der kürzestmöglichen Zeit zu absolvieren. Nach dem Rennen könnte man den Gewinner mit dieser Liste konfrontieren und ihn fragen, ob er genau diese Anweisungen ausgeführt hat. Der Gewinner wird natürlich behaupten, daß er mit seinem freien Willen entschied, was er getan hat, aber er würde zugeben müssen, daß die Anweisungen auf dem Papier genau das wiedergeben, was er getan hat; sonst hätte er auch nicht gewonnen.

Der Zwang zur Optimalität reduziert die freie Entscheidungsmöglichkeit. Von dem Moment an, in dem man sich dafür entscheidet, nach dem Sieg zu streben, ist nur noch wenig Raum für freie Entscheidungen. Man muß sich so genau wie möglich an die Liste der Instruktionen für einen optimalen Rennverlauf halten. In dieser Hinsicht sind die Handlungen und Entscheidungen des künftigen Siegers ziemlich genau vorherzusagen, im Gegensatz zu denen eines unfallträchtigen Fahrers oder gar eines Sonntagsfahrers, der sich aus einem unvorhersehbaren Grund zu einem plötzlichen Halt entschließen könnte, zum Beispiel weil er einen seltenen Vogel beobachten will. Entscheidungen, die man hinsichtlich ihres Zeitpunktes, ihrer Qualität oder Quantität vorhersagen kann, sind keine Entscheidungen mehr; es sind Notwendigkeiten, diktiert von der Rolle, die man übernommen hat. Wenn der Rennfahrer gewinnen will, so bleibt ihm als alternative Wahl nur noch, Fehler zu machen. Es gibt viele Möglichkeiten, Fehler zu machen, aber nur einen Weg, das Richtige zu tun, und der ist vorhersagbar.

Neben Rennfahrern sehen sich noch viele andere Leute als Entscheidungsträger. Ein besserer Name für sie wäre *Optimierer*. Ein solcher Name wäre auch besser angebracht bei den Verkaufsstrategen und den Vorstandsmitgliedern der Firmen, die eine so schwere Verantwortung bei der Entscheidungsfindung auf ihren Schultern spüren. Die schwerwiegende Bedeutung, die sie ihren Handlungen beimessen, erzeugt bei ihnen mindestens Beklemmungen und schlimmstenfalls ein Magengeschwür oder einen Herzinfarkt. Dennoch benehmen sie sich meistens wie Optimierer. Ihr Job ist es, den Kurs zu halten. Um das zu erreichen, müssen sie korrigierend eingreifen, wie es die Autofahrer auf der Autobahn tun, die in Wirklichkeit dauernd in abwechselnden Richtungen gegenlenken müssen, wenn sie geradeaus fahren wollen. Die besten unter ihnen werden nur kleine und weniger häufige Korrekturen anbringen, aber keiner ist frei, eine scharfe Kurve einzulegen.

Das Fahren auf der Autobahn ist nun nicht gerade besonders besorgniserregend. Die meiste Zeit hat man da ohnehin nichts zu entscheiden. Es liegt schon etwas Weisheit und auch Trost in dem Spontispruch: «Du hast keine Chance, aber nutze sie.» Die Arbeit eines Führers besteht zu einem Großteil aus Optimierung, das heißt, die Größenordnung und die Frequenz der vorzunehmenden Korrekturen zu verringern. Die Last einer solchen Verantwortung ist durchaus erträglich. Wenn sich die «Entscheidungsträger» der wohleingefahrenen natürlichen Wachstumsprozesse mehr bewußt würden und klarer sähen, wieviel Entscheidungsfreiheit sie letztlich doch nicht haben, würden sie nicht nur unter weniger Streß leiden, sondern auch von den vermiedenen Fehlern profitieren.

Epilog

Wir befinden uns in Mitteleuropa. Ich fahre mit meinem Sohn auf der Autobahn. Auf der einen Seite ragen die Alpen empor, auf der anderen spiegelt sich die untergehende Sonne im See. Keiner spricht ein Wort. Er ist fünfzehn, und wenn ich mit einem Wort beschreiben sollte, was er gerade durchlebt, so ist es die Lernphase.

Wie lauschen gerade den Klängen von Chopins Nocturnes aus unseren Vierwege-Stereo-Lautsprechern. Musik und Landschaft verschmelzen mit der Bewegung in der besinnlichen Stimmung. Plötzlich unterbricht mein Sohn das Schweigen. «Wie konnte Bartok überhaupt Erfog haben?» fragt er. «Seine Musik ist nicht annähernd so ansprechend wie die von Chopin.»

Solche Fragen bin ich gewohnt. Meine Antwort soll unvermittelt kommen und überzeugend klingen. Es sprudelt so aus mir heraus: «Bartok hat Innovationen in die Musik gebracht. Das machen alle Komponisten. Aber seine Neuerungen paßten am besten auf die Innovationsassimilationsrate der Musikliebhaber seiner Zeit. Hätte Chopin in der Art Bartoks komponiert, wäre es ein Fiasko geworden, und aus keinem anderen Grund als der Wahl des falschen Zeitpunkts. Die Entwicklung in der Musik folgt einem natürlichen Verlauf, und ein Komponist wird die Zuhörerschaft nicht mehr erreichen, wenn er schneller oder langsamer voranschreitet.»

Das alles kam wie aus der Pistole geschossen, und es klang plausibel, und so führte ich die Gedanken weiter. «Was du vielleicht hättest fragen sollen, ist, warum es mehr Chopin-Anhanger als Bartok-Fans gibt. Nun, natürliche Evolutionen folgen dem Verlauf von S-Kurven, und das hat auch die klassische Musik getan. Sie wurde geboren, nun sagen wir mal, irgendwann im fünfzehnten Jahrhundert, und dann wuchs ihre Komplexität, ihre Bedeutung und ihre Wertschätzung, und sie wurde immer wieder erneuert. Im zwanzigsten Jahrhundert erreichte sie schließlich ihren Höhepunkt. Dazwischen, im achtzehnten Jahrhundert, hatte ihre Wachstumsrate ihren größten Wert. Um diese Zeit wurden die Anstrengungen der Komponisten höher bewertet als heutzutage. Begabten Komponisten wird heute wenig Freiraum eingeräumt. Sind sie innovativ, so finden sie sich oft sehr schnell über der Akzeptanzschwelle des Publikums wieder, die schon verflacht ist. Im anderen Falle aber haben sie nichts Neues zu sagen. In keinem der beiden Fälle wird ihnen eine Leistung zuerkannt.»

* * *

S-Kurven haben den Raum meiner beruflichen und akademischen Interessen überschritten; sie sind eine Lebensart geworden. Dasselbe geschah mit anderen «Werkzeugen», die mir in meiner Ausbildung mitgegeben wurden. Das älteste dabei ist die wissenschaftliche Methode, die man in den Schritten Beobachtung, Vorhersage, Überprüfung zusammenfassen kann. Diese Abfolge von Handlungen erlaubt es, einer Aussage den Stempel des «Wissenschaftlichen» aufzudrücken, die sich dann weitverbreiteter Achtung erfreuen darf. Aber noch viel wichtiger ist, daß sie demjenigen, der sie gemacht hat, zu der Überzeugung verhilft, sie sei wahr.

Ein anderes Werkzeug ist die Evolution aufgrund natürlicher Auslese, die man ebenfalls auf drei Worte reduzieren kann: Mutation, Selektion, Diffusion. Mutationen verdanken ihre Existenz dem Gesetz, daß etwas geschehen wird, wenn es nur geschehen kann. Mutationen fungieren als Reserve für Notfälle; je größer ihre Zahl, desto größer ihre Überlebenschance. (Unternehmenskonglomerate bleiben länger im Geschäft als Spezialfirmen.) Die Selektionsphase wird vom Wettbewerb beherrscht, der hier die vornehmliche Rolle spielt und mit Recht der «Vater aller Dinge» genannt werden kann. Nach der Selektion vollzieht sich die Verbreitung der ausgewählten Mutanten gemäß dem Verlauf natürlicher Wachstumskurven, die ihre Nische in glatter Weise bis zur Kapazitätsgrenze ausfüllen. Unregelmäßige Oszillationen gegen das Ende einer Wachstumskurve können schon die Boten einer nachfolgenden neuen Wachstumsphase sein.

Moden und die Geschichten in den Medien kommen und gehen, und dabei erzeugen sie Wellen des Interesses an bestimmten Themen. Diese Wellen reflektieren die Hauptinteressen der Öffentlichkeit, aber gleichzeitig stimulieren sie diese und vermischen so Ursache und Wirkung. Diese Rückkopplungsschleife rutscht jedoch nicht ab in einen Teufelskreis, der auf ewig weitergeht. Moden und Interessen können nur ein gewisses Potential ausschöpfen, indem sie ihren Lebenszyklus durchlaufen. Jede Welle eines Interesses durchläuft einen neuen natürlichen Wachstumsprozeß.

Wenn das Wachstum beendet ist, stellt das erreichte Niveau einen Gleichgewichtswert dar, der als Invariante – oder Konstante – bis auf unregelmäßige Schwankungen die Existenz einer Toleranzschwelle und eines sozialen Gleichgewichts festschreibt. Um diese Konstanten zu finden, muß man unter Umständen hinter die sensationsheischenden Schlagzeilen schauen, die manchmal die wichtigen Inhalte verschleiern. Das soziale Zusammenleben reguliert sich selbst und widersetzt sich bisweilen letztlich der Steuerung durch die Gesetzgebung und die öffentliche Meinung.

Zu guter Letzt gibt es noch das «Werkzeug» des allgemeingültigen Zyklus, der die Planungen und Unternehmungen der Menschen in einen periodischen Ablauf von etwa sechsundfünfzig Jahren zwingt. Wie ein langsamer, verborgener Pulsschlag erschüttert er regelmäßig die Gesellschaft und schickt sie durch Wellen der Gewalt und Zerstörung, der Leistung und des Fortschritts, des Wohlstands und der wirtschaftlichen Rezession. All diese «Werkzeuge» können quantitativ zur Verbesserung von Vorhersagen und zur Herabsetzung von Fehlerwahrscheinlichkeiten benutzt werden. Durch ihre Anwendung auf historische Daten können sie helfen, die Richtung einer Entwicklung festzustellen und ihre Grenzen abzustecken. Man kann sogar die Größenordnung der zu erwartenden Abweichungen ober- und unterhalb des vorhergesagten Verlaufs abschätzen.

Aber vielleicht sind sie sogar von noch größerem Nutzen, wenn man sie nur qualitativ einsetzt, ohne die Hilfe von Computern, Ausgleichskurven und mathematischen Berechnungen. Wenn diese Werkzeuge in einem höheren als nur intellektuellen Sinne begriffen werden, können sie einem zu einem besseren Verständnis der wahrscheinlichsten Entwicklung eines Prozesses verhelfen, und wieviel davon noch vor einem liegt. Solch ein Verständnis geht weit über die Analogie des Supertankers hinaus, wonach der Supertanker keine scharfen Wendungen machen kann, weshalb sein unmittelbarer Kurs vorhersagbar ist. Der Lebenszyklus des natürlichen Wachstums ist symmetrisch. Vom Zeitpunkt der maximalen Wachstumsrate an bis zum Ende des Zyklus ist also genausoviel zu erwarten wie vom Anfang des Zyklus bis zum Zeitpunkt der maximalen Wachstumsrate. Aus der einen Hälfte des Wachstumsprozesses kann man intuitiv die andere vorhersagen.

Beständig gibt es Veränderungen, einige sind unausweichlich, einige künstlich hervorgerufen. Aus dem einen oder anderen Grund finden immer Übergänge zwischen Zuständen statt. Der Wechsel kann unvermeidbar sein, aber wenn er einem natürlichen Verlauf folgt, kann man ihn vorhersagen und sich darauf einstellen. Die zeitliche Abstimmung ist entscheidend. In der Geschäftswelt zum Beispiel gibt es eine Zeit, in der man konservativ handeln muß – in der Phase des steilen Anstiegs im Wachstum, wenn alles gut geht und die beste Strategie darin besteht, nichts zu ändern. Es gibt aber auch die Zeit der Sättigung, wenn sich die Wachstumskurve abflacht. Dann sind Innovationen und der Mut, neue Wege zu gehen, vonnöten. Unsere Führer mögen vielleicht nicht in der Lage sein, einen etablierten Trend zu ändern, aber sie können eine Menge tun, wenn es darum geht, sich darauf vorzubereiten, einzustellen und positiv damit umzugehen. Dasselbe gilt für die Individuen. Während der Perioden des Wachstums oder des Übergangs sollte sich unsere Haltung nach der momentanen Position auf der S-Kurve richten. Die flachen Partien der S-Kurve am Anfang und gegen Ende des Prozesses verlangen nach Aktionen und Unternehmungsgeist, aber der steil ansteigende Teil in der Mitte steht für das Stillhalten und dafür, den Dingen ihren freien Lauf zu lassen.

Schließlich können wir sogar einen Einblick in unseren Lebensablauf erhaschen. Wieder einmal zitiere ich Marchetti als Beispiel. Er ist nun über sechzig Jahre alt und hat sich bereits anderthalbmal aus dem Arbeitsleben zurückgezogen (er arbeitet derzeit halbtags). Aber nichtsdestoweniger produziert er Abhandlungen am laufenden Band. Das letzte Mal, als ich ihn sah, erzählte er mir, daß er mit etwa fünfundzwanzig Artikeln, die er noch schreiben wolle, im Rückstand sei. Der Tod trifft selten diejenigen, die sich gerade in ihrer maximalen Produktivität befinden, und es gibt Gerüchte, daß Marchetti in die Überproduktion eingetreten ist, um länger zu leben. Ich fragte ihn, ob er denn schon seine eigene S-Kurve berechnet habe.

«Ja, habe ich», sagte er und hielt inne. Dann fügte er hinzu, als ob er die Korrelation zwischen Produktivität und Lebensspanne billigend in Kauf nähme: «Ich sehe nach links und nach rechts, bevor ich die Straße überquere.»

Für mich ist die wirkliche Motivation für seine Produktivität nicht von Bedeutung. Solange seine Arbeiten noch keine Anzeichen einer geistigen Abnahme zeigen, bin ich zuversichtlich, daß er noch ein langes Leben genießen wird.

Anhang A
Die mathematische Beschreibung von S-Kurven und ihre Anpassung an Datensätze

Die zeitliche Wachstumsentwicklung von Populationen unter Konkurrenzbedingungen, wie sie von Darwin beschrieben wurden, läßt sich durch das Räuber-Beute-Modell von Lotka und Volterra darstellen. Für jede der beteiligten Arten gibt es eine Gleichung, die aus mehreren Termen besteht und die Wachstumsrate der entsprechenden Art angibt. Gibt es insgesamt n Arten und bezeichnet $N_i(t)$ die Größe der i-ten Art, so hat die Gleichung für die Wachstumsrate der Art i die Form

$$\frac{\mathrm{d}N_i}{\mathrm{d}t} = a_i N_i(t) - \sum_{j=1}^{n} b_{ij} N_i(t) N_j(t),$$

wobei a_i und b_{ij} Konstanten bezeichnen. Der Term $a_i N_i(t)$ bewirkt ein Wachstum proportional zur momentanen Populationsgröße. Der Parameter a_i bezeichnet hierbei die Reproduktionsfähigkeit der Art, das heißt die relative Wachstumsrate der Population i bei Abwesenheit von irgendwelchen Räubern. Die Terme $b_{ij} N_i(t) N_j(t)$ stehen für den Verlust an Individuen, der durch die Räuber entsteht. Den Parameter b_{ij} kann man als die relative Rate interpretieren, mit der die Räuberpopulation j wüchse, wenn es eine unendliche Menge der Beute i gäbe. Die Eigenschaften der Lösungen dieses Systems von Differentialgleichungen wurden ausführlich von Elliott Montroll und N.S. Goel[1] und in jüngerer Zeit auch von M. Peschel und W. Mendel[2] beschrieben. Wir wollen einige Spezialfälle betrachten.

Das Räuber-Beute-Modell für zwei Arten

Wir betrachten als Beispiel zwei Arten, die in einer Schicksalsgemeinschaft auf Leben und Tod vereint sind: Die eine dient als Nahrung für die andere. Beispiele sind Fuchs und Hase oder Hecht und Karpfen. Die Populationsgrößen oszillieren mit der Zeit, wie man aus den Gleichungen ableiten kann:

$$\frac{\mathrm{d}N_1}{\mathrm{d}t} = a_1 N_1 - k_1 N_1 N_2 \qquad \text{für die Beute,}$$

$$\frac{\mathrm{d}N_2}{\mathrm{d}t} = -a_2 N_2 + k_2 N_1 N_2 \qquad \text{für den Räuber.}$$

Hierbei bezeichnen N_1 die Populationsgröße der Beute und N_2 die Populationsgröße des Räubers. Die Konstanten k_1 und k_2 repräsentieren die Stärke der Wechselwirkung zwischen den beiden Arten. Eine genauere mathematische Analyse findet sich bei Montroll und Goel[3].

Der Spezialfall nur einer Art: Die Theorie von Malthus

Ein besonders illustratives Beispiel für diesen Spezialfall ist das Wachstum einer Bakterienpopulation in einer Agarschale. Man kann die Bakterien als ein Agens ansehen, das die im Agar vorhandenen Stoffe in Bakterienmasse umsetzt. Die Rate dieses Umwandlungsprozesses ist proportional zur Anzahl vorhandener Bakterien und zur Konzentration umsetzbarer Nährstoffe.

Schließlich wird die gesamte Nährstoffmenge in Bakterienmasse umgewandelt. Man kann daher auch die Menge der gerade vorhandenen Nährstoffe in Form der äquivalenten Bakterienzahl angeben. Bezeichnet man mit $N(t)$ die zur Zeit t vorhandene Anzahl von Bakterien und mit M die Masse an Nährstoffen zur Zeit 0, das heißt bevor der Vermehrungsprozeß der Bakterien beginnt, so schreibt sich die Verhulstgleichung

$$\frac{dN}{dt} = aN(t)\frac{(M - N(t))}{M}.\tag{1}$$

Diese Gleichung hat die Lösung

$$N(t) = \frac{M}{1 + e^{-(at+b)}},\tag{2}$$

wobei die Konstante b den Anfang des Prozesses auf der Zeitskala festlegt.[4]

Man kann Gleichung (2) noch umformen zu

$$\frac{N(t)}{M - N(t)} = e^{(at+b)}.\tag{3}$$

Logarithmiert man nun noch beide Seiten, so erhält man eine lineare Beziehung in der Zeit. Die S-förmige Kurve, die Gleichung (2) repräsentiert, wird dabei in eine Gerade überführt mit der Gleichung

$$\log\frac{N(t)}{M - N(t)} = at + b.\tag{3a}$$

Bei Gleichung (3) gibt der Zähler auf der linken Seite die Population zur Zeit t an, während der Nenner die Kapazität der Nische (eigentlich das noch vorhandene Nahrungsangebot) repräsentiert, die noch zur Verfügung steht. Bei der diskreten Version dieses Wachstumsprozesses, die wir nachher behandeln wollen, gibt der Zähler die Größe der *neuen* Population nach einem Wachstumsschritt an und der Nenner die Größe der *alten* Population davor. Wenn man auf einem vertikalen logarithmischen Maßstab (vergleiche 3a) in Analogie den prozentualen Marktanteil statt des Verhältnisses *neu/alt* abträgt, so erhält man die sogenannte logistische Skala, in der 100 Prozent dem Wert plus unendlich und 0 Prozent dem Wert minus unendlich entsprechen.

M wird gelegentlich als Nischenkapazität bezeichnet und stellt den Plateauwert da, den die Populationsgröße $N(t)$ am Ende der Wachstumsphase erreicht. In der vorangegangenen Beschreibung war der Wert M in Gleichung (1) als konstant angenommen worden, aber diese Forderung werden wir in der diskreten Version etwas lockern.

Gegenseitige Substitution: Zwei Konkurrenten in einer Nische

Dieses Modell wurde ursprünglich von J.B.S. Haldane[5] behandelt und später von
Alfred Lotka[6] wieder aufgenommen. Es beschreibt eine Situation, in der eine
Mutante gegenüber der alten Art N_1 einen kleinen genetischen Vorteil k hat. Wir
wollen die Mutante als eine neue Art N_2 ansehen. Genauer soll dies bedeuten, daß
sich bei jeder Generation das Verhältnis der Individuenzahlen der beiden Arten
mit dem Wert $1/(1-k)$ multipliziert. Nach n Generationen beträgt das Verhältnis
der Populationszahlen daher

$$\frac{N_2}{N_1} = \frac{R_0}{(1-k)^n}, \quad \text{wobei} \quad R_0 = \frac{N_2}{N_1} \quad \text{zur Zeit} \quad t = 0 \quad \text{ist.} \quad (4)$$

Wenn k sehr klein ist – in biologischen Anwendungen ist ein typischer Wert 0,001
–, so kann man Gleichung (4) approximieren durch

$$\frac{N_2}{N_1} = R_0 e^{kn}, \quad (5)$$

und dies entspricht Gleichung (3), denn es ist $N_1 = M - N_2$. Ein formaler Unterschied zu dem Beispiel im vorigen Abschnitt besteht allerdings darin, daß wir hier
eine Anfangsbedingung in Form des Wertes R_0 vor uns haben gegenüber einer
Endbedingung (der Wert für M) dort. In den typischen Anwendungen des Wachstums nur einer Art will man den Plateauwert M schon aus wenigen frühen Messungen bestimmen. Dieses Verfahren ist jedoch mit relativ großen Fehlerschranken
behaftet, wie in Anhang B näher ausgeführt wird. Beim Verdrängungsmodell für
zwei Konkurrenten dagegen betrachtet man die Evolution in *relativen* Größen.
Der obere Grenzwert des Prozesses liegt definitionsgemäß bei 100 Prozent. Die
Bestimmung der Trajektorie ist in diesem Fall nicht abhängig von der Größe der
Nische, die sich während des Verdrängungsprozesses dauernd ändern darf. Dies
erlaubt eine verläßliche Vorhersage der Marktanteile der Wettbewerber, auch wenn
die Größe des Marktes selbst nicht vorhersehbare Turbulenzen durchläuft.

Multiple Konkurrenz: Mehrere Wettbewerber

Den Ansatz der gegenseitigen Verdrängung hat Nebojsa Nakicenovic[7] benutzt, um
den schwierigeren Fall der multiplen Konkurrenz bei mehr als zwei Wettbewerbern
zu beschreiben. Für jede Population i soll dabei die Individuenzahl im Verhältnis
zur Summe der Individuen aller Populationen Gleichung (3) genügen, mit Ausnahme einer bestimmten Population, in der Regel der mit den meisten Individuen.
Deren relative Anzahl berechnet sich als Differenz der Anteile der anderen Populationen zu 100 Prozent. Die Trajektorie eines jeden Wettbewerbers wird daher im
allgemeinen eine S-Kurve sein – steigend oder fallend –, außer während eventueller Sättigungsphasen, das heißt beim Übergang zwischen verschiedenen S-Kurven
zu unterschiedlichen Zeitintervallen.

Die verallgemeinerten Gleichungen für die Marktanteile mehrerer Konkurrenten schreiben sich dann (j bezeichne die Ausnahmepopulation)

$$f_i(t) = \frac{1}{1 + e^{-(at+b)}}, \quad i \neq j$$

und

$$f_j(t) = 1 - \sum_{\substack{i=1 \\ i \neq j}}^{n} f_i(t).$$

Berechnung S-förmiger Ausgleichskurven an Datensätze

Es gibt eine Vielzahl von Möglichkeiten, mathematische Funktionen an eine Folge von Daten anzugleichen. Bei der Methode, die vorwiegend bei den Beispielen in diesem Buch verwendet wurde und die auch meistens das beste Ergebnis liefert, wird in einem Computerprogramm die Summe

$$\sum_i \frac{(F_i - D_i)^2}{W_i}$$

durch eine Folge von Iterationen minimiert. Hierbei bezeichnen D_i den Wert des zum Zeitpunkt t_i gehörigen Datenpunktes, F_i den zugehörigen, zunächst unbekannten Funktionswert und W_i ein Gewicht, das man der i-ten Messung zuordnen kann. Die Funktionswerte von F werden zunächst mehr oder weniger willkürlich festgelegt, indem Werte für die Parameter in der Funktionalgleichung von F vorgegeben werden. Im Rahmen des Programms werden diese Werte im Verlaufe vieler Iterationsschritte gezielt verändert, bis die angegebene Summe so klein wie möglich geworden ist.

Für die Anpassung einer S-Kurve hat F die Form von Gleichung (2), die man jedoch auch in der äquivalenten Formulierung (3) oder in der besonders einfachen Form der Geradengleichung (3a) mit der erwähnten Beziehung zum iterativen Verdrängungsmodell verwenden kann.

Durch die Zuordnung von unterschiedlichen Gewichten zu den einzelnen Datenpunkten kann man erreichen, daß bei der Berechnung bestimmte Punkte stärkere Berücksichtigung finden als andere, deren Meßgenauigkeit man als weniger zuverlässig ansieht.

Der von uns benutzte Algorithmus zeigte sich relativ stabil in dem Sinne, daß unterschiedliche Gewichtungen oder Startwerte sich zwar auf die Rechenzeit, nicht jedoch auf das Endergebnis auswirkten, obwohl es einige Variationen bei den Parametern gab. Wir fanden auch Korrelationen unter den Parametern a, b und M, besonders bei iterativen Verdrängungsprozessen. In Anhang B sind einige der Ergebnisse aus unseren intensiven Untersuchungen über die zu erwartenden Fehlerschranken und die Korrelationen der drei Parameter einer S-Kurve bei einer Ausgleichsberechnung angegeben.

Anhang B
Fehlerabschätzung bei Vorhersagen
aus S-Kurven

Mit Hilfe einer ausgedehnten Monte-Carlo-Simulation auf dem Rechner konnten Alain Debecker und ich die Fehlergrenzen quantitativ erfassen, innerhalb derer die mit Ausgleichsverfahren bestimmten Parameter von S-Kurven liegen.[1] Dazu berechneten wir eine Unzahl von Ausgleichskurven (etwa vierzigtausend) zu simulierten Datensätzen, die wir durch Addieren von Zufallsabweichungen zu den Daten aus theoretisch exakten S-Kurven konstruierten. Dabei wählten wir für die Daten eine Vielzahl verschiedener Bereiche innerhalb der S-Kurven. Die Ausgleichskurven wurden nach Gleichung (2) berechnet, wobei wir die Konstante b formal durch at_0 ersetzten, so daß t_0 die Dimension einer Zeit erhalten kann. Für jede Ausgleichskurve erhält man die Werte von M, a und t_0. Zu jeder theoretisch vorgegeben S-Kurve wurden hinreichend viele zufällig veränderte Datensätze generiert und S-Kurven daran angepaßt, um die Streuung der berechneten Parameter zu bestimmen und ihre Mittelwerte mit den vorgegebenen Parameterwerten zu vergleichen. Aus den Breiten der Verteilungen war es möglich, die Fehlergrenzen durch Angabe von Konfidenzintervallen zu quantifizieren.

Unsere Untersuchungen zeigten, daß die vorgegebenen Parameter um so besser reproduziert werden, je weniger fehlerbehaftet die Daten sind und je größer der Bereich der S-Kurve ist, den sie überdecken. Dies soll durch drei repräsentative Tabellen verdeutlicht werden. In Tabelle II zum Beispiel sind die Fehlergrenzen für den Parameter M angegeben, die man bei Anpassung der S-Kurve an die historischen Meßdaten der ersten Hälfte erhält. Sind diese beispielsweise mit einem Fehler von 10 Prozent behaftet, so wird der Endwert M mit einer Genauigkeit von mindestens 21 Prozent vorhergesagt bei einem Konfidenzintervall von 95 Prozent.

Wir wollen zur Illustration noch einen kurzen Blick auf die Verkaufsentwicklung des Minicomputers VAX 11/750 werfen, wie er in Abbildung 3.1 dargestellt wurde. Zum Zeitpunkt der Ausgleichsberechnung waren 6500 Geräte verkauft, der M-Wert wurde zu 8600 geschätzt. Damit überdeckten die Daten 76 (=6500/8600) Prozent des Anfangsbereichs der S-Kurve. Aus der Streuung der Daten wurde der saisonbereinigte statistische Fehler der einzelnen Meßpunkte zu 5 Prozent bestimmt. Aus Tabelle III erhält man nun für den zu erwartenden Fehler von M einen Wert von etwas mehr als 4 Prozent bei einem Konfidenzintervall von 95 Prozent. Der tatsächlich erreichte Wert für M von 8200 verkauften Computern fiel in diese Fehlergrenze.

Schließlich konnten wir noch einige Korrelationen zwischen den Fehlerschranken der zu berechnenden Parameter aufzeigen. Besonders interessant war die Beobachtung, daß von allen Ausgleichskurven mit vergleichbarer statistischer Absicherung zu einem festen Datensatz diejenigen mit kleineren a-Werten automatisch größere M-Werte besitzen. Das bedeutet, daß eine geringere Wachstumsrate mit einer größeren Nische korreliert ist und umgekehrt. Ein beschleunigtes Wachstum führt also zu einem kleineren Plateauwert, was der Volksmund schon in der Redensart über die heftigen Strohfeuer, die nicht viel Wärme geben, erkannt hat.

Legende zu den Tabellen I–III

Die Tabellen I–III zeigen die zu erwartenden Fehlerschranken für den Wert M in Abhängigkeit von den zugrundegelegten Konfidenzintervallen (Zeilen) und dem statistischen Fehler der historischen Daten (Spalten). Die für die Berechnung der Ausgleichskurven benutzten Daten überdecken jeweils den Anfangsbereich der S-Kurve von 1 Prozent bis 30 Prozent (Tabelle I), von 1 Prozent bis 50 Prozent (Tabelle II) und von 1 Prozent bis 80 Prozent (Tabelle III). Alle Angaben in Prozent.

TABELLE I

	1	*5*	*10*	*15*	*20*	*25*
70	2,7	13	28	47	69	120
75	3,2	15	32	53	81	190
80	3,9	17	36	62	110	240
85	4,8	19	41	81	130	370
90	5,9	22	49	110	210	470
95	8,5	29	66	140	350	820
99	48,0	49	180	350	690	

TABELLE II

	1	*5*	*10*	*15*	*20*	*25*
70	1,2	5,1	11	17	23	29
75	1,4	5,5	12	19	26	32
80	1,8	6,4	14	22	29	36
85	2,1	7,3	16	25	36	42
90	2,6	8,8	18	29	42	48
95	3,1	11,0	21	39	56	66
99	4,6	22,0	30	55	150	110

TABELLE III

	1	*5*	*10*	*15*	*20*	*25*
70	0,5	1,9	3,9	5,1	8,1	8,9
75	0,6	2,1	4,4	5,5	9,0	9,6
80	0,7	2,4	4,8	6,2	9,8	11,0
85	0,8	2,8	5,5	7,1	12,0	13,0
90	1,1	3,3	6,3	9,1	13,0	16,0
95	1,3	4,0	7,6	11,0	16,0	18,0
99	2,2	5,6	9,1	15,0	21,0	31,0

Anhang C
Zusätzliche Abbildungen

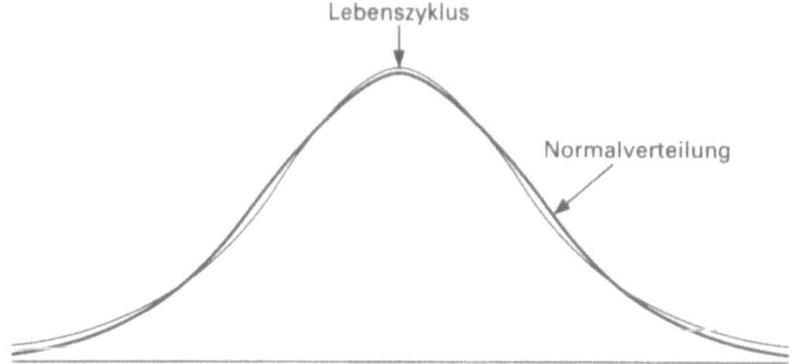

Abb. A1.1 Der Vergleich zwischen der Gaußschen Glockenkurve oder Normalverteilung und dem natürlichen Lebenszyklus zeigt eine große Ähnlichkeit der beiden Kurven.

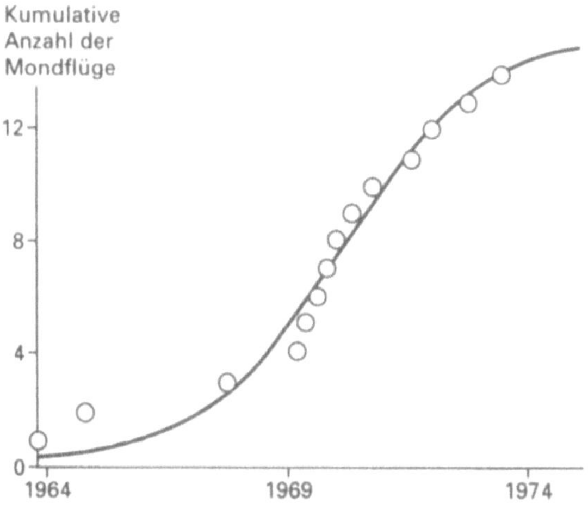

Abb. A2.1 Die kumulative Anzahl der Mondflüge zeigt für die Jahre 1964 bis 1972 eine nahezu vollständige S-Kurve. Hierbei wurden die bemannten und unbemannten Mondflüge gleichermaßen berücksichtigt.*

* Quelle: *World Almanac & Book of Facts*, 1988 (New York; Newspaper Enterprise Association, Inc., 1984).

POPULATIONEN VON AUTOS WACHSEN WIE POPULATIONEN VON FRUCHTFLIEGEN

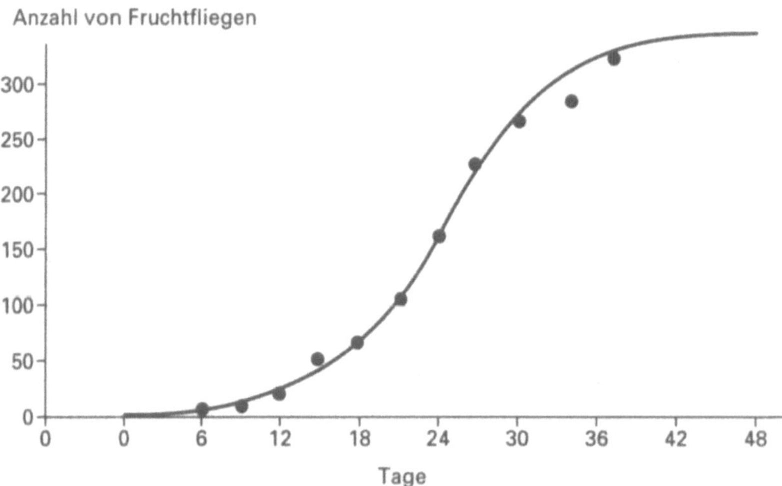

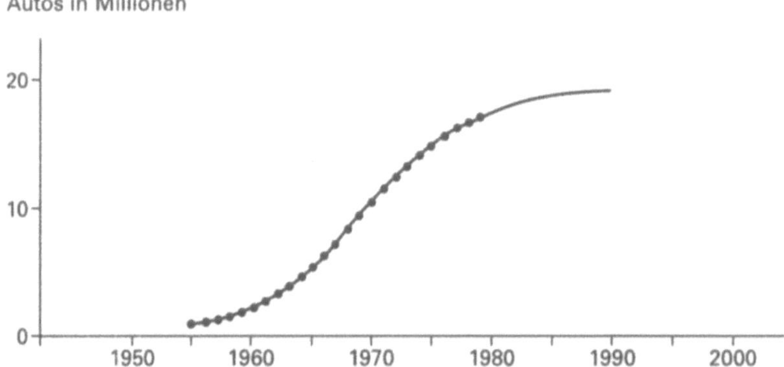

Abb. A3.1 Meßdaten und angepaßte Wachstumskurven für zwei Populationen: die Population der Fruchtfliege Drosophila (oben) unter kontrollierten experimentellen Bedingungen und die Anzahl der in Italien registrierten Automobile (unten).[*]

[*] Der obere Graph wurde zuerst publiziert von R. Pearl and S.L. Parker, *American Naturalist*, 55 (1921) 503; 56 (1922) 403. Auch zitiert in Alfred J. Lotka, *Elements of Physical Biology* (Baltimore, MD: Williams & Wilkins Co., 1925). Der untere Graph wurde publiziert von C. Marchetti, «The Automobile in a System Context: The Past 80 Years and the Next 20 Years», *Technological Forecasting and Social Change*, 23 (1983) 3–23. Copyright 1983 by Elsevier Science Publishing Co., Inc. Nachdruck mit freundlicher Genehmigung des Verlags.

DIE GRÖSSE EINES ORGANISMUS NIMMT ZU WIE EINE POPULATION

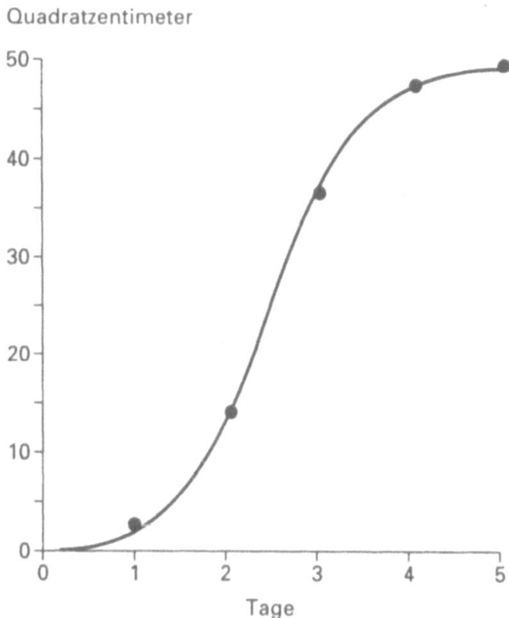

Abb. A3.2 Das Wachstum einer Bakterienkolonie, gemessen in ihrer Fläche.*

* Nach einem Graph von H.G. Thornton, *Annals of Applied Biology*, 1922, p. 265; zitiert bei Alfred J. Lotka, *Elements of Physical Biology* (Baltimore, MD: Williams & Wilkins Co., 1925).

SCHIENENNETZE WACHSEN WIE PFLANZEN

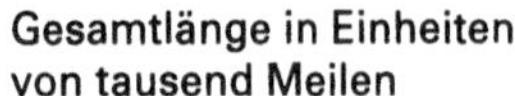

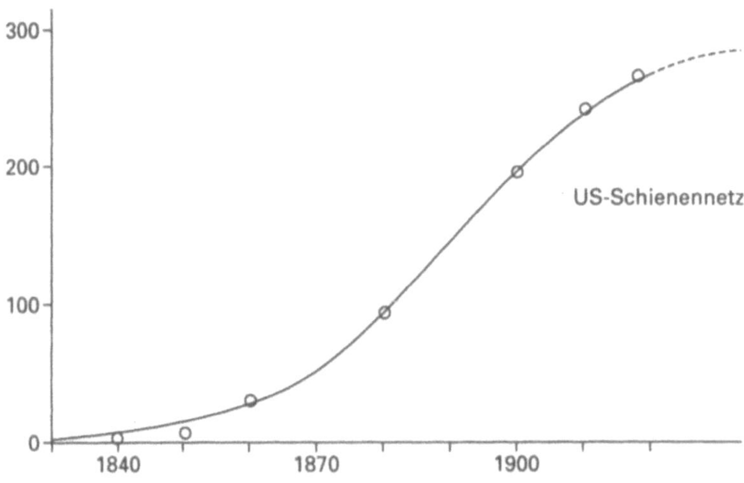

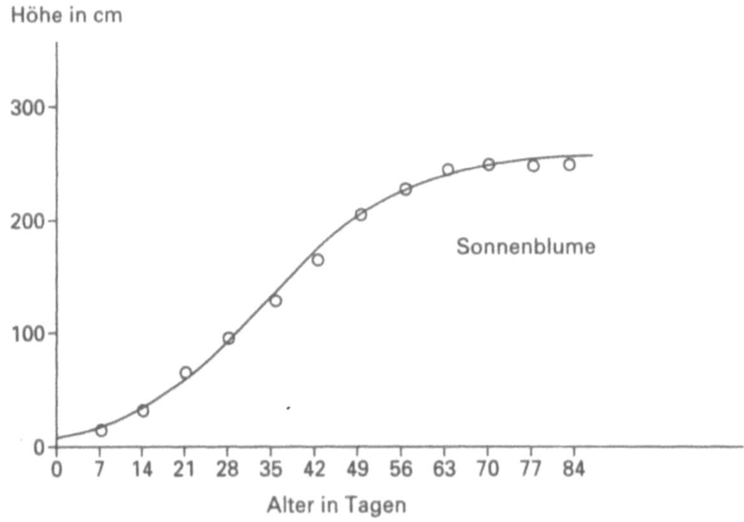

Abb. A3.3 Der Graph der zeitlichen Entwicklung der Gesamtlänge des Schienennetzes in den Vereinigten Staaten (oben) und zum Vergleich das Wachstum eines Sonnenblumenkeimlings (unten).*

* Beide Graphen nach Alfred J. Lotka, *Elements of Physical Biology* (Baltimore, MD: Williams & Wilkins Co., 1925). Der untere Graph stammt ursprünglich von H.S. Reed and R.H. Holland, *Proc. Natl. Acad. Sci.* 5 (1919) 135–144.

SUPERTANKER: DER WAHNWITZ EINES JAHRZEHNTS

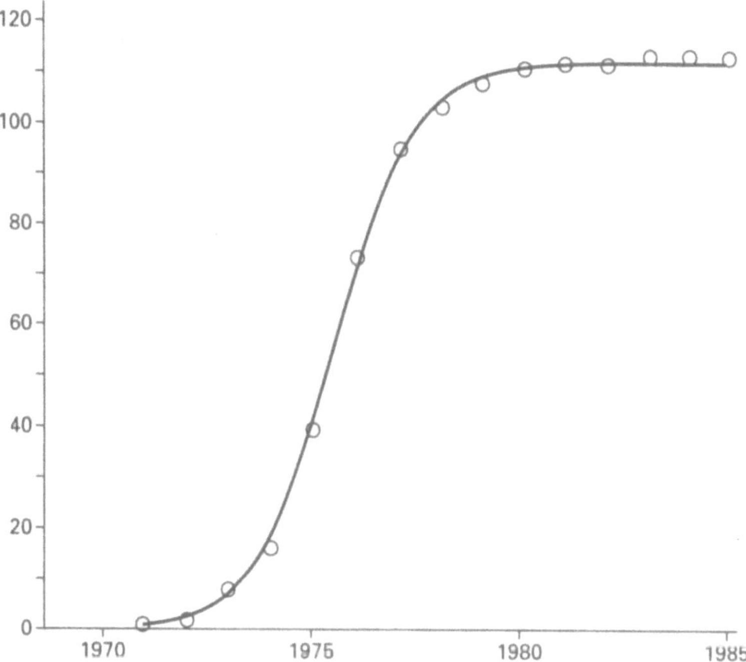

Abb. A3.4 Anzahldaten und angepaßte S-Kurve für alle jemals gebauten Schiffe mit mehr als 300'000 Tonnen Ladekapazität. Die Daten habe ich 1985 von Jan Olafsen von der norwegischen Schiffsversicherungsgesellschaft Bassoe A/S & Co. erhalten.

GOTISCHE KATHEDRALEN

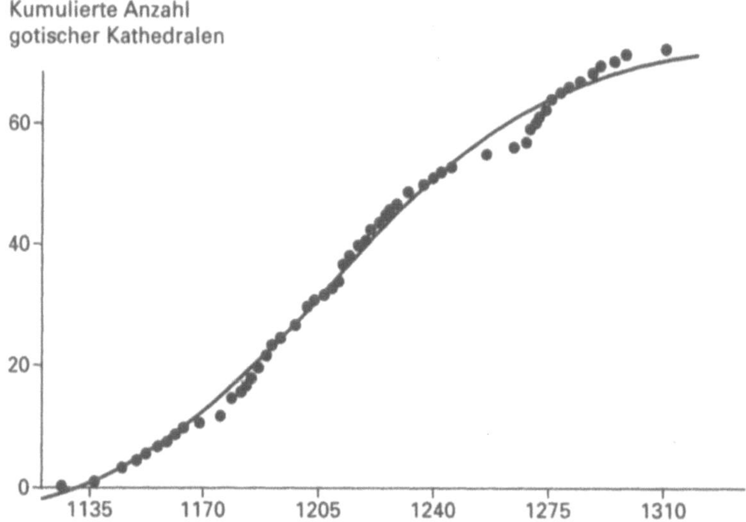

Abb. A3.5 Die Errichtung gotischer Kathedralen in Europa. Die Daten beziehen sich auf den Baubeginn. Die Ausgleichskurve beschreibt den zeitlichen Ablauf recht gut.*

* Daten nach L. Cloquet, *Les cathédrales et basiliques latines, byzantines et romanes du monde catholique* (Paris: Desclée, De Brouwer et Cie., 1912).

DAS ZEITALTER DER TEILCHENBESCHLEUNIGER

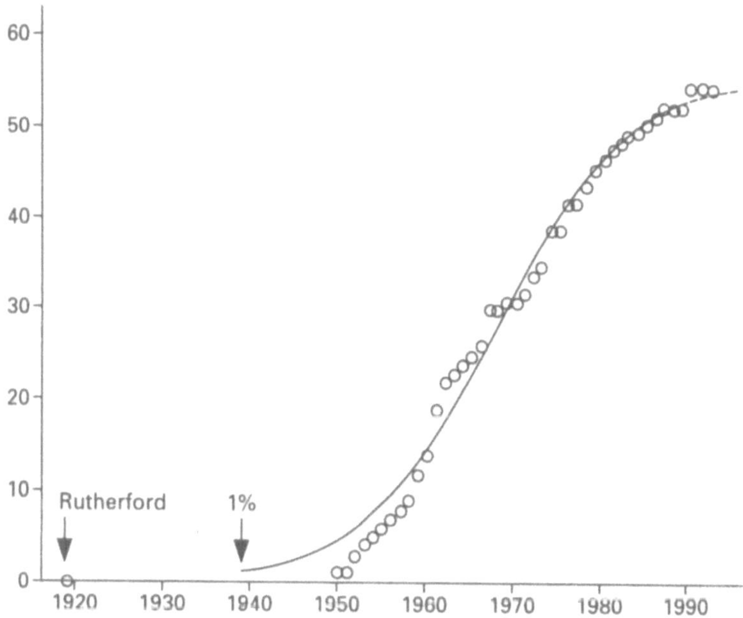

Abb. A3.6 Die Anzahldaten der weltweit in Betrieb genommenen Teilchenbeschleuniger wurden mit einer S-Kurve ausgeglichen, deren Nominalbeginn mit dem Ausbruch des Zweiten Weltkriegs zusammenfällt und nicht mit dem berühmten Experiment von Ernest Rutherford.*

* Daten nach Mark Q. Barton, *Catalogue of High Energy Accelerators*, Brookhaven National Laboratory, BNL 683, 1961, und J.H.B. Madsen and P.H. Standley, *Catalogue of High-Energy Accelerators* (Genf: CERN, 1980, und Ergänzungen).

JOHANNES BRAHMS (1833–1897)

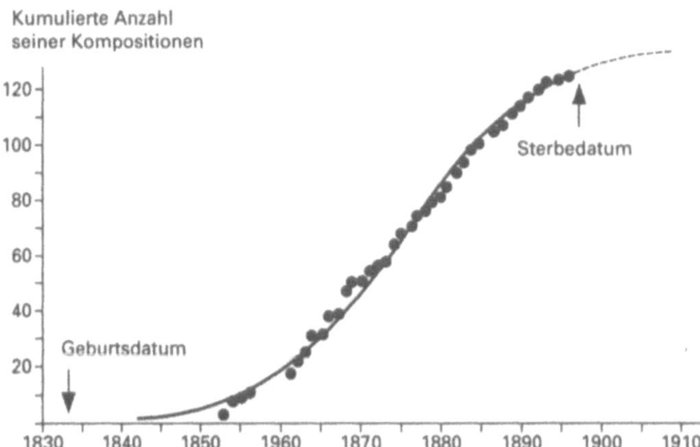

Abb. A4.1 Die kumulativen Anzahlen der Kompositionen Brahms' und S-förmige Ausgleichskurve mit Nominalbeginn im Jahre 1843 und geschätztem Maximalwert von 135.*

* Quelle: Claude Rostand, *Johannes Brahms* (Paris: Fayard, 1978).

ERNEST HEMINGWAY (1899–1961)

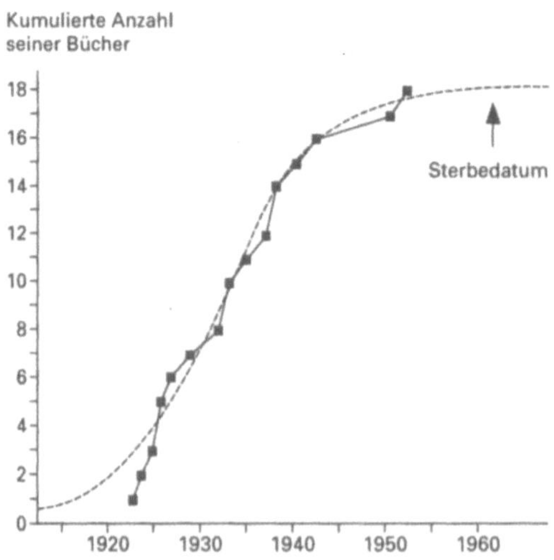

Abb. A4.2 Die kumulativen Anzahlen der von Hemingway veröffentlichten Bücher. Die Ausgleichskurve beginnt 1909 und hat einen Maximalwert von 18.*

* Quelle: Philip Young and Charles W. Mann, *The Hemingway Manuscripts: An Inventory* (University Park, PA, und London: Pennsylvania State University Press, 1969). Und: Audrey Hanneman, *Ernest Hemingway: A Comprehensive Bibliography* (Princeton, NJ: Princeton University Press, 1967).

Percy B. Shelley (1792–1822)

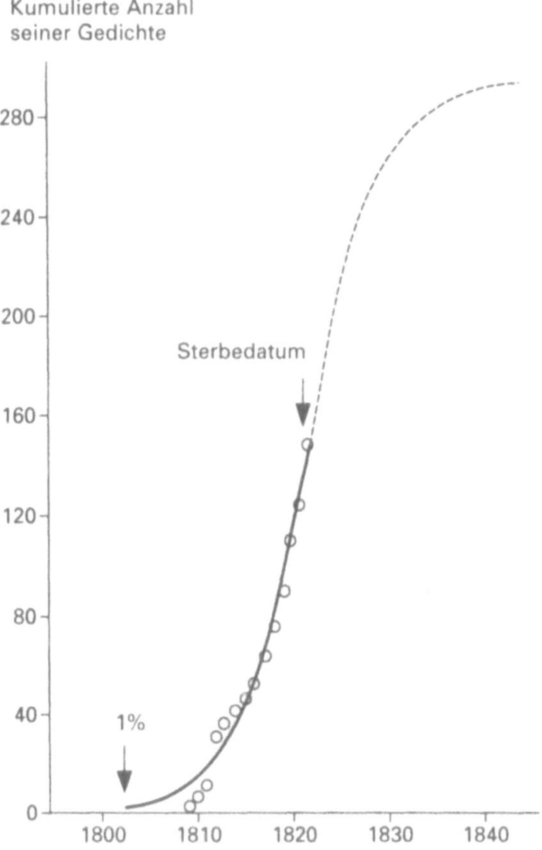

Abb. A4.3 Die kumulativen Anzahlen der von Shelley geschriebenen Gedichte. Die Daten geben den Zeitpunkt des Entstehens wieder. Der Nominalbeginn der Ausgleichskurve liegt bei 1802. Der Maximalwert von 290 repräsentiert die doppelte Anzahl der von Shelley vor seinem Tode tatsächlich vollendeten Gedichte.*

* Quelle: Newman Ivey White, *Shelley*, vols. 1, 2 (London: Secker & Warburg, 1947).

DIE KINDERZAHL AMERIKANISCHER FRAUEN

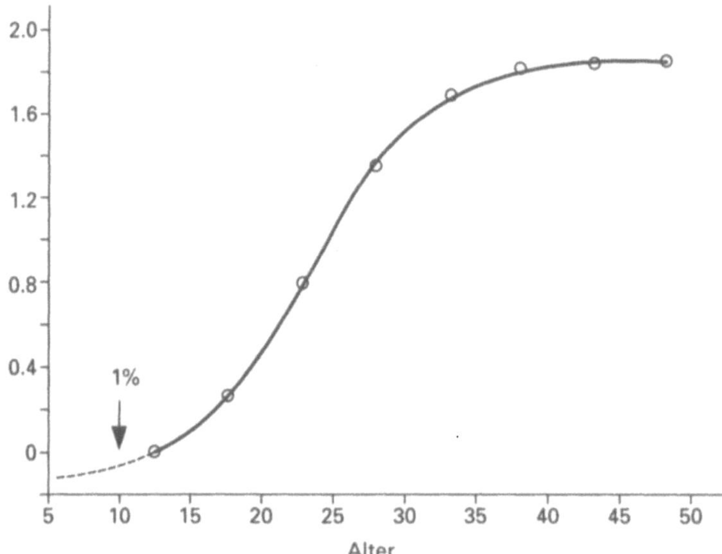

Abb. A4.4 Die durchschnittlichen Anzahlen der Kinder amerikanischer Frauen als Funktion ihrer Altersgruppen. Der Nominalbeginn der Ausgleichskurve liegt bei 10 Jahren und zeigt damit an, daß die Fruchtbarkeitsperiode früher beginnt, als in der Gesellschaft beobachtet wird. Der Maximalwert lag 1987 bei 1,87 Kindern pro Frau im Durchschnitt.*

* Quelle: *Statistical Abstract of the United States*, U.S. Department of Commerce, Bureau of the Census, 1989.

Zeitgenössische Genies

Burton Richter (1931–)

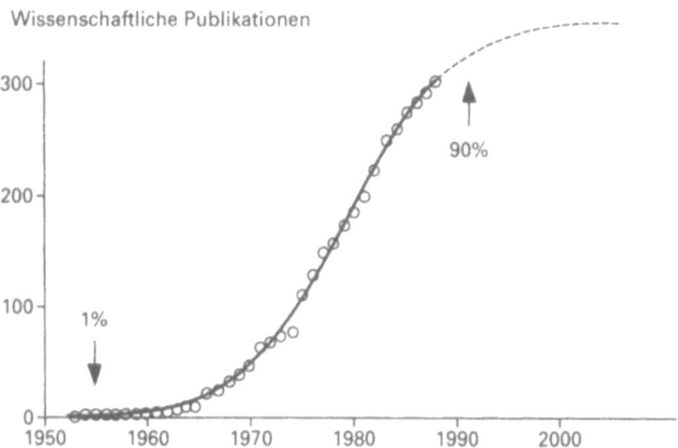

Gabriel García Marquez (1928–)

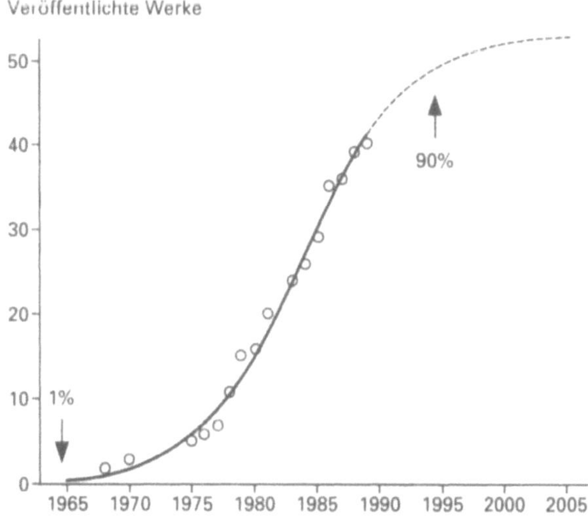

Abb. A4.5 Die Kreativitätskurven von fünf zeitgenössischen Persönlichkeiten. Neben der kumulativen Anzahl ihrer Werke ist die S-förmige Ausgleichskurve eingezeichnet, deren gepunktete Bereiche Extrapolationen darstellen. Unter normalen Umständen sollten die Betreffenden die 90-Prozent-Marke ihrer Produktivität noch erleben.

CARLO RUBBIA (1934–)

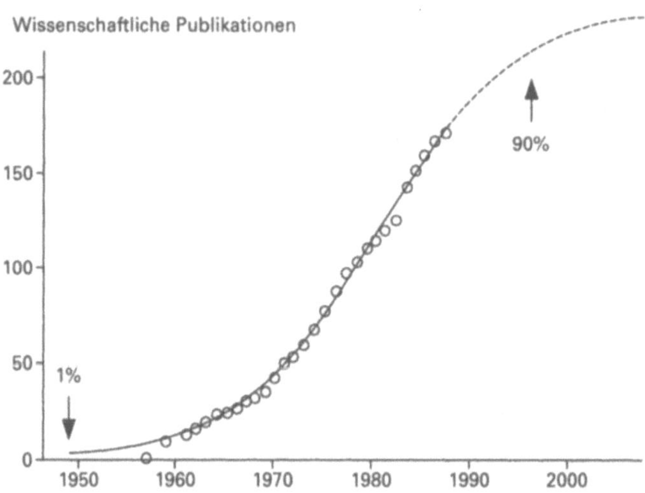

FEDERICO FELLINI (1920–1993)

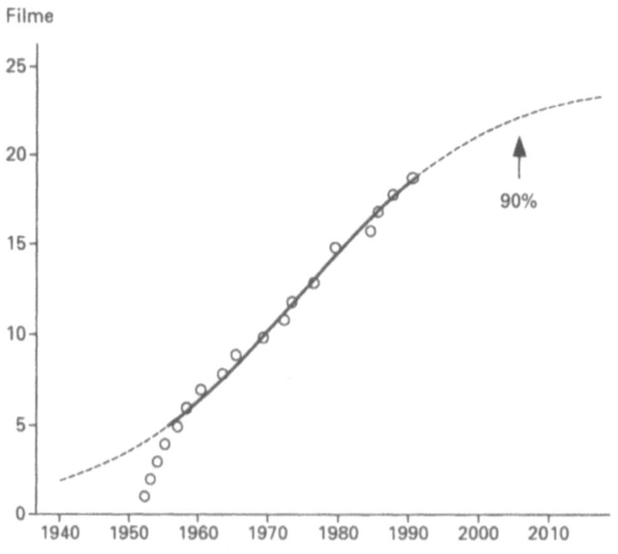

Alexander Solschenizyn (1918–)

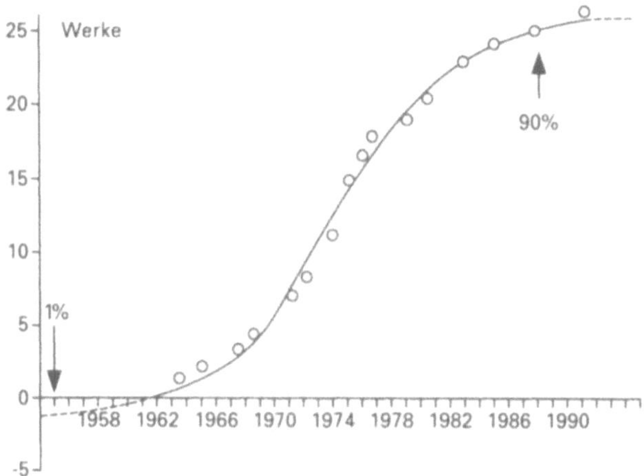

Fortschreitende Computerinnovation

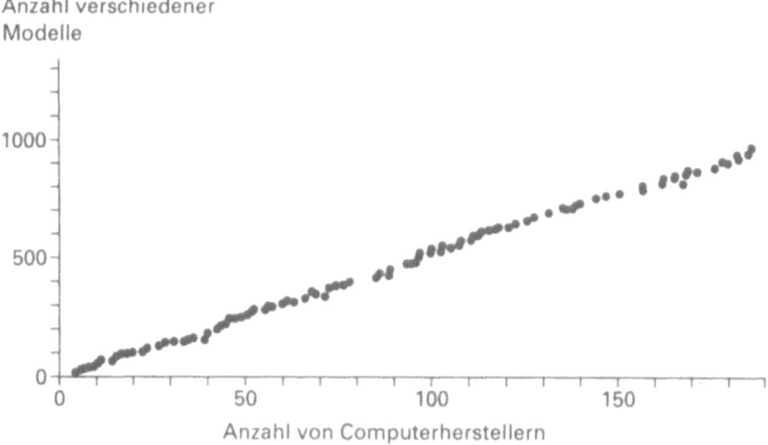

Abb. A4.6 Die über 1000 Datenpunkte repräsentieren die Gesamtzahlen verschiedener auf dem Markt erhältlicher Computermodelle in Relation zu den jeweiligen Gesamtzahlen der sie produzierenden Firmen. Berücksichtigt wurden alle Modelle ab der Leistungsfähigkeit eines PCs und alle Hersteller im Zeitraum zwischen 1958 und 1985. Daß die Punkte auf einer nahezu perfekten Geraden liegen, läßt den Schluß zu, daß der Markt von einem strengen Gesetz beherrscht wird, das zu jedem beliebigen Zeitpunkt im Schnitt 5 Modelle pro Hersteller zuläßt.*

* Quelle: International Data Corporation's *1985 Processor Data Book*, das die Daten für die Periode von Anfang 1958 bis Ende 1984 enthält. Die Kurve selbst wurde zuerst veröffentlicht in: Theodore Modis and Alain Debecker, «Innovation in the Computer Industry», *Technological Forecasting and Social Change*, vol. 33 (1988); 267–78.

OPFER DER ROTEN BRIGADEN

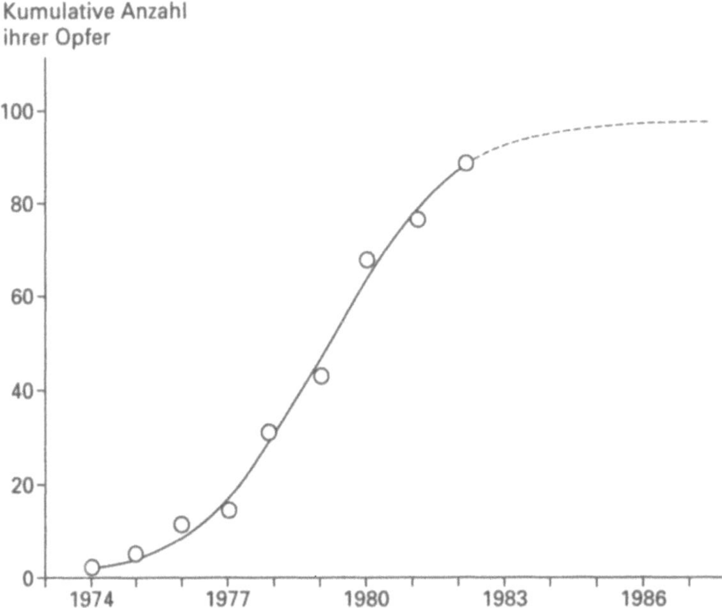

Abb. A5.1 Die kumulativen Anzahlen der Opfer der Roten Brigaden mit Ausgleichskurve. Der daraus geschätzte Maximalwert beträgt 99, von dem die Terroristen bereits 90% erreicht haben.[*]

[*] Nach einer Abbildung in nichtlinearem Maßstab aus: Cesare Marchetti, «Intelligence at Work: Life Cycles for Painters, Writers, and Criminals», invited paper to the Conference on the Evolutionary Biology of Intelligence, organized by the North Atlantic Treaty Organization's Advanced Studies Institute, Poppi, Italy, June 8–20, 1986, a report of the International Institute of Advanced Systems Analysis, Laxenburg, Austria.

ANSTIEG DER TUBERKULOSE IM ZWEITEN WELTKRIEG

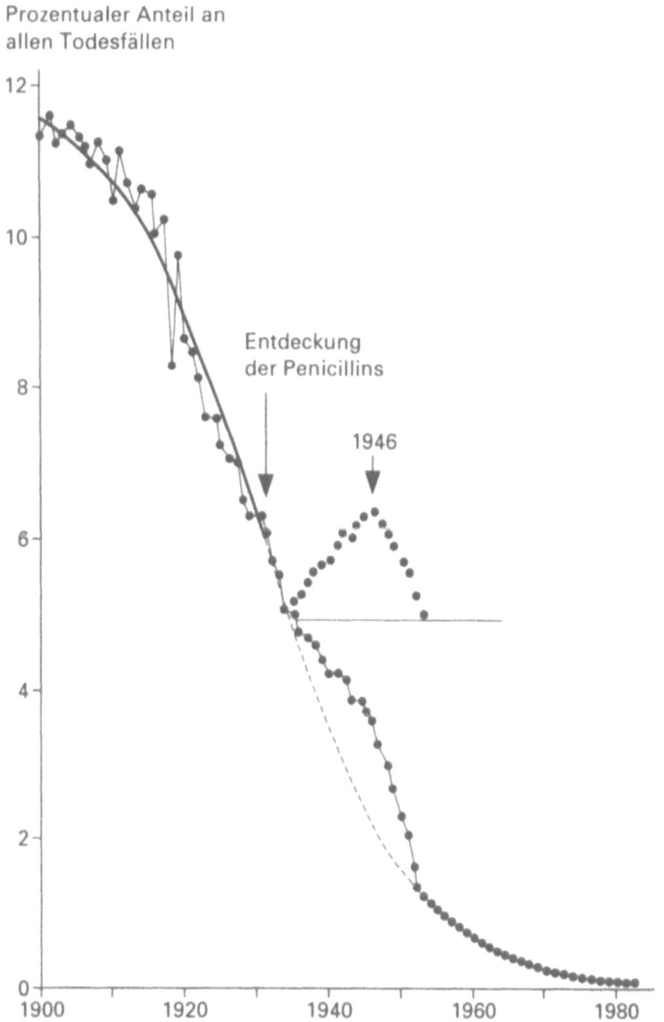

Abb. A5.2 Die Tuberkuloseopfer in den Vereinigten Staaten. Die Ausgleichskurve beruht auf den Daten von 1900–1931. Penicillin wurde 1931 entdeckt, aber wirksame Medikamente, die hier als Wundermittel gelten könnten, waren erst 1955 erhältlich. Ironischerweise wird die Übereinstimmung zwischen den Daten und der Kurve, die aufgrund der Werte in den ersten drei Dekaden bestimmt wurde, am besten in den Jahren *nach* 1955! Eine signifikante Abweichung scheint durch den Zweiten Weltkrieg verursacht zu sein. In dem kleinen Schaubild ist die Größe der Abweichung als Differenz der realen Meßdaten und der Werte der glatten Ausgleichskurve dargestellt.*

* Quelle: *Historical Statistics of the United States, Colonial Times to 1970*, vols. 1 and 2, Bureau of the Census, Washington, D.C., 1976; und: *Statistical Abstract of the United States*, U.S. Department of Commerce, Bureau of the Census, 1986–91.

AIDS hat in den USA seine Nische bereits gefüllt

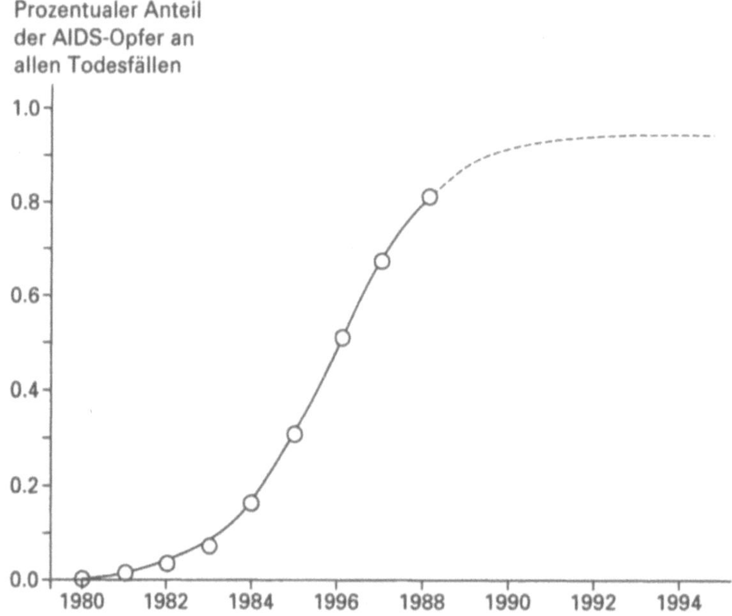

Abb. A5.3 Todesfälle durch AIDS in den Vereinigten Staaten. Der Maximalwert der angeglichenen S-Kurve liegt bei 0,95. 1988 wurden 0,85 Prozent der Sterbefälle AIDS zugeschrieben, so daß die «Nische» praktisch ausgefüllt ist.*

* Quelle: HIV/AIDS Surveillance, Centers for Disease Control, U.S. Department of Health and Human Services, Atlanta, GA; Ausgabe Januar 1990.

DAS VERSCHWINDEN DER DAMPFLOKOMOTIVEN

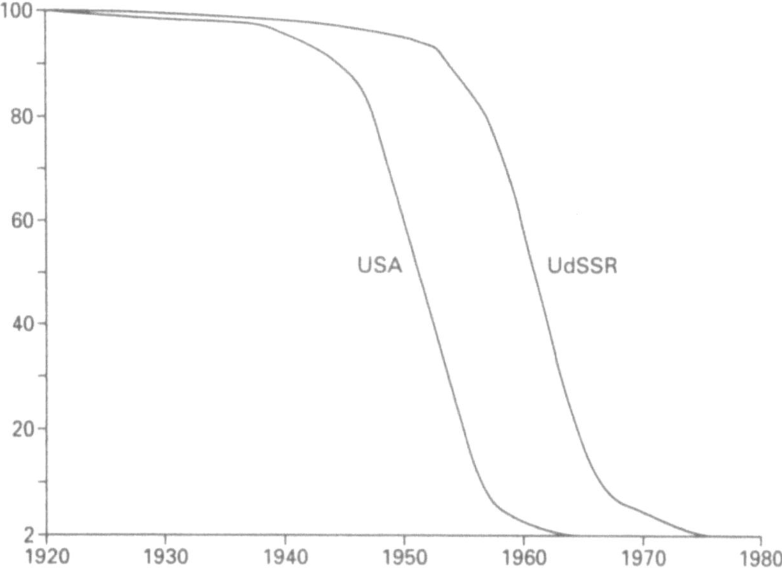

Abb. A6.1 Die Daten über den Rückgang des Anteils der Dampflokomotiven in den USA und der UdSSR zeigen auch ohne Ausgleichsberechnung einen S-förmigen Verlauf. Die komplementären ansteigenden S-Kurven für den summierten Prozentanteil der neuen «Arten» Diesel- und Elektroloks sind nicht dargestellt.*

* Nach einem Graphen aus: Arnulf Grubler, *The Rise and Fall of Infrastructures*, 1990. Nachdruck mit freundlicher Genehmigung des Physica-Verlags, Heidelberg.

FOSSILE PRIMÄRENERGIEN ALS ERSATZ
FÜR ERNEUERBARE ENERGIEQUELLEN

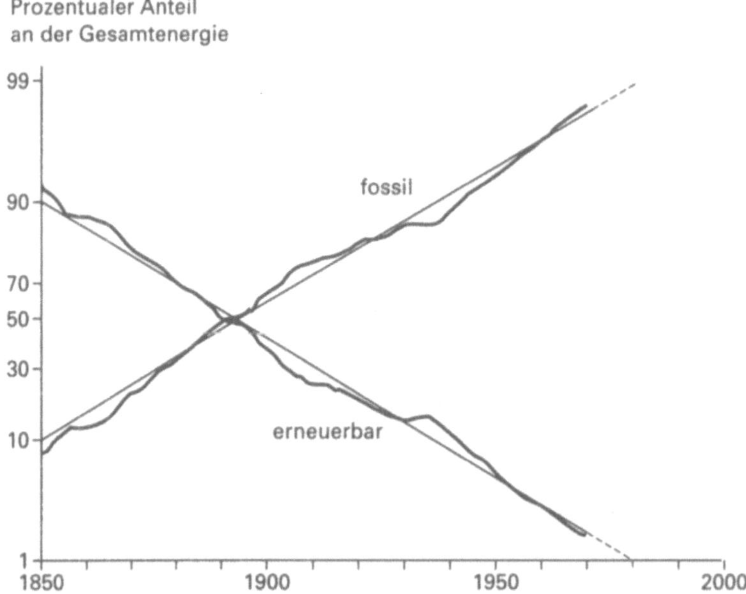

Abb. A6.2 Daten (unregelmäßige Kurven) und Ausgleichskurven (Geraden) für die natürliche Substitution unter den Primärenergiequellen in den Vereinigten Staaten. Die Geraden ergeben sich aus S-Kurven durch die Transformation auf den logistischen Maßstab. Die fossilen Energien bestehen aus Kohle, Öl, Erdgas und Kernenergie. Die erneuerbaren Energien sind Holz, Wind, Wasser und Tierfutter.*

* Nach einem Graphen aus: Nebojsa Nakicenovic, «The Automobile Road to Technological Change: Diffusion of the Automobile as a Process of Technological Substitution», *Technological Forecasting and Social Change*, vol. 29: 309–40. Copyright 1986 by Elsevier Science Publishing Co., Inc. Nachdruck mit freundlicher Genehmigung des Verlags.

DER WEG IN DIE INFORMATIONSGESELLSCHAFT

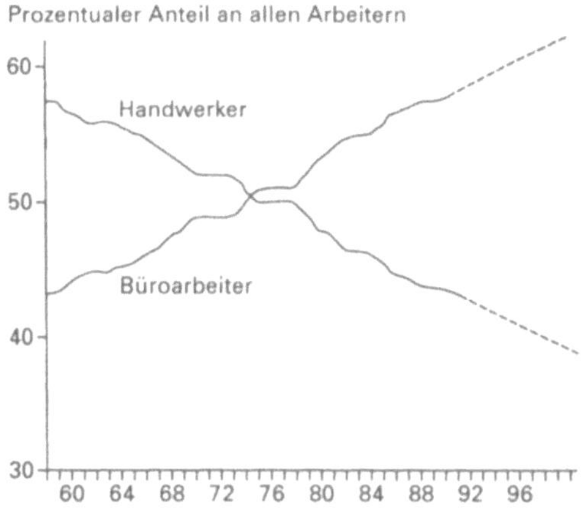

GLEICHBERECHTIGUNG IN DEN CHEFETAGEN IM JAHRE 2000

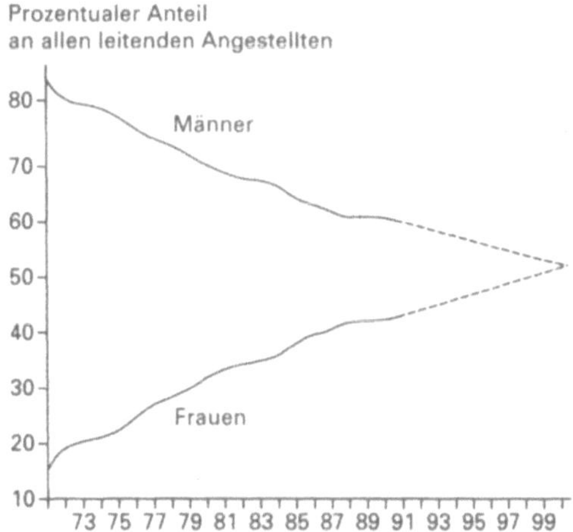

Abb. A6.3 Zwei Substitutionsprozesse mit natürlichem Charakter, der sich in der Geraden ausdrückt. Der ständig wachsende Anteil der Informationsverarbeitung in den Berufen verdrängt immer mehr die manuelle Arbeit (oben). Der prozentuale Anteil der Frauen unter leitenden Angestellten wird immer größer und wird im Jahre 2000 den der Männer erreichen.*

* Quelle: *Employment and Earnings*, Bureau of Labor Statistics, U.S. Department of Labor, 1980–91.

EIN ANGRIFF AUF DIE NEUE TECHNOLOGIE BEI DRESCHMASCHINEN

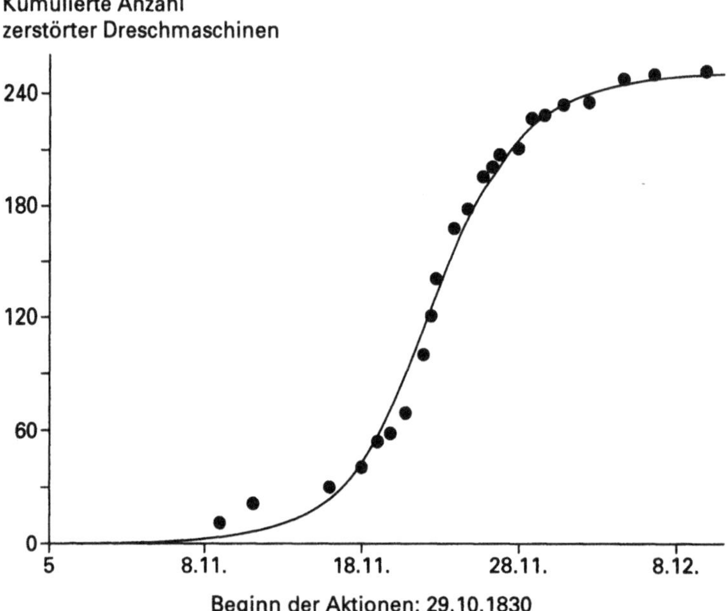

Abb. A6.4 Kumulative Anzahlen der durch Farmarbeiter bei ihrem Widerstand gegen die neue Technologie 1830 in England zerstörten Dreschmaschinen. Die Welle der Zerstörungen hielt nur einen Monat an, hatte jedoch eine «natürliche» Entwicklung, wie die S-förmige Kurve zeigt.*

* Nach einem Graphen aus: Cesare Marchetti in «On Society and Nuclear Energy», Kommission der Europäischen Gemeinschaft, Report EUR 12675 EN, Luxemburg, 1990. Nachdruck mit freundlicher Genehmigung der Kommission der Europäischen Gemeinschaft.

DAS TELEFON BEHERRSCHT DIE KOMMUNIKATION

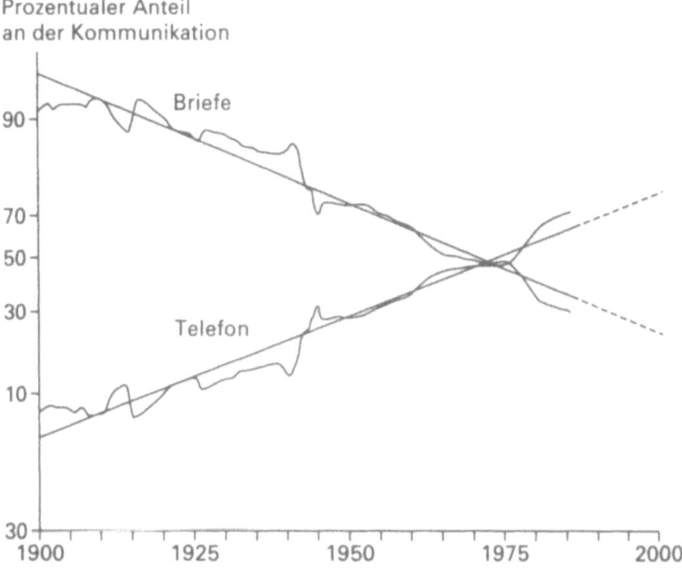

Abb. A6.5 Substitution des Anteils der Briefe durch die Telefonkommunikation, gemessen als Prozentsatz der Gesamtzahl der übermittelten Nachrichten in Frankreich zwischen 1900 und 1985. Um 1970 waren die Anteile der beiden Medien in etwa gleich. Die unregelmäßigen Kurven geben die wirklichen Daten wider, während die idealisierten Substitutionskurven wegen des logistischen Maßstabs zu Geraden geworden sind.*

* Nach einem Graphen aus: Arnulf Grubler, *The Rise and Fall of Infrastructures*, 1990. Nachdruck mit freundlicher Genehmigung des Physica-Verlags, Heidelberg.

DIE ROLLE DES KRIEGES BEI SUBSTITUTIONEN FÜR NATÜRLICHE ROHSTOFFE

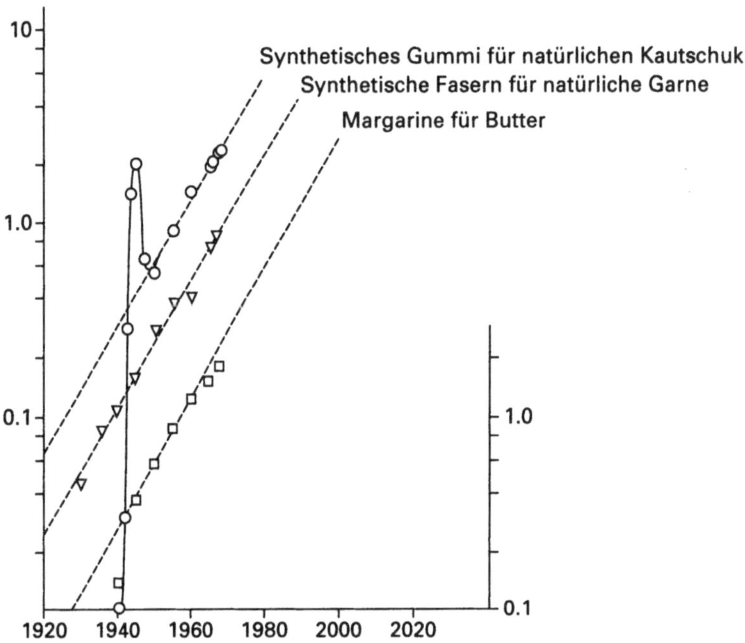

Abb. A6.6 Drei Substitutionsvorgänge in den USA, 1971 veröffentlicht von J.C. Fisher und R.H. Pry. Dargestellt ist jeweils das Verhältnis der verbrauchten Güter. In dem logarithmischen Maßstab kommt der geradlinige Charakter der Ersetzungsprozesse zum Ausdruck. Die einzige wirklich signifikante Abweichung von der *natürlichen* Entwicklung findet sich bei der Produktion von synthetischem Gummi in der Phase des Zweiten Weltkriegs.*

* Nach einem Graphen aus: J.C. Fisher and R.H. Pry, «A Simple Substitution Model of Technological Change», *Technological Forecasting and Social Change*, vol. 3 (1971): 75–88. Copyright 1971 by Elsevier Science Publishing Co., Inc. Nachdruck mit freundlicher Genehmigung des Verlags.

WARUM ERSETZEN SCHWEDEN DIE RUSSEN?

Das Verhältnis "Schweden" zu "Russen"

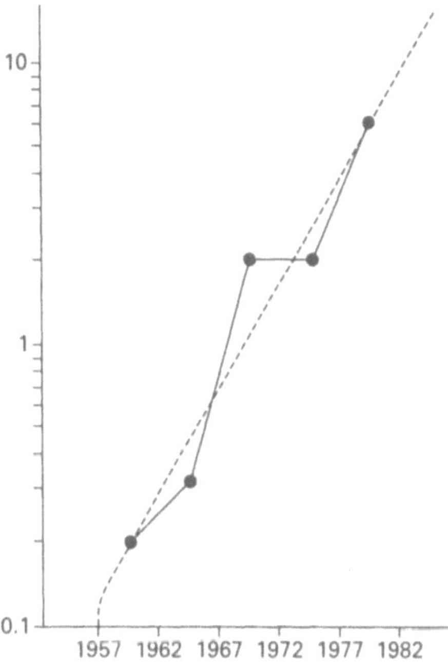

Abb. A6.7 Das Verhältnis von Schweden zu Russen in einer schwedisch-russischen Mikronische von Nobelpreisgewinnern. Wegen der guten Übereinstimmung der Daten mit einer Geraden wirft diese Entwicklung des Verhältnisses die Frage auf, ob wir hier einen natürlichen Substitutionsprozeß beobachten beim Übergang eines 80prozentigen russischen Anteils in einen 80prozentigen schwedischen innerhalb von 25 Jahren, oder ob hier andere Faktoren am Werke sind.*

* Die Abbildung ist meinem Artikel «Competition and Forecasts for Nobel Prize Awards», *Technological Forecasting and Social Change*, vol. 34 (1988): 95–102, entnommen.

WETTBEWERB ZWISCHEN TRANSPORTMITTELN IN DEN USA

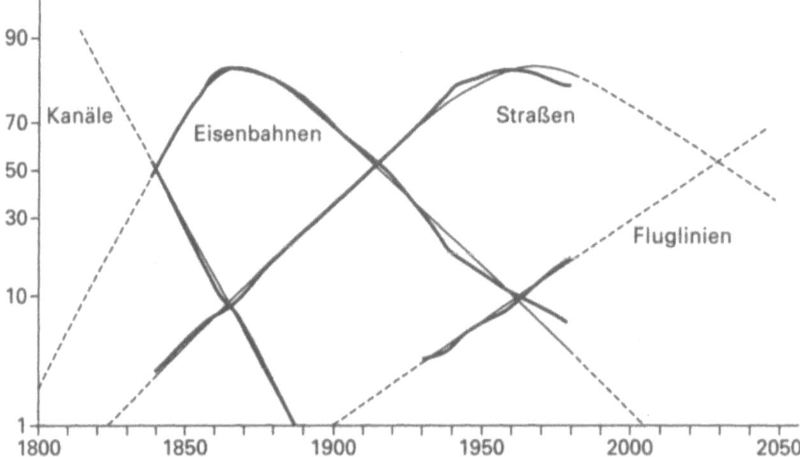

Abb. A7.1 Die Gesamtlänge aller Transportsysteme und ihre Aufteilung nach Haupttypen. Ein abnehmender Prozentanteil bedeutet nicht, daß die Länge des betreffenden Systems zurückgeht, sondern daß die Gesamtlänge stärker zunimmt. Zwischen 1860 und 1900 nahm die Länge des Eisenbahnnetzes immer noch zu, aber sein Anteil an der Gesamtlänge nahm ab wegen des dramatischen Anstiegs im Straßenbau. Die Ausgleichskurven sind zeitlich in die Vergangenheit und in die Zukunft verlängert. Es wird erwartet, daß der Anteil der Luftverkehrslinien noch bis in die zweite Hälfte des einundzwanzigsten Jahrhunderts anwächst.*

* Nach einem Graphen aus: Nebojsa Nakicenovic, «Dynamics and Replacement of U.S. Infrastructures», in J.H. Ausubel and R. Herman, eds., *Cities and Their Vital Systems, Infrastructure Past, Present, and Future* (Washington, DC: National Academy Press, 1988). Nachdruck mit freundlicher Genehmigung des Verlags.

VERTEILUNG DER TODESURSACHEN

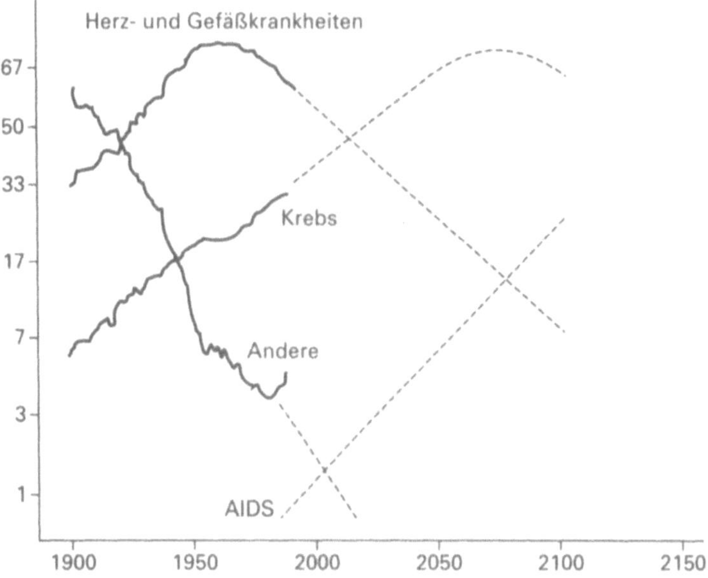

Abb. A7.2 Verteilung der Todesursachen in den USA nach verschiedenen Krankheitskategorien in logistischem Maßstab. Eingezeichnet sind ferner die Extrapolationen (gestrichelte Linien) der Ausgleichsgeraden zu den Daten. Für AIDS wurde in dieser Darstellung eine Steigung angenommen, die der der Herz-Kreislauf-Erkrankungen vergleichbar ist. Die kleine zunehmende Tendenz bei den «Anderen Krankheiten» in den letzten Jahren erscheint wegen des nichtlinearen Maßstabs überzeichnet; sie beträgt nur 1% gegenüber der Zunahme bei Krebs und rührt aller Wahrscheinlichkeit nach von zufälligen Fluktuationen her.*

* Quelle: *Historical Statistics of the United States, Colonial Times to 1970*, vols. 1 and 2, Bureau of the Census, Washington, D.C., 1976; und: *Statistical Abstract of the United States*, U.S. Department of Commerce, Bureau of the Census, 1986–91.

WETTBEWERB UM NOBELPREISE

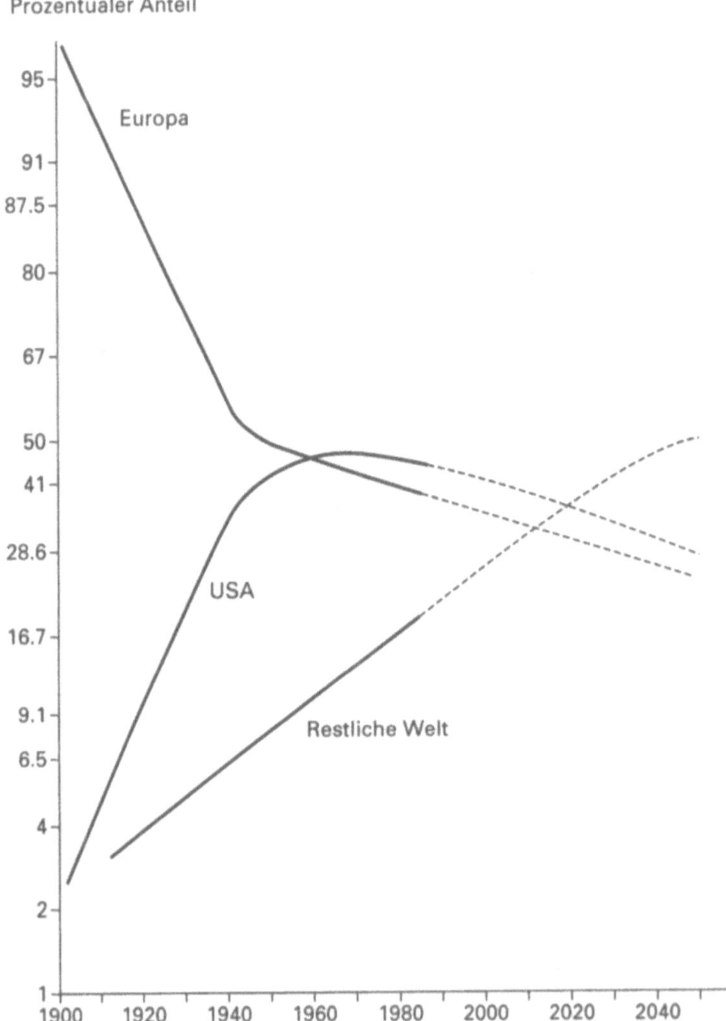

Abb. A7.3 Aufteilung der Nobelpreisgewinner nach drei geographischen Einheiten in logistischer Darstellung. Um das Gesamtbild nicht unnötig zu komplizieren, sind nur die Ausgleichskurven eingezeichnet. Die komplementären Geradenstücke sind Hinweise auf drei generelle Substitutionen: Rückgang der Europäer zugunsten der Amerikaner, dann zugunsten anderer Nationen, und schließlich Verdrängung der Amerikaner durch die anderen.*

* Die Abbildung ist meinem Artikel «Competition and Forecasts for Nobel Prize Awards», in *Technological Forecasting and Social Change*, vol. 34 (1988): 95–102, entnommen.

DAS WACHSTUM DES JÄHRLICHEN ENERGIEVERBRAUCHS FÜLLT EINE NISCHE

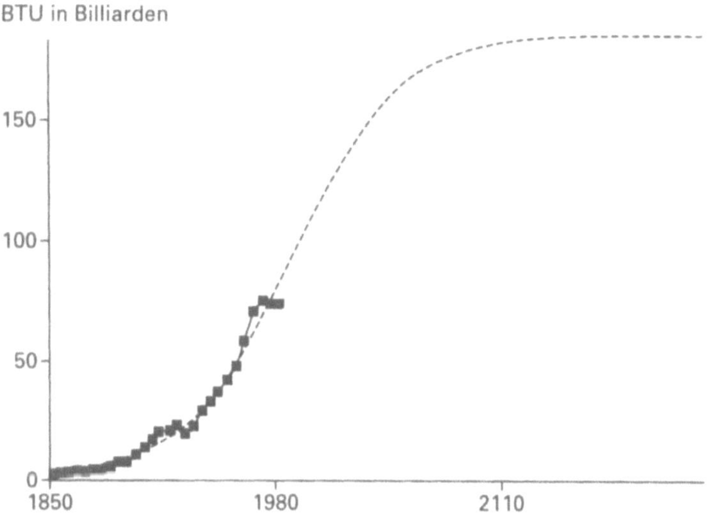

Abb. A8.1 Daten des jährlichen Energieverbrauchs in den Vereinigten Staaten mit angepaßter S-Kurve. Die Energie ist hier in Billiarden (10^{15}) British Thermal Units (BTU) angegeben. 1 BTU (= 252 Kalorien) ist definitionsgemäß diejenige Energie (Wärmemenge), die erforderlich ist, um 1 Pound (englisches Pfund) Wasser um 1° Fahrenheit zu erwärmen.*

* Quelle: *Historical Statistics of the United States, Colonial Times to 1970*, vols. 1 and 2, Bureau of the Census, Washington, D.C., 1976; und: *Statistical Abstract of the United States*, U.S. Department of Commerce, Bureau of the Census, 1986–91.

EINE KLEINE ZYKLISCHE OSZILLATION IN DER AKTIVITÄT DER SONNENFLECKEN

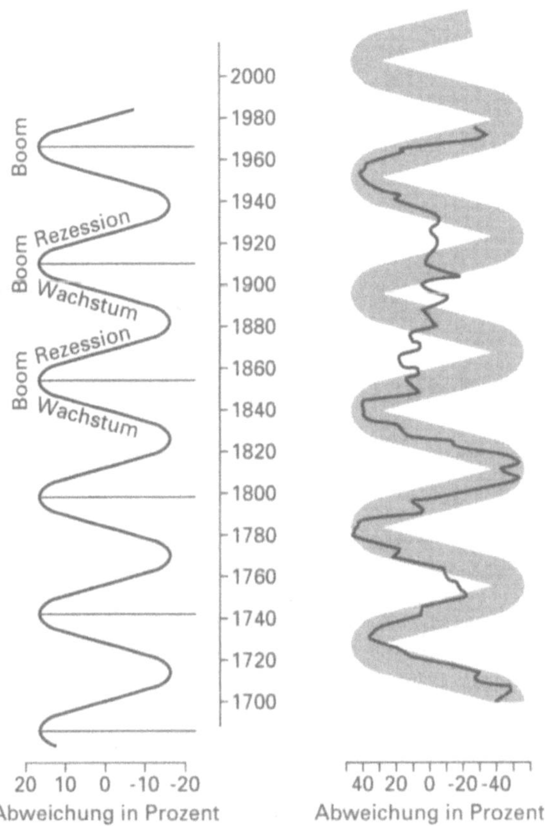

Abb. A8.2 Der untere Graph zeigt die Variationen in der Zahl der Sonnenflecken als Abweichung von einem gleitenden 56-Jahres-Durchschnitt. Die Daten wurden vorher über eine gleitende 20-Jahres-Periode geglättet. Solch eine Behandlung der Daten, die in der Zeitreihenanalyse routinemäßig durchgeführt wird, mittelt den wohlbekannten 11-Jahres-Zyklus der Sonnenfleckenaktivität heraus und stellt eine Variation mit längerer Periode heraus, ähnlich dem Zyklus im Energieverbrauch. Mit einer Ausnahme – die Spitze um 1900 fehlt – geht diese Schwingung konform mit dem 56-Jahres-Zyklus.*

* Quelle: P. Kuiper, ed., *The Sun* (Chicago: The University of Chicago Press, 1953); und: P. Bakouline, E. Kononovitch, and V. Moroz, *Astronomie Générale*. Französische Übersetzung von V. Polonski (Moskau, Editions MIR, 1981).

DIE VERLANGSAMUNG DES WACHSTUMS IM LUFTVERKEHR GEGEN DAS JAHR 2000

Frachtleistung in Milliarden Tonnenkilometern pro Jahr

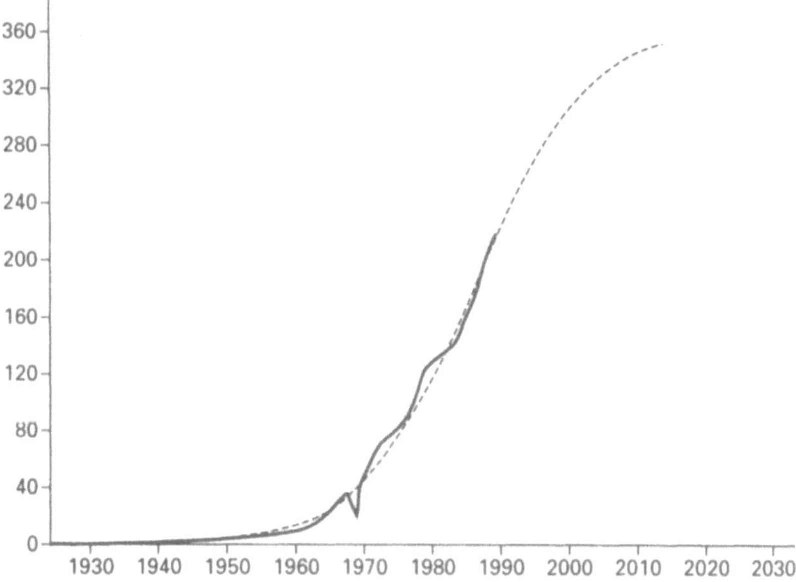

Abb. A9.1 Frachtaufkommen im Luftverkehr weltweit (dicke Linie) und Ausgleichskurve (gestrichelte Linie). Gegen Ende der neunziger Jahre werden vermutlich 90% des geschätzten Sättigungswertes erreicht sein.*

* Quelle: International Civil Aviation Organization, Quebec, Kanada.

EIN TUNNELEFFEKT BEIM LUFTVERKEHR IN DER
DERZEITIGEN REZESSION

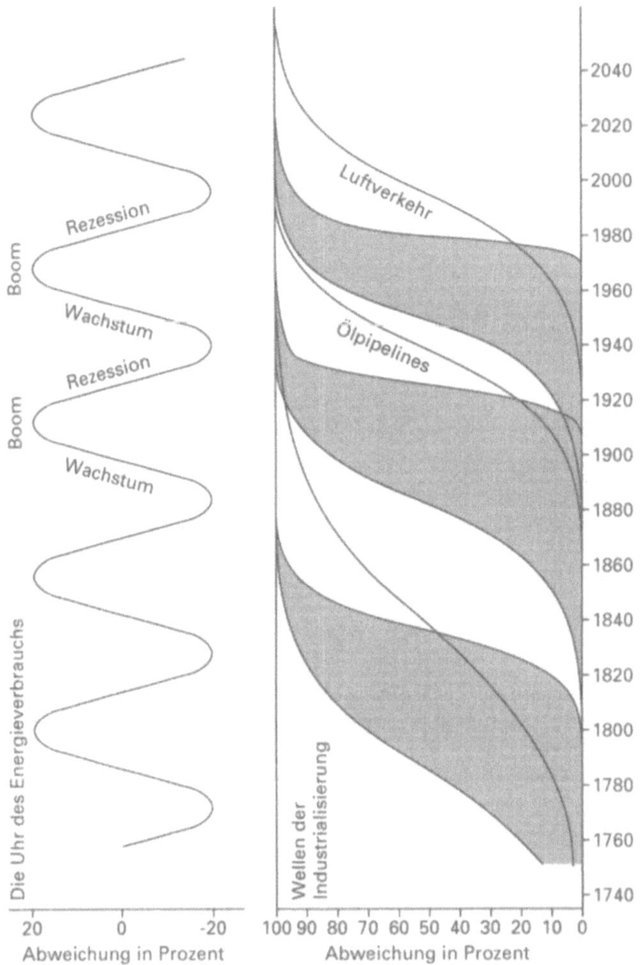

Abb. A9.2 In dieser vereinfachten Darstellung der ursprünglichen Abbildung 9.2 im Text wurden Beispiele hinzugefügt für den seltenen «Tunnelprozeß», der über die Periode der Rezession
hinweg unbeeinflußt weiterwächst. Nach der ersten Industrialisierungswelle war es der
Kanalbau in Rußland, der sich weiterentwickelte. Nach der jüngsten Welle gehören neben
den eingezeichneten Luftverkehrslinien die Computerinnovation, der Bau von Gaspipelines
und von Kernkraftwerken sowie die Bemühungen um die Verminderung der Umweltverschmutzung zu den Prozessen, die durchtunneln. Die Abbildung wurde nach Abbildung
9.2 im Text angefertigt.*

* Quelle für die meisten Daten: Arnulf Grubler, *The Rise and Fall of Infrastructures* (Heidelberg:
Physica-Verlag, 1990).

SPERRHOLZ UND SEINE NISCHE IN DER BAUINDUSTRIE

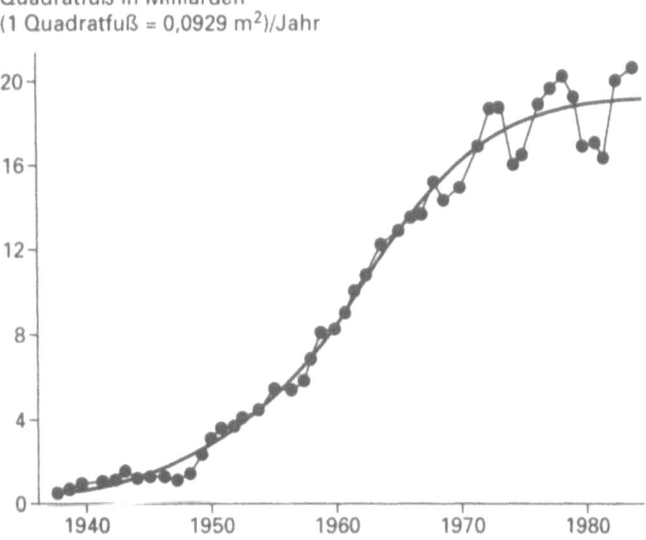

Abb. A10.1 Das jährliche Verkaufsvolumen an Sperrholz in den Vereinigten Staaten. Zu signifikanten Abweichungen von der S-Kurve kommt es bei Annäherung an den oberen Grenzwert.*

* Nach einer Abbildung aus: Henry Montrey and James Utterback, «Current Status and Future of Structural Panels in the Wood Products Industry», *Technological Forecasting and Social Change*, vol. 38 (1990): 15–35. Copyright 1990 by Elsevier Science Publishing Co., Inc. Nachdruck mit freundlicher Genehmigung des Verlags.

Natürliches Wachstum und Chaos im Wechsel

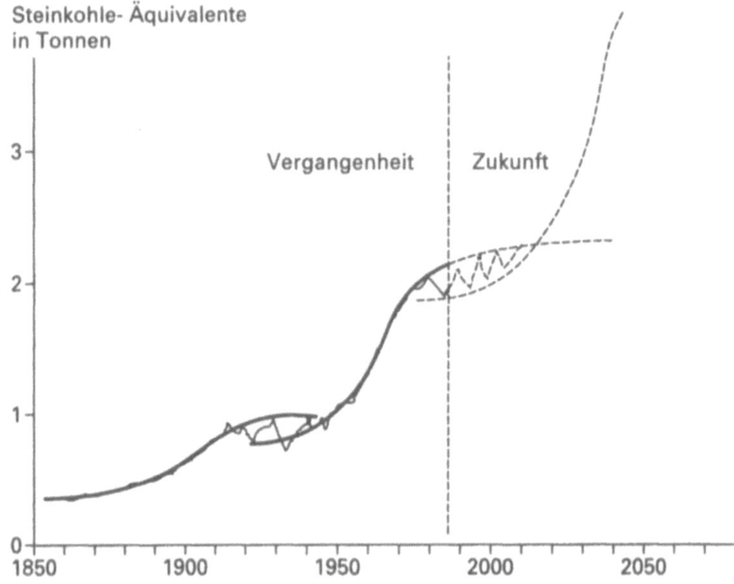

Abb. A10.2   Der weltweite jährliche Pro-Kopf-Energieverbrauch: Daten, Ausgleichskurven und Zukunftsszenario.*

* Die Abbildung gibt einen Teil einer Originalzeichnung wieder aus: J. Ausubel, A. Grubler, N. Nakicenovic, «Carbon Dioxide Emissions in a Methane Economy», *Climatic Change* vol. 12 (1988): 245–63. Nachdruck mit freundlicher Genehmigung von Kluwer Academic Publishers.

TODESFÄLLE BEKANNTER PERSÖNLICHKEITEN HABEN FOLGEN

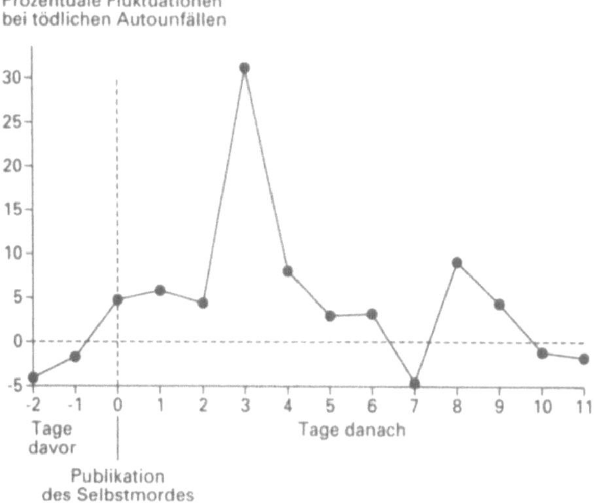

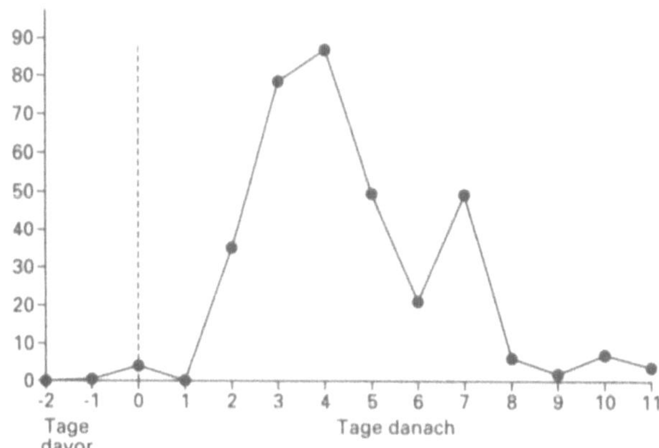

Abb. A11.1 Beide Teilbilder zeigen die Schwankungen in der Anzahl tödlicher Unfälle nach der Publikation des Selbstmordes oder der Tötung einer bekannten Persönlichkeit bezogen auf den erwarteten Mittelwert, bei Autos (oben) und kommerziellen Flugunternehmen in den USA (unten). Die Bilder weisen auf ein stärkeres «Echo» nach 3–4 Tagen und ein schwächeres nach 7–8 Tagen hin.*

* Nach graphischen Darstellungen von David Phillips. Nachdruck des oberen Graphen mit freundlicher Genehmigung aus: David Phillips, «Suicide, Motor Vehicle Fatalities, and the Mass Media: Evidence Toward a Theory of Suggestion», *American Journal of Sociology*, vol. 84, no. 5: 1150. Copyright 1979 by the University of Chicago. Nachdruck des unteren Graphen mit freundlicher Genehmigung aus: David Phillips, «Airplane Accidents, Murder, and the Mass Media: Evidence Toward a Theory of Imitation and Suggestion», *Social Forces*, vol. 58, no. 4 (June 1980). Copyright 1980 by University of North Carolina Press.

WEITERE EFFIZIENZSTEIGERUNGEN

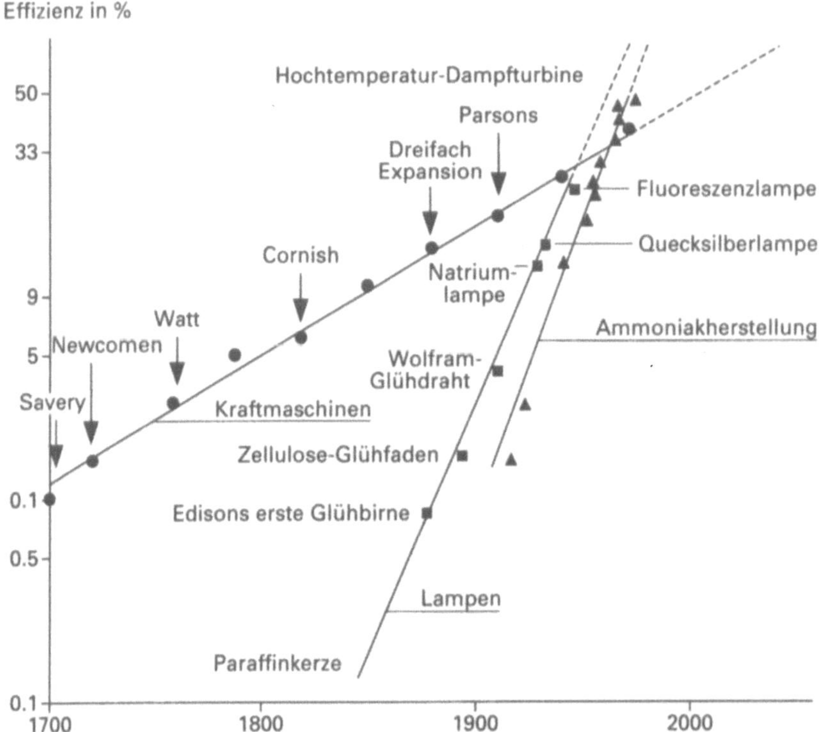

Abb. A11.2   Geschichtliche Entwicklung der Effizienz bei drei verschiedenen Technologiezweigen: Energieumsetzung in Kraftmaschinen, künstlicher Beleuchtung und Ammoniakherstellung. Die Effizenz ist in Anlehnung an den klassischen thermodynamischen Wirkungsgrad als Quotient aus nutzbarer Energie und investierter Energie definiert. Trotz der in den letzten dreihundert Jahren gemachten Fortschritte befinden wir uns bei allen drei Technologien noch unterhalb der 50%-Marke der Effizienz.*

* Nach einem Graphen aus: Cesare Marchetti, «Energy Systems – The Broader Context», *Technological Forecasting and Social Change*, vol. 14 (1979): 191–203. Copyright 1979 by Elsevier Science Publishing Co., Inc. Nachdruck mit freundlicher Genehmigung des Verlags.

Quellen und Anmerkungen

Prolog

1 Donella H. Meadows, Dennis L. Meadows, Jorgen Randers, William W. Behrens III, *The Limits to Growth* (New York: Universe Books, 1972).

2 Cesare Marchetti, «On 10^{12}: A Check on Earth Carrying Capacity for Man», Report RR-78-7, May 1978, International Institute of Advanced Systems Analysis, Laxenburg, Österreich; und in *Energy*, vol. 4 (1979):1107–17.

1 Wissenschaft und Weissagung

1 James Gleick, *Chaos* (New York: Viking, 1988).

2 Spyros Makridakis et al., «The Accuracy of Extrapolation (Time Series) Methods: Results of a Forecasting Competition», *Journal of Forecasting*, vol. 1, no. 2 (1982): 111–53.

3 So zitiert in: Derek J. de Solla Price, *Little Science, Big Science ... and Beyond* (New York: Columbia University Press, 1986).

4 Elliott W. Montroll and Wade W. Badger, *Introduction to Quantitative Aspects of Social Phenomena* (New York: Gordon and Breach Science Publishers, 1974).

5 Ein ähnlicher Graph wurde 1982 von Cesare Marchetti vorgelegt. Quelle für die Daten hier: *Statistical Abstract of the United States*, U.S. Department of Commerce, Bureau of the Census; und: *Historical Statistics of the United States, Colonial Times to 1970*, vols. 1 and 2 (Washington, DC: Bureau of the Census, 1976).

6 John D. Williams, «The Nonsense about Safe Driving», *Fortune*, vol. LVIII, no. 3 (September 1958): 118–19.

7 Patent angemeldet.

8 B. Βαλαώρας, A. Χιώλος. Η μεταβαλλομενη δημοπαθολογία των Ελλήνων. (Die wechselnden Ursachen der Mortalität in Griechenland. Todesursachen.) Αιτίες θανάτου, 1960–1985. Ιατρικά Χρονικά, IB/1, 73–93, 1989.

9 Isaac Asimov, *Exploring the Earth and the Cosmos* (New York: Crown Publishers, 1982).

10 Die Bibel, Deutsche Einheitsübersetzung, Psalm 90, Vers 10.

11 J.C. Fisher and R.H. Pry, «A Simple Substitution Model of Technological Change», *Technological Forecasting and Social Change*, vol. 3, no. 1 (1971):

75–88; und: M.J. Cetron and C. Ralph, eds., *Industrial Applications of Technological Forecasting* (New York: John Wiley & Sons, 1971).

12 Alain Debeker and Theodore Modis, «Uncertainties in S-curve Logistic Fits», Beitrag zur International Conference on Diffusion of Technologies and Social Behaviour, Laxenburg, Österreich, 14.–16. Juni 1989; ebenso bei: Sixth International Symposium of Forecasters, Paris, France, Mai 1986.

13 P.D. Ouspensky, *In Search of the Miraculous* (New York: Harcourt, Brace & World, 1949); Titel der deutschen Ausgabe: Auf der Suche nach dem Wunderbaren.

2   Nadeln im Heuhaufen

1 Hier wurde eine S-Kurve an Daten angcpaßt aus: T.G. Whiston, «Life Is Logarithmic», in J. Rose, ed., *Advances in Cybernetics and Systems* (London: Gordon and Breach, 1974).

2 Theodore Modis, «Learning from Experience in Positioning New Computer Products», *Technological Forecasting and Social Change,* vol. 41, no. 4 (1992).

3 Diese Daten wurden entnommen aus: *The World Almanac & Book of Facts, 1988* (New York: Newspaper Enterprise Association, Inc., 1987).

4 *Historical Atlas* (Paris: Librairie Académique Perrin, 1987).

3   Reproduktion in der belebten und Produktion in der unbelebten Welt

1 P.F. Verhulst, «Recherches mathématiques sur la loi d'accroissement de la population» («Mathematische Untersuchungen zum Gesetz des Wachstums einer Population»), *Nouveaux Mémoires de l'Académie Royale des Sciences et des Belles-Lettres de Bruxelles*, vol. 18 (1845): 1–40; ebenso in: P.F. Verhulst, «Notice sur la loi que la population suit dans son accroissement» («Bemerkungen über das Gesetz, dem eine Population während ihres Wachstums unterliegt»), *Correspondence mathématique et physique*, vol. 10: 113–21.

2 E.W. Montroll and N.S. Goel, «On the Volterra and Other Nonlinear Models of Interacting Populations», *Review of Modern Physics*, vol. 43 (2) (1971): 231. Ebenso: M. Peschel und W. Mendel, *Leben wir in einer Volterra-Welt?* (Berlin: Akademie-Verlag, 1983).

3 Alfred J. Lotka, *Elements of Physical Biology* (Baltimore, MD: Williams & Wilkins Co., 1925).

4 Siehe Anmerkung 3 in diesem Kapitel.

5 T.W.L. Sanford, «Trends in Experimental High-Energy Physics», *Technological Forecasting and Social Change*, vol. 23: 25–40.

6   Pierre Vilar, *A History of Gold and Money 1450–1920* (London: NLB, 1976).
    Die Daten wurden auf den neuesten Stand gebracht mit Hilfe von: *Statistical
    Abstract of the United States*, U.S. Department of Commerce, Bureau of the
    Census; und: *Historical Statistics of the United States, Colonial Times to
    1970*, vols. 1 and 2 (Washington, DC: Bureau of the Census, 1976).

7   *Statistical Abstract of the United States* und *Historical Statistics of the United
    States, Colonial Times to 1970* (siehe Anmerkung 6 in diesem Kapitel).

8   Für eine Zusammenstellung verschiedener Schätzungen siehe: Cesare Mar-
    chetti, «The Future of Natural Gas: A Darwinian Analysis», Beitrag zum
    Task Force Meeting *«The Methane Age»*, gemeinschaftlich organisiert vom
    International Institute of Advanced Systems Analysis und dem Hungarian
    Committee for Applied Systems Analysis, Sopron, Ungarn, 13.–16. Mai 1986.

9   Severin-Georges Couneson, *Les Saints nos frères* (Die Heiligen, unsere Brü-
    der) (Paris: Beauchesne, 1971).

10 Die hier dargestellten Ideen wurden von Cesare Marchetti in einer informel-
    len Notiz mit dem Titel «Penetration Process: The Deep Past», International
    Institute of Advanced Systems Analysis, Laxenburg, Österreich, vorgestellt.

4   Entstehen und Vergehen der Kreativität

1   Cesare Marchetti, *«Action Curves and Clockwork Geniuses»*, International
    Institute of Advanced Systems Analysis, Laxenburg, Österreich.

2   Jean et Brigitte Massin, *Wolfgang Amadeus Mozart* (Paris: Fayard, 1978).

3   Dieses Zitat ist aus einem Brief Mozarts in französisch, zitiert in dem Buch
    von J. und B. Massin (siehe Anmerkung 2 in diesem Kapitel).

4   Paul Arthur Schilp, *Albert Einstein als Philosoph und Naturforscher* (Braun-
    schweig: Friedrich Vieweg & Sohn, 1979).

5   Siehe Anmerkung 1 in diesem Kapitel.

6   Quelle: Stanley Sadie, ed., *New Grove Dictionary of Music and Musicians*
    (London: Macmillan, 1980).

7   Theodore Modis and Alain Debecker, «Innovation in the Computer Industry»,
    Technological Forecasting and Social Change, vol. 33 (1988): 267–78.

5   Die Guten und die Bösen kämpfen auf dieselbe Weise

1   Theodore Modis, «Competition and Forecasts for Nobel Price Awards», *Tech-
    nological Forecasting and Social Change*, vol. 34 (1988): 95–102.

2   Cesare Marchetti, «On Time and Crime: A Quantitative Analysis of the Time
    Pattern of Social and Criminal Activities», Vortrag auf Einladung zum Annual

Interpol Meeting, Messina, Italien, Oktober 1985. Ebenso als: Report WP-85-84, November 1985, International Institute of Advanced Systems Analysis, Laxenburg, Österreich.

3 Quelle: *Statistical Abstract of the United States*, U.S. Department of Commerce, Bureau of the Census, 1986–91; und: *Historical Statistics of the United States, Colonial Times to 1970*, vols. 1 and 2 (Washington, DC: Bureau of the Census, 1976).

4 Siehe Anmerkung 3 in diesem Kapitel.

5 Henry James Parish, *Victory with Vaccines* (Edinburgh and London: E. & S. Livingstone Ltd., 1968); ebenso: Henry James Parish, *A History of Immunization* (Edinburgh and London: E. & S. Livingstone Ltd., 1965).

6 Eine solche Diskussion von Diphtherie und Tuberkulose wurde erstmals vorgestellt von Cesare Marchetti in «Killer Stories: A System Exploration in Mortal Diseases», Report PP-82-7, International Institute of Advanced Systems Analysis, Laxenburg, Österreich.

6 Der Kampf des Lebens

1 J.C. Fisher and R.H. Pry, «A Simple Substitution Model of Technological Change», *Technological Forecasting and Social Change*, vol. 3, no. 1 (1971): 75–88.

2 Steven Schnaars, *Megamistakes: Forecasting and the Myth of Rapid Technological Change* (New York: The Free Press, 1989).

3 Es handelt sich bei dem Gebäude um das Goetheanum in Dornach bei Basel, in dem sich der Sitz der Anthroposophischen Gesellschaft Steiners befindet.

4 Das Zitat findet sich bei Cesare Marchetti, «On Society and Nuclear Energy», Report EUR 12675 EN, 1990, Kommission der Europäischen Gemeinschaft, Luxemburg.

5 E.J. Hobsbawm and G. Rude, *Captain Swing* (New York: Pantheon Books, 1968).

7 Der Wettbewerb als Schöpfer und Regulator

1 K. Axelos, *Héraclite et la philosophie* (Paris: Les Editions de Minuit, 1962).

2 Richard N. Foster, *Innovation: The Attacker's Advantage* (London: Macmillan, 1986).

3 Marc van der Erve, *The Power of Tomorrow's Management* (Oxford: Heinemann Professional Publishing, 1989).

4 Neben der Klassifikation von Gerhard Mensch gibt es weitere, von ihm zitierte, die auch den Clustereffekt zeigen und alle bedeutenden Leistungen in

der Geschichte der Technik einschließen, die bei Joseph A. Schumpeter, *Konjunkturzyklen I und II* (Göttingen, 1961), erwähnt werden. Kombinierte Daten sowohl zu grundlegenden Innovationen als auch zu Innovationen der Weiterentwicklung nach: J. Schmookler, *Invention and Economic Growth* (Cambridge: 1966), pp. 220–22.

5 Auf die Saisonabhängigkeit des Auftauchens von Innovationen wies Cesare Marchetti hin in «Society as a Learning System: Discovery, Invention and Innovation and Innovation Cycles Revisited», *Technological Forecasting and Social Change*, vol. 18 (1980): 267–82.

6 Die Entdeckungsgeschichte der chemischen Elemente wurde erstmals mit dem logistischen Wachstum in Beziehung gesetzt in: Derek J. de Solla Price, *Little Science, Big Science … and Beyond* (New York: Columbia University Press, 1986). Elliott Montroll untersuchte 1974 die Zusammenhänge erneut in: Elliott W. Montroll and Wade W. Badger, *Introduction to Quantitative Aspects of Social Phenomena* (New York: Gordon and Breach Science Publishers, 1974). Schließlich bemerkte Cesare Marchetti 1980, daß die Entdeckungsgeschichte der chemischen Elemente mit dem Kondratieff-Zyklus in Beziehung gebracht werden kann (siehe Bemerkung 5 in diesem Kapitel).

7 Donald Spoto, *The Dark Side of Genius: The Life of Alfred Hitchcock* (New York: Ballantine Books, 1983).

8 Nebojsa Nakicenovic, «Software Package for the Logistic Substitution Model», Report RR-79-12 (1979), International Institute of Advanced Systems Analysis, Laxenburg, Österreich.

9 *Historical Statistics of the United States, Colonial Times to 1970*, vols. 1 and 2 (Washington, DC: Bureau of the Census, 1976).

10 Cesare Marchetti, «On Transport in Europe: The last 50 Years and the Next 20», Vortrag auf Einladung zum First Forum on Future European Transport, München, 14.–16. September 1987.

11 Arnulf Grubler, *The Rise and Fall of Infrastructures* (Heidelberg: Physica-Verlag, 1990), p. 189.

12 Cesare Marchetti, «Primary Energy Substitution Models: On the Interaction between Energy and Society», *Technological Forecasting and Social Change*, vol. 10 (1977): 345–56. Der Inhalt war erstmals im November 1974 in Moskau vorgetragen und in der Ausgabe des *Chemical Economy and Engineering Review* (CEER) vom August 1975 veröffentlicht worden.

13 Siehe Anmerkung 12 in diesem Kapitel.

14 Siehe Anmerkung 12 in diesem Kapitel.

15 So zitiert in: Larry Abraham, *Insider Report*, vol. VII, no. 9 (Februar 1990).

16 Siehe Anmerkung 15 in diesem Kapitel.

8   Im Pulsschlag des Kosmos

1   Hugh B. Stewart, *Recollecting the Future: A View of Business, Technology, and Innovation in the Next 30 Years* (Homewood, IL: Dow Jones-Irwin, 1989).

2   Cesare Marchetti korrelierte erstmals Stewarts Energiezyklus mit Menschs Zyklus der grundlegenden Innovationen. Für einen Überblick über längere wirtschaftliche Zyklen siehe: R. Ayres, «Technological Transformations and Long Waves», parts I and II, *Technological Forecasting and Social Change*, vol. 37, nos. 1 and 2 (1990).

3   Wenn nicht anders angegeben, stammen die Daten, die den graphischen Darstellungen in diesem Kapitel zugrundeliegen, aus: *Statistical Abstract of the United States*, U.S. Department of Commerce, Bureau of the Census; und: *Historical Statistics of the United States, Colonial Times to 1970*, vols. 1 and 2 (Washington, DC: Bureau of the Census, 1976).

4   Cesare Marchetti, «Fifty-Year Pulsation in Human Affairs, Analysis of Some Physical Indicators», *Futures*, vol. 17, no. 3 (1986): 376–88. Ich habe ähnliche Ergebnisse für die Verbreitung von U-Bahnen erhalten unter Benutzung von Daten aus: Dominique et Michèle Frémy, QUID 1991 (Paris: Robert Laffont, 1991), p. 1634.

5   Eine Abbildung in dieser Art wurde erstmals von Cesare Marchetti zusammengestellt; siehe Bemerkung 4 in diesem Kapitel. Die Daten zum Viehfutter (Heu, nur USA) stammen aus: Nebojsa Nakicenovic, «The Automobile Road to Technological Change: Diffusion of the Automobile as a Process of Technological Substitution», *Technological Forecasting and Social Change*, vol. 29: 309–40.

6   Cesare Marchetti, «The Automobile in a System Context: The Past 80 Years and the Next 20 Years», *Technological Forecasting and Social Change*, vol. 23 (1983): 3–23.

7   Vergleiche: Cesare Marchetti, «Swings, Cycles, and the Global Economy», *New Scientist*, no. 1454, May 2, 1985.

8   Diese Erklärung stammt von Cesare Marchetti, siehe Bemerkung 7 in diesem Kapitel.

9   Alfred Kleinknecht, *Are there Schumpeterian Waves of Innovation?*, Research Report WP-87-0760, International Institute of Advanced Systems Analysis, Laxenburg, Österreich, September 1987.

10 J.A. Schumpeter, *Business Cycles* (New York: McGraw-Hill, 1939).

11 R. Ayres, «Technological Transformations and Long Waves», parts I and II, *Technological Forecasting and Social Change*, vol. 37, nos. 1 and 2 (1990).

12 N.D. Kondratieff, «The Long Wave in Economic Life», *The Review of Economic Statistics*, vol. 17 (1935): 105–115.

13 Cesare Marchetti, «On Energy Systems in Historical Perspective: The Last Hundred Years and the Next Fifty», interner Bericht, International Institute of Advanced Systems Analysis, Laxenburg, Österreich.

14   Siehe Cesare Marchetti wie in Anmerkung 13.

15   Simon van der Meer, persönliche Mitteilung.

16   Gerald S. Hawkins, *Stonehenge Decoded* (London: Souvenir Press, 1966).

17   Tables for the calculation of tides by means of harmonic constants, International Hydrographic Bureau, Monaco, 1926.

18   Cesare Marchetti, persönliche Mitteilung.

19   I. Browning, *Climate and the Affairs of Men* (Burlington, VT: Frases, 1975).

20   Siehe Gerald S. Hawkins, wie in Anmerkung 16.

9   Sättigungserscheinungen allerorten

1   Cesare Marchetti, «The Automobile in a System Context: The Past 80 Years and the Next 20 Years», *Technological Forecasting and Social Change*, vol. 23 (1983): 3–23.

2   Die Daten zu den U-Bahn-Gründungen, die diesen Kurven zugrunde liegen, stammen aus: Dominique et Michèle Frémy, QUID 1991 (Paris: Robert Laffont, 1991), p. 1634.

3   Theodore Modis and Alain Debecker, «Innovation in the Computer Industry», *Technological Forecasting and Social Change*, vol. 33 (1988): 267–78.

4   Die hier erwähnte Kurve zu den Luftverkehrswegen wurde von mir berechnet und ist in Abbildung 9.5 dargestellt.

5   Michael Royston, persönliche Mitteilung.

6   Dieser Maximalwert wurde von Cesare Marchetti berechnet in: «Fifty-Year Pulsation in Human Affairs, Analysis of Some Physical Indicators», *Futures*, vol. 17, no. 3 (1986): 376–88.

7   Dieses Argument geht zurück auf: Verständnis geht auch weit über meinen Horizont.
Cesare Marchetti, «On Transport in Europe: The last 50 Years and the Next 20», Vortrag auf Einladung zum First Forum on Future European Transport, München, 14.–16. September 1987.

8   Der Name Maglevs und ihre Rolle in der Zukunft, wie sie hier geschildert werden, wurden von Cesare Marchetti vorgeschlagen, vergleiche Anmerkung 7.

9   Larry Abraham, *Insider Report*, vol. VII, no. 9, 1990.

10   John Doe [Pseudonym], *Report from Iron Mountain on the Possibility and Desirability of Peace* (New York: The Dial Press, 1967).

11   *Historical Statistics of the United States, Colonial Times to 1970*, vols. 1 and 2 (Washington, DC: Bureau of the Census, 1976); und: *Statistical Abstract of the United States*, U.S. Department of Commerce, Bureau of the Census.

12 Yacov Zahavi, Martin J. Beckmann, and Thomas F. Golob, *The Unified Mechanism of Travel (UMOT)/Urban Interactions* (Washington, DC: U.S. Department of Transportation, 1981).

13 Quelle wie in Anmerkung 11.

14 John Naisbitt, *Megatrends* (New York: Warner Books, 1982).

15 Siehe Anmerkung 7.

10 Wenn ich kann, will ich auch

1 P.D. Ouspensky, *In Search of the Miraculous* (New York: Harcourt, Brace & World, 1949); Titel der deutschen Ausgabe: Auf der Suche nach dem Wunderbaren.

2 Eine kurze Einführung findet sich in Anhang A. Für weitere Details siehe die dort angegebene Literatur und als ursprüngliche Quelle: Vito Volterra, *Leçons sur la théorie mathématique de la lutte pour la vie* (Paris: Jacques Gabay, 1931).

3 D.A. MacLuich, «University of Toronto Studies», *Biological Science*, vol. 43 (1937).

4 Elliott W. Montroll and Wade W. Badger, *Introduction to Quantitative Aspects of Social Phenomena* (New York: Gordon and Breach Science Publishers, 1974), pp. 33–34.

5 Siehe Zitat in Anmerkung 4, pp. 129–30.

6 H.O. Peitgen and P.H. Richter, *The Beauty of Fractals* (Berlin und Heidelberg: Springer-Verlag, 1986).

7 P.F. Verhulst, «Recherches mathématiques sur la loi d'accroissement de la population», *Nouveaux Mémoires de l'Académie Royale des Sciences et des Belles-Lettres de Bruxelles*, vol. 18 (1845): 1–40.

8 James Gleick, *Chaos* (New York: Viking, 1988).

9 Siehe Zitat in Anmerkung 4, p. 33.

10 Die Computersimulation wurde von Z. Fortune durchgeführt und ist zitiert in: Cesare Marchetti, «The Automobile in a System Context: The Past 80 Years and the Next 20 Years», *Technological Forecasting and Social Change*, vol. 23 (1983): 3–23.

11 Die Vorhersage des Schicksals

1 Der Rest dieses Kapitels gründet sich auf die Ideen Marchettis zur Problematik der Energie, der Gesellschaft und des freien Willens und stützt sich dabei auf zwei seiner Arbeiten: «Energy Systems – the Broader Context», *Technological Forecasting and Social Change*, vol. 14 (1979): 191–203; und: «On

Society and Nuclear Energy», Report EUR 12675 EN, 1990, Kommission der Europäischen Gemeinschaft, Luxemburg.

2   Das erste Beispiel zur Kohleförderung in Großbritannien wurde von Cesare Marchetti erwähnt in seinem Artikel «Fifty-Year Pulsation in Human Affairs, Analysis of Some Physical Indicators», *Futures*, vol. 17, no. 3 (1986): 376–88. Das zweite Beispiel stammt aus «Energy Systems – the Broader Context» (vergleiche Anmerkung 1).

3   Einen etwas verschiedenen Graphen auf der Basis eines Teils der Daten verwendete Cesare Marchetti, um seine Gedanken in dem Artikel «Energy Systems – the Broader Context» (vergleiche Bemerkung 1) zu illustrieren.

4   Cesare Marchetti, «On Society and Nuclear Energy» (vergleiche Bemerkung 1).

5   A. Mazur, «The Journalists and Technology: Reporting about Love Canal and Three Mile Island», *Minerva*, vol. 22, no. 1: 45–66; so zitiert bei Cesare Marchetti, «On Society and Nuclear Energy» (vergleiche Bemerkung 1).

6   Diese Argumente wurden weitergeführt bei Cesare Marchetti in «On Society and Nuclear Energy» (vergleiche Bemerkung 1).

7   J. Weingart, «The Helios Strategy», *Technological Forecasting and Social Change*, vol. 12, no. 4 (1978).

8   Dieser Abschnitt gründet sich auf Cesare Marchettis Artikel «Energy Systems – the Broader Context» (vergleiche Bemerkung 1).

9   Dieses Bild entstammt Cesare Marchettis «Branching Out into the Universe», in Nebojsa Nakicenovic and Arnulf Grubler, eds., *Diffusion of Technologies and Social Behaviour* (Berlin: Springer-Verlag, 1991).

10 J. Virirakis, «Population Density as the Determinant of Resident's Use of Local Centers. A Dynamic Model Based on Minimization of Energy», *Ekistics*, vol. 187 (1971): 386; so zitiert in Cesare Marchettis «Energy Systems – the Broader Context» (vergleiche Anmerkung 8).

Anhang A
Die mathematische Beschreibung von S-Kurven und ihre Anpassung an Datensätze

1   E.W. Montroll and N.S. Goel, «On the Volterra and Other Nonlinear Models of Interacting Populations», *Review of Modern Physics*, vol. 43, no. 2 (1971): 231.

2   M. Peschel und W. Mendel, *Leben wir in einer Volterra-Welt?* (Berlin: Akademie-Verlag, 1983).

3   Siehe Anmerkung 1.

4   P.F. Verhulst, «Recherches mathématiques sur la loi d'accroissement de la population», *Nouveaux Mémoires de l'Académie Royale des Sciences et des Belles-Lettres de Bruxelles*, vol. 18 (1845): 1–40.

5   J.B.S. Haldane, «The Mathematical Theory of Natural and Artificial Selection», *Transactions of the Cambridge Philosophical Society*, vol. 23 (1924): 19–41.

6   Alfred J. Lotka, *Elements of Physical Biology* (Baltimore, MD: Williams & Wilkins Co., 1925).

7   Nebojsa Nakicenovic, «Software Package for the Logistic Substitution Model», Report RR-79-12 (1979), International Institute of Advanced Systems Analysis, Laxenburg, Österreich.

Anhang B
Fehlerabschätzungen bei Vorhersagen aus S-Kurven

1   Alain Debecker and Theodore Modis, «Uncertainties in S-curve Logistic Fits», Beitrag zur International Conference on Diffusion of Technologies and Social Behaviour, Laxenburg, Österreich, 14.–16. Juni 1989; ebenso bei: Sixth International Symposium of Forecasters, Paris, France, Mai 1986.

Danksagung

Ich bin dem Werk einer Reihe von Wissenschaftlern Westeuropas und der Vereinigten Staaten aus den letzten 150 Jahren zu tiefstem Dank verpflichtet. Sie haben ihre Leidenschaft für das gleiche Thema geteilt, von dem auch ich so fasziniert bin, und ihre Beiträge sind in dem Kapitel «Quellen und Anmerkungen» zitiert. Unter ihnen verdient Cesare Marchetti besondere Erwähnung. Er hat einen kaum schätzbaren Beitrag in dem Bemühen geleistet, das Konzept des natürlichen Wachstums als allgemeines Werkzeug zum Verständnis der Gesellschaft einzuführen. Ich habe ausgiebig von seinen Ideen Gebrauch gemacht, angefangen beim Begriff der Invarianten (Kapitel 1) bis zur Produktivität von Mozart (Kapitel 4) und der Entwicklung der Kernkraft (Kapitel 7). Ich stelle viele seiner Ergebnisse vor, und ich weiß, daß er viele Resultate anderer inspiriert hat. Er war die Kapazität, die die Erklärung für die diffizilen wechselseitigen Abhängigkeiten zwischen Primärenergieträgern und Transportsystemen gefunden hat, die in Kapitel 9 diskutiert wurde. Das den Höhepunkt darstellende Kapitel 11 beruht weitgehend auf zwei seiner Arbeiten, «Energy Systems» und «On Society and Nuclear Energy». Diese Buch wäre also nicht zustande gekommen ohne das Werk von Cesare Marchetti und seiner Mitarbeiter, Nebojsa Nakicenovic und Arnulf Grubler am International Institute for Applied Systems Analysis in Laxenburg, Österreich. Ich habe ihnen zu danken, daß sie mich über ihre neuesten Arbeiten immer auf dem laufenden gehalten haben, und für all die fruchtbaren Diskussionen, die wir miteinander hatten.

Von großer Bedeutung war der Beitrag meines Mitarbeiters Alain Debecker. Sein persönlicher und beruflicher Beistand findet sich in vielen Aspekten dieses Buches wieder. Ich möchte auch einem anderen Kollegen für seine fortwährende Ermutigung und Anleitung danken, Phil Bagwell, der mich in die Geschäftswelt eingeführt hat.

Zu diesem Buch angeregt hat mich Michael Royston, der mich in der Entwurfsphase ermutigt und beraten hat. Gordon Frazer half mir beim Schreiben, indem er mir – in einer konzentrierten Tutoriumssitzung über Komposition – eröffnete, wieviel man nicht zu sagen braucht. Der Text hat des weiteren sehr gewonnen durch die redaktionelle Überarbeitung durch Marilyn Gildea, die mein Englisch mit exemplarischem Professionalismus überprüfte und mir einiges beibrachte, was das korrekte Schreiben anbelangt. Sie hatte auch mein Vertrauen bei Vorschlägen gewonnen, die weit über die redaktionelle Zusammenarbeit hinausgingen.

Mein Agent, John Ware, hat mir gezeigt, warum Autoren Agenten brauchen. Er ist mein Freund geworden. Mein Redakteur bei Simon & Schuster hat sich auch als mein Mentor hervorgetan: streng, konstruktiv, weitsichtig und weise. Sein Kollege, Burton Beals, hat sich intensiv mit dem Manuskript auseinandergesetzt und hat mich ebenfalls dazu gezwungen, was sich in einem wesentlich verbesserten Text niederschlug.

Ich stehe auch in der Schuld bei Pierre Darriulat, Simon van der Meer, John Casti, Nebojsa Nakicenovic und Nikos Nikas, die sich freundlicherweise bereit erklärten, das Manuskript zu lesen und mir ihre Kommentare auf direktem Wege zukommen zu lassen. Es gibt noch eine Anzahl weiterer direkter oder indirekter Helfer bei der Fertigstellung dieses Opus: Dimitri Peretzis, Marc van der Erve, Ziba Khalat-Bari, Eva Luraschi und Mireille Forestier.

Ich möchte auch noch zwei besonderen Leuten danken, Michel de Saltzmann und Mihali Yannopoulos, die auf die eine oder andere Art meine Lehrer waren und dadurch dieses Buch in mancher Beziehung mitgeprägt haben.

Schließlich möchte ich noch meinen Kindern Yorgo und Thea danken, die mit mir gelitten haben, als ich über vier Jahre hinweg die immer mehr anwachsenden Mühen beim Schreiben dieses Buches auf mich genommen habe.

Theodore Modis

Index

Kursiv gesetzte Seitenangaben beziehen sich auf Abbildungen.